普通高等教育"十三五"规划教材

国家级精品课程

机械制造基础

（第 2 版）

米国际　王迎晖　主编

国防工业出版社

·北京·

内容简介

本书以金属切削机床为核心，以切削加工方法贯穿始终，结合长期以来应用型本科教育和高等职业教育教学改革实践，把金属材料、金属切削原理与刀具、金属切削机床、现代制造技术等课程的相关内容有机地结合在一起，注重基本理论在实际生产中的应用及解决实际问题能力的培养，形成一种新的教材体系。

本书共13章，主要内容包括切削过程和刀具结构要素、切削参数的合理选择和已加工表面质量、机床夹具、金属切削机床的基本知识、车床及车削加工、铣床及铣削加工、磨床及磨削加工、钻镗加工、齿轮加工、刨削与拉削加工、螺纹加工、机械加工工艺规程的制订及现代制造技术。

本书适合于应用型本科院校和高等职业院校机械制造类和机电技术应用类专业教学使用，也可供相关专业的工程技术人员参考。

图书在版编目(CIP)数据

机械制造基础/米国际，王迎晖主编. —2版. —北京：国防工业出版社，2019.3

ISBN 978-7-118-11817-9

Ⅰ. 机… Ⅱ. ①米… ②王… Ⅲ. 机械制造—基本知识 Ⅳ. ①TH

中国版本图书馆CIP数据核字(2019)第003703号

※

国防工业出版社出版发行

(北京市海淀区紫竹院南路23号 邮政编码100044)

三河市天利华印刷装订有限公司印刷

新华书店经售

*

开本 787×1092 1/16 **印张** 18½ **字数** 423千字

2019年3月第2版第1次印刷 **印数** 1—4000册 **定价** 45.00元

(本书如有印装错误，我社负责调换)

国防书店：(010)88540777 发行邮购：(010)88540776

发行传真：(010)88540755 发行业务：(010)88540717

《机械制造基础(第2版)》
编委会

主　编　米国际　王迎晖

副主编　沈景祥　黄　伟　王　祯　秦明伟

参　编　刘兴良　邱　军　嵇　宁

主　审　黄志辉

前言

应用型本科教育和高等职业教育以培养适应生产、管理、服务等一线需要的高等技术应用型专门人才为根本任务，突出职业性、实践性、针对性和地方性之特点，已成为我国高等教育的重要组成部分，近年来得到了迅速发展。随着我国产业结构的战略性调整，机械制造业作为支柱产业，发展突飞猛进，人才需求越来越大。应用型本科教育和高等职业教育，以培养技术应用能力为主线，大力推动专业改革和课程改革，以适应社会需求。

本书以金属切削机床为核心，以切削加工方法贯穿始终，结合长期以来高等职业教育教学改革实践，把金属材料、金属切削原理与刀具、金属切削机床、现代制造技术等课程的相关内容有机地结合在一起，注重基本理论在实际生产中的应用及解决实际问题能力的培养，形成一种新的教材体系。

本书由米国际、王迎晖任主编，沈景祥、黄伟、王祯、秦明伟任副主编，刘兴良、邱军、嵇宁参编，黄志辉任主审。

编写过程中参考了兄弟院校教师编写的有关教材及相关资料，也得到了西安航空学院、昆山登云科技职业学院有关领导和同仁的大力支持，在此表示衷心感谢！

由于水平所限，书中欠妥之处难免，敬请各位师生和广大读者批评指正。

编　者

目　录

第 1 章　切削过程和切削用量

学习目标

(1)掌握金属切削的基本原理和基本规律。

(2)掌握零件表面的成形方法及表面成形运动,了解机械加工的辅助运动的作用。

(3)掌握切削过程中的工件表面和切削用量三要素,了解切削用量的计算方法。

(4)掌握刀具的基本结构、基本角度,了解刀具基本角度对切削过程的影响。

1.1　切削运动和切削用量

金属切削加工是在金属切削机床上用金属切削刀具把工件毛坯上多余的金属材料切除,获得零件图纸所要求的零件。在切削加工过程中,刀具和工件之间必须有相对运动,这种相对运动称为切削运动。按各运动在切削加工中的作用不同切削运动分为主运动和进给运动。

1.1.1　切削运动

1. 主运动

主运动是机床提供的主要运动。它可以是旋转运动(如图 1－1 所示车削加工时工件的旋转运动,铣削加工时铣刀的旋转运动),也可以是直线运动(如刨削加工时刀具或工件的往复直线运动)。主运动的切削速度最高,消耗的机床功率也最大。

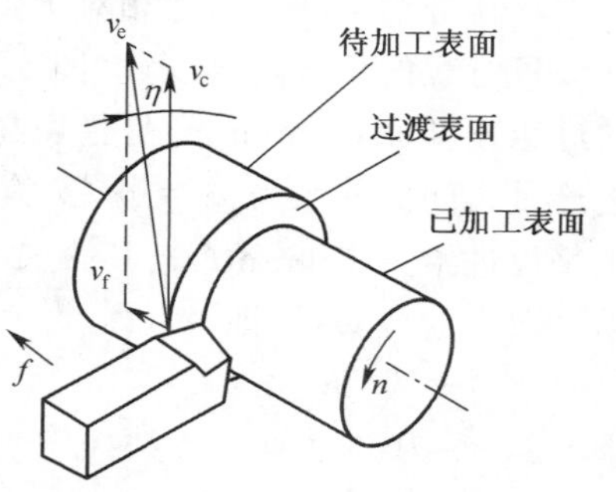

图 1－1　车削加工时的运动和工件上的三个表面

2. 进给运动

进给运动多数是由机床提供的,是刀具与工件之间的相对运动,使切削加工连续不断地进行下去,其特点是消耗的功率比主运动小。它可以是连续的运动(如车削外圆时车刀平行于工件轴线的纵向运动),也可以是间歇运动(如刨削加工时刀具或工件的横向直线运动)。

主运动可以由工件完成(如车削、龙门刨削等),也可以由刀具完成(如钻削、铣削等);进给运动同样也可以由工件完成(如铣削、磨削等)或由刀具完成(如车削、钻削等)。

在各类切削加工中的主运动只有一个;而进给运动可以有一个(如车削圆柱面)、两个(如外圆磨削)或多个,甚至没有(如拉削)。当主运动和进给运动同时进行时,由主运动和进给运动合成的运动称为合成切削运动(图 1－1)。刀具切削刃上选定点相对于工件的瞬时合成运动方向称为合成切削运动方向,其速度称为合成切削速度。合成切削速度 $\boldsymbol{v}_e$

为同一选定点的主运动速度 $\boldsymbol{v}_c$ 与进给运动速度 $\boldsymbol{v}_f$ 的矢量和，即 $\boldsymbol{v}_e=\boldsymbol{v}_c+\boldsymbol{v}_f$。

1.1.2 加工中的工件表面

工件在切削加工过程中形成了三个不断变化着的表面(图 1-1)：

(1)已加工表面：工件上被刀具切削后形成的新表面。

(2)待加工表面：工件上等待被切除的表面。

(3)过渡表面：刀具切削刃正在切削的表面，它是待加工表面与已加工表面的连接表面。

1.1.3 切削用量

切削用量是用于表示切削加工过程中主运动、进给运动和切入量参数的数量，是调整机床的依据。它包括切削速度、进给量和背吃刀量三个要素。

1. 切削速度(v_c)

刀具切削刃上选定点相对于工件主运动的瞬时速度称为切削速度。当切削加工的主运动是回转运动时，其切削速度为

$$v_c=\frac{\pi \cdot d \cdot n}{1000}$$

式中 d——切削刃选定点处所对应的工件或刀具的回转直径(mm)；

n——主运动(工件或刀具)的转速(r/min)；

v_c——切削速度(m/min)。

2. 进给量(f)

刀具在进给运动方向上相对于工件的位移量称为进给量，通常用刀具或工件主运动每转或每行程的位移量来度量(图 1-2)，单位为 mm/r 或 mm/行程(如刨削等)。车削时的进给速度 v_f(mm/min)是指切削刃上选定点相对于工件的进给运动的瞬时速度，它与进给量之间的关系为 $v_f=nf$(n 为主运动的转速)，对于铰刀、铣刀等多齿刀具，常要规定出每齿进给量 f_z(mm/z)，其含义为多齿刀具每转或每行程中每齿相对于工件在进给运动方向上的位移量，即

$$f_z=f/z$$

式中 z——刀齿数；

f——进给量。

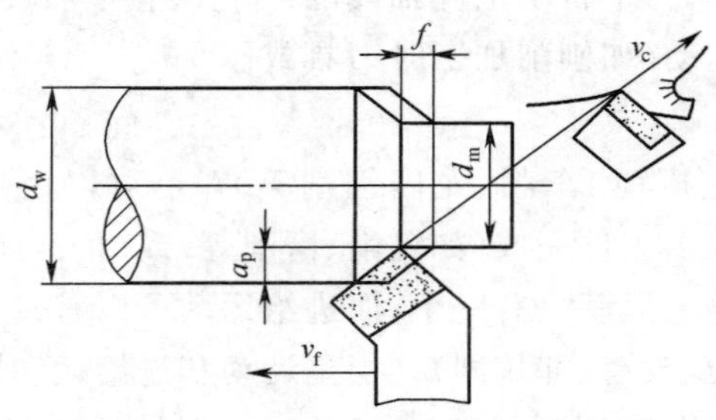

图 1-2 切削用量三要素

3. 背吃刀量(a_p)

背吃刀量是已加工表面和待加工表面之间的垂直距离,单位为 mm。

外圆车削时

$$a_p=(d_w-d_m)/2$$

式中 d_w——待加工表面直径(mm);

d_m——已加工表面直径(mm)。

镗孔时,则上式中的 d_w 与 d_m 互换位置。

1.1.4 切削层参数

在切削加工中,刀具或工件沿进给运动方向每移动 f(或 f_z)后,由一个刀齿正在切除的金属层称为切削层。切削层的尺寸称为切削层参数。为简化计算,切削层的剖面形状和尺寸,在垂直于切削速度(v_c)的基面上度量。图 1-3 表示车削时的切削层,当工件旋转一转时,车刀切削刃由过渡表面Ⅰ的位置移到过渡表面Ⅱ的位置,在这两圈过渡表面(圆柱螺旋面)之间所包含的工件材料层在车刀前刀面挤压下被切除,这层工件材料就是车削时的切削层。

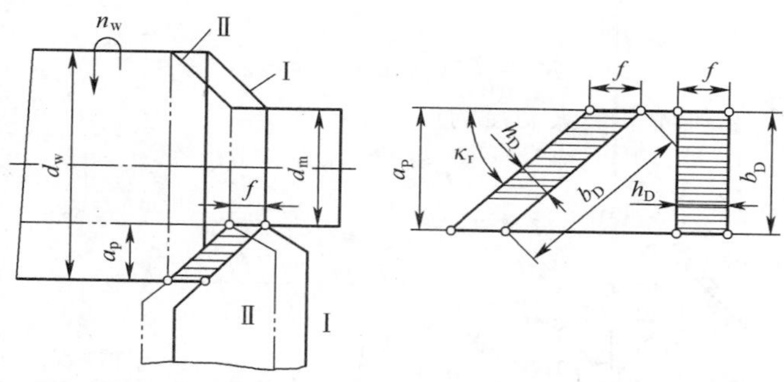

图 1-3 车削时的切削层

1. 切削层公称厚度(h_D)

切削层公称厚度是指在垂直于切削刃的方向上度量的切削层截面的尺寸。当主切削刃为直线刃时,直线切削刃上各点的切削层厚度相等(图 1-3)并有近似关系

$$h_D \approx f \cdot \sin\kappa_r$$

图 1-4 表示主切削刃为曲线刃时,切削层局部厚度的变化情况。

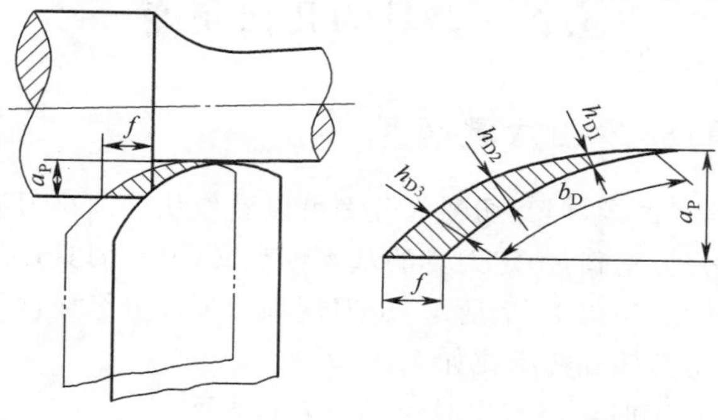

图 1-4 曲线切削刃工作时的 h_D 和 b_D

2. 切削层公称宽度(b_D)

切削层公称宽度是指沿切削刃方向度量的切削层截面尺寸。它反映了工作主切削刃参加切削加工的长度,对于直线主切削刃有近似关系(图 1-3),即

$$b_D = a_p / \sin\kappa_r$$

3. 切削层公称横截面积(A_D)

切削层公称横截面积是指在给定瞬间,切削层在切削层平面里的截面面积,即图1-5中的 $ABCD$ 所包围的面积。

由于刀具副偏角的存在,经切削加工后的已加工表面上常留下有规则的刀纹,这些刀纹在切削层尺寸平面里的横截面积(图 1-5 中的 ABE 所包围的面积)称为残留面积 ΔA_D,它构成了已加工表面理论表面粗糙度的几何基形。

车削时切削面积(A_D)可按下式计算,即

$$A_D = a_p f = b_D h_D$$

实际切削面积(A_{De})等于切削面积(A_D)减去残留面积(ΔA_D),即

$$A_{De} = A_D - \Delta A_D$$

残留面积的高度称为轮廓最大高度,用 R_y 表示(图 1-6)。它直接影响已加工表面的粗糙度,其计算公式为

$$R_y = f / (\cot\kappa_r + \cot\kappa'_r)$$

若刀尖呈圆弧形,则轮廓最大高度为

$$R_y \approx f^2 / 8r_\varepsilon$$

式中 r_ε——刀尖圆弧半径(mm)。

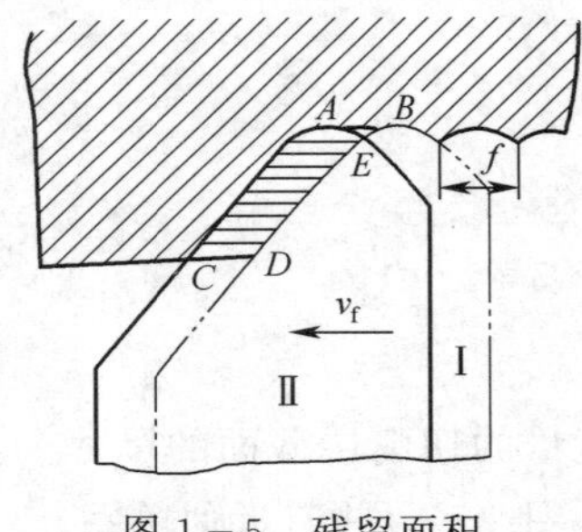

图 1-5 残留面积

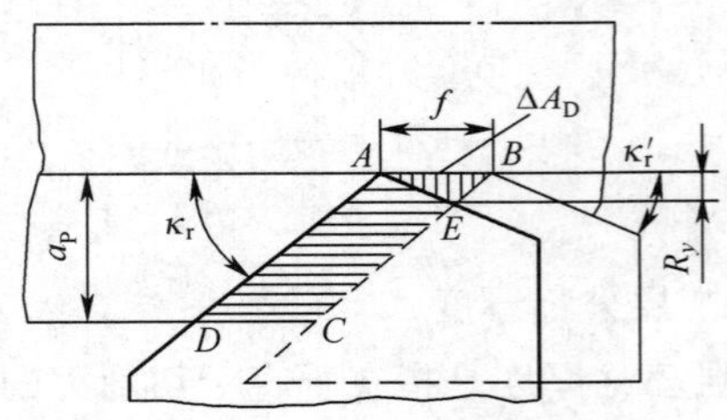

图 1-6 残留面积及其高度

1.2 刀具的几何角度

1.2.1 刀具切削部分组成要素

刀具种类繁多、形状各异,但其切削部分都可以看作从外圆车刀演变而来。因此以普通外圆车刀的切削部分为基础,确定刀具的基本性定义,分析刀具切削部分的几何参数。

普通外圆车刀的构造如图 1-7 所示,由刀柄和切削部分组成。刀柄是车刀在车床上定位和夹持的部分。切削部分的组成如下:

(1)前刀面(A_γ):加工时切屑流出时经过的刀具表面。

(2)主后刀面(A_α):刀具上与过渡表面相对的表面。

(3)副后刀面(A'_a):刀具上与已加工表面相对的表面。

(4)主切削刃(S):前刀面与主后刀面相交的棱边,它在切削加工过程中承担主要的切削任务,切去大量的材料并形成工件上的加工表面。

(5)副切削刃(S'):前刀面与副后刀面相交的棱边,它配合主切削刃完成金属材料的切除工作,最终形成工件的已加工表面。

(6)刀尖:主切削刃与副切削刃连接处的一小部分切削刃,它分为修圆刀尖和倒角刀尖两类(图 1-8)。

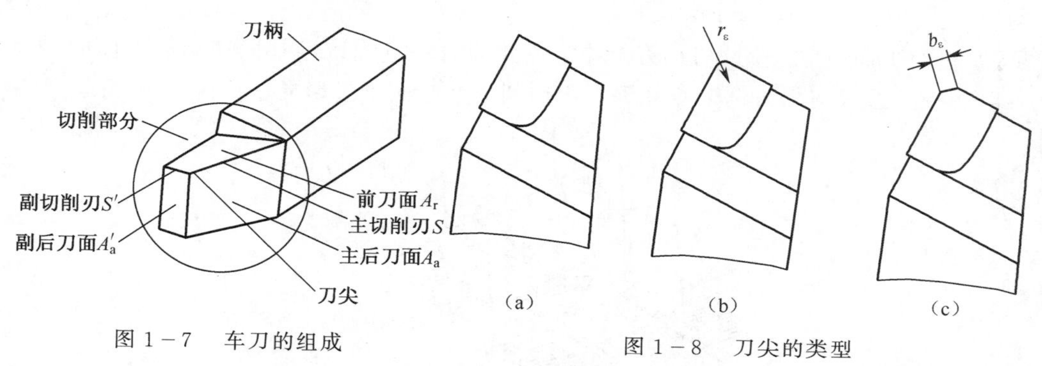

图 1-7 车刀的组成

图 1-8 刀尖的类型

(a)切削刃的实际交点;(b)修圆刀尖;(c)倒角刀尖。

不同类型的车刀,切削部分的组成要素不同,如切断刀,除前刀面、后刀面、主切削刃外,还有两个副后刀面、两个副切削刃和两个刀尖。

1.2.2 刀具静止参考系与切削部分的几何角度

刀具要完成切削任务,其切削部分必须具备合理的几何形状。刀具几何角度就是确定其切削部分几何形状和反映刀具切削性能的参数。为了定义和规定刀具几何角度,需要以一定的参考坐标系和参考坐标平面为基准。刀具静止参考系是用于定义刀具设计、制造、刃磨和测量时的刀具几何参数的坐标系,由于刀具的几何角度是在切削过程中起作用的角度,因此,静止参考系中坐标平面的建立以切削运动为依据,首先给出假定工作条件和假定安装条件,然后建立参考坐标系。在该参考系中定义的刀具角度称为刀具的静止(标注)角度。

1. 刀具静止参考系

所谓"静止",实质是在定义其坐标平面之前,合理规定了一些假定条件,从而使定义出的坐标平面与刀具设计、制造、刃磨和测量时的基准面平行或垂直。它们是:

(1)假定运动条件:以切削刃上选定点位于工件中心高时的主运动方向作为假定主运动方向;以切削刃上选定点的进给运动方向作为假定进给运动方向,不考虑进给运动的大小。

(2)假定安装条件:假定车刀安装绝对正确,即车刀的刀尖与工件中心等高;车刀刀杆中心线垂直于工件轴线。

这样便可近似地用平行或垂直于假定主运动方向的平面构成参考平面,即参考系。下面主要介绍刀具静止参考系中常用的正交平面参考系(图 1-9)。

2. 正交平面参考系

(1)基面(P_r):通过切削刃上选定点,垂直于该点假定主运动方向的平面。通常它平行或垂直于刀具在制造、刃磨及测量时适合于安装或定位的一个平面或轴线。对车刀、刨刀而言,是过切削刃选定点和刀柄安装平面平行的平面,对钻头、铣刀等旋转刀具而言,是过切削刃选定点并通过刀具轴线的平面。

(2)切削平面(P_s):通过切削刃上选定点与主切削刃相切并垂直于该点基面的平面。当主切削刃为直线刃时,过切削刃选定点的切削平面,是包含主切削刃并垂直于基面的平面。

(3)正交平面(P_o):通过切削刃上选定点并同时垂直于该点基面和切削平面的平面,也可以看成是通过切削刃选定点并垂直于切削刃在基面上投影的平面。

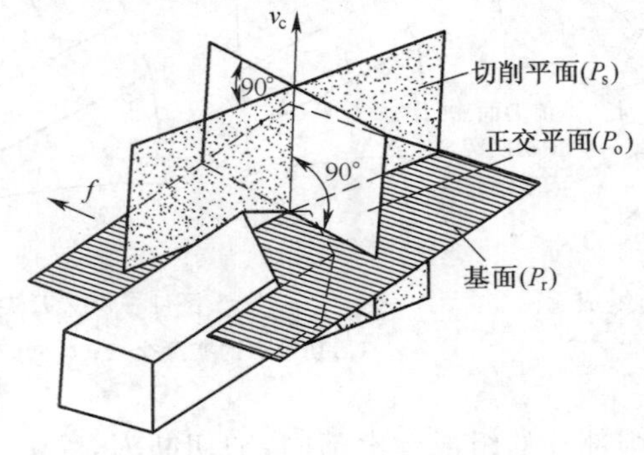

图 1-9　正交平面参考系

3. 刀具在静止参考系中的几何角度(图 1-10)

(1)前角(γ_o):正交平面中测量的前刀面与基面的夹角。当前刀面与切削平面夹角小于 90°时,前角为正值;大于 90°时,前角为负值。前角对刀具切削性能有很大影响。

(2)后角(α_o):正交平面中测量的后刀面与切削平面间的夹角。当后刀面与基面夹角小于 90°时,后角为正值;大于 90°时,后角为负值。后角的主要作用是减小后刀面与过渡表面之间的摩擦。

(3)楔角(β_o):前刀面与后刀面的夹角,楔角是由前角和后角得到的派生角度,$\beta_o=90°-(\gamma_o+\alpha_o)$。

(4)主偏角(κ_r):在基面中测量的角度,主切削平面与假定进给运动方向间的夹角,它总是为正值。

(5)副偏角(κ'_r):在基面中测量的角度,副切削平面与假定进给运动反方向间的夹角。

(6)刀尖角(ε_r):主切削平面与副切削平面间的夹角。刀尖角是由主偏角和副偏角得到的派生角,$\varepsilon_r=180°-(\kappa_r+\kappa'_r)$。

(7)刃倾角(λ_s):切削平面中测量的主切削刃与基面间的夹角。当刀尖相对于车刀刀柄安装面处于最高点时,刃倾角为正值;当刀尖处于最低点时,刃倾角为负值;当切削刃平行于刀柄安装面时,刃倾角为零度,这时,切削刃在基面内。

(8)副后角(α'_o):与主切削刃的研究方法相同,在副切削刃上同样可以定义一副正交平面(P'_o)。在副正交平面中测量的角度有副后角,它是副后刀面与副切削平面(与副切削刃相切并垂直于基面的平面)间的夹角。当副后刀面与基面的夹角小于 90°时,副后角为负值。副后角决定了副后刀面的位置。

上述刀具角度中,前角与刃倾角确定了前刀面的方位,主偏角与后角确定了后刀面的方位,主偏角与刃倾角确定了主切削刃的方位,副偏角与副后角确定了副后刀面的方位。

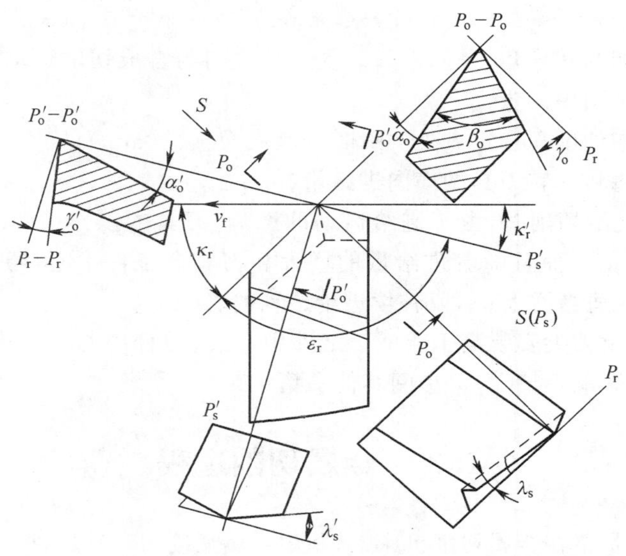

图 1－10　正交平面参考系的刀具标注角度

4. 刀具的工作角度

以上讨论的刀具角度是在静止参考系中定义的,即在不考虑刀具的具体安装情况和运动影响的条件下而定义的刀具标注角度。实际上,在切削加工中,由于进给运动的影响或刀具相对于工件安装位置发生变化时,常常使刀具实际的切削角度发生变化。这种在实际切削过程中起作用的刀具角度,称为刀具的工作角度。

在大多数场合(如车削、镗削、铣削等),进给速度远小于主运动速度,因而在一般安装条件下,刀具的工作角度近似等于标注角度,所以不必进行工作角度的计算。只有在车削大螺距螺纹、丝杠、凸轮、铲背或有意将刀具位置装高、装低、左右倾斜等特殊情况下,工作角度变化值较大,才考虑工作角度。现以横向车削为例说明刀具的工作角度(图 1－11)。

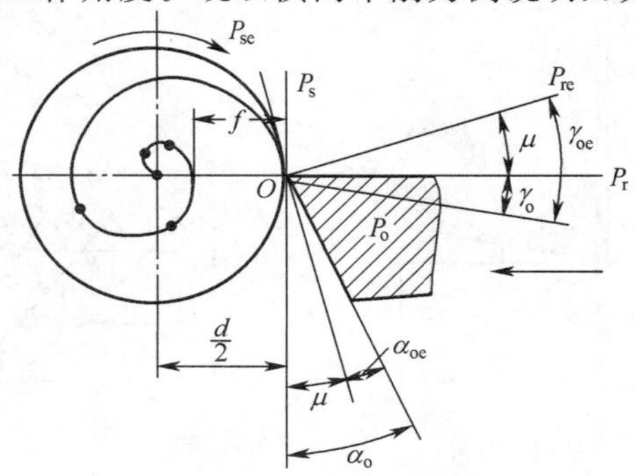

图 1－11　横向进给运动对工作角度的影响

在车床上切断和切槽加工时，刀具沿横向进给，这时刀具相对于工件的运动轨迹是一阿基米德圆柱螺旋面，各瞬时刀具相对于工件的合成切削运动方向是阿基米德圆柱螺旋面的切线方向，它与主运动方向的夹角为 μ，这时工作基面（P_{re}）和工作切削平面（P_{se}）分别相对于基面（P_r）和切削平面（P_s）转过 μ 角。刀具的工作前角（γ_{oe}）和工作后角（α_{oe}）分别为

$$\gamma_{oe}=\gamma_o+\mu,\quad \alpha_{oe}=\alpha_o-\mu,\quad \tan\mu=v_f/v_c=f/(\pi\cdot d_w)$$

式中 μ——合成切削速度角，是同一瞬间主运动方向与合成切削运动方向间的夹角，在工作平面中测量；

d_w——工件在切削刃选定点处的瞬时过渡表面直径（mm）；

f——工件每转一转刀具的横向进给量（mm/r）。

显然，在横向进给切削时，由于进给运动的影响，刀具的工作前角增大一个 μ 值，工作后角减小一个 μ 值。而且随着进给量的增大和刀具向工件中心接近，μ 值还在增大。因此横向车削时，应适当增大 α_o，以补偿进给运动的影响。

纵向进给运动及刀尖安装高于或低于工件中心线、刀杆中心线与进给运动方向不垂直对工作角度也有影响等情况，可参阅其他书籍。

1.3 金属切削过程

金属切削过程是指在金属切削机床上，利用金属切削刀具从工件上切下多余金属层，形成切屑和已加工表面的过程。在这个过程中产生一系列的现象，如形成切屑、切削力、切削热与切削温度、刀具磨损等。本节在介绍这些现象的基础上，分析切削加工中的一些具体问题。

1.3.1 切削过程中的金属变形

1. 切屑的形成过程

从实践中可知，切屑的形成过程就是切削层变形的过程。为了进一步揭示金属切削的变形过程和便于认识其实用意义，把切削区域划分为三个变形区，如图 1-12 所示。

（1）第一变形区：即剪切滑移区，如图 1-13 所示。剪切面 OM 附近的切削层金属，

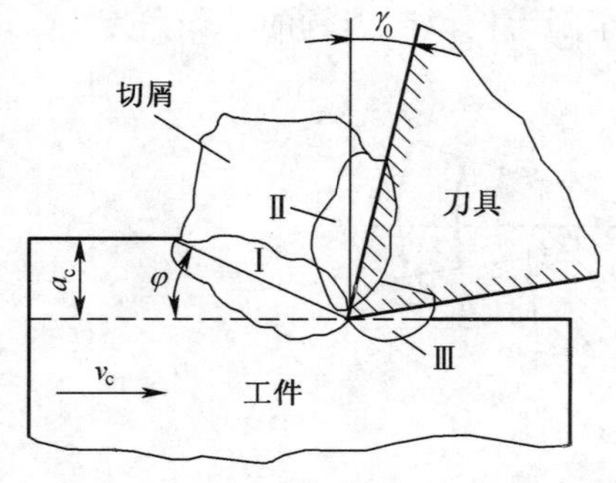

图 1-12 三个变形区的划分

Ⅰ—第一变形区；Ⅱ—第二变形区；Ⅲ—第三变形区。

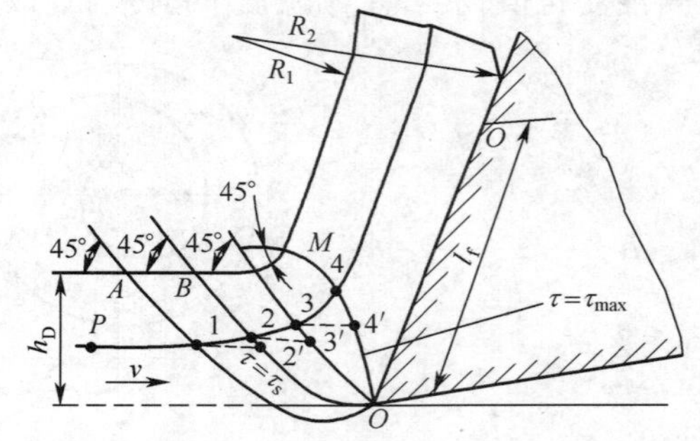

图 1-13 第一变形区金属的剪切滑移

在刀具的前刀面和切削刃的不断挤压作用下，产生弹、塑性变形继而剪切滑移而成为切屑；在 OA 与 OM 之间是剪切滑移区，其宽度很窄，只有 0.02mm～0.2mm。

当前刀面以切削速度挤压切削层时，其中某一质点 P 便进入剪切滑移区，由位置 1 移至位置 2，2－2′之间的距离就是滑移量。此后，P 点滑移依次为 3－3′，4－4′，滑移量也依次增加，切应力应变也逐渐增大。当 P 点移至 OM 面（终剪切面）上，切应力达到屈服点（σ_s）时，滑移变形基本结束，切削层变形为切屑并且沿刀具的前刀面流出。

（2）第二变形区：切屑沿前刀面流出时，受到前刀面的挤压和摩擦，使靠近前刀面处的金属再次产生剪切变形，使其切屑底层薄薄的一层金属流动滞缓。这一层滞缓流动的金属层称为滞流层。

（3）第三变形区：是刀具后刀面和工件已加工表面的接触区。切屑底层和前刀面的挤压摩擦，使切屑底层的金属晶粒纤维化而拉长，在带有钝圆半径 r_n 的切削刃口处被分为两部分：一部分随切屑沿前刀面流出；另一部分沿后刀面流出，形成已加工表面，它受到切削刃钝圆半径和后刀面的挤压、摩擦和回弹，造成已加工表面金属的纤维化和加工硬化，并产生一定的残余应力。第三变形区的金属变形，将影响到工件表面质量及使用性能。

2. 切屑的种类

由于工件材料不同，切削过程中的变形程度也不同。根据切削过程中变形程度的不同，可把切屑分为四种不同的形态，如图 1－14 所示。

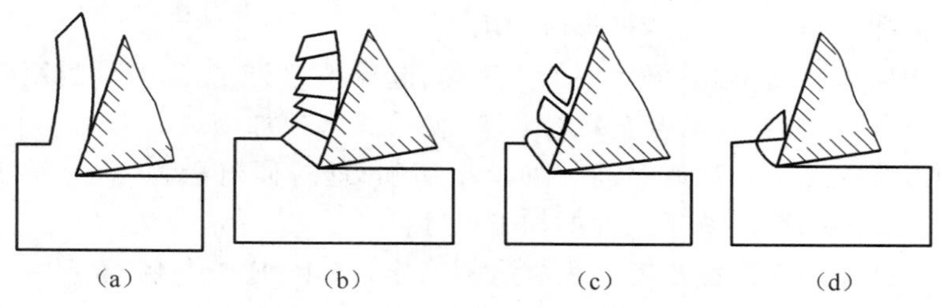

图 1－14　切屑的种类

(a)带状切削；(b)节状切削；(c)单元切削；(d)崩碎切削。

（1）带状切屑：这种切屑的底层（与前刀面接触的面）光滑，而外表面呈毛茸状，无明显裂纹（图 1－14(a)）。一般加工塑性金属材料（如软钢、铜、铝等），在切削厚度较小、切削速度较高、刀具前角较大时，容易得到这种切屑。形成带状切屑时，切削过程较平稳、切削力波动较小、加工表面质量高。

（2）节状切屑：这种切屑的底面有时出现裂纹，而外表面有明显的锯齿状（图 1－14(b)）。挤裂切屑大多在加工塑性较低的金属材料（如黄铜）、切削速度较低、切削厚度较大、刀具前角较小时产生；当工艺系统刚度不足、加工碳素钢材料时，也容易得到这种切屑。产生节状切屑时，切削过程不太稳定、切削力波动也较大、已加工表面质量也差。

（3）单元切屑：采用小前角或负前角，以极低的切削速度和大的切削厚度切削塑性金属（如延伸率较低的结构钢）时，会产生这种切屑，如图 1－14(c)所示。产生单元切屑时，切削过程不平稳、切削力波动较大、已加工表面质量较差。

（4）崩碎切屑：切削脆性金属（如铸铁、青铜等）时，由于材料的塑性很小、抗拉强度很低，在切削时切削层内靠近切削刃和前刀面局部金属未经明显的塑性变形就被挤裂，形成不规则的碎块切屑，如图 1－14(d)所示。产生崩碎切屑时，切削力波动大、加工表面凹凸不平、刀刃容易损坏。

3. 积屑瘤现象

在中速或较低切削速度范围内，加工一般钢料或其他塑性金属材料时，常在切削刃附近黏结一块硬度很高(通常为工件材料硬度的 2 倍～3.5 倍)的金属楔状物，它包围着切削刃且覆盖部分前刀面，这块金属楔状物称为积屑瘤，如图 1－15 所示。

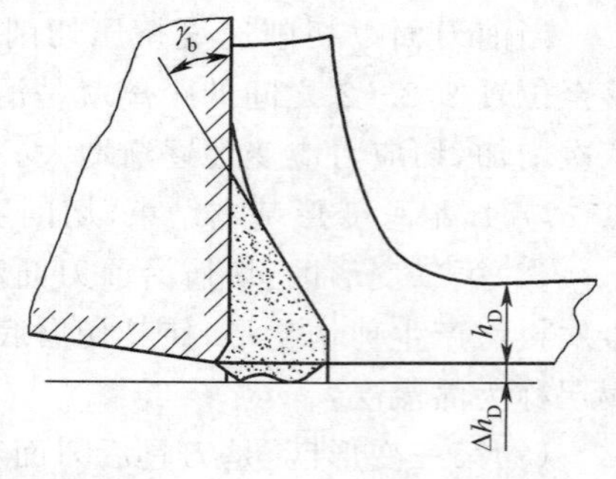

图 1－15 积屑瘤

1)积屑瘤的形成过程

在切削过程中，切屑沿刀具前刀面流出时，会由于强烈的摩擦而产生黏结现象，使切屑底层金属黏结在前刀面上形成滞留层，滞留层以上金属从其上流出，产生内摩擦，由于内摩擦造成硬化使底层上面的金属被阻滞并与底层黏结在一起。这样，黏结层层层堆积扩大形成积屑瘤。长大后的积屑瘤受外力的作用或振动的影响会发生局部断裂或脱落。积屑瘤的产生、成长、脱落过程是在短时间内进行的，并在切削过程中周期性的不断出现。

2)积屑瘤在切削过程中的作用

(1)增大实际工作前角(γ_b)，可降低切削力。

(2)由于积屑瘤硬度很高，可代替刀刃工作，起保护刀刃、提高刀具耐用度的作用。但积屑瘤的破裂可能使刀具硬质合金颗粒脱落，使刀具磨损加剧。

(3)改变了背吃刀量。积屑瘤前端伸出于切削刃外，伸出量为 Δh_D(图 1－15)，使切削厚度增大了 Δh_D，因而影响了工件的加工尺寸。

(4)增大了已加工表面粗糙度。积屑瘤不稳定，产生、成长与脱落是一个带有一定周期性的动态过程(每秒几十次至几百次)，使切削厚度不断变化，以及有可能由此而引起振动；积屑瘤的底部相对稳定，其顶部很不稳定，容易破裂，一部分粘附于切屑底部而排出；一部分留在已加工表面上，形成鳞片状毛刺；积屑瘤粘附在切削刃上，使实际切削刃呈一不规则的曲线，导致在已加工表面上刻出一些深浅和宽窄不同的纵向沟纹。

因此，积屑瘤对粗加工是有利的，但精加工时，考虑到工件的精度及质量应尽力避免。

3)影响积屑瘤的主要因素及避免措施

(1)采用高速切削：切削速度是通过切削温度对前刀面的最大摩擦系数和工件材料性质的影响而影响积屑瘤的。所以控制切削速度使切削温度控制在 300°C 以下或 380°以上，就可减少积屑瘤生成。因此，宜采用低速或高速，但低速加工效率低，故用高速切削。

(2)采用合适的热处理：提高工件的硬度，减小加工硬化倾向。

(3)采用大前角刀具切削：减小刀屑接触压力；切屑变形减小，则切削力减小，从而使前刀面上的摩擦减小，减小了积屑瘤的生成基础。实践证明，前角增大到 35°时，一般不产生积屑瘤。

(4)使用切削液：采用润滑性能良好的切削液可以减少或消除积屑瘤的产生。

1.3.2 切削力

在切削过程中，为切除工件毛坯的多余金属使之成为切屑，刀具必须克服金属的各种变形抗力和摩擦阻力。这些分别作用于刀具和工件上的大小相等、方向相反的力的总和称为切削力。

1. 切削力的来源及分解

切削力的来源有两方面(图 1－16)：

(1)切削层金属、切屑和工件表面层金属的弹、塑性变形所产生的抗力。

(2)刀具与工件表面、切屑间的摩擦力。

为了便于分析切削力的作用和测量、计算切削力的大小通常将合力 $\boldsymbol{F}$ 分解成如图 1－17所示的三个互相垂直的分力。

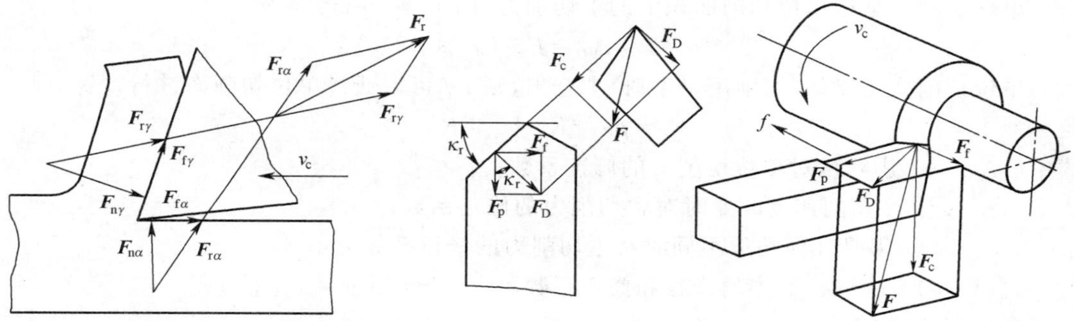

图 1－16　作用在刀具上的力　　　图 1－17　外圆车削时切削合力与分力

(1)切削力($\boldsymbol{F}_c$)：$\boldsymbol{F}$ 在主运动方向上的分力，垂直于基面，与切削速度 v_c 方向一致，在切削过程中消耗的功率最大(占总数 95%以上)，它是计算刀具强度、设计机床、确定机床动力的必要数据。

(2)背向力($\boldsymbol{F}_p$)：$\boldsymbol{F}$ 在切深方向上的分力。在内、外圆车削时又叫做径向力。由于 $\boldsymbol{F}_p$ 方向上没有相对运动，它不消耗功率，但它会使工件弯曲变形和产生振动，是影响工件加工质量的主要分力。$\boldsymbol{F}_p$ 是机床主轴轴承设计和机床刚度校验的主要依据。

(3) 进给抗力($\boldsymbol{F}_f$)：$\boldsymbol{F}$ 在进给运动方向上的分力，外圆车削中又叫做轴向力。它是机床进给机构强度和刚度设计、校验的主要依据。

由于 $\boldsymbol{F}_c$、$\boldsymbol{F}_p$、$\boldsymbol{F}_f$ 三者相互垂直，所以总切削力与它们之间关系为

$$F=\sqrt{F_c^2+F_p^2+F_f^2}$$

2. 切削力的经验公式

计算切削力的经验公式可分为两类：一类是指数公式；另一类是按单位切削力计算的公式。

1)指数公式

计算切削力的指数公式为

$$F_c=C_{F_c}a_p^{x_{F_c}}f^{y_{F_c}}v_c^{n_{F_c}}K_{F_c} \tag{1-1}$$

式中　x_{F_c}——背吃刀量对切削力的影响指数；

y_{F_c}——进给量对切削力的影响指数；

n_{F_c}——切削速度对切削力的影响指数；

K_{F_c}——实际切削条件与实验切削条件不同时的总修正系数，它是各项条件修正系数的乘积；

C_{F_c}——在一定切削条件下与工件材料有关的系数。

同样，分力 $\boldsymbol{F}_c$、$\boldsymbol{F}_f$等也可写成类似式(1－1)的形式。但一般多根据 F_c 进行估算。根据刀具几何参数、磨损情况、切削用量的不同，F_p 和 F_f相对于 F_c 的比值在很大范围内变化。当 $\kappa_r=45°$；$\lambda_s=0°$；$\gamma_o=15°$时，近似关系为

$$F_p=(0.4\sim0.5)F_c$$

$$F_f=(0.3\sim0.4)F_c$$

2)按单位切削力计算的公式

单位切削力是指单位切削面积上的主切削力，用 p(N/mm^2)表示。

$$p=F_c/A_D=F_c/(a_p\cdot f)$$

单位切削力可以从《切削用量手册》中查出，则 F_c 可以通过单位切削力进行计算，即

$$F_c=pa_pfK_{f_p}K_{v_cF_c}K_{F_c} \tag{1-2}$$

式中 K_{f_p}——进给量对单位切削力的修正系数；

$K_{v_cF_c}$——切削速度改变时对主切削力的修正系数；

K_{F_c}——刀具几何角度不同时对主切削力的修正系数。

式(1－1)及式(1－2)中的指数和修正系数可在《切削用量手册》中查得。

3)切削功率(P_c)

切削功率是切削过程消耗的功率，它等于总切削力三个分力消耗功率的总和。外圆车削时，由于 F_f消耗的功率所占比例很小(1%～5%)，通常略去不计；$\boldsymbol{F}_p$ 方向的运动速度为零，不消耗功率，所以切削功率(kW)为

$$P_c=(F_c\cdot v_c)/60000$$

式中 F_c——主切削力(N)；

v_c——切削速度(m/min)。

计算出切削力后，可以进一步计算出机床电动机消耗的功率(P_E,kW)即

$$P_E\geqslant P_c/\eta$$

式中 η——机床的传动效率，一般为0.75～0.85。

3. 影响切削力的因素

1)工件材料的影响

工件材料的强度、硬度越高，材料的剪切屈服强度越高，切削力越大。在强度、硬度相近的情况下，材料的塑性、韧性越大，则切削力越大。

2)切削用量的影响

(1)吃刀量和进给量。当 a_p或 f 加大时，切削面积加大，变形抗力和摩擦阻力增加，从而引起切削力增大。实验证明，当其他切削条件一定时，a_p加大1倍，切削力增加1倍；f 加大1倍，切削力增加70%～80%。

(2)切削速度。切削塑性金属时，在形成积屑瘤范围内，v_c较低时，随着 v_c的增加，积屑瘤增大，γ_o增大，切削力减小。v_c较高时，随着 v_c的增加，积屑瘤逐渐消失，γ_o减小，切

削力又逐渐增大。在积屑瘤消失后，v_c再增大，使切削温度升高，切削层金属的强度和硬度降低，切屑变形减小，摩擦力减小，因此切削力减小。v_c达到一定值再增大时，切削力变化减缓，渐趋稳定。

切削脆性金属(如铸铁、黄铜)时，切屑和前刀面的摩擦小，v_c对切削力无显著影响。

3)刀具几何角度的影响

前角(γ_0)增大，切削变形减小，切削力减小。切削塑性大的材料，加大γ_o可使塑性变形显著减小，故切削力减小，故切削力减小的多一些。主偏角(κ_r)对进给抗力、背向力(F_p)影响较大，增大κ_r时，F_p减小，但F_f增大。刃倾角(λ_s)对主切削力(F_c)影响很小，但对背向力、进给抗力影响显著。λ_s减小时，F_p增大，F_f减小。因此，切削时不宜选择过大的负刃倾角，尤其在工艺系统刚度较差的情况下，常常由于λ_s增大F_p产生振动。

4)刀尖圆弧半径(r_ε)

刀尖圆弧半径增大，则切削刃圆弧部分的长度增长，切削变形增大，使切削力增大。此外，刀尖圆弧半径增大，整个主切削刃上各点主偏角的平均值减小，使背向力增大，走刀抗力减小。

5)刀具磨损的影响

当刀具后刀面磨损后，形成0°后角，且刀刃变钝，后刀面与加工表面间挤压和摩擦加剧，使切削力增大。

6)切削液的影响

以冷却作用为主的水溶液对切削力影响很小；以润滑作用为主的切削油能显著的降低切削力。由于润滑作用，减小了刀具前刀面与切屑、后刀面与工件表面间的摩擦。

1.3.3 切削热与切削温度

1. 切削热的产生与传散

1)切削热的产生

切削热是由切削功转变来的，一是切削层发生的弹、塑性变形功；二是切屑与前刀面、工件与后刀面间消耗的摩擦功。具体在三个变形区内产生，其中包括：

(1)剪切区的变形功转变的热(Q_p)；

(2)切屑与前刀面的摩擦功转变的热($Q_{\gamma f}$)；

(3)已加工表面与后刀面的摩擦功转变的热($Q_{\alpha f}$)。

产生的总热量为

$$Q=Q_p+Q_{\gamma f}+Q_{\alpha f}$$

因此，工件上三个变形区的每个变形区都是一个热源，三个热源产生热量的比例与工件材料、切削条件等有关。切削塑性材料时，当切削厚度较大时，以第一变形区产生的热量为最多；切削厚度较小时，则第二变形区产生的热量占大比例。加工脆性材料时，因形成崩碎切屑，故第二变形区产生热量比例下降，而第三变形区产生热量的比例相应增加。

2)切削热的传散

切削热主要由切屑、工件和刀具传出，周围介质传出热量较少。影响切削热传出的主要因素是工件材料和刀具材料的导热系数以及周围介质状况。工件材料的导热系数较高时，大部分切削热由切屑和工件传导出去；反之，刀具传导比例增大。切削速度越高，切削厚度越大，则由切屑带走的热量越多。若采用冷却性能好的切削液时，则切削区大量的热将由切削液带走。

一般情况下，切削热传出的比例大致如下：

(1)车削加工时，切屑为50%～86%、工件为40%～10%、刀具为9%～3%、周围介质为1%。

(2)钻削加工时，切屑为28%、工件为14.5%、刀具为52.5%、周围介质为5%。

2. 切削温度及其影响因素

通常所说的切削温度，一般指刀具前刀面与切屑接触区域的平均温度。

1)切削用量对切削温度的影响

(1)切削速度对切削温度影响显著。实验证明，随着切削速度的提高，切削温度明显上升。因为当切屑从前刀面流出时，切屑低层与前刀面发生强烈摩擦，因而产生大量的热量。

(2)进给量对切削温度有影响。随着进给量的增大，单位时间内的金属切除量增多，切削过程产生的切削热也增多，切削温度上升。

(3)背吃刀量对切削温度影响很小。随着背吃刀量的增大，切削层金属的变形与摩擦成正比增加，切削热也成正比增加。但由于切削刃参加工作的长度也成正比的增长，改善了散热条件，所以切削温度升高并不明显。

综上所述，切削用量对切削温度的影响规律是切削速度最大，进给量次之，背吃刀量最小。

2)刀具几何参数对切削温度的影响

(1)前角增大，切削变形减小，产生的切削热减少，使切削温度下降；但是，如果前角过分增大，楔角减小，刀具散热体积减小，切削温度又会升高。因此，前角只在一定范围内增大才对降低切削温度有利。当前角达到18°～20°后，对降低切削温度无明显作用。

(2)主偏角增大，切削温度将升高。因为主偏角加大后，切削刃工作长度缩短，切削热相对地集中，刀尖角减小，散热条件变差，切削温度升高。

3)工件材料对切削温度的影响

工件材料的强度与硬度越高，切削时消耗功率越大，产生的切削热也越多，切削温度也越高；工件材料塑性越大，切削时切屑变形越大，产生的切削热越多，切削温度越高；工件材料导热系数越大，从工件传出去的热量越多，切削温度越低。

4)刀具磨损对切削温度的影响

刀具磨损后切削刃变钝，切削刃前方的挤压作用增大，切削区金属塑性变形增加；同时，磨损后的刀具后角基本为0°，使工件与刀具的摩擦加大，两者均使切削热增多，切削温度升高。

5)切削液对切削温度的影响

切削液能降低切削区温度，改善切削过程中摩擦状况，减少刀具和切屑的黏结，减少工件热变形，保证加工精度，减小切削力，提高刀具耐用度和生产效率。

1.3.4 刀具磨损与刀具耐用度

切削过程中，刀具在高温、高压下工作，因此，刀具一方面切下切屑，另一方面也被磨损。当刀具磨损达到一定值时，工件的表面粗糙度值增大，切屑的形状和颜色发生变化，切削过程发出沉重的噪声，并伴随有振动。此时，对刀具必须进行修磨或更换新刀。

1. 刀具磨损形式

刀具磨损是指刀具与工件或切屑的接触面上，刀具材料的微粒被工件或切屑带走的现象。这种磨损现象称为正常磨损现象。若由于冲击、振动、热效应等原因导致刀具崩刃、卷刃、破碎而损坏，称为非正常磨损。这常常是由于选择、设计、制造或使用刀具不当所造成，生产中应力求避免。下面主要介绍正常磨损的形态(图 1-18)。

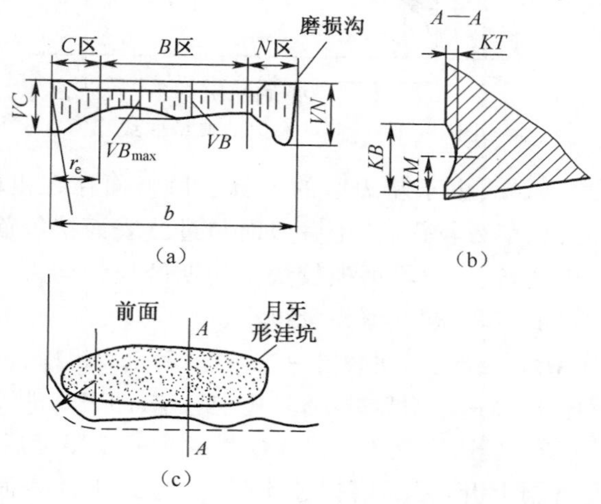

图 1-18　刀具的正常磨损形态

(a)后刀面磨损区的形状；(b)前刀面月牙洼磨损的端面形状；(c)前刀面月牙洼磨损的形状。

(1)前刀面磨损。切削塑性材料时，若切削厚度较大，切削速度较高，前刀面在强烈的摩擦下，经常会磨出一个月牙洼。月牙洼的中心即为前刀面上切削温度最高处。月牙洼与主切削刃之间有一条小棱边。在切削过程中，月牙洼的宽度与深度不断扩展，使棱边逐渐变窄，切削刃强度大大降低，最后导致崩刃。前刀面磨损量，通常以月牙洼的最大深度 KT 表示。

(2)后刀面磨损。指磨损的部位主要发生在后刀面，后刀面磨损后，形成后角等于 0°的小棱面。

切削速度较低、切削厚度较小($h_D<0.1$mm 的塑性金属或切削脆性金属，如铸铁等)时，刀具都会产生后刀面磨损。后刀面的磨损并不均匀，靠近刀尖部位的 C 区。由于刀尖部分强度低，散热条件差，磨损较严重，最大值为 VC，靠近工件外皮的 N 区因上道工序硬化层或毛坯硬皮的影响，磨损也较大，形成磨损深沟，最大值以 VN 表示。在磨损带中间的 B 区，磨损比较均匀，以 VB 表示平均磨损值。通常用 VB 表示刀具主后刀面的磨损。

(3)前刀面和主后刀面同时磨损。在中等切削速度和中等切削厚度($h_D=0.1$mm～0.5mm)切削塑性金属时，经常发生前刀面“月牙”形洼坑磨损和后刀面磨损。

刀具的磨损形式随切削条件的不同可以互相转化，但在大多数情况下，后刀面都有磨损，且直接影响加工质量，又便于测量，常以主后刀面磨损(VB)表示。

2. 刀具磨损过程

在一定切削条件下，不论何种磨损形态，其磨损量都将随切削时间的增长而增长(图

1－19)。由图可知,刀具的磨损过程可分为三个阶段。

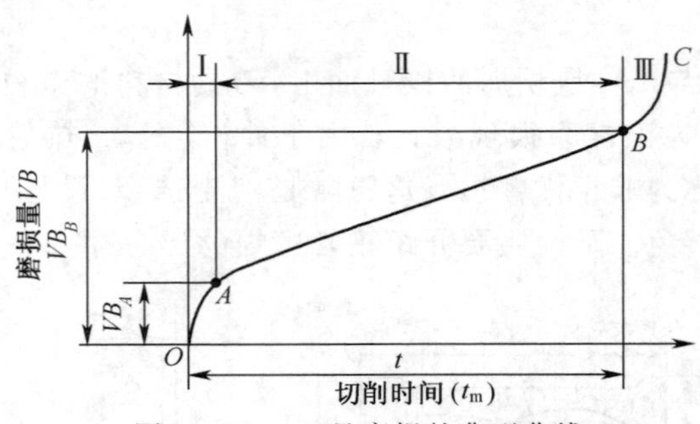

图 1－19　刀具磨损的典型曲线

(1)初期磨损阶段(OA)。由于新刃磨的刀具主后刀面存在粗糙不平、显微裂纹、氧化或脱碳层等缺陷,而且切削刃较锋利,主后刀面与过渡表面接触面积较小,压力和切削温度集中在刃口所致,因此,这一阶段磨损较快。初期磨损量与刀具刃磨质量密切相关。实践证明,经仔细研磨过的刀具,初期磨损量很小。

(2)正常磨损阶段(AB)。经过初期磨损后,刀具主后刀面粗糙表面已经磨平,承压面积增大,压应力减小,从而使磨损速率明显减小,且比较稳定,即刀具进入正常磨损阶段。

(3)剧烈磨损阶段(BC)。当磨损带宽度 VB 增大到一定限度后,刀具变钝,摩擦力增大,切削力和切削温度急剧上升,刀具磨损速率增大,导致工件表面粗糙度增大,出现噪声、振动现象,以致刀具迅速损坏而失去切削能力。在此阶段到来之前就应及时换刀,否则既不能保证加工质量,又使刀具材料损耗严重,经济性降低。

3. 刀具的磨钝标准

刀具磨损到一定程度后,切削力、切削温度显著增加,加工表面变得粗糙,工件尺寸可能会超出公差范围,切屑颜色、形状发生明显变化,甚至产生振动或出现不正常的噪声等。这些现象都可说明刀具已经磨钝,因此需要根据加工要求规定一个最大的允许磨损值,这就是刀具的磨钝标准。由于后刀面磨损最常见,且易于控制和测量,通常以后刀面中间部分的平均磨损量作为磨钝标准。根据生产实践的调查资料,硬质合金车刀磨钝标准推荐值见表 1－1。

表 1－1　硬质合金车刀的磨纯标准

加工条件	主后面 VB/mm
精车	0.1～0.3
合金钢粗车、粗车刚度较低条件	0.4～0.5
碳素钢粗车	0.6～0.8
铸铁件粗车	0.8～1.2
钢及铸铁大件低速粗车	1.0～1.5

4. 刀具耐用度

在实际生产中,不可能经常停机去测量刀具后刀面上的 VB 值,以确定是否达到磨损限度,而是采用与磨钝标准相对应的切削时间,即刀具耐用度来表示。

刀具耐用度是指一把新刃磨的刀具从开始切削起,一直到磨损量达到磨钝标准为止所经过的总切削时间,用符号 T 表示,单位为 min。耐用度应为切削时间,不包括对刀、测量、快进、回程等非切削时间。刀具耐用度有时也可用加工同样零件的数量或切削行程的长度表示。粗加工时,多以切削时间表示刀具耐用度。例如,目前硬质合金车刀的耐用度大约为 60min,高速钢钻头的耐用度为 80min～120min,硬质合金面铣刀的耐用度为 120min～180min,齿轮刀具的耐用度为 200min～300min。精加工时,常以走刀次数或加工零件个数表示刀具耐用度。用刀具耐用度衡量磨损量的大小,比直接测量磨损量方便得多,生产中广泛采用。

影响刀具耐用度的因素如下:

(1)切削用量,它是影响刀具耐用度的一个重要因素。用硬质合金车刀切削 $\sigma_b=0.736\text{GPa}$ 的碳钢时,切削用量与刀具耐用度的关系为

$$T=\frac{G_T}{v_c^5 f^{2.25} a_p^{0.75}}$$

式中 C_T——刀具耐用度系数。

从上式可以看出:v_c、f、a_p 增大,刀具耐用度减小,且 v_c 影响最大,f 次之,a_p 最小。所以在保证一定刀具耐用度的条件下,为了提高生产率,应首先选取大的 a_p,然后选择较大的 f,最后选择合理的 v_c。

(2)刀具几何参数:对刀具耐用度影响最大的是前角和主偏角。

前角增大,可使切削力减小,切削温度降低,耐用度提高;但前角太大会使楔角太小,刀具强度削弱,散热差,且易于破损,刀具耐用度反而下降了。由此可见,对于每一种具体加工条件,都有一个使刀具耐用度最高的合理数值。

主偏角减小,可使刀尖强度提高,改善散热条件,提高刀具耐用度;但主偏角过小,则背向力增大,对刚度差的工艺系统,切削时易引起振动。

此外,如减小副偏角、增大刀尖圆弧半径,其对刀具耐用度的影响与主偏角减小时相同。

(3)刀具材料。刀具材料的高温强度越高,耐磨性越好,刀具耐用度越高;但在有冲击切削、重型切削和难加工材料切削时,影响刀具耐用度的主要因素是冲击韧性和抗弯强度。韧性越好,抗弯强度越高,刀具耐用度越高,越不易产生破损。

(4)工件材料。工件材料的强度、硬度越高,产生的切削温度越高,故刀具耐用度越低。此外,工件材料的塑性、韧性越高,导热性越低,切削温度越高,则刀具耐用度越低。

5. 刀具耐用度的确定

合理选择刀具耐用度,可以提高生产率和降低加工成本。刀具耐用度定得过高,就要选取较小的切削用量,从而降低了金属切除率,降低了生产率,提高了加工成本;反之耐用度定得过低,虽然可以采取较大的切削用量,但却因刀具磨损快,换刀、磨刀时间增加,刀具费用增大,同样会使生产率降低和成本提高。目前生产中常用的刀具耐用度参考值见表 1-2。

表 1-2 刀具耐用度参考值

刀具类型	耐用度/min
高速钢车刀	60～90
高速钢钻头	80～120
硬质合金焊接车刀	60
硬质合金可转位车刀	15～30
硬质合金面铣刀	120～180
齿轮刀具	200～300
自动机用高速钢车刀	180～200

选择刀具耐用度时,还应考虑以下几点:

(1)复杂、高精度、多刃的刀具耐用度应比简单、低精度、单刃刀具高。例如,高速钢钻头的耐用度为 80min～120min;硬质合金端铣刀的耐用度则为 90min～180min;如齿轮滚刀是多刃刀具,其耐用度可达 200min～300min。

(2)安装和调整费时的刀具,应尽量减少安装、调整次数,提高刀具耐用度。例如,仿形车床和组合钻床用的刀具耐用度为普通机床上同类刀具的 2 倍～4 倍。

(3)可转位刀具换刃、换刀片快捷，为使切削刃始终处于锋利状态，刀具耐用度可选的低一些。

(4)精加工刀具切削负荷小，刀具耐用度应比粗加工刀具选的高一些。

(5)精加工大件时，为避免中途换刀，耐用度应选的高一些。

(6)数控加工中，刀具耐用度应大于一个工作班，至少大于一个零件的切削时间。

1.4 切削用量及切削液的选择

1.4.1 切削用量的选择

切削用量不仅是机床调整的必备参数，而且其数值是否合理，对加工质量、生产效率及生产成本等均有重要作用，因此，合理选择切削用量是切削加工的重要环节。

1. 切削用量的选择原则

切削用量的大小与生产效率的高低密切相关，要获得高的生产效率，应尽量增大切削用量的三要素。但在实际生产中，v_c、f、a_p选用值的大小受到切削力、切削功率、加工表面粗糙度的要求及刀具耐用度等因素的影响和限制。因此，合理的刀具耐用度是指在保证加工质量和刀具耐用度的前提下，充分利用机床、刀具的切削性能，达到提高生产率，降低加工成本的一种切削用量。

1)粗加工切削用量的选择原则

粗加工以切除工件余量为主，对加工质量要求不高。依据切削用量三要素对刀具耐用度的影响是切削速度最大，进给量次之，背吃刀量最小。选择时在机床功率和工艺系统刚度足够的前提下，首先采用大的背吃刀量，其次采用较大的进给量，最后根据刀具耐用度选择合理的切削速度。

2)精加工(半精加工)切削用量的选择原则

精加工时工件余量较少，而工件尺寸精度、表面粗糙度精度要求较高。当和 f 太大或太小时，都使加工的表面粗糙度增大，不利于工件质量的提高。而当 v_c增大到一定值以后，就不会产生积屑瘤，有利于提高加工质量。因此，在保证加工质量和刀具耐用度的前提下，采用较小的背吃刀量和进给量，尽可能采用大的切削速度。

2. 切削用量的选择方法

1) 背吃刀量的确定

背吃刀量的大小应根据加工余量的大小确定，在中等功率机床上背吃刀量取为 8mm～10mm；半精加工时，取为 0.5mm～2 mm；精加工时，取为 0.1mm～0.4 mm。精加工时，一次走刀应尽可能切除全部余量，当余量过大或工艺系统刚度较差时，尽可能选则较大的背吃刀量和最少的走刀次数，各次背吃刀量按递减原则确定，如 $a_{p1}=(2/3\sim3/4)A$；$a_{p2}=(1/3\sim1/4)A$，A 为单边切削余量(mm)；半精加工和精加工时，应一次切除全部余量；切削表层有硬皮的铸件或不锈钢等加工硬化严重的材料时，应尽量使背吃刀量超过硬皮或冷硬层的深度，以免刀尖过早磨损。

2)进给量的确定

粗加工时，工件表面质量要求不高，但切削力较大，进给量的大小主要受机床进给机构强度、刀具强度与刚度、工件装夹刚度等因素的限制。在不超过刀具的刀片和刀杠的强度、不大于机床进给机构的强度、不顶弯工件和不产生振动等条件下选取一个最大的进给量值。精加工时，合理进给量的大小主要受加工精度和表面粗糙度的限制，因此，往往选择较小的进给量；断续切削时，选择较小的进给量减小切削中的冲击；当刀尖处有过渡刃、修光刃及切削速度较高时，半精加工和精加工可选较大的进给量以提高生产效率。

实际生产中一般利用金属切削手册采用查表法确定合理进给量。粗加工时，根据加工材料、车刀刀柄尺寸、工件直径及已确定的背吃刀量按表 1-3 选择进给量；半精加工精加工时，则根据工件粗糙度要求、工件材料、刀尖圆弧半径、切削速度等，遵照表 1-4～表 1-6 来选择进给量。

3)切削速度的确定

根据已经选定的背吃刀量、进给量及刀具耐用度，选择切削速度，即

$$v_c=\frac{C_v \cdot K_v}{T^m \cdot a_p^{xv} \cdot f^{yy}}$$

式中　K_v——速度修正系数，它等于各加工条件对切削速度修正系数的乘积；

C_v——切削速度系数；各修正系数可在切削用量手册中查出，式中指数与系数可在表 1-7 中查出。切削速度确定后，机床转速为

$$n=\frac{60\times1000 \cdot v_c}{\pi \cdot d_m}$$

式中　d_m——待加工表面的直径。

表 1-3　硬质合金车刀粗车外圆时进给量的参考数值

车刀刀杆尺寸 $B\times H$ /(mm×mm)	工件直径/mm	切削深度/mm				
		3	5	8	12	12 以上
		进给量/(mm/r)				
16×25	20	0.3～0.4	—	—	—	—
	40	0.4～0.5	0.3～0.4	—	—	—
	60	0.5～0.7	0.4～0.6	0.3～0.5	—	—
	100	0.6～0.9	0.5～0.7	0.5～0.6	0.4～0.5	—
	400	0.8～1.2	0.7～1.0	0.6～0.8	0.5～0.6	
20×30 25×25	20	0.3～0.4	—	—	—	—
	40	0.4～0.5	0.2～0.4	—	—	—
	60	0.6～0.7	0.5～0.7	0.4～0.6	—	—
	100	0.8～1.0	0.7～0.9	0.5～0.7	0.4～0.7	—
	600	1.2～1.4	1.0～1.2	0.8～1.0	0.6～0.9	0.4～0.6
52×50	60	0.6～0.9	0.5～0.8	0.4～0.7	—	—
	100	0.3～1.2	0.7～1.1	0.6～0.9	0.5～0.8	—
	1000	1.2～1.5	1.1～1.5	0.9～1.2	0.8～1.0	0.7～0.8
30×45	500	1.1～1.4	1.1～1.4	1.0～1.2	0.8～1.2	0.7～1.1
40×60	2500	1.3～2.0	1.3～1.8	1.2～1.6	1.1～1.5	1.0～1.5

表 1-4　带修光刃($\kappa'_r=0°$)的硬质合金车刀粗车外圆时进给量的参考值

加工材料	车刀刀杆尺寸 $B\times H$ /(mm×mm)	工件直径 /mm	主偏角			
			$\kappa_r=45°$		$\kappa_r=90°$	
			切削深度/mm			
			3	5	3	5
			进给量/(mm/r)			
碳素结构钢和合金结构钢	16×25	40	1.0～1.2	—	1.0～1.2	—
		60	1.4～1.5	1.0～1.2	1.2～1.4	1.0～1.2
		100 及更大	1.8～2.0	1.3～1.5	1.2～1.6	1.0～1.4
	20×30 25×25	40	1.0～1.2	—	1.0～1.2	—
		60	1.4～1.5	1.0～1.2	1.2～1.4	1.0～1.2
		100 及更大	1.8～2.5	1.4～2.0	1.2～1.8	1.0～1.4
	25×40 及更大	60	1.4～1.8	1.2～1.6	1.0～1.4	0.8～1.2
		100 及更大	2.0～3.0	1.5～2.5	1.2～2.0	1.0～1.5
铸铁	16×25	40	1.0～1.4	—	1.0～1.2	—
		60	1.5～1.8	1.0～1.4	1.2～1.5	1.0～1.2
		100 及更大	2.0～2.4	1.5～2.0	1.5～2.0	1.0～1.4
	20×30 25×25	40	1.0～1.4	—	1.0～1.2	—
		60	1.5～1.8	1.0～1.4	1.2～1.5	1.0～1.2
		100 及更大	2.0～2.8	1.5～2.5	1.5～2.2	1.2～1.5
	25×40 及更大	60	1.5～2.0	1.2～1.5	1.2～1.6	1.0～1.2
		100 及更大	2.0～3.5	1.6～3.0	1.5～2.5	1.2～1.5

表 1-5　工件材料强度不同时进给量的修正系数

材料强度/GPa	0.49 以下	0.49～0.686	0.686～0.883	0.883～0.981
修正系数 K	0.7	0.75	1.0	1.25

表 1-6　高速车削时按表面粗糙度选择进给量的参考值

刀具	表面粗糙度 Ra/μm	工件材料	κ'_r/(°)	切削速度范围 /(m/min)	刀尖圆弧半径/mm		
					0.5	1.0	2.0
					进给量/(mm/r)		
$\kappa'_r>0°$的车刀	12.5	中碳钢 灰铸铁	5	不限制		1.00～1.10	1.3～1.5
			10			0.8～0.9	1.0～1.1
			15			0.7～0.8	0.9～1.0
	6.3	中碳钢 灰铸铁	5	不限制		0.55～0.7	0.7～0.85
			10～15			0.45～0.6	0.6～0.7
	3.2	中碳钢	5	<50	0.22～0.3	0.2～0.35	0.3～0.45
				50～100	0.23～0.35	0.35～0.4	0.4～0.55
				>100	0.35～0.4	0.4～0.5	0.55～0.6
			10～15	<50	0.18～0.25	0.25～0.3	0.3～0.45
				50～100	0.25～0.3	0.3～0.35	0.35～0.55
				>100	0.3～0.35	0.35～0.4	0.55～0.55
		灰铸铁	5	不限制		0.3～0.5	0.45～0.65
			10～15			0.25～0.4	0.5～0.55

（续）

刀具	表面粗糙度 $Ra/\mu m$	工件材料	κ'_r/(°)	切削速度范围/(m/min)	刀尖圆弧半径/mm 0.5	1.0	2.0
					进给量/(mm/r)		
κ'_r>0°的车刀	1.6	中碳钢	≥5	30～50 50～80 80～100		0.11～0.15 0.14～0.2 0.16～0.25	0.14～0.22 0.17～0.25 0.23～0.35
				100～130 >130		0.2～0.3 0.25～0.3	0.25～0.39 0.25～0.39
		灰铸铁	≥5	不限制		0.15～0.25	0.2～0.35
	0.8	中碳钢	≥5	100～110 110～130 >130		0.12～0.18 0.1～0.18 0.17～0.2	0.14～0.17 0.1～0.23 0.2～0.27
κ'_r=0°的车刀	12.5 6.3	中碳钢 灰铸铁	0	不限制	5.0 以下		
	3.2	中碳钢	0	≥50	5.0 以下		
		灰铸铁		不限制			
	1.6 0.8	中碳钢	0	≥100	4.0～5.0		
	1.6	灰铸铁	0	不限制	5.0		

表 1-7 计算 v_T 的系数、指数和修正系数(硬质合金车刀)

工件材料	走刀量/(mm/r)	硬质合金牌号	系数及指数 C_v	m	x_v	y_v
结构钢 σ_b=0.736GPa (750N/mm²)	≤0.75	YT5	227	0.2	0.15	0.35
铸铁 HB=190	≤0.4	YG6	292	0.2	0.15	0.2

修正系数									
工件材料	加工材料		钢				灰铸铁		
	$K_{料v}$		$\frac{0.736}{\sigma_b}$				$\left[\frac{190}{HB}\right]^{1.5}$		
主偏角	κ_r		10	20	30	45	60	75	90
	$K_{\kappa r v}$	钢	1.5 5	1.3	1.13	1.0	0.92	0.86	0.81
		铸铁	—	—	1.2	1.0	0.88	0.83	0.73
前刀面形状	前刀面形状		带倒棱形				平面形(负前角)		
	$K_{前v}$		1.0				1.05		
毛坯表面	表面状况		锻件,无外皮		锻件,有外皮		锻件,有外皮		
	$K_{皮v}$		1.0		0.8～0.85		0.5～0.6		

（续）

工件材料		走刀量/(mm/r)	硬质合金牌号	系数及指数			
				C_v	m	x_v	y_v
刀片牌号	切钢时	牌号	YT30	YT15	YT14	YT5	
		$K_{刀v}$	2.15	1.54	1.23	1.0	
	切铸铁时	牌号	YG3	YG6		YG8	
		$K_{刀v}$	1.15	3.0		0.83	
加工方法	加工方法	车外圆	镗孔	车端面 d/D			
				0～0.4	0.5～0.7	0.8～1.0	
	$K_{工v}$	1.0	0.9	1.25	1.20	1.05	

所选定的转速应按机床说明书选择与计算转速相近的转速。除用计算方法外，生产中常按经验和有关手册来选取切削速度(表1－8)。

表1－8　硬质合金外圆车刀切削速度的参考数值

工件材料	热处理状态	a_p＝0.3mm～2mm f＝0.08mm/r～0.3mm/r v_c/(m/min)	a_p＝2mm～6mm f＝0.3mm/r～0.6mm/r v_c/(m/min)	a_p＝5mm～10mm f＝0.6mm/r～1mm/r v_c/(m/min)
低碳钢 易切钢	热轧	140～180	100～120	70～90
中碳钢	热轧	130～160	90～110	60～80
	调质	100～130	70～90	50～70
合金结构钢	热轧	100～130	70～90	50～70
	调质	80～110	50～70	40～60
工具钢	退火	90～120	60～80	50～70
灰铸钢	<190HB	90～120	60～80	50～70
	190HB～225HB	80～110	50～70	40～60
高锰钢 (13%Mn)			10～20	
铜及铜合金		200～250	120～180	90～120
铝及铝合金		300～600	200～400	150～200
铸铝合金 (13%Si)		100～180	80～150	60～100

生产中选择切削速度时，应考虑以下几点：

(1)粗车时，a_p和f较大，应选择较低的v_c；精车时，a_p和f较小，可选较高的v_c，还应尽量避免积屑瘤产生的区域。

(2)工件材料强度硬度较高时，应选较低的切削速度；加工奥氏体不锈钢、钛合金和高温合金等难加工材料时，只能取较小的切削速度；切削合金钢比切削中碳钢切削速度降低20%～30%；切削调质状态的钢比切削正火退火状态的钢切削速度要降低20%～30%；切削有色金属比切削中碳钢的切削速度可提高100%～300%。

(3)刀具材料的切削性能越好，切削速度应选得越高。

(4)断续切削时，为减小冲击和热应力，宜适当降低切削速度；加工带外皮的工件时，应适当降低切削速度；加工大件、细长件、薄壁件时，应选用较低的切削速度。

(5)易发生振动的情况下，切削速度应避开自激振动的临界速度。

最后还应注意，在 a_p、f、v_c确定以后，还要检验机床功率。只有机床功率足够，所选定的切削用量才能在指定的机床上使用。机床输出功率为

$$P'_e = P_e \eta$$

$$P_m < P'_e$$

式中 P_e——机床电动机功率；

P_m——机床工作所需功率；

η——机床传动效率。

1.4.2 切削液的合理选择

切削过程中，合理使用切削液，可以减小摩擦，降低切削力与切削温度，改善切削条件，从而减轻刀具磨损，提高刀具耐用度，减小工件热变形，提高加工质量和生产效率。

1. 切削液的作用

(1)冷却作用。切削热通过切削液的传导带走大量切削热，从而降低切削温度，减小工件变形，提高刀具耐用度和加工质量。

切削液的冷却效果，取决于它的导热系数、比热容、汽化热、流量、流速等因素。水的比热容比油大，导热系数就大，因此，水溶液的冷却性最好，乳化液次之，油类最差。

(2)润滑作用。切削液能在刀具的前、后刀面与工件之间形成一层润滑膜，可减少刀具与工件或切屑间的直接接触，减轻摩擦和黏结，因此可减轻刀具磨损，提高工件表面质量。

切削液的润滑作用，取决于切削液渗透到刀具与工件、切屑之间形成润滑膜的吸附能力和摩擦系数的大小。切削液产生的润滑膜有两类：一类是物理吸附膜，由切削液中的动物油或植物油、油脂添加剂中的极性分子形成于工件、切屑与刀具表面之间，适用于低速精加工，在高速、高压下，润滑膜将被破坏；另一类是在切削液中加入极性很高的硫、氯和磷等极压添加剂后，在高温、高压下切削液进入切削区，与金属发生化学反应，生成氯化铁、硫化铁、磷酸铁等化学吸附膜，具有吸附牢固、摩擦系数小、耐高温高压的润滑作用。

(3)清洗作用。切削液能将切削中产生的细碎切屑和磨粒细粒冲出切削区，并防止划伤已加工表面和机床导轨面。这一作用对于磨削、螺纹加工和深孔加工尤为重要。因此，要求切削液有良好的流动性，使用时有足够的压力和流量。

(4)防锈作用。为保护工件、机床、夹具、刀具不受周围介质(空气、水分、酸等)的腐蚀，要求切削液有一定的防锈作用。

在切削液中加入防锈添加剂，如亚硝酸钠、磷酸三钠和石油磺酸钡等，使金属表面生成保护膜，起到防锈、防蚀作用。

2. 切削液的种类

(1)水溶液。主要成分是水，但纯水容易使金属生锈，润滑性能差，因此常在水中加入

一定量的添加剂，如防锈剂、表面活性剂和油性添加剂等，使其具有良好的防锈性能和润滑性能。在配制水溶液时，要特别注意水质情况，如果是硬水，必须进行软化处理。

(2)乳化液。乳化油用95%～98%的水稀释而成，是一种乳白色或半透明状的液体，具有良好的冷却作用；但润滑防锈性能较差，常加入一定量的油性、极压添加剂和防锈添加剂，配制成极压乳化液或防锈乳化液。

(3)切削油。主要成分是矿物油，少数采用动植物油或复合油。如普通车削、攻丝选用煤油。在加工有色金属和铸铁时，常用煤油或煤油与矿物油的混合油，螺纹加工时，采用蓖麻油或豆油等。纯矿物油不能在磨擦界面形成牢固的润滑膜，润滑效果差，在低速时，可加入油性剂，在高速或重切削时加入硫、磷、氯等极压添加剂，能显著地提高润滑效果和冷却作用。

3. 切削液的选用

不同种类的切削液具有不同的性能，使用时，必须根据工件材料、刀具材料、加工方法和加工要求等具体情况合理选用才能获得好的效果(表1-9)。

表1-9 常用切削液的种类与选用

名称	组成	主要用途
水溶液	以硝酸钠、碳酸钠等溶于水的溶液，用于100倍～200倍的水稀释而成	磨削
乳化液	矿物油很少，主要为表面活性剂的乳化油，用40倍～80倍的水稀释而成，冷却和清洗性能好	车削、钻孔
	以矿物油为主，少量表面活性剂的乳化油，用10倍～20倍的水稀释而成，冷却和润滑性能好	车削、攻丝
	在乳化液中加入极压添加剂	高速车削、钻削
切削油	矿物油(10号或20号机械油)单独使用	滚齿、插齿
	矿物油加植物油或动物油形成混合物，润滑性能好	精密螺纹车削
	矿物油或混合油中加入极压添加剂形成极压油	高速滚齿、插齿、车螺纹等
其他	液态CO_2	主要用于冷却
	二流化钼＋硬脂酸＋石蜡做成蜡笔，涂于刀具表面	攻丝

(1)高速钢刀具的耐热性差，切削时应使用切削液。粗加工选用冷却性能好的切削液，如3%～5%的乳化液或水溶液。精加工时选用润滑性能好的切削液，如极压切削油或10%～12%极压乳化液。硬质合金刀具耐热性好，一般可不用切削液，必要时可用水溶液或3%～5%的乳化液，但应注意连续、充分浇注，以免由于冷热不均产生热应力而导致刀具损坏。

(2)加工钢等塑性金属材料时需使用切削液，而加工铸铁等脆性材料时一般不用切削液。加工高强度钢、高温合金等难加工材料时，由于切削加工处于极压润滑摩擦状态，应选用含极压添加剂的切削液。加工有色金属和铜、铝合金时，为了获得较高的表面质量和精度，可采用10%～20%的乳化液、煤油或煤油与矿物油的混合油。但不能用含硫的切削液(因硫对有色金属有腐蚀作用)。加工镁合金时，不能使用水溶液，以免燃烧；但可使用煤油或质量分数为4%的氯化钠溶液作切削液。

（3）对于铰孔、拉削等工序，刀具的导向部分和校准部分与已加工表面的摩擦大；成形刀具、齿轮刀具则要求有高的耐用度，上述刀具加工时，应选用润滑性能好的切削液，如各种切削油。磨削加工中，一般常用水溶液或普通乳化液，在磨削不锈钢、高温合金等难加工材料时，则用润滑性能好的极压切削油或极压乳化液。

思考题

1. 车刀切削部分由哪些面和刃组成？
2. 试画图表示：$\gamma_o=15°$、$\alpha_p=6°$、$\kappa_r=90°$、$\kappa_r'=10°$、$\lambda_s=0°$的外圆车刀。
3. 端面车削时，刀尖高（或低）于工件中心时工作角度（前、后角）有何变化？
4. 切削层参数指的是什么？与背吃刀量和进给量有何关系？
5. 研究金属切削过程时，变形区域是怎样划分的？各变形区的变形有何特点？各变形的变形性质如何？
6. 背吃刀量和进给量对切削力的影响有何不同？
7. 若在切削时，发现机床负载过重，试问在不影响加工效率的前提下，用什么方法降低机床负载最好？
8. 为什么要研究切削热的产生和传出？仅从切削热产生的多少能否说明切削区温度的高低？
9. 加工钢材等塑性材料脆性材料时，是前刀面温度高，还是后刀面温度高？为什么？
10. 切削用量对切削力和切削温度的影响是否一样？为什么？如何运用这一规律指导生产实践？
11. 切削加工中常用的切削液有哪几种？应怎样合理选择切削液？试举例说明。
12. 刀具的磨损分为哪几个阶段？试述各阶段磨损的特征及原因。
13. 积屑瘤形成的基本条件是什么？有何特点？对切削过程有何影响？如何抑制？
14. 选择切削用量的原则和方法是什么？

第2章 切削参数的合理选择和已加工表面质量

学习目标

(1)掌握常见刀具材料的种类及其应用特点。

(2)了解零件表面切削质量的影响因素。

(3)能够合理的选择刀具材料、刀具种类加工零件。

2.1 刀具材料

刀具材料应具备如下性能:

(1)高的硬度,刀具材料的硬度应高于工件材料。若能较顺利地进行切削,一般认为刀具材料的硬度应是工件材料的1.3倍～1.5倍。目前使用的刀具材料,其常温硬度均在60HRC以上。

(2)好的耐磨性,是指刀具抵抗磨损的能力。它与刀具材料的硬度、化学成分和显微组织有关。一般来说硬度高,其耐磨性也好。此外,材料中的硬质点种类、大小和分布也影响耐磨性。例如,各种工具钢的硬度大体相同,但耐磨性相差很大,原因是合金工具钢中的合金碳化物分布在马氏体的基体上,这比单一马氏体组织的碳素工具钢的耐磨性要好。高速钢所含合金碳化物更多些,耐磨性也更好些。

(3)足够的强度和韧性。切削中有冲击和振动现象,刀具材料必须具备有足够的强度与韧性。刀具材料的强度一般是指抗弯强度,它影响着刀具能够承受切削力的大小。韧性是指材料断裂前吸收的能量和进行塑性变形的能力。只有具备足够的强度和韧性的刀具材料,才能在大的切削负荷下不断裂、不崩刃。

(4)高的耐热性。刀具材料在高温下仍能保持原有的高硬度和高强度的性能,称之为耐热性。一般用其硬度显著下降时的温度来表示,所以又称为热硬性或红硬性。

耐热性是衡量刀具材料性能优劣的主要标志。刀具材料的发展历史,可以说是不断提高刀具材料耐热性的过程。

(5)良好的工艺性。为了便于制造刀具,刀具材料应具有良好的工艺性。这主要是指对刀具材料的切削加工性、热处理、焊接和刃磨等方面的性能好坏。对于热轧刀具还应要求高温塑性好。

上述要求,有些是相互制约的。例如,一般硬度高时,其韧性就要降低;耐磨性高时,又会降低其刃磨性能。目前尚难找到各方面性能都满意的刀具材料。在选用时,应根据具体加工条件,满足主要性能要求。

1. 碳素工具钢

碳素工具钢是指碳的质量分数为0.65%～0.35%的优质高碳钢,其热处理后的硬度为60HRC～64HRC,耐热性很差,最高为250℃,允许的切削速度很低;优点是刃口可以刃磨得很锋利，价格低廉，目前只用于制造低速手工刀具，如刮刀、锉刀、手用锯条和手工用铰刀等。常用牌号有 T8A、T10A 和 T12A。

2. 合金工具钢

在碳素工具钢中加入总质量分数不超过 3%～5% 的 W、Cr、Si、Mn 等合金元素称为合金工具钢。其与碳素工具钢相比，各方面的性能都有提高。耐热性为 350℃～400℃。较突出的特点是热处理时提高了淬透性、减小了热应力，热处理后的变形量不大，这是目前选用这种材料的主要原因。常用牌号有 9SiCr、CrWMn 等。

3. 高速钢

即高速工具钢，这是一种加入了较多的 W、Mo、Cr、V 等合金元素的高合金工具钢，碳的质量分数为 0.70%～1.65%，是目前应用的主要刀具材料之一。常用高速钢的性能见表 2－1。

高速钢中的 W、Mo、Cr、V 等合金元素，强烈地与碳元素形成硬度很高的碳化物。V 有防止碳化物聚集和阻止晶粒长大的作用，可显著提高高速钢的耐磨性。但是 V 将使刀具的刃磨性能降低，它的质量分数不宜超过 5%。WC 不仅硬度高，而且性能稳定，受热时不易分解，保证了高速钢的耐热性。Cr 可提高高速钢的淬透性，有些中小型刀具甚至在空气中冷却就能得到较高的硬度，故又有“风钢”之称。Mo 的作用与 W 基本相同，可按相对原子质量的比率代替 W(m(W)：m(Mo)≈2：1)。但是 Mo 有减少碳化物不均匀性及促使碳化物颗粒细化的作用，可进一步提高高速钢的力学性能。

表 2－1　常用高速钢的性能

类别		牌　号	硬度(HRC)	抗弯强度/GPa	冲击值/(MJ/m²)	600℃时高温硬度(HRC)
通用高速钢		W18Cr4V	62～66	3.43	0.29	48.5
		W6Mo5Cr4V2	62～66	4.41～4.61	0.49	47～48
		W14Cr4VMnRe	64～66	3.92	0.25	48.5
高性能高速钢	高碳	95W18Cr4V	67～68	2.94	0.098	51
	高钒	W12Cr4V4Mo	63～66	3.14	0.25	51
	超硬	W6Mo5Cr4V2Al(501 钢)	68～69	3.43～3.73	0.20	55
		W10Mo4Cr4V3Al(5F－6)	68～69	3.01	0.20	54
		W6Mo5Cr4V5SiNbAl(B201)	66～68	3.53	0.20	51
		W12Cr4V3Mo3Co5Si(Co5Si)	69～70	2.35～2.65	0.11	54
		W2Mo9Cr4VCo8(M42)	66～70	2.45～2.94	0.23～0.29	55

由以上分析可知，高速钢具有良好的强度(这是它最重要的性质)、足够的硬度及耐磨性，并具有较高的耐热性(600℃以上)，因而成为一种极为重要的刀具材料。

目前生产中使用的高速钢品种很多，分类方法也不同。按基本化学成分可分为钨系(只含 W 不含 Mo)和钼系(同时含有 W 和 Mo)两类高速钢。每类中都有不同质量分数的 V(一般在 1%以上),Cr 的质量分数约为 4%,有些还含有 Co。钨系高速钢耐热性好,但价格较贵。钼系高速钢的强度、韧性和耐磨性较好。按高速钢制坯方法的不同,可分为熔炼高速钢和粉末冶金高速钢。按切削性能特点可分为通用高速钢和高性能高速钢。下面介绍一些主要牌号高速钢的特点。

1)W18Cr4V

其成分上属钨系高速钢,切削性能上属通用高速钢。它是最早发展的一种基本牌号,目前我国应用广泛。

2)W6Mo5Cr4V2

其成分上属钼系高速钢,切削性能上属通用高速钢,主要特点是强度和韧性较高。与 W18Cr4V 相比,抗弯强度高 28%~34%,冲击韧性约高 70%,故常用以制作承受冲击力较大的刀具(如插齿刀)。它含 V 量较高,所以耐磨性较好。它在国外它已较广泛取代 W18Cr4V 材料,这主要是受到资源的限制。目前我国主要用于制造热轧刀具,如轧制或扭制麻花钻。

3)W14Cr4VMnRe

它是一种新型钨系通用高速钢。加入了 Mn 和稀土元素后,改善了钢的热塑性。其强度高于 W18Cr4V,但低于 W6Mo5Cr4V2,其他性能相似于 W18Cr4V。目前主要用来代替 W6Mo5Cr4V2 制造热轧刀具。

4)钴高速钢

它属于高性能高速钢。典型钢号是 W2Mo9Cr4VCo8(美国 M42)。由于 Co 在回火时能促进 W 或 Mo 碳化物从马氏体中析出,所以高速钢 Co 可提高其硬度。加入 Co 还可以提高高速钢的耐热性(表 2-2)。但当 Co 的质量分数超过 10%时,其效果减弱。Co 的导热系数较大,能改善高速钢的导热性。

钴高速钢的缺点是,加入 Co 后增加了碳化物的不均匀现象,使其强度和韧性降低。只适宜制造切刀、钻头等简单刀具。此外,钴高速钢的价格较高。

表 2-2 高速钢中 Co 的质量分数对耐热性的影响

Co 的质量分数/(%)	0	5	10	15	20
耐热温度/℃	620	650	675	685	700

为适应我国资源特点,我国生产了低钴高速钢 W12Mo3Cr4V3Co5Si,其常温硬度和高温硬度与 W2Mo9Cr4VCo8 相近。由于增加了 V 的质量分数,耐磨性较好,但刃磨性较差。实践证明,在某些情况下它的切削性能超过了 W2Mo9Cr4VCo8。

5)铝高速钢

铝高速钢是我国研制的含铝无钴超硬型高速钢,牌号是 W6Mo5Cr4V2Al(501 钢),它的常温硬度和高温硬度与钴高速钢相同,但强度和韧性超过钴高速钢(表 2-1)。这种材料不仅可以制造简单刀具,而且制造拉刀、齿轮刀具的复杂刀具,能获得满意的切削效果。实践证明,用以加工不锈钢、高温合金等难加工材料,其耐用度比 W18Cr4V 高 1 倍~2 倍,甚至 3 倍~4 倍,并且切削速度越高,效果越明显。

铝高速钢是立足于国内资源的优良钢种,价格低廉,应推广使用。

W6Mo5Cr4V5SiNbAl(B201)是另一种立足于国内资源的新型高速钢,不含 Co,增添了 Si、Nb、A1。为了提高材料的耐热性，增加了 0.005%～0.03%的 B(硼)。切削实验表明，用它钻削高温合金 GH135 时，耐用度比 W18Cr4V 提高近 10 倍。

6)粉末冶金高速钢

这是改变高速钢的制坯方法提高其性能的一种高速钢。用一般冶炼方法制取高速钢，钢锭中存在着碳化物不均匀分布及颗粒粗大现象，影响材料的制造及使用性能。用粉末冶金法获取高速钢坯可以避免这些现象。

它的制坯原理是：首先用高压惰性气体（氩气或纯氮气）雾化熔融的高速钢钢水，得到细小的高速钢粉末（因为冷却速度很快，这些细小的高速钢粉末的结晶很均匀）；然后将其粉末在高温高压下压制成刀具形状，也可制成钢坯，经烧结再锻造成刀具形状。这样完全避免了碳化物的偏析，提高了材料硬度、强度和韧性。锻造粉末冶金高速钢的抗弯强度可达 3.92GPa 以上。此外，热处理时的应力及变形很小，热处理变形量相当于冶炼高速钢 1/2～1/3，适宜于铸造精密刀具。

4. 硬质合金

硬质合金由高硬度、高熔点的金属化合物（称硬质相）粉末与金属黏结剂（称黏结相）用粉末冶金法制成的一种材料。作为刀具材料使用的硬质合金，碳化物一般为 WC、TiC、TaC，NbC 等。它们决定着硬质合金的硬度、耐磨性和耐热性。常用的黏结剂为 Co；此外，还可用 Mo、Ni 等作为黏结剂，它们决定着硬质合金材料的强度和韧性。

硬质合金在硬度、耐磨性、耐热性方面优于高速钢，其常温硬度为 89HRC～93HRC，耐热性可达 800℃～900℃以上，刀具耐用度可提高十几倍，甚至几十倍，所以许用速度有较大提高。由于硬质合金的强度和韧性较低，只有高速钢的 1/2～1/3，故在使用上受到了限制。此外，硬质合金刀具刃口不易磨得像高速钢刀具那样锋利。

硬质合金已广泛应用于切削加工中，随着刀具制造工艺技术的发展，一些复杂刀具（如拉刀、齿轮刀具等）也可用硬质合金制造。目前在刀具材料用量方面，硬质合金少于高速钢，但是切下的切削量却超过了高速钢。显然，单位硬质合金材料完成的切削工作量大大地超过高速钢材料。硬质合金的类型、化学成分及物理力学性能见表 2-3。

表 2-3　硬质合金类型、化学成分及物理、力学性能

类型	牌号	化学成分/(%)					物理、力学性能			
		Co	TiC	TaC/NbC	WC	其他	重度/(g/cm³)	导热系数/(cal/(cm·s·℃))	硬度 HRC	抗弯强度/GPa
钨钴合金 YG	YG3X	3			余		15～15.3	0.109	80	0.98～1.18
	YG6X	6			余		14.6～15	0.145	78	1.32～1.52
	YG8	8			余		14.4～14.8	0.18	74	1.47
	YG8W	8			余	W：4	14.77		78.5	2.02
	YG10H	10			余	W：4			78	2.16

（续）

类型	牌号	化学成分/(%)					物理、力学性能			
		Co	TiC	TaC/NbC	WC	其他	重度/(g/cm³)	导热系数/(cal/(cm·s·℃))	硬度 HRC	抗弯强度/GPa
钨钴钛合金 YT	YT5	10	5		余		12.5～13.2	0.15	75	1.28
	YT14	8	14		余		11.2～12.7	0.08	77	1.18
	YT15	6	15		余		11.05～11.3	0.08	78	1.13
	YT30	4	30		余		9.35～9.7	0.05	80.5	0.88
含碳化钽(碳化铌)合金	YG6A	6		/2	余		14.4～15		80	1.37～1.47
	YG8N	8		/1	余		14.5～14.8		78	1.47～1.62
	YT15A	6	15	3/	余		11～11.7	0.09	78	1.13
	YWT	6	8	1/	余		12.6～12.8		80	1.47
	YW1	6	6	/4	余		12.8～13.0		80	1.23
	YW2A	8	5	4/	余		12.4～13.2		78	1.47～1.57
	YW3	6	4	8/	余				80	1.57～1.77
	YT2	6	7	/3	余	Cr：0.5	12.5		82	1.18～1.47
	643	6	4	/3	余		13.7		82	1.47
	712	7	12	4/	余		11.89		81	1.52
	813	8	1	/3	余		14		80	1.77～1.89

硬质合金的类型较多，按其成分特点可分为如下几类。

1)钨钴类硬质合金

由 WC 和 Co 两种成分组成，代号为 YG，常用牌号为 YG3、YG6、YG6X 和 YG8 等，牌号中的数字表示 Co 的质量分数。Co 增加，则 WC 相对减少，硬质合金的硬度降低，但其强度提高。

YG 合金可耐热 800℃～900℃，但是 Co 与钢的黏结温度较低(约 640℃)，限制了切削速度的提高。YG 合金是硬质合金材料中强度和韧性较好的一类，这些性能常成为其被选用的依据。例如，切削铸铁等脆性材料时产生的崩碎切屑，切削力较集中作用于刃口附近，并带有冲击性，对刀具刃口的强度和韧性要求较高，以选用 YG 合金为宜。YG 合金本不宜切削钢料，但是对于切削负荷较大(如加工铸钢)或带有冲击负荷(如间断切削)的钢料加工，仍选用 YG 合金为宜。此外，YG 合金的导热性较好，可降低切削温度；加工高温合金等韧性高的难加工材料时，消耗的能量多，切削力和切削温度都较高，对刀具材料的抗弯强度和韧性要求较高(相对于耐磨性)，故仍可选用 YG 合金。表 2-4 列出了几种硬质合金的应用范围。

2)钨钛钴类硬质合金

合金中的硬质相为 WC 和 TiC 两种成分，黏结相为 Co，代号为 YT，常用牌号为 YT5、YT14、YT15、YT30 等，牌号中的数字表示 TiC 的质量分数。

因为 TiC 的硬度(3200HV)比 WC 的硬度(2400HV)高，所以加入 TiC 后可提高合金的硬度和耐磨性，但同时降低了合金的强度和韧性。例如，都含有 6%Co 的 YT15 与 YT6 相比，前者的抗弯强度比后者要低 0.245GPa～0.294GPa。TiC 的稳定性较好，耐热性较高，可提高合金与钢的抗黏结温度与耐热性能。此外，YT 合金在抗氧化能力及产生扩散温度方面都优于 YG 合金，因此在无振动下切削时，耐用度明显提高。

表 2-4　几种硬质合金的应用范围

牌号	应用范围	
YG3X	抗弯强度、韧性、进给量↓ 硬度、耐磨性、切削速度↑	铸铁、有色金属及其合金的精加工和半精加工，不能承受冲击载荷
YG3		铸铁、有色金属及其合金的精加工和半精加工，要求切削断面均匀、无冲击
YG6X		普通铸铁、冷硬铸铁、高温合金的精加工和半精加工
YG6		铸铁、有色金属及其合金的半精加工和粗加工
YG8		铸铁、有色金属及其铝合金、非金属材料的粗加工，也可用于断续切削
YA6		冷硬铸铁、有色金属及其合金的半精加工，也可用于高锰钢、淬火钢及合金钢的半精加工和精加工
YT30	抗弯强度、韧性、进给量↓ 硬度、切削速度↑	碳素钢、合金钢、淬火钢的精加工
YT15		碳素钢、合金钢在连续切削时的粗加工、半精加工及精加工
YT14		碳素钢、合金钢在连续切削时的粗加工、半精加工及精加工
YT5		碳素钢、合金钢的粗加工，可用于断续切削
YW1	抗弯强度、韧性、进给量↓ 硬度、切削速度↑	高温合金钢、高锰钢、不锈钢等难加工材料及普通钢料、铸铁的半精加工及其精加工
YW2		高温合金钢、高锰钢、不锈钢等难加工材料及普通钢料、铸铁的半精加工及其粗加工

对于塑性好、韧性大的钢料切削，其切削温度较高，要求刀具材料应具有高的耐热性、良好的抗黏结和抗氧化能力，适宜选用 YT 合金。然而由于它脆性大的弱点，使其在应用方面受到限制。例如，YT30 合金因其脆性太大，一般的粗加工也难于胜任，只宜进行精加工；再如加工淬火钢，高强度钢时，由于切屑与前刀面的接触长度很短，切削力集中于刃口附近，此时刃口应具有较高的强度，只宜使用 YG 合金而不宜选用 YT 合金。还应指出，YT 合金不适宜于切削含有 Ti 的不锈钢及钛合金，因为钛元素间有较强的亲和力时，使刀具黏结磨损严重。

3）含碳化钽（碳化铌）的硬质合金

硬质合金中加入 TaC（NbC）对改善硬质合金的切削性能有明显作用。YG 合金中加入适量的 TaC（NbC），可提高其硬度及耐磨性，尤其是高温强度和高温硬度明显提高，但是常温抗弯强度略有降低。由表 2-5 可看出，添加有 NbC 的 YG6A 合金的高温强度提高了约 20%，弥补了一般 YG 合金硬度和耐磨性的不足，可用于对高锰钢、淬火钢及合金钢的精加工及半精加工。

表 2-5　YG6A 与 YG6 合金成分及性能比较

牌号	基本成分/(%)		添加剂 NbC/(%)	硬　度			900℃时硬度		抗弯强度 (σ_b)/GPa
	WC	Co		HRA	HRC	HRC 比值	HRC	HRC 比值	
YG6	94	6	—	89.5	75	1	50	1	1.422
YG6A	91	6	3	91.5	79	1.05	60	1.2	1.373

在 YT 合金中加入适量的 TaC(NbC)，可明显地提高其抗弯强度、韧性及疲劳强度，硬度、耐磨性和耐热性也略有提高。按此研制的 YW1 和 YW2 硬质合金，在保持 YT 合金的硬度和耐磨性较好的基础上，提高了合金强度和韧性，使应用范围扩大。YW1 合金和 YW2 合金不仅可对铸铁件和有冲击负荷的钢件粗车，而且也可对不锈钢、耐热钢、高锰钢、可锻铸铁和球墨铸铁等材料进行切削，故有万能合金之称。使用 YW1 合金对不锈钢进行切削加工时，耐用度较 YT15 合金高 3 倍。对 20Cr 渗碳钢(30HRC～37HRC、局部硬度 32HRC)不均匀断续切削，YT 合金一开始就要崩刃，而 YW2 合金可顺利进行切削。

为了适应对难加工材料的切削加工要求，近年来研制了许多以添加 TaC(NbC)为主的硬质合金材料，取得了可喜的切削效果。例如，代号为 813 的硬质合金，抗弯强度很高，并有良好的高温硬度和高温韧性。用其加工铁基耐热钢 GH132，在 $v=24\text{m/min}$ 时，粗加工较 YG8 合金提高工效 1 倍～2 倍，精加工较 YG8、YG6A 合金提高工效 2 倍～3 倍。用其加工钛合金 TC4，与 YG8、YG6X 合金相比，耐用度提高 1 倍～2 倍。

4)其他硬质合金

(1)碳化钛基硬质合金。以 TiC 为主要成分，Ni、Mo 为黏结剂，并添入少量其他碳化物的一种硬质合金，代号为 YN，牌号如 YN05、YN10 等(表 2-6)。

表 2-6　YN 合金的性能

牌号	主要成分/(%)					主 要 性 能	
	TiC	WC	Ni	Mo	NbC	硬度(HRC)	抗弯强度/GPa
YN05	79		7	14		93.3	0.785～0.932
YN10	62	15	12	10	1	92.5	1.08～1.226

TiC 合金的硬度高于 WC 合金，所以 YN 合金的硬度较碳化钨基合金高。YN 合金的耐磨性也很好，这不仅是因为其硬度高，而且它的抗黏结温度、耐热温度(可在 1100℃～1300℃下切削)及抗氧化温度(TiC 合金为 1000℃～1200℃；WC 为 500℃～800℃)都较高。碳化钛基硬质合金切削时，刀面上将形成三氧化二钼、镍钼酸盐和氧化钛薄膜，这些物质的摩擦系数仅为 YT15 合金的 1/2 左右，摩擦轻，可抑制积屑瘤的产生，提高了加工质量。实践证明，YN 合金的耐用度可高于碳化钨基硬质合金的 3 倍～4 倍。

YN 合金的缺点是强度及韧性较低，抗塑性变形的能力较差。高速或大走刀切削高硬度、高韧性材料时，切削刃易发生塑性变形而损坏。这种材料也不宜于大负荷下的切削加工。目前主要用于对碳素钢、合金钢、不锈钢及淬火钢等材料的精加工。

(2)超细晶粒硬质合金：碳化物的晶粒尺寸不大于 1μm、平均在 0.5μm 以下的硬质合金(一般硬质合金碳化物晶粒尺寸平均为 1.5μm 左右)。细化碳化物晶粒可使合金中的硬质相和黏结相高度分散，增加了黏结面积，使硬度提高。但是碳化物间相对黏结层厚度减小，强度降低，为此应增加合金中黏结剂含量，以提高抗弯强度。超细晶粒硬质合金的Co的质量分数通常为9%～15%。它的硬度一般为90HRC～93HRC，抗弯强度为1.962GPa～3.434GPa。我国生产的YG10H（Co质量分数为10%、Gr3C2质量分数为0.5%、WC质量分数为89.5%）即属于这种硬质合金。

超细晶粒硬质合金在保持硬质合金材料具有高硬度和高耐磨性的同时，提高了抗弯强度，弥补了硬质合金在脆性方面的不足，从而扩大了应用范围。例如，加工耐热合金、高强度合金等难加工材料用的刀具，使用这种合金可增大前角，改善切削效果。一些不适宜用一般硬质合金材料制造的刃形复杂的切削刀具（如拉刀、铣刀、钻头等），也可用超细晶粒硬质合金材料制造，耐用度可比同类高速钢刀具提高几十倍。超细晶粒硬质合金刀具的刃口可以磨得锋利，并允许使用较大前角，故可制造精加工刀具。

(3)涂层硬质合金：为提高刀具表面的耐磨性，在硬质合金表面涂覆一层硬度和耐磨性高的难熔金属化合物（如TiC、TiN、Al_2O_3等）。目前最广泛应用的涂覆方法是化学气相沉积法，涂覆层厚度一般为5μm～12μm。涂层硬质合金的应用是硬质合金技术的重大发展，它为解决硬质合金材料硬度、耐磨性与强度、韧性之间的矛盾提供了方便。只要用较高韧性的基本材料（如YG8、YT5及YT15等），涂覆一层高硬度的耐磨物质，就可提高刀具的耐磨性，而不降低其韧性。实践证明，涂层硬质合金刀片比一般硬质合金刀片耐用度可提高1倍～3倍。

涂覆层本身的性质对刀具切削性能有直接影响。TiC涂层硬度高、耐磨性好、与基体黏着性较好。但涂层厚度较大时，涂层与基体之间将产生脆性的脱碳层，使刀片的抗弯强度下降，并且涂层本身容易崩裂。TiN的硬度不如TiC，但它的摩擦系数很小、抗黏结温度高，因此耐磨性较好，最适宜切削于切屑易与前刀面产生黏结的材料（如钢料）。它的缺点是与基体黏结强度较差，涂覆层较厚时有剥落的可能性。为发挥不同涂层的特点，研制了TiC-TiN复合涂层硬质合金。它首先在基体表面上涂覆一层TiC（涂层很薄，黏着良好）；然后涂覆一层TiN，在两个涂层之间是一种TiC和TiN相互渗透的固溶体过渡层。这种复合涂层兼有TiC涂层硬度高、耐磨性好和TiN涂层抗黏结温度高及摩擦系数小的特点，切削性能要比单一涂层优越得多。此外，还有Al_2O_3、NbC、Mo_2N等涂层及多种形式的复合涂层刀片，它们在不同的切削条件下显示了不同的切削特点。例如，切削钛合金时，不能使用TiC和TiN涂层刀片（实践证明，使用这两种涂层刀片刀具磨损量比非涂层刀片还要大），若用Mo_2N涂层硬质合金刀片，耐用度显著提高。

(4)钢结硬质合金：与一般硬质合金的区别在于，用高速钢或合金钢作黏结相，仍采用粉末冶金工艺制造。这种合金具有较好的切削加工性、可热处理性、可锻性及可焊接性等工艺性能。合金的硬度和耐磨性仍取决于硬质相的成分（WC、TiC等）。

钢结硬质合金的耐磨性、耐热性不如一般硬质合金，但优于高速钢；韧性及工艺性不如高速钢，但优于一般硬质合金。它可看作是介于硬质合金和高速钢之间的一种刀具材料。

目前一般较复杂的刀具（如钻头、铣刀、拉刀、滚刀等），由于受工艺性的限制，仍以高速钢材料制造为主，所以它不宜切削高硬度、高强度以及高韧性的工件材料。若选用钢结硬质合金制造上述刀具，可发挥其兼有良好的切削性与工艺性的特点。实践表明，钢结硬质合金刀具的耐用度比高速钢刀具高 6 倍～7 倍。

5. 其他刀具材料

1)陶瓷

陶瓷材料的主要成分是 Al_2O_3，它的硬度较高(90HRA～95HRA)，耐磨性能好，耐热性能也很好(在 760℃时 87HRA，1200℃时 80HRA)。陶瓷材料的摩擦系数较小，不易产生积屑瘤，加工表面质量较高。陶瓷材料具有良好的化学稳定性，与金属的亲和力较小，可以减轻刀具的扩散磨损。此外，陶瓷材料资源丰富，不含有稀有金属，价格低廉。陶瓷材料的主要缺点是抗弯强度太低，只有一般硬质合金材料的 1/3 左右，不能承受冲击负荷，目前只用于精车或半精车。

陶瓷按化学成分可分为两类：

(1)氧化铝矿物陶瓷：由 Al_2O_3 及微量(一般为 0.1%～0.2%)添加剂组成。我国生产的 AM、AMF 就属于这一类型，其硬度大于 92HRA，抗弯强度为 0.392GPa～0.419GPa。

(2)复合陶瓷：为提高陶瓷的强度和抗冲击性能，在 Al_2O_3 基本成分中加入一些金属元素或者它们的碳化物。常用的金属添加剂有 Cr、Co、Mo、W、Ti 等，其质量分数小于 10%，这种陶瓷的韧性提高不多，目前应用较少。

将碳化物添加到热压的 Al_2O_3(添加量为百分之几到百分之几十不等)，是改善陶瓷性能的一种有效方法。常用的碳化物添加剂为 TiC，此外还有 WC、Mo_2C、TaC 等。我国研制的 T8 陶瓷与 T1 陶瓷均属于这一种，生产实践表明，它们都有一定的耐冲击能力。

近年来研制了一种以氮化硅为基本成分的复合陶瓷，经热压而成。其力学性能与以 Al_2O_3 为基本成分的复合陶瓷相似。用这种材料制成刀具切削淬火钢、钢结硬质合金、冷硬铸铁等材料时效果较好。

2)人造金刚石

金刚石是碳的同素异形体，是自然界已经发现的最硬物质。天然金刚石的晶体结构对使用性能影响较大，用于金属切削不比人造金刚石优越，并且产量很少，价格昂贵。

人造金刚石是碳素(如石墨)材料在高温、高压下制成的。金属切削中大多应用人造金刚石。

金刚石硬度很高(10000HV)、耐磨性好、摩擦系数低，并且有很好的导热性，所以其切削性能很好。金刚石的缺点是耐热性能差，在 700℃～800℃时将产生炭化。它的强度低、脆性大、对振动较敏感，此外，金刚石与铁族元素有强烈的化学亲和力，刀具磨损剧烈，故不宜加工铁族元素。

在切削加工中应用的人造金刚石分为单晶体与聚晶体两种，前者主要做磨料使用，这也是目前应用量最大的方面。将金刚石粉末在高温、高压下聚合成较大的颗粒(成为刀片)，称为聚晶金刚石，目前主要用于车削。金刚石刀具可对硬质合金、陶瓷、高硅铝合金等高硬度、高耐磨性材料进行切削加工，还可对有色金属及其合金进行高精度、小粗糙度的切削加工。

3)立方氮化硼

立方氮化硼(俗称白石墨)在高温、高压下，可以转化成同素异形体的立方氮化硼，它是仅次于金刚石的超硬物质(8000HV～9000HV)。

立方氮化硼除硬度高、耐磨性好之外，耐热性能也很好(耐热温度为 1400℃～

1500℃);并且有较高的化学稳定性,在1200℃～1300℃时与铁族材料仍不起化学反应。立方氮化硼可比金刚石在更大的范围上发挥其硬度高、耐磨性好的特点。

立方氮化硼刀具可用于对淬火钢(64HRC～70HRC)进行粗车和精车,实现以车代磨,这对合理的安排零件的工艺路线,提高生产效率有积极作用。用立方氮化硼刀具对高温合金可以实现高速切削,这是充分利用立方氮化硼耐热性高的特点所进行的一种高温切削加工。因为在1000℃的高温下,工件材料的力学性能显著下降,而立方氮化硼却仍能保持足够的硬度和强度,使切削过程顺利进行。此外,切削铸铁时,与使用硬质合金和陶瓷材料相比,其生产效率及刀具耐用度都将大幅度提高。立方氮化硼刀具可以用金刚石砂轮方便地刃磨出所需的几何形状(聚晶金刚石刀具的刃磨比它要困难得多)。以立方氮化硼为磨料的砂轮磨削难切削材料时,效果也较好。实践证明,立方氮化硼是一种很有前途的刀具材料。

2.2 刀具几何参数的合理选择

2.2.1 选择刀具合理几何参数的重要性及原则

1. 选择刀具合理几何参数的重要性

选择刀具几何参数是在刀具材料已选定情况下进行的。刀具几何参数包括:

(1)切削刃形状:可分为直线、折线和曲线等多种形式。

(2)刃口的形式:指切削刃的剖面形状,又称为刃区的形状。

(3)刀具几何角度:前角、后角、副后角及主偏角等。

(4)刀面形式:前刀面卷屑槽形状等。

只有合理地确定各个几何参数,才能使刀头成为一个较理想的几何形体而具有最佳的切削性能。

刀具的合理几何参数是指在保证加工质量和刀具耐用度的前提下,能够满足提高生产率、降低成本要求的刀具几何参数。生产效率和加工成本与切削条件密切相关。若刀具的几何参数能在切削过程中使切削力减少、切削温度降低,那么刀具的磨损过程就缓和些,即刀具耐用度可以提高。这实际表明,刀具可以在更高一些的切削用量下工作,从而提高了生产效率,降低了成本。从这一点来说,刀具的合理几何参数可理解为能够获得最大刀具耐用度的几何参数。

2. 选择刀具合理几何参数应遵循的原则

(1)根据切削条件进行选择。刀具几何参数的合理性是依据一定的切削条件而确定。选择几何参数时应考虑的切削条件有工件(材料性能、加工要求、毛坯状态)、使用的机床(动力、刚度)和刀具材料等。

(2)处理好刀具锋利性与坚固的关系。刀具几何参数的选择,必须考虑到刀具的锋利性与坚固性,两者不可偏废。若过分强调锋利性,则刀具承受切削负荷能力降低,磨损加剧,甚至会崩刃或打刀;若过分强调坚固性,则刀具锋利性太差,会使加工质量降低,切削力增大,切削温度升高,对切削过程不利。因此,在考虑锋利性的同时,必须考虑到刀具的坚固性。

(3)刀具各几何参数之间要综合考虑和协调平衡。考虑到刀具各几何参数之间的相互关系和相互制约作用，在确定一个几何参数的数值时，不要孤立地考虑，而应从刀具几何形状这一整体概念上去处理。

2.2.2 几何角度的合理选择

1. 前角的选择

前角是刀具几何角度中最重要的，它直接影响到加工质量、生产率、机床动力消耗等多方面。

1) 前角的选择

(1)影响切削区塑性变形：增大前角可减小切削区的塑性变形，减小切削力、切削热和功率消耗。

(2)影响工件表面质量：增大前角可使刃口圆弧半径减小，积屑瘤的高度也可以降低，从而提高工件表面质量。

(3)影响刀具强度：增大前角，切削刃及刀头强度降低。此外，前角大小影响刀头受力的方向(图 2-1)，前角过大可能引起崩刃。

2)前角大小的分析

增大前角有利于切削，但是过分增大前角，由于坚固性方面的原因将朝不利方面转化。前角与刀具耐用度的关系如图 2-2 所示，对应于最大刀具耐用度的前角称为合理前角。前角的合理数值将随其他切削条件变化而改变。例如，提高刀具材料的抗弯强度和韧性，可以提高刃口强度，前角的合理值可以增大；再如，工件材料的导热性降低，切削温度升高，刀具磨损加剧，因而前角的合理值应减小。因此，增大前角值主要受到切削刃强度和刀头散热条件的限制。

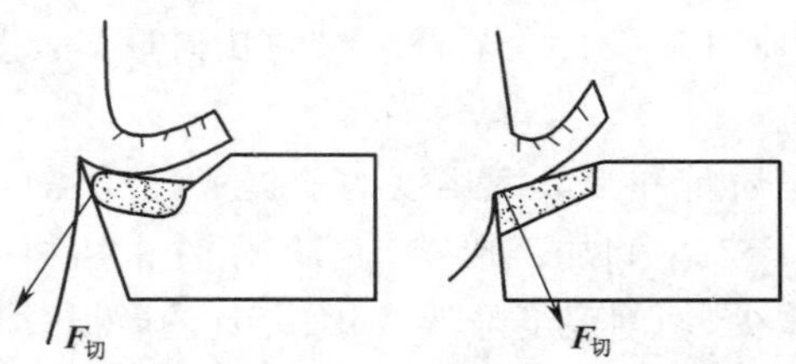

图 2-1 前角对刀头受力的影响

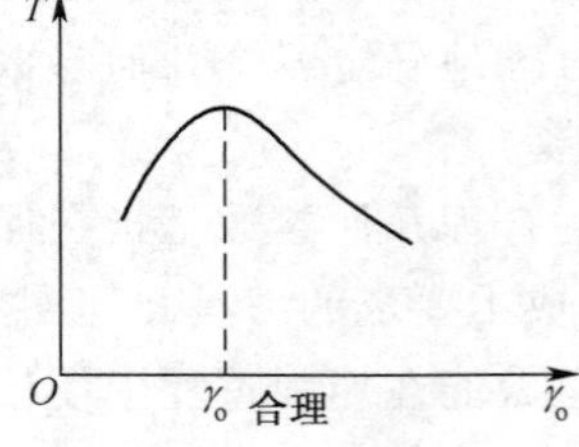

图 2-2 γ_o-T 关系

生产上常用下面一些方法使切削刃和刀头强度增大：在切削刃上制出倒棱(见刃形分析)；协调其他几何参数值(如适当减小后角，适当选择刃倾角)；此外，合理设计切削刃形状，增加切削过程平稳性，也有利于前角增大(详见刃形分析)。

精加工时，前角值应按加工质量要求选择合理值。

3)合理前角的选择原则和参考值

(1)刀具材料的性质。刀具材料强度和韧性高，则切削刃强度大，承载能力强，允许使用较大前角。例如，相同切削条件下，高速钢刀具前角较硬质合金刀具前角可加大5°～10°。

(2)工件材料性质。切削脆性材料时出现崩碎切屑，对刃口强度要求较高，宜采用较小前角；切削塑性材料时，从减小切屑变形考虑，应选用较大前角；工件材料的强度及硬度较高时，应减小前角；加工特硬工作（如淬火钢），可以使用负前角；切削硬化现象较强的工件材料时，从减轻硬化现象考虑可选用较大前角。

（3）加工性质。粗加工时切削负荷大，尤其是加工有硬皮的锻、铸件毛坯时，切削刃应有足够的强度，前角应减小；精加工宜选用较大前角；断续切削时，应减小前角；此外，机床动力大小、工艺系统刚度的强弱等因素，都对前角的大小有影响。表 2-7 中列出了硬质合金车刀合理前角的参考值。

表 2-7　硬质合金车刀合理前角参考值

工件材料	合理前角/(°)	
	粗车	精车
低碳钢	18～20	20～25
45 钢（正火）	15～18	18～20
45 钢（调质）	10～15	13～18
45 钢、40Cr 铸钢件或钢锻件断续切削	10～15	5～10
灰铸铁 HT15-32、HT20-40，青铜钢 ZQSn10-1、脆黄铜、HPb59-1	10～15	5～10
铝 L3 及铝合金 LY12	30～35	35～40
紫铜 T1～T4	25～30	30～35
奥氏体不锈钢(185HB 以下)	15～25	
马氏体不锈钢(250HB 以下)	15～25	
马氏体不锈钢(250HB 以上)	－5	

工件材料	合理前角/(°)	
	粗车	精车
40Cr（正火）	13～18	15～20
40Cr（调质）	10～15	13～18
40 钢、40Cr 钢锻件	10～15	
淬硬钢（40HRC～50HRC）	－15～－5	
灰铸铁断续切削	5～10	
高强度钢（σ_b＜180MPa）	－5	
高强度钢（σ_b≥180MPa）	－10	
锻造高温合金	5～10	
铸造高温合金	0～5	
钛及钛合金	5～10	
铸造碳化钨	－10～－5	

2. 后角的选择

1）后角的作用

（1）影响后刀面与工件表面间的摩擦。后刀面与工件表面间的摩擦随后角的增大而减小，后角增大有利于提高工件表面质量。但是这种影响作用在后角从 0°开始增大的最初几度较为明显，此后继续增大后角值，影响作用减小。

（2）影响刃口锋利性。后角增大，刃口圆弧半径减小，有利于提高加工表面质量。

（3）影响刀头强度及散热条件。后角增大使切削刃强度降低、散热体积减小。

（4）影响刀具耐用度。除第（1）、（3）两点原因外，还有下面一种影响关系，即在磨损限度一定的情况下，大后角的刀具所磨掉的后刀面上金属体积较大（图 2-3），切削使用的时间较长，有助于提高刀具耐用度。

2）后角大小的分析

后角与刀具耐用度的关系如图 2-4 所示。对应于最大刀具耐用度的后角称为合理后角。由图可见，后角增大的最初阶段，刀具耐用度迅速提高。当后角进一步增大时，耐用度反而降低，这显然是由于刀头强度和散热条件被明显削弱的缘故。硬质合金的耐热性优于高速钢，其后角的合理值也较大。合理后角的的数值也将随着其他切削因素的变化而变动。例如，为保持楔角不变，前角增大则应使合理后角值减小（图 2-5）。再如，切削厚度减小，刃口对切削层的挤压作用增强，工件表面弹性恢复增大，后刀面摩擦加剧，此时应适当增大后角值。

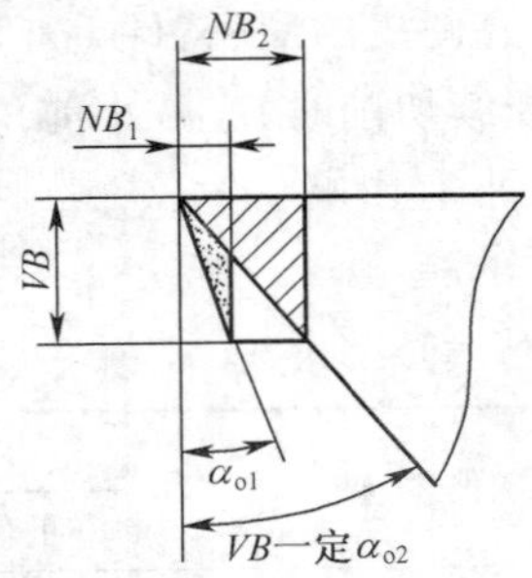

图 2-3　后角与磨损体积的关系

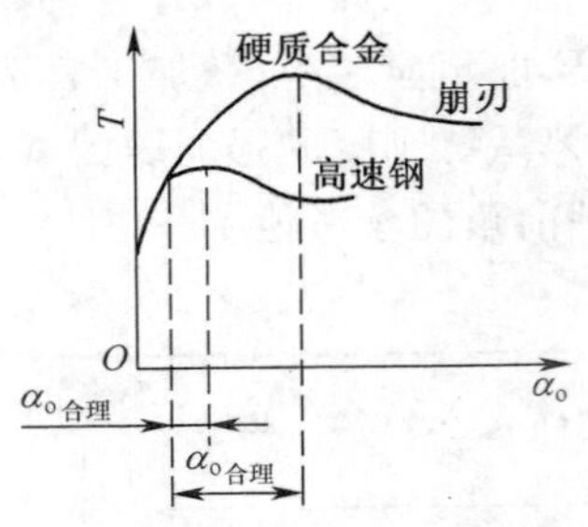

图 2-4　不同材料刀具的合理后角

3）合理后角的选择原则和参考值

（1）粗加工、强力切削或有冲击负荷的切削加工以及切削强度、硬度较高的工件材料时，从强固切削刃出发，应取较小的后角。一般碳钢粗车可取 5°～8°的后角。

（2）精加工时，为提高工件表面质量，应适当增大后角。

（3）切削脆性材料，应取较小后角以增加刃口强度；切削塑性材料，尤其是加工硬化现象严重的材料，宜选用较大后角。

（4）以刀具尺寸直接控制工件尺寸精度的刀具（如拉刀），为减小因磨损后重磨刀具而造成的尺寸变化，宜取较小的后角。

（5）工艺系统刚度差，为减小振动，可适当减小后角。

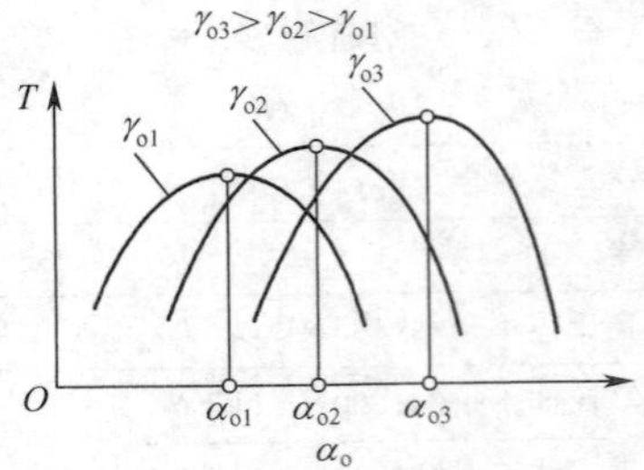

图 2-5　不同前角时的合理后角

硬质合金车刀合理后角的参考值见表 2-8。

表 2-8　硬质合金车刀合理后角的参考值

工件材料	合理后角/(°)	
	粗车	精车
低碳钢	8～10	10～2
中碳钢	5～7	6～8
合金钢	5～7	6～8
淬火钢	8～10	
不锈钢（奥氏体）	6～8	8～10
灰铸铁	4～6	6～8
铜及铜合金（脆）	6～8	6～8
铝及铝合金	8～10	10～12
钛合金（$\sigma_b \leqslant 1.177$GPa）	10～15	

3. 副后角的选择

副后角一般取与后角值相等。对于切槽刀具（如切断刀、锯片铣刀等），因为刀头强度的限制，只能取较小值，一般为1°～2°。

4. 主偏角的选择

主偏角影响切削层横剖面形状(即切削图形)，对切削过程中的几个主要物理现象都有影响。

1)主偏角的作用

(1)影响刀具耐用度。一般情况下，减小主偏角可提高刀具耐用度。

(2)影响功率消耗。减小主偏角，切削力增大，功率消耗增多。

(3)增大主偏角。切削厚度增大，有利于断屑。

(4)影响切削分力的比例关系。主偏角增大，走刀抗力增大。

2)主偏角大小的分析

减小主偏角有利于提高刀具耐用度，但是走刀抗力的增大会引起振动，从而提高了对切削刃强度的要求，这样便限制了前角的增大，不利于选用较大的切削用量，应尽量消除可能引起振动的不利因素，为此适当增大主偏角是有利的；此外，主偏角增大，有利于断屑，可减少功率消耗，这些也是提高切削用量必不可少的条件。由以上分析可知，适当增大主偏角对于充分挖掘刀具、设备潜力是有益的。

主偏角增大，削弱了刀尖强度与散热条件，而刀尖部位的工作条件最差，必须设法改善。生产上通常采用增加过渡刃的方法。图2-6为两种常用的过渡刃形式，其参数如下：

(1)直线过渡刃。过渡刃偏角 $K_{r\varepsilon} \approx \frac{1}{2} K_r$，过渡刃长度 $b_\varepsilon = 0.5 \sim 2$ 或 $b_\varepsilon = \left(\frac{1}{4} \sim \frac{1}{5}\right) a_p$。

(2)圆弧过渡刃。高速钢车刀 r_ε=1mm～3mm，硬质合金车刀 r_ε=0.5mm～1.5mm。

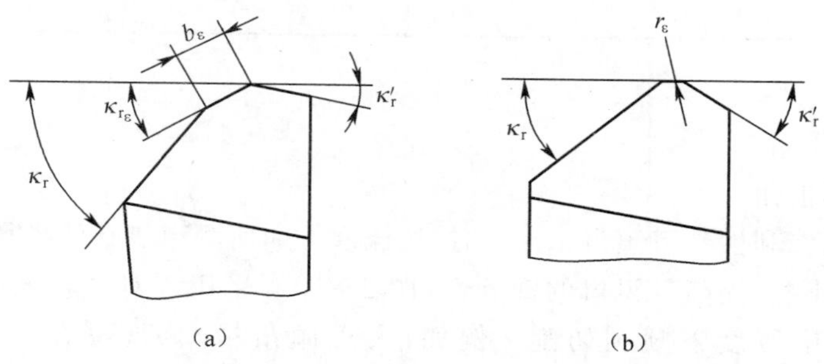

图2-6 过渡刃形式

(a)直线过渡刃；(b)圆弧过渡刃。

3)合理主偏角的选择原则和参考值

(1)粗加工一般采用较大主偏角，强力切削常用 κ_r=75°。

(2)切削强度大、硬度高的材料时，宜选用较小主偏角，以提高刀尖强度，并可减小单位切削刃负荷。

(3)工艺系统刚度差时，要加大主偏角。例如，车削细长轴，κ_r可取90°，甚至于稍大于90°，以尽可能减小径向切削力。

(4)根据工件形状或工艺的特殊要求进行选择。例如，切削有台阶的工件，主偏角

$\kappa_r=90°$。加工过程中需要从工件中间切入时，要适当增大主偏角。若考虑一刀多用(车外圆、车端面、倒角)则可取主偏角 $\kappa_r=45°$。

硬质合金车刀合理主偏角参考值见表 2-9。

5. 副偏角的选择

副偏角在切削过程中主要影响已加工表面质量，减小副偏角可减小工件表面残留面积，但是会增大副切削刃与工件表面间的摩擦。此外副偏角对刀尖强度和散热条件也有影响。一般副偏角取 $\kappa_r'=5°\sim10°$，工件表面粗糙度要求较小时取小值。为减小残留面积，一些刀具磨制一段 $\kappa_r'=0°$ 的修光刃(图 2-7)。修光刃的长度应略大于进给量，一般 $b_\varepsilon'=(1.2\sim1.5)f$。加工硬度高的材料时，为强化刀尖应减小副偏角。需在工件中间切入的刀具，可增大副偏角以减小径向力。切断刀、锯片、铣刀等，为使重磨后宽度尺寸变化比较小，副偏角只能取很小值，常取 $\kappa_r'=1°\sim2°$。副偏角常用参考值见表 2-9。

表 2-9　硬质合金车刀合理主偏角参考值

加工情况		合理主偏角/(°)	
		主偏角(κ_r)	副偏角(κ_r')
粗车，无中间切入	工艺系统刚度好	45、60、75	5～10
	工艺系统刚度差	65、70、90	10～15
车削细长轴		90、93	6～10
精车，无中间切入	工艺系统刚度好	45	0～5
	工艺系统刚度差	60、75	C～5
车削冷硬铸铁、淬火钢		10～30	4～10
从工件中间切入		45～60	30～45
切断刀、切槽刀		60～90	1～2

6. 刃倾角的选择

1)刃倾角的作用

(1)增大实际前角。

(2)影响刃口锋利性。刃倾角 $\lambda_s\neq0°$ 时，按流屑方向所测刃口圆弧半径比法剖面所测刃口圆弧半径要小些，提高了刃口的锋利性(图 2-8)。采用绝对值较大的刃倾角，可使刀具在很小的切削厚度下顺利切削。例如，大刃倾角精车刀，可在 a_p 为 0.01mm～0.05mm 的状态下切出带状的切屑。

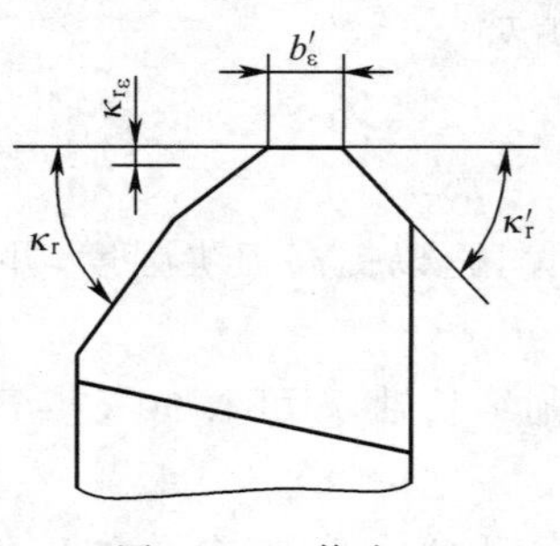

图 2-7　修光刃

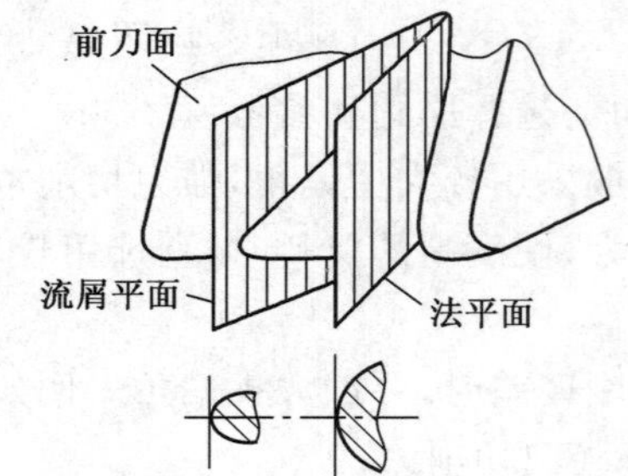

图 2-8　直截与斜截刃口圆弧半径比较

(3)影响切削刃及刀尖的受力情况。如图 2－9 所示，负刃倾角可使切削力首先作用在远离刀尖的切削刃上，然后再顺势压向刀头，对刀尖有保护作用，切削刃受力缓和、平稳。

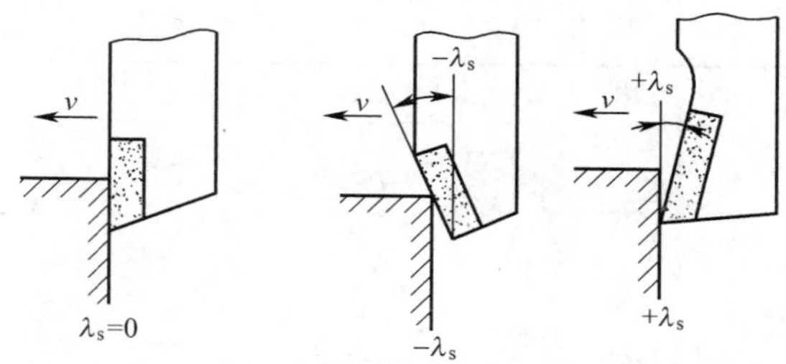

图 2－9　刃倾角对切削刃受力情况影响

(4)负刃倾角刀头的体积较大，强度好，散热好，但径向分力增大，易引起振动。

(5)影响排屑方向。如图 2－10 所示，使用正刃倾角，切屑流向待加工表面，可避免划伤已加工表面。当刃倾角为零时，切屑大致沿垂直于切削刃方向流出。

2)刃倾角大小的分析

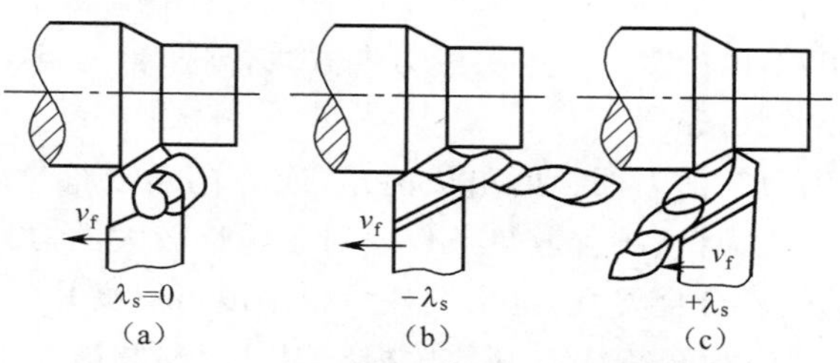

图 2－10　刃倾角对切屑流向的影响

适当选用刃倾角，可以在不增大法向前角(即不削弱刃口强度)的情况下得到较大的实际前角，并使刃口增加锋利性。这对合理地解决刀具的锋利性与坚固性的矛盾有着积极的意义。

3)合理刃倾角的选择原则和参考值

(1)一般粗车取 $\lambda_s=0°\sim-5°$，一般精车取 $\lambda_s=0°\sim+5°$。

(2)有冲击负荷的切削加工，一般取 $\lambda_s=-5°\sim-15°$，冲击负荷较大时 λ_s 的绝对值还可再大些。

(3)车淬硬钢取 $\lambda_s=-5°\sim-12°$ 或绝对值再大一些。

(4)刀具材料的抗弯强度、韧性较差时，可选用负刃倾角。

(5)微量切削(精车、精刨)，可选用大刃倾角 $\lambda_s=45°\sim75°$；常用切削用量为 $a_p=0.01\text{mm}\sim0.1\text{mm}$，$f=0.08\text{mm/r}\sim0.15\text{mm/r}$，$v_c=100\text{m/min}\sim150\text{m/min}$，这样加工粗糙度 Ra 可稳定地小于 1.6μm。可以对一般碳钢、轴承钢、淬火钢及铸铁等材料进行切削加工。

(6)金刚石和立方氮化硼车刀取 $\lambda_s=0°\sim-5°$。

4)刃口的类型及选择

刀具在切削过程中，切削刃处的工件材料的变形十分复杂，切削应力和切削热很集中，所以切削刃极易磨损和损坏。另外，工件已加工表面的形成与切削刃直接有关，所以选择合理的刃口形状，对提高工件表面质量和刀具耐用度有十分重要的关系。

构成刃口几何形状的基本因素有楔角（β_o）、刃口圆弧半径（r_n）及刃口棱面参数等。生产上实际使用的刃口形式较多，按其基本形状可分为 5 种（表 2－10）：

表 2－10　典型的刃口形状

名称	锋刃	倒棱	消振棱	倒圆刃	刃带
形状	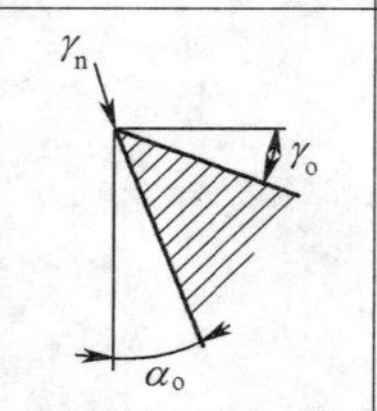	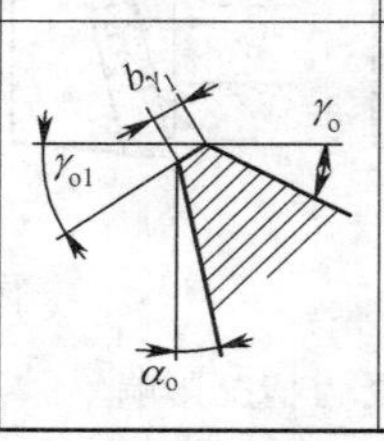	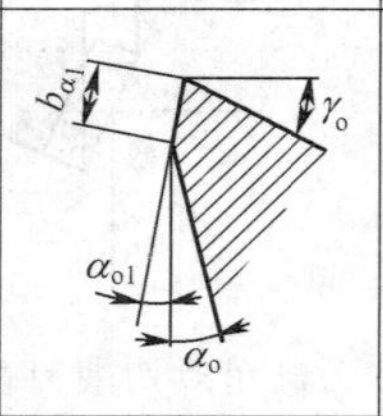	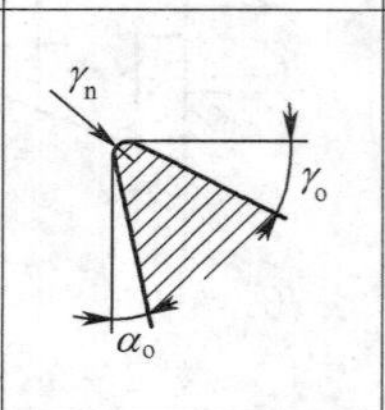	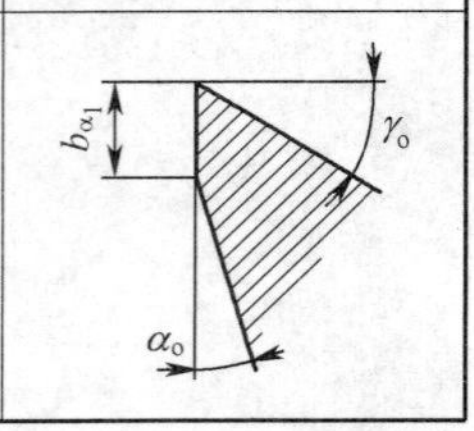

（1）锋刃：是刃口的基本形式，又称为锐刃，直接刃磨前刀面和后刀面而成。这种刃口的特点是比较锋利，刃磨方便；但其强度及散热条件都较差。它适用于精切刀具和切削刃形状较复杂的刀具，如成形车刀、螺纹刀具等。

锋刃并非绝对锐利，在刃口处仍有半径为 r_n 的圆弧存在。r_n 的数值与楔角（β_o）及刀具材料有关，减小 β_o 可减小 r_n 值。采用一般刃磨方法，高速钢刀具 $r_n = 12\mu m \sim 15\mu m$，硬质合金刀具 $r_n = 18\mu m \sim 26\mu m$。

（2）倒棱：沿着切削刃在前刀面上磨出负前角（或 0°前角或很小的正前角）的窄棱面。使用倒棱的目的在于强化刃口、改善散热条件。对于脆性较大的刀具材料效果极为显著。例如，切削各种钢料的硬质合金刀具，制出倒棱后耐用度可提高几倍，甚至几十倍，倒棱参数有倒棱前角（γ_{o1}）和倒棱宽度（b_{r1}）。其数值根据刀具材料和被加工材料性质选择。

硬质合金车刀加工碳钢、合金钢，一般取 $b_{r1} = (0.3 \sim 0.8) f$，$\gamma_{o1} = -10° \sim -15°$。当切削负荷较大或有冲击负荷时，$b_{r1}$ 可取大一些，$b_{r1} = (1.5 \sim 2) f$，但对机床刚度要求较高。

（3）消振棱：沿着切削刃在后刀面上磨出负后角的小棱面，可起消振作用。它与倒棱一样也有强化刃口、提高刀具耐用度的效果。此外，消振棱在切削过程中有增加与切削表面挤压的作用，对加工表面有熨平压光的效果（图 2－11）。消振棱宽度不能过大，否则因摩擦严重而导致振动，或变成负后角刀具而无法切削。

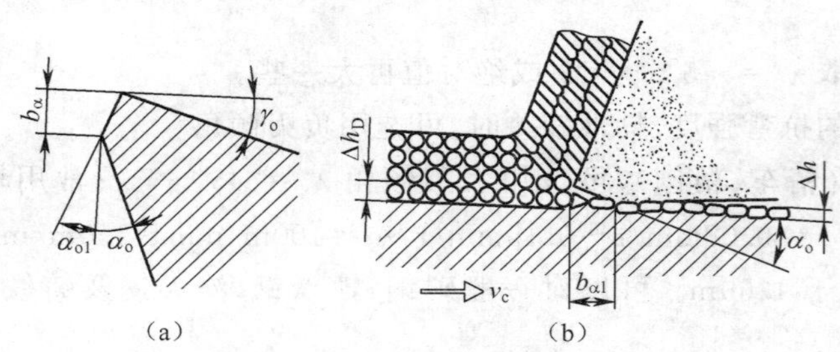

图 2－11　消振棱及挤压作用

(a)消振棱；(b)挤压作用。

消振棱常用于切断刀、螺纹车刀及细长轴车刀，一般 $\alpha_{o1} = -5° \sim -20°$，$b_{\alpha1} = 0.1mm \sim 0.3mm$。

(4)倒圆刃:倒圆刃与锋刃的区别在于它的刃口圆弧是人为制出来的,r_n的数值一般较大。这是对硬质合金刀具采取的刃口强化措施之一,可提高刀具耐用度200%。一般取$r_n \leqslant f/3$。按照r_n的数值的不同,分为三种形式:轻型倒圆$r_n = 0.02\text{mm} \sim 0.03\text{mm}$,用于对低碳钢、不锈钢等材料加工;半轻型倒圆$r_n = 0.05\text{mm} \sim 0.1\text{mm}$,用于对铸铁、中碳钢、高碳钢等材料加工;重型倒圆$r_n = 0.15\text{mm}$左右,用于对淬火钢、高锰钢等材料加工。

(5)刃带:沿切削刃制出后角为0°的小棱面。刃带的作用是制造刀具时便于测量和控制尺寸(如铣刀、铰刀、拉刀),切削时起支承和导向作用(如铰刀、拉刀),也有消振和提高刃口强度的作用。

刃带不宜过宽,否则无法进行切削。刃带宽度b_{α}:铣刀为0.02mm～0.03mm;机用铰刀校准齿为0.05mm～0.3mm;拉刀粗切齿为≤0.2mm;细长轴车刀、脆黄铜车刀、切断刀等主切削刃为0.1mm～0.2mm。

有时为充分发挥刃口的切削效能,还可以综合使用上述刃口形式。

7. 切削刃的形状

切削刃形状对切削过程影响很大,在切削用量相同的情况下,采用不同切削刃形状,其切削层横截面形状不同,切削过程中所表现的物理现象也不相同,并且切削刃上不同刃段的切削负荷也有差异。所以应适当选择切削刃形状,才能充分发挥刀具的切削效能。下面以切断刀为例分析刃形变化对切削过程的影响。

图2-12为切断刀的几种切削刃形状。图2-12(a)是切断刀的最基本刃形,其结构简单,刃磨方便,但两个刀尖处散热不好,磨损严重,耐用度不高。这种刃形切削时,因切屑宽度与槽的宽度相同(严格说切屑宽度略有膨胀),易出现卡屑、扎刀现象,此外由于刀头刚度不足,槽壁易产生凹凸情况。图2-12(b)是改进的双过渡刃切断刀,目的在于增强刀尖,改善散热条件,提高刀具耐用度。图2-12(c)是折线刃形的切断刀,主切削刃由两段直线组成,它减小了主偏角,增大了切削刃长度,这样不但降低了单位切削刃负荷,而且两侧刀尖处的强度及散热条件也相应改善,提高了刀具耐用度。此外这种切断刀走刀抗力小,切屑与槽壁的摩擦轻,不易卡屑,这些都改善了刀头的受力情况,不易产生振动。图2-12(d)是月牙弧形刃切断刀,切削时工件槽底出现一个相应的圆环形凸筋,对切断刀有导向和稳定作用,这种切断刀有较强的抗振能力。

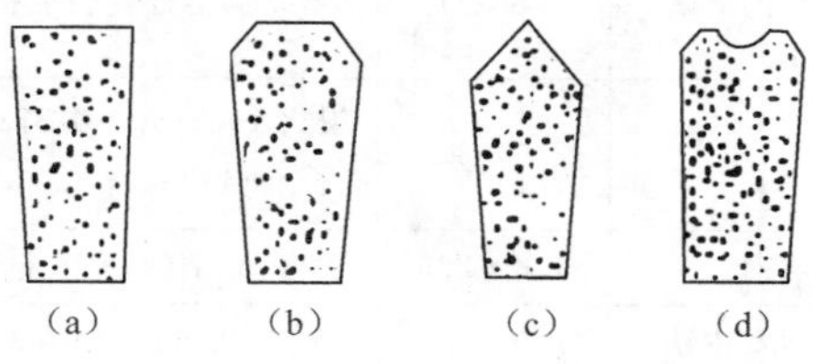

图2-12　几种切断刀的刃形

2.3　工件材料的切削加工性

工件材料被切削加工的难易程度称为切削加工性,简称加工性。不同材料的加工性是不同的。本节介绍加工性的衡量方法、改善加工性的途径以及对几种难加工材料加工性的分析。

2.3.1 工件材料加工性的衡量方法

衡量材料加工性的方法有多种，例如，根据一定切削条件下刀具耐用度的高低；在一定耐用度下所允许的切削速度的高低；精加工时表面粗糙度的大小，切屑的卷屑、断屑的难易；切削力的大小或切削温度的高低等作为指标的衡量方法。

切削某种材料时，如果刀具耐用度较高、已加工表面粗糙度较小、断屑较易、切削力较小、切削温度较低，则加工性较好；反之，加工性较差。同一种材料很难在上述各项中均被获得好的指标。在生产和实验研究中，常只取某一项指标作为衡量加工性的指标。

常用的衡量方法有两种：根据被测材料与基准材料在一定耐用度下的切削速度，用相比较方法的相对加工性；根据工件材料的五项主要物理、力学性能指标的分级加工性，也称综合分析法。

1. 相对加工性

在生产和实验研究中，较多地采用在一定刀具耐用度(T)下切削某种材料所允许的切削速度 v_T 作为衡量加工性的指标。显然，在相同条件下切削不同材料，v_T 越大则加工性越好；反之，则加工性越差。通常取 $T=60\text{min}$，则 v_T 写成 v_{60}；难切削材料可用 v_{30} 或 v_{15} 来衡量。

为便于分析比较，一般选取正火状态 45 钢的 v_{60} 作为基准，记作$(v_{60})_J$，然后将其他被测材料的 v_{60} 与同一测验条件下对 45 钢(硬度为＝170HB～229HB、$\sigma_b=0.735\text{GPa}$)基准材料的$(v_{60})_J$相比较，这个比值称为被测材料的相对加工性(K_r)，即

$$K_r=\frac{v_{60}}{(v_{60})_J}$$

当 $K_r>1$ 时，表明该材料较 45 钢易切削，当 $K_r<1$ 时，表明较 45 钢难切削。常用工件材料的加工性可根据 K_r 的大小划分为 8 级(表 2-11)。

表 2-11 材料相对加工性等级

加工性等级	名称及种类		相对加工性(K_r)	代表性材料
1	很容易切削材料	一般有色金属	3.0 以上	5-5-5 铜铅合金、9-4 铝铜合金、铝镁合金
2	容易切削材料	易切钢	2.5～3.0	退火 15Cr($\sigma_b=0.373\text{GPa}\sim0.441\text{GPa}$) 自动机钢($\sigma_b=0.393\text{GPa}\sim0.491\text{GPa}$
3		较易切钢	1.6～2.5	正火 30 钢($\sigma_b=0.441\text{GPa}\sim0.549\text{GPa}$)
4	普通材料	一般钢及铸铁	1.0～1.6	45 钢、灰铸铁、结构钢
5		稍难切削材料	0.65～1.0	2Cr13 调质($\sigma_b=0.834\text{GPa}$) 85 钢($\sigma_b=0.883\text{GPa}$)
6	难切削材料	较难切削材料	0.5～0.65	45Cr($\sigma_b=1.03\text{GPa}$) 65Mn 调质($\sigma_b=0.932\text{GPa}\sim0.981\text{GPa}$)
7		难切削材料	0.15～0.5	50Cr 调质、1Cr18Ni9Ti、某些钛合金
8		很难切削材料	0.15 以下	某些钛合金、铸造镍基高温合金

2. 分级加工性

材料的物理、力学性能直接反映了切削加工的难易程度，是影响加工性的直接因素，采用硬度（HB）、抗拉强度（σ_b）、延伸率（δ）、冲击值（a_k）及导热系数（λ）主要物理、力学性能指标，可以简明地判明材料的加工性。分级加工性按上述5项指标数值的大小分成12级（表2-12）。

表2-12 几种材料的物理、力学性能及切削加工性分级

切削加工性		易切削			较易切削	
等级代号		0	1	2	3	4
硬度	HB	≤5	50~100	100~150	150~200	200~250
	HRC					14~24.8
抗拉强度/GPa		≤0.196(20)	0.196~0.44	0.44~0.598	0.598~0.785	0.785~0.981
延伸率/(%)		≤10	10~15	15~20	20~25	25~30
冲击值/(MJ/m²)		≤0.196	0.196~0.392	0.392~0.598	0.598~0.785	0.785~0.981
导热系数/(W/(m·℃))		419~293	293~67	167~83.7	83.7~62.8	62.8~41.9

切削加工性		较难切削			难切削			
等级代号		5	6	7	8	9	9a	9b
硬度	HB	250~300	300~350	350~400	400~480	480~635	>635	
	HRC	24.8~32.3	32.3~38.1	38.1~43	43~50	50~60	>60	
抗拉强度/GPa		0.981~1.18	1.18~1.37	1.37~1.57	1.57~1.77	1.77~1.96	1.96~2.45	>2.45
延伸率/(%)		30~35	35~40	40~50	50~60	60~100	>100	
冲击值/(MJ/m²)		0.981~1.37	1.37~1.77	1.77~1.96	1.96~2.45	2.45~2.94	2.94~3.92	
导热系数/(W/(m·℃))		41.9~33.5	33.5~25.5	25.5~16.7	16.7~8.37	<8.37		

加工性分级代号按顺序排列为HB、σ_b、δ、a_k、λ，其各项数值可从表2-13或有关手册中查到。5项指标查明后，可顺利进行分析。对4级以上的各项，重点分析，并与其他指标联系，找出主要矛盾，兼顾各种矛盾，通过被加工材料对加工性有主要影响的因素，确定改善切削条件的相应措施，较合理地选用刀具材料、几何参数和切削用量，以满足加工要求，如表面质量、刀具耐用度及切屑控制等。分级加工性在生产中具有实际意义。例如，奥氏体不锈钢1Cr18Ni9Ti由表2-13得切削加工性分级代号为4·3·8·8·8。硬度、强度分别为4级和3级，属较易切削范围，刀具前角可选较大；塑性、韧性为8·8级，切削变形大，切削温度高，易黏结，排屑、断屑困难；特殊矛盾是热强性好、硬化严重、硬质点多、刀具磨损快。采取措施如下：

(1)选较大前角，车削时取$\gamma_o=20°$。

(2)因YT硬质合金导热性差，且钛元素亲和力强，故宜用导热性好且不含钛的YG硬质合金，或含添加剂的TA6、YW1、YW2等硬质合金。

(3)为提高断屑能力，在a_p较大、f较小时，可用双刃倾角车刀（主切削刃上近刃尖处取$-\lambda_s$，其余$+\lambda_s$）。

(4)应适当降低切削速度，切削用量较大时应加充分的切削液。

(5)a_p及 f 不可过小，以使切削刃和刀尖越过硬化深度。

表 2-13　工件材料切削加工性分级

牌　号	硬度(HB)	抗拉强度/GPa	延伸率/(%)	冲击值/(MJ/m²)	导热系数/(W/(m·℃))	切削加工性分级 HB·σ_b·δ·a_k·λ
20(正火)	179	0.491	21	0.785	50.7	3·2·3·3·4
45(正火)	229	0.598	16	0.491	50.2	4·3·2·2·4
40Cr(调质)	229～269	0.981	9	0.598	32.7	4/5·4·0·2·6
30CrMnSi(调质)	225～298	1.079	10	0.491	37.7	4/5·5·0·2·5
1Cr18Ni9Ti(水淬、时效)	229	0.642	55	2.45	16.3	4·3·8·8·8
GH33	230	1.118	28	0.981	13.8	4·5·4·4·8
TC4	320～360	0.932	10	0.392	7.5	6/7·4·0·1·9

2.3.2　工件材料的物理、力学性能对加工性的影响

1. 工件材料的硬度对加工性的影响

硬度越高，其切削力越大，切削温度越高，刀具磨损越快，许用切削速度越低，因而加工性越差；高温硬度越高，加工性也越差；金属材料中硬质点的硬度越高、硬质点越多、形状越尖锐、分布越广，显微硬度越高，刀具磨损也越快，加工性也越差；加工硬化越严重，硬化后硬度也越高，加工性也就越差，但是硬化后易于断屑。

一般规律是硬度越高，加工性越差。但磨削时，工件材料硬度过低，易堵塞砂轮，加工性反而不好。硬度过高或过低时，可通过热处理以改善其加工性。

2. 工件材料的强度对加工性的影响

常温下的强度越高，切削力就越大，切削温度也随之越高，刀具也越容易磨损，故加工性越差；高温强度(也称热强性)越高，加工性越差。一般金属材料强度与硬度是有联系的，强度越高，其硬度越高，则加工性越差。

3. 工件材料的塑性对加工性的影响

金属材料的塑性是以延伸率(δ)来衡量的，δ 越大，塑性越大，切削时的塑性变形也越大，切削力也越大，切削温度也越高，刀具易产生黏结磨损和扩散磨损，使刀具磨损加剧。且塑性材料在较低切削速度下切削时，易产生积屑瘤和鳞刺，使加工表面粗糙度增大；切削塑性大的材料，断屑也较困难。可见塑性越大，加工性越差。但塑性太小，切削时刀屑接触长度很短，切削力和切削热集中在切削刃附近，易使刀具磨损，加工性也不好。

4. 工件材料的韧性对加工性的影响

韧性是反映材料在破断之前吸收能量和进行塑性变形的能力，以冲击值(a_k)表示。材料的强度和塑性对韧性都有影响。

材料的韧性越大，切削力也越大，切削温度也越高；此外，韧性大，不易断屑。所以，韧性大的材料，加工性较差。

5. 工件材料的导热系数对加工性的影响

导热系数较小的材料，切屑和工件带走的热量较少，切削温度较高，刀具耐用度较低，

工件热变形较大，故其加工性较差。难切削材料（如不锈钢、高温合金和钛合金等）加工性差的重要原因之一，就是导热系数很低。

以上这些物理、力学性能的因素是互相联系的。一般来说，在同一类材料中随着硬度、强度的提高，塑性和韧性将降低。

加工性还与锻造、铸造及热处理等因素有关，如锻、铸件表层的硬皮或夹砂、硬度不均匀等使加工性变差。有些材料在切削温度的作用下会发生物理、化学反应，例如，镁合金易燃烧；钛合金会与空气中的氧、氮作用形成硬脆的化合物，加速刀具磨损。这些对加工性都有一定的影响。

2.3.3 改善材料加工性的途径

1. 调整化学成分，发展易切钢

1）化学成分对加工性的影响

（1）碳对加工性的影响。碳素钢的强度、硬度随含碳量的增加而提高，而塑性、韧性则降低。低碳钢的塑性、韧性较大，高碳钢的硬度及强度较高，都给切削加工带来一定的困难。中碳钢的硬度、强度、塑性、韧性居于低碳钢与高碳之间，加工性较好。

（2）为改善钢的力学性能，常加入一些合金元素，对加工性均有影响。加入铬、镍、钒、钼、钨、锰等元素大都能提高钢的强度和硬度，硅、铝能形成氧化铝、氧化硅等的硬质点，加剧刀具磨损。大部分合金元素及碳元素都会降低钢的导热系数。这些元素质量分数较低时（一般以 0.3%为限），对钢的加工性影响不太大，超过该质量分数，对钢的加工性是不利的。

（3）铸铁的化学成分的影响。当含碳量一定时，游离石墨多，则碳化铁就少。碳化铁很硬，会加速刀具磨损，而石墨很软，且有润滑作用，同时石墨的存在会使强度和硬度降低。所以铸铁中的合金元素，凡是能促进石墨化的元素（如硅，铝、镍、铜、钛等）都能改善其加工性，而阻碍石墨化的元素（如铬、钒、锰、钼，钴、磷、硫等）都会降低其加工性。

材料的加工性还应与化学成分的配比及冶炼、铸造、轧制的工艺及切削时的热处理联系起来考虑。

2）开发易切钢（易削钢）

为提高加工性，在钢中加入少最的硫、硒、铅、铋、磷等元素使之成为易切钢。在切削过程中，这些元素会产生有润滑作用的金属夹杂物（如硫化锰等）而减轻钢对刀具的擦伤能力，从而改善其加工性，切屑也容易折断。加入磷元素虽使钢的强度提高，但能使韧性下降而加工性得以改善。不过这类元素会略降低钢的强度，同时又能降低钢的塑性。

各种元素对钢的加工性影响如图 2－13 所示。

2. 进行热处理改善加工性

1）金相组织对加工性的影响

同样成分的材料，当金相组织不同时，其物理、力学性能就不同，因而加工性就不同。例如，铁素体硬度为 60HB～80HB、σ_b＝0.25GPa～0.29GPa、δ＝30%～50%，珠光体硬度为 160HB～260HB、σ_b＝0.78GPa～1.28GPa、δ＝15%～20%，奥氏体硬度为 170HB～220HB、σ_b＝0.83GPa～1.03GPa、δ＝40%～50%，马氏体硬度为 520HB～760HB、σ_b＝1.72GPa～2.06GPa、δ＝2%～8%，渗碳体硬度为 700HB～800HB、σ_b＝0.0229GPa～

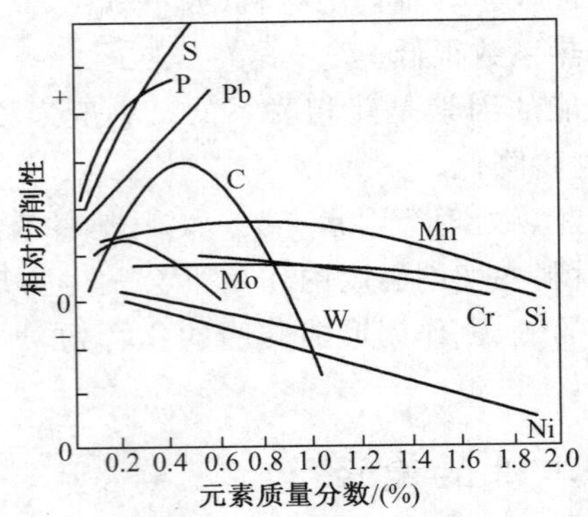

图 2－13　各种元素对钢的加工性影响

“＋”——切削加工性改善；“—”——切削加工性变差。

0.034GPa、δ 极小。由于珠光体的强度、硬度比铁素体高，由图 2－14 可见，当钢的显微组织含珠光体的比例越多时，v_T 越小，加工性越差。回火马氏体的硬度比珠光体高，加工性比珠光体差。金相组织中各相的分布、形状、大小都会影响加工性。珠光体有球状、片状、片状加球状、细片状、针状等。片状越细，硬度越高（细片状硬度 400HB～578HB），对刀具磨损越大。针状硬度最高，对刀具磨损最大。球状硬度最低（160HB～190HB），对刀具磨损最小。

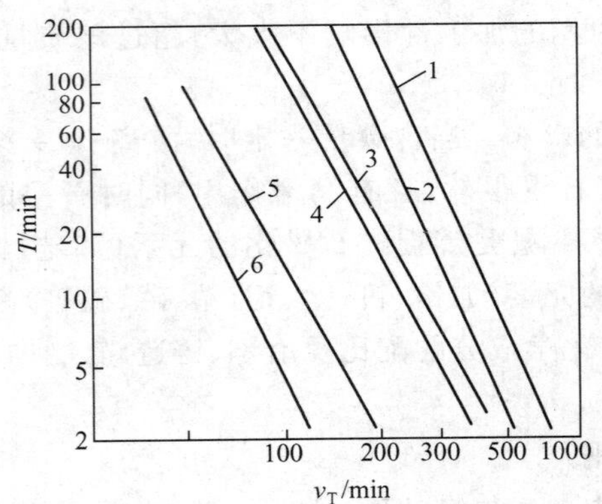

图 2－14　金相组织对加工性的影响

1—10％珠光体；2—30％珠光体；3—50％珠光体；
4—100％珠光体；5—回火马氏体 300HB；
6—回火马氏体 480HB。

2)采用热处理来改变金相组织以改善加工性

低碳钢可采用正火处理使晶粒细化、硬度增加、韧性下降。中碳钢可进行正火处理，改善加工性。高碳钢可进行球化退火，降低硬度，改善加工性。白口铁可在 950～1000℃ 下长期退火而变成可锻铸铁，改善加工性。

时效处理也是改善某些材料加工性的方法之一。例如，对镍基高温合金 GH33 在 1020℃加热 8h 淬火，在空气中冷却，再在 920℃下 16h 时效处理，在空气中冷却，这样可使加工性得到显著改善，刀具耐用度提高很多倍。

3)选择加工性好的毛坯状态

低碳钢塑性大，经冷拔后，可改善其加工性。某些零件（如机床丝杠）可选用易切钢。中碳钢以部分球化的珠光体组织最好加工，高碳钢以完全球化退火状态加工性最好；铸件、气割件的周边余量不均匀且有硬皮，加工性不如冷拔或热轧毛坯。

2.4 已加工表面质量

已加工表面质量包括工件经过切削加工后的表面粗糙度、表面层的加工硬化及表面层的残余应力。

一般的说，粗糙度大的零件，因其接触表面的实际接触面积比理论接触面积小得多，容易磨损以致丧失精度。对于配合表面，会因磨损使配合间隙加大，改变配合性质，降低接触刚度，影响运动平稳性，例如，液压油缸及滑阀等可能出现泄漏现象；零件表面粗糙度大，容易造成应力集中，疲劳强度下降。低碳钢粗糙度 Ra 为 6.3μm～1.6μm 时，其疲劳强度是 Ra 为 0.1μm～0.008μm 时的 90%，高碳钢热轧毛坯的疲劳强度是 Ra 为 0.1μm～0.008μm 时的 35%～50%；粗糙度大，零件表面容易吸附和积聚气体与液体，若为腐蚀介质，就会发生腐蚀。但并非粗糙度越小越好，机床导轨摩擦面的粗糙度 Ra 为 1.6μm～0.8μm 最耐磨，内燃机活塞环较耐磨的粗糙度 Ra 为 0.8μm，因粗糙度太小，不利于润滑油的储存，反而易使表面磨损。

金属材料经过切削加工后，已加工表面会产生加工硬化现象。被加工材料的塑性越大，这种现象越严重。工件表面层的硬化会降低抗冲击的能力。

经切削加工后的工件表面，常常有残余应力，而残余拉应力易使零件表面产生裂纹，降低零件的疲劳强度。

总之，工件表面质量对工件使用性能有很大影响，对于航空、航天产品更为重要应给予充分的重视。在零件设计中，必须根据使用要求规定质量等级。

2.4.1 已加工表面的形成

在第 1 章介绍了切屑形成过程中三个变形区的第一、二变形区。第一变形区扩展到切削层下方的金属，将成为已加工表面的表层。所以第一变形区的塑性变形对已加工表面质量是有影响的。但第三变形区对已加工表面质量影响更大。图 2－15 为已加工表面形成过程示意图。

(1)第一变形区的变形将扩展到切削层的下方，使部分已经受到第一变形区塑性变形的金属成为已加工表面的组成部分。

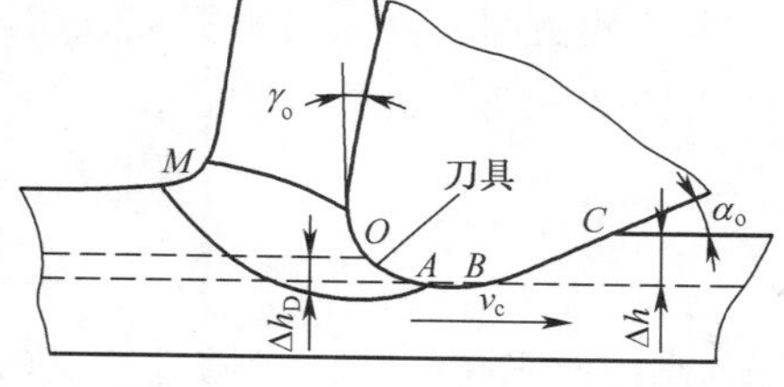

图 2－15 已加工表面形成过程示意图

(2)刀具的切削刃无论经过怎样的精细刃磨，都不可避免的存在一个钝圆半径(r_n)，其值的大小与刀具刃磨质量刀具切削部分的材料及刀具楔角有关。由于刀具切削刃钝圆半径的作用，使得切削层厚度(h_D)中，将有一薄层(Δh_D)金属无法沿剪切滑移面 OM 方向滑移成为切屑，而向切削刃钝圆部分 O 点以下挤压过去，留在加工表面层成为已加工表面层的又一组成部分。

此外，刀具投入切削后不久，后刀面就会因磨损而形成一段后角为0°的棱带 VB，当金属流经切削刃钝圆部分 A 点后，受到棱带 VB 的挤压与摩擦，产生一定的弹塑性变形，随后，很快弹性恢复，若恢复高度为 Δh，则已加工表面 BC 段将继续与刀具后刀面摩擦产生进一步的塑性变形，使最后成为已加工表面层的金属变形更为剧烈。

可见，已加工表面是经过剧烈变形得到的。除以上所述外，已加工表面在形成过程中，还要受到切削热的作用，这些都对已加工表面质量产生影响。

2.4.2 已加工表面粗糙度

表面粗糙度以已加工表面微观不平度的高度来衡量。

1. 产生表面粗糙度的原因

切削加工时，尽管刀具表面和切削刃都磨得很光，但已加工表面的粗糙度却远远大于刀具表面粗糙度，究其原因，主要在以两个方面：

(1)几何因素所产生的粗糙度(又称为理论粗糙度)。由刀具的几何形状及切削过程中进给运动所产生，其粗糙度大小主要决定于残留面积的高度。

(2)由切削过程中不稳定因素所产生的粗糙度(又称为自然粗糙度)。其中包括积屑瘤、鳞刺、切削过程中的振动、刀具的边界磨损、切削刃与工件相对位置的变动等因素引起的粗糙度。

1)残留面积

切削时，由于刀具与工件相对运动及刀具几何形状的关系，有一小部分切削层金属未能被切下而残留于已加工表面，图2-16中阴影部分称为残留面积。

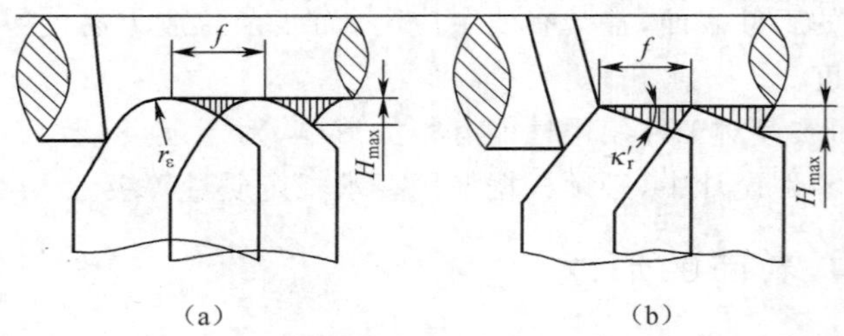

图2-16　车外圆时的残留面积高度

(a)$r_\varepsilon>0$；(b)$r_\varepsilon=0$。

理论残留面积高度可根据 κ_r、κ_r'、r_ε、f 的大小进行计算。

由图2-17及公式

$$H_{max}=f^2/(8r_\varepsilon), r_\varepsilon>0$$

$$H_{max}=f/(\cot\kappa_r+\cot\kappa_r'), r_\varepsilon=0$$

可知，残留面积高度(H_{max})随进给量(f)的减小及主、副偏角的减小或刀尖圆弧半径的增大而减小。

切削后实际得到的粗糙度因还受到其他因素的影响而往往大于理论计算值，但理论残留面积是构成已加工表面微观不平度的基本因素。

2)积屑瘤

由第1章可知，具有一定硬度的积屑瘤会伸出切削刃及刀尖，当它相对稳定时，代替切削刃工作而在工件上多切去一部分金属，由于积屑瘤形状不规则，使已加工表面留下深浅、宽窄不一的沟纹。在积屑瘤在生长、分裂阶段时，对已加工表面的影响就更严重，一方面积屑瘤碎片会残留于已加工表面形成硬质点，划破已加工表面；另一方面，积屑瘤的变化会使切削力波动而引起振动，使已加工表面粗糙度明显增大。

3）鳞刺

在较低及中等的切削速度下切削塑性材料时，已加工表面上往往会出现一些鳞片状的毛刺（称为鳞刺）。实践证明用高速钢、硬质合金刀具对塑性材料无论进行车、刨、钻、拉及螺纹和齿轮加工时，都可能会出现鳞刺。关于鳞刺的成因尚有多种观点，在此不加评述。但出现鳞刺会恶化已加工表面质量，尤其是当积屑瘤与鳞刺同时出现时更为严重，这一点是肯定的。所以，为改善已加工表面粗糙度，必须对鳞刺加以控制，一般地说，凡是使积屑瘤高度减小或消失的措施对避免或减轻鳞刺现象也是适用的。

4）振动

切削中的振动有两类：一是由外界周期性作用力引起的强迫振动，如机床运动不平稳造成离心力作用、工件材质不均、断续切削等；另一类是切削中非周期性作用力的变化引起的自激振动，如刀具前刀面与切屑底层间摩擦力变化、刀具磨损产生作用力、不稳定的积屑瘤引起切削层公称厚度变化等。

振动使工件表面出现振纹，粗糙度增大，不仅恶化了已加工表面质量，而且对机床的精度和刀具磨损都将产生不利影响，当振动频率接近工艺系统固有频率时，形成共振，造成的破坏性更大。

5）其他

除上述原因外，切削中的塑性变形、刀具磨损造成的挤压和摩擦痕迹，切削刃缺陷在工件表面的复映，切屑拉毛、划伤工件已加工表面等都会使表面粗糙度增大。

2. 减小表面粗糙度的措施

减小表面粗糙度，提高表面质量，必须减小残留面积，消除积屑瘤、鳞刺，控制切削过程中的振动及其他不利因素，具体从以下方面采取措施。

1）刀具方面

采用大的刀尖圆弧半径（r_ε）及小副偏角（κ_r'）的刀具减小残留面积高度，还可适当使用 $\kappa_r'=0°$ 的修光刃消除残留面积，但修光刃不宜过长，一般为 1.2f；否则易引起振动。刀具前角（r_o）一般对表面粗糙度影响不大，但对塑性大的材料，加大刀具前角，是减小积屑瘤、鳞刺，减小粗糙度的有效措施。如拉削 1Cr18Ni9Ti 不锈钢的花键时，拉刀前角从 10°～15°增至 22°，表面粗糙度 Ra 可从 6.4μm 降至 1.6μm～0.8μm。提高刀具的刀面、切削刃刃磨质量也有利于减小摩擦，而抑制积屑瘤、鳞刺的生长。

刀具的剧烈磨损及破损也会使粗糙度增大，加工中应严格按磨损限度换刀。

2）工件方面

工件材料的塑性越大，越易生成积屑瘤、鳞刺，已加工表面粗糙度也越大。生产中可对工件材料进行热处理，如对低碳钢、低碳合金钢加工前进行调质处理以降低塑性，从而减小已加工表面粗糙度。材料的韧性越大也会使表面粗糙度增大，易切钢中的硫、铅等元素有利于减小表面粗糙度。

3)切削条件方面

切削塑性材料时，在中、低速情况下，易产生积屑瘤、鳞刺，提高切削速度可使积屑瘤、鳞刺减小甚至消失，并可减小工件塑性变形，从而减小表面粗糙度。

减小进给量，不仅可以减小残留面积高度，而且可以抑制积屑瘤、鳞刺的产生，减小表面粗糙度。

采用润滑性能好的切削液，可减小切削中的塑性变形及摩擦，抑制积屑瘤及鳞刺产生，也可减小表面粗糙度。

分析找出引起工艺系统振动的原因并采取相应措施避免振动，对降低表面粗糙度也很关键。

2.4.3 加工硬化

经过切削加工后的已加工表面，将会出现表层硬度增高、塑性降低的现象，该现象称为加工硬化。加工硬化的存在降低了表面质量而影响工件的疲劳强度，并给下道工序带来加工困难，增大刀具的磨损。

1. 产生加工硬化的原因

已加工表面在形成过程中，一方面，切削刃钝圆半径及刀具磨损对切削层金属进行摩擦、挤压作用，使周围纤维层变细变长直到最终在 O 点断裂，使表层金属经受了剧烈的塑性变形而出现变质层(图 2-17)，导致工件表面层金属强化；另一方面，切削温度会使工件表面层金属弱化甚至相变，加工硬化就是这种强化、弱化及相变的综合结果。

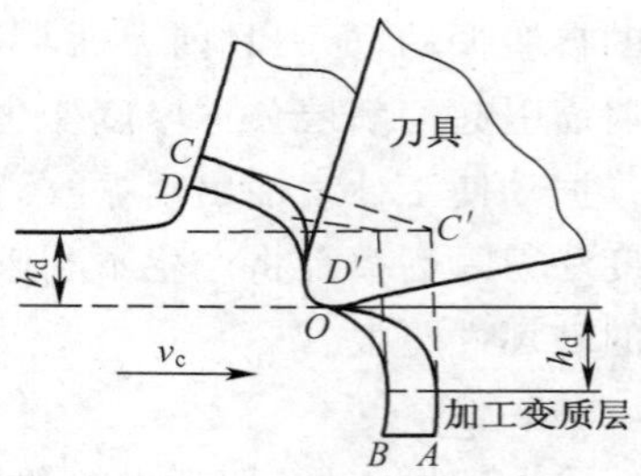

图 2-17 已加工表面的变质层

加工硬化通常以硬化层深度(h_d)及硬化程度(N)表示。h_d为已加工表面至未硬化处的垂直距离(μm)。N 是已加工表面的显微硬度增加值对原始显微硬度的百分比数。N 的大小可表示为

$$N=[(H-H_{o})/H_{o}]\times 100\%$$

式中 H——已加工表面的显微硬度；

H_{o}——原基体金属的显微硬度。

一般硬化层深度可达几十微米至几百微米，硬化程度可达 120%～200%。

2. 减小加工硬化的措施

为减小已加工表面加工硬化，应首先考虑减小加工中变形与摩擦。

1)刀具方面

增大前角，可减小变形，减小加工硬化。减小切削刃钝圆半径，锋利切削刃，减小挤压，控制硬化。控制刀具后刀面磨损并及时换刀，能减小摩擦从而达到减小加工硬化的目的。

2)工件材料方面

工件材料塑性越大，则强化指数越大，加工硬化越严重。一般碳素结构钢，含碳量越小，塑性越大，加工硬化越严重；高锰钢 Mn12 强化指数大，加工后已加工表面层硬度可增高 2 倍以上。有色金属熔点低，容易弱化，加工硬化比结构钢小得多；铜合金的已加工表

面硬度比钢小30%,铝合金比钢小75%左右。

3)切削用量方面

切削速度增加,塑性变形减小,塑性变形区域减小,加工硬化层深度减小,但硬化程度不一定减小(因为速度增加要引起切削温度升高,若温度超过相变温度时,表层形成淬火组织,使加工硬化程度增加,所以,切削速度对加工硬化的影响是双重的)。

进给量增大时,切削力及塑性变形区域范围增大,加工硬化程度及硬化层深度均有所增大。

背吃刀量对加工硬化影响不大。

4)加工方法

采用反向精切法可使加工硬化得到较大恢复。因为反向精切法是在粗切方向之逆向进行精切,这样在切去表层塑性变形较大的部分金属的同时,使下面的部分金属的组织流动也一同返回。所得已加工表面与通常加工方法相比,其粗糙度小,耐磨性也好。图2-18为反向精切法图解。由图可知,若精切按粗切同方向切削时,表层结晶则在粗切基础之上继续按原流动方向流动,硬化现象加剧,变质层深度增加。若与粗切反方向进行粗切,不但精切的变质层深度减小,还可使因粗切而歪扭的结晶得到一定的恢复。

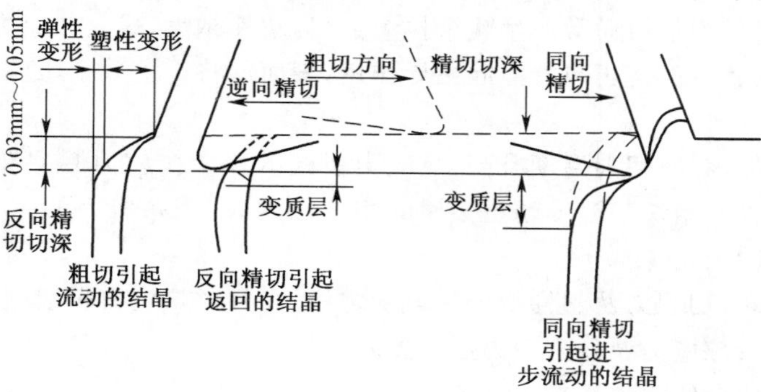

图2-18　反向精切图解

2.4.4　残余应力

残余应力是指在没有外力作用的情况下,在物体内部保持平衡的力。工件已加工表面常存在残余应力,残余应力有残余拉应力与残余压应力之分。残余拉应力易使工件表面出现微裂纹,降低零件的疲劳强度及使用寿命;残余压应力有时能提高零件的疲劳强度;表层不均匀分布的残余应力会使工件发件发生变形,影响工件尺寸、形状精度。

1. 残余应力的产生原因

(1)机械应力引起塑性变形产生残余应力。切削过程中,切削刃前方的工件材料受到刀具前刀面的挤压,使将成为已加工表面层的金属在切削方向(沿已加工表面方向)产生压缩塑性变形;在垂直方向产生拉伸塑性变形,切削后受到里层未变形金属的牵制,从而在表层产生残余拉应力,里层产生残余压应力。

(2)热应力引起的塑性变形产生残余应力。切削时,已加工表面温度远高于里层金属,表层金属受热体积膨胀,将受到里层金属的牵制使表层金属产生热应力,热应力使表层金属产生压缩塑性变形。切削后冷却时,表层金属体积的收缩受到里层金属的牵制,使表层金属产生残余拉应力，里层金属产生残余压应力。

(3)相变引起体积变化产生残余应力。切削时表层组织可能发生相变，由于各种金相组织的体积不同，从而产生残余应力。

工件已加工表面层内的残余应力是上述诸因素的综合结果，残余应力的性质、大小、分布视具体情况而定，一般多为拉应力。

2. 降低残余应力的措施

生产中影响残余应力的因素较复杂，总之，凡能减小塑性变形和降低切削温度的都可减小残余应力。

1)刀具方面

刀具的前角由正值变为负值时，可增大切削刃前方金属的压缩变形和刀具对已加工表面的挤压、摩擦，使残余拉应力减小。刀尖圆弧半径减小时，切削过程中塑性变形和摩擦均会下降，使残余应力减小。

刀具后刀面磨损量的增加会使切削温度升高，故严格控制刀具磨损量，有利于减小残余应力。

2)工件方面

塑性大的材料，切削后通常产生残余拉应力，且塑性越大，残余拉应力越大；切削脆性材料时，由于刀具后刀面挤压与摩擦起主导作用，表面层将产生残余压应力。

3)切削条件方面

切削速度增加，会使切削温度升高，热应力引起的残余拉应力起主导作用，并随切削速度的提高而增大。当切削温度超过金属的相变温度时，残余应力的大小及符号取决于表面层金相组织的变化。

进给量增加时，切削力及塑性变形区域随之增大，且由热应力引起的残余拉应力占优势，所以，表层残余拉应力及残余应力层深度随之增加。

背吃刀量对残余应力的影响不大。

思考题

1. 影响加工性的因素有哪些？如何改善工件材料的切削加工性？
2. 难切削材料的合理切削条件是什么？
3. 对刀具材料应有哪些基本要求？
4. 粗车下列工件材料外圆时，可选择什么刀具材料？
   ①45 钢；②灰铸铁；③黄铜；④铸铝；⑤不锈钢；⑥钛合金；⑦高锰钢；⑧高温合金。
5. 合理刀具几何参数的选择原则是什么？生产中怎样选择刀具的前角、后角、主偏角副偏角及刃倾角？
6. 刀具前刀面形式不同对加工中的影响主要体现在哪些方面？
7. 刀具切削刃口形式对切削过程有哪些影响？
8. 说出下列情况下刀具几何参数应具有的特点有哪些？

①锐中求固;②散热条件良好;③系统刚度不足;④抗冲击;⑤精加工;⑥加工高硬材料。

9. 加工中影响表面粗糙度的因素有哪些？当已加工表面粗糙度达不到要求时,应从哪些方面着手改善？

10. 加工中残余应力是怎样产生的？

第 3 章　机床夹具

学习目标

（1）掌握定位、夹紧的基本概念和六点定位基本原理。

（2）掌握常见的定位方法及其定位元件，完全理解常见定位方式所能限制的自由度的含义。

（3）能够确定夹紧力的大小、方向和作用点，掌握基本的夹紧结构。

（4）了解并掌握车床夹具、铣床夹具等几类典型机床夹具的结构特点。

（5）了解现代机床夹具的特点和分类。

3.1　工件定位的基本原理

机床夹具是机械加工工艺系统的重要组成部分，在机械加工中占有十分重要的地位。夹具作为装夹工件的工艺装备，它的主要功能是实现工件定位和夹紧，使工件加工时相对于机床和刀具占有正确的位置，以保证工件的加工精度。机床夹具有通用和专用两类。通用夹具作为机床附件已标准化，而专用夹具是按工件的加工需要专门设计的夹具，以满足零件加工精度及批量生产的要求。由于各类机床的加工工艺不同，夹具与机床的连接方式不同，各种夹具的结构与技术要求方面都有不同的特点。本章将介绍车床、铣床等几类典型机床专用夹具和现代机床夹具。

工件在加工前必须先定位，然后再对其实施夹紧。在机床上确定工件相对于刀具的正确加工位置，以保证其被加工表面达到所规定的各项技术要求的过程称为定位。在已定好的位置上将工件固定下来可靠地夹紧，防止在加工时工件受到切削力、惯性力、离心力、重力、冲击和振动等的影响，发生位置移动而破坏定位的过程称夹紧。将工件定位和夹紧的过程称为装夹（或安装）。六点定位原理是夹具设计的基本依据。

3.1.1　六点定位原理

一个自由刚体，在空间直角坐标系中，有 6 个方向活动的可能性，如图 3－1 所示，即沿 3 个坐标轴方向的移动（分另用符号 $\vec{X}$、$\vec{Y}$ 和 $\vec{Z}$ 表示）和绕 3 个坐标轴方向的转动（分别用符号 $\widehat{X}$、$\widehat{Y}$ 和 $\widehat{Z}$ 表示）。一般把某一个方向活动的可能性称为一个自由度，自由刚体在任意空间共有 6 个自由度。

定位就是限制自由度。要使工件在某个方向有确定的位置，就必须限制该方向的自由度。如图 3－2 所示的长方体工件，欲使其完全定位，可以设置 6 个固定点，工件的 3 个面分别与这些点保持接触，在其底面设置 3 个不共线的点 1、2、3（构成一个面），限制工件的 3 个自由度：$\vec{Z}$、$\widehat{X}$、$\widehat{Y}$；侧面设置两个点 4、5（成一条线），限制了 $\vec{Y}$、$\widehat{Z}$ 两个自由度；端

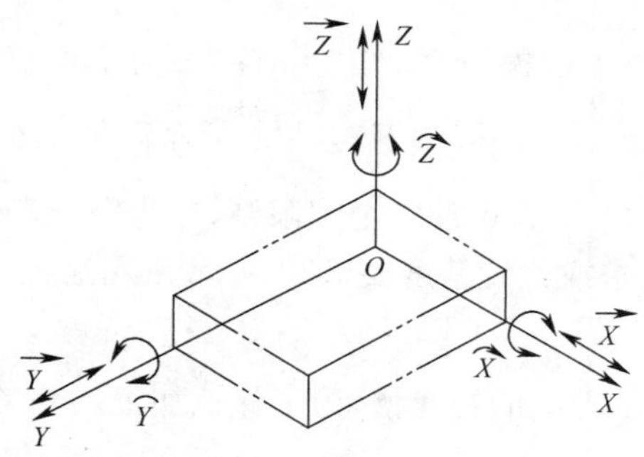

图 3－1　工件的 6 个自由度

面设置一个点 6，限制 $\vec{X}$ 自由度。于是工件的 6 个自由度便都被限制了。这些用来限制工件自由度的固定点称为定位支承点，简称支承点。用合理分布的 6 个支承点限制工件 6 个自由度的法则，称为六点定位原理。

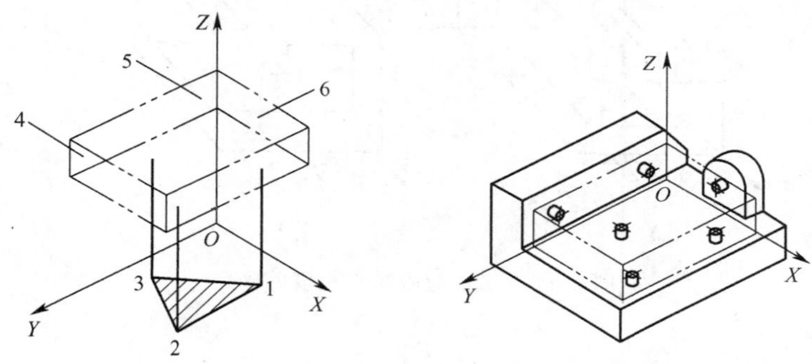

图 3－2　长方形工件定位

在应用六点定位原理分析工件定位时，应注意以下几点：

(1)定位支承点对工件自由度的限制作用，应理解为定位支承点与工作定位表面始终保持接触。若二者脱离，则意味着失去定位作用。

(2)一个定位支承点仅限制一个自由度，一个工件有 6 个自由度，所设置的定位支承点数目原则上不超过 6 个。

(3)分析定位支承点的定位作用时，不考虑力的影响。工件的某一自由度限制，并非指工件在受到使其脱离定位支承点的外力时不能运动。欲使其在外力作用下不能运动是夹紧的任务；反之，若认为工件被夹紧后，其位置不能动了也就是定位，这种理解是错误的。所以，定位和夹紧是两个概念，绝不能混淆。

3.1.2　工件的定位

根据工件的不同加工要求，有些自由度对加工有影响，这样的自由度必须限制，有些不影响加工要求的自由度有时可以不必限制。根据夹具定位元件限制工件运动自由度的不同，工件在夹具中的定位方式，有以下几种：

1. 完全定位

如图 3－3 所示的工件上的铣键槽，图 3－3(a)中为了保证加工尺寸 Z，需要限制 $\vec{Z}$、$\overset{\frown}{X}$、$\overset{\frown}{Y}$；为了保证加工尺寸 Y，还需限制 $\vec{Y}$、$\overset{\frown}{Z}$；为了保证加工尺寸 X，最后还需限制自由度 $\vec{X}$。工件在夹具体上的 6 个自由度完全都限制，称为完全定位。当工件在 X、Y、Z 这 3 个坐标方向上均有尺寸要求或位置精度要求时，一般采用这种定位方式。

2. 不完全定位

如图 3－3(b)所示的工件上的铣通槽，为了保证加工尺寸 Z，需限制 $\vec{Z}$、$\overset{\frown}{X}$、$\overset{\frown}{Y}$ 自由度；为了保证加工尺寸 Y，还需限制 $\vec{Y}$、$\overset{\frown}{Z}$ 自由度；由于 X 轴向没有尺寸要求，$\vec{X}$ 自由度不必限制。这种根据加工要求，允许某些自由度不限制的定位称为不完全定位。

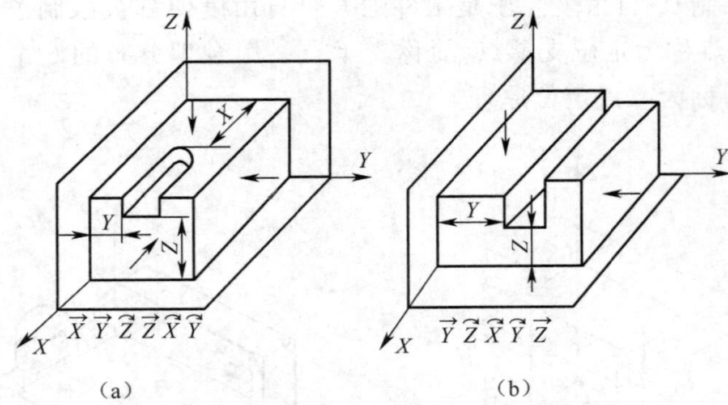

图 3－3　工件应限制自由度的确定

3. 欠定位

在满足加工要求的前提下，采用不完全定位是允许的。但是应该限制的自由度没有布置适当的支承点加以限制，即工件实际定位所限制的自由度数目少于按其加工要求须限制的自由度数目，这种定位称为欠定位。欠定位不能保证加工要求，往往会产生废品，因此欠定位在实际生产中是绝不允许的。

若不设防转定位销 A，则工件 $\overset{\frown}{X}$ 自由度不受限制，工件绕 X 回转方向的位置是不确定的，铣出的上方键槽无法保证与下方键槽的位置要求，如图 3－4 所示。

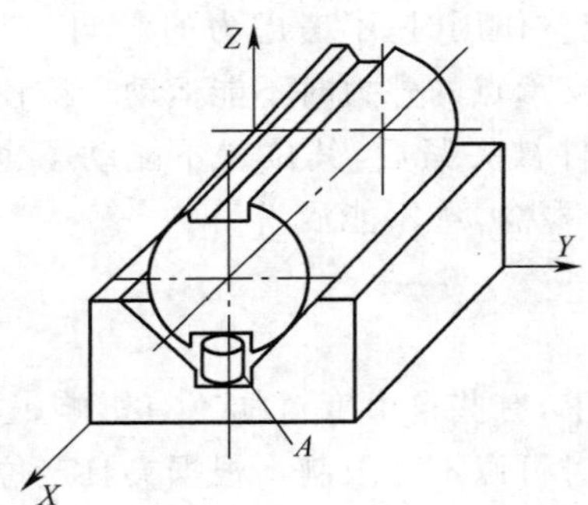

图 3－4　用防转销消除欠定位

4. 过定位

几个定位支承点重复限制同一个自由度或几个自由度，这种重复限制工件自由度的定位称为过定位。过定位在加工过程中应避免或酌情减少，以保证加工要求。图 3－5(a)所示为加工连杆孔的正确定位方案。以平面 1 限制 $\overrightarrow{Z}$、$\overset{\frown}{X}$、$\overset{\frown}{Y}$ 3 个自由度，以短圆柱销 2 限制 $\overrightarrow{X}$、$\overrightarrow{Y}$ 两个自由度。以防转销 3 限制 $\overset{\frown}{Z}$ 自由度，属完全定位。但是假如用长销代替短销 2 如图 3－5(b)所示，由于长销限制了 $\overset{\frown}{X}$、$\overset{\frown}{Y}$、$\overrightarrow{X}$、$\overrightarrow{Y}$ 4 个自由度，其中限制的 $\overset{\frown}{X}$、$\overset{\frown}{Y}$ 与平面 1 限制的自由度重复，因此会出现干涉现象。由于工件孔与端面、长销与凸台面均有垂直度误差，若长销刚性很好，将造成工件与底面为点接触而出现定位不稳定或在夹紧力作用下，使工件变形；若长销刚性不足，则长销将弯曲而使夹具损坏，两种情况都是不允许的。因此，在确定工件的定位方案时，应尽量避免采用过定位。

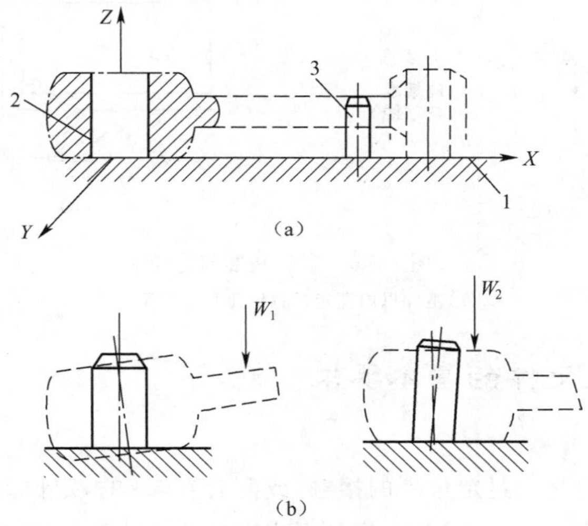

图 3－5　连杆的定位简图

3.2　定位方式与定位元件

为了达到工件被加工表面的技术要求，必须保证工件在加工过程中的正确位置。即需要保证一批工件在夹具中占有正确位置，夹具在机床上的正确位置及刀具相对夹具的正确位置。显然，工件的定位是极为重要的一个环节，而定位元件是夹具中最主要的功能元件之一。

3.2.1　定位基准与定位副

工件的定位是通过工件上的定位表面与夹具上的定位元件的配合或接触来实现的。定位基准是确定工件位置时所依据的基准，它通过定位基面来体现。

当工件以回转面(圆柱面、圆锥面和球面等)与定位元件接触(或配合)时，工件上的回转面称为定位基面，其轴线称为定位基准。如图 3－6(a)所示工件以圆孔在心轴上的定位，工件的内孔面称为定位基面，它的轴线称为定位基准；与此对应，夹具上心轴的外圆柱面为限位基面，心轴的轴线称为限位基准。

工件以平面与定位元件接触时，如图 3-6(b)所示工件上实标存在的面是定位基面，它的理想状态(平面度误差为零)是定位基准。如果工件上的这个平面是精加工过的，实际的平面形状误差很小，可认为定位基面就是定位基准。

工件在夹具上定位时，理论上定位基准与限位基准应该重合，定位基面与限位基面应该接触。定位基面与限位基面合称为定位副。当工件有几个定位基面时，限制自由度最多的称为主要定位面，相应的限位基面称为主要限位面。

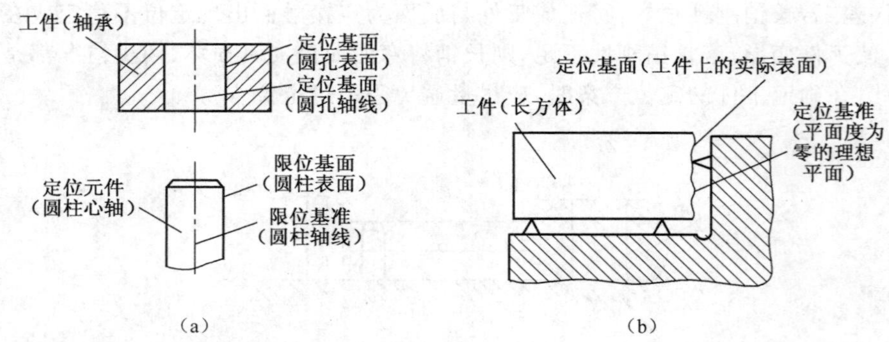

图 3-6　定位基准与定位制

(a)工件以内孔定位；(b)工件以平面定位。

3.2.2　对定位元件的基本要求

1. 足够的精度

由于工件的定位是通过定位副的接触(或配合)实现的，定位元件上限位基面的精度将直接影响工件的定位精度，因此限位基面应有足够的精度，以适应工件的加工要求。

2. 足够的强度和刚度

定位元件不仅限制工件的自由度，还要支承工件，承受夹紧力和切削力，因此应有足够的强度和刚度，以免使用中变形或损坏。

3. 耐磨性好

工件的装卸会磨损定位元件的限位基面，导致定位精度下降。当定位精度下降到一定程度时，定位元件必须更换。为了延长定位元件的更新周期、提高夹具的使用寿命，定位元件应有较好的耐磨性。

4. 工艺性好

定位元件的结构力求简单、合理，便于加工、装配和更换。

3.2.3　常见的工件定位方法和定位元件

工件的定位面有各种形式，如平面、内孔、外圆和圆锥面等。在定位基准确定后，就可以根据工件结构特点和定位基面形状、尺寸等选择标准定位元件，如果没有合适的标准定位元件可供选择，设计者可自行设计非标准定位元件。

1. 工件以平面定位

工件以平面作为定位基准时，所用定位元件一般可分为基本支承和辅助支承两类。基本支承用来限制工件自由度，起定位作用。辅助支承用来加强工件的支承刚性，不起限制工件自由度的作用。

(1)基本支承。常用的有固定支承、可调支承和自位支承3种形式。

①固定支承。固定支承有支承钉和支承板两种形式，其结构和尺寸都已经标准化，如图8—7所示。工件以已加工的表面定位时，可采用平头支承钉，如图3-7(a)所示；工件以粗糙不平的毛坯面定位时，宜采用球头支承钉，如图3-7(b)所示；齿纹头支承钉(图3-7(c)用于工件侧面定位，它能增加摩擦系数，防止工件滑动。A型支承板排屑困难，一般用于侧面支承；B型一般做水平面支承。一个支承板相当于两个支承点，限制两个自由度；多个支承板组合一个平面可以限制3个自由度。

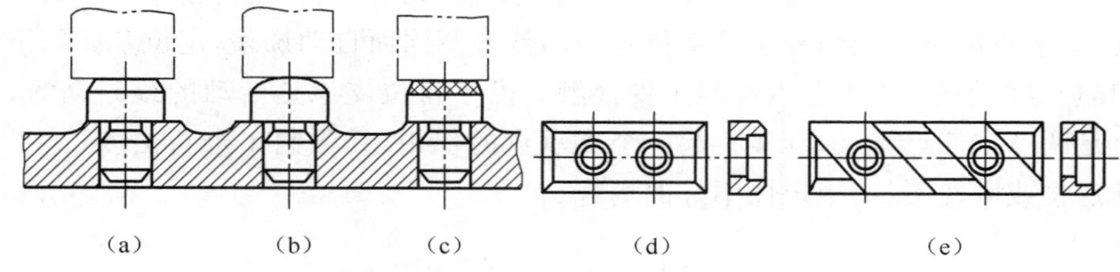

图3-7　支承钉和支承板

(a)A型(平头)支承；(b)B型(球头)支承钉；(c)C型(齿纹头)支承钉；
(d)A型(光面)支承板；(e)B型(带斜槽)支承板。

②可调支承。可调支承的常用形式如图3-8所示，用于工件定位过程中支承钉的高度需要调整的场合，如毛坯分批制造，其形状及尺寸变化较大而又以粗基准定位的场合。

如图3-9所示为可调支承定位应用示例，工件为砂型铸件先以A面定位铣B面，再以B面定位镗双孔。铣面时，若采用固定支承，由于定位基面A的尺寸和形状误差较大，铣完后，B面两毛坯孔的距离尺寸 H_1、H_2 变化也大，使得镗孔的余量很不均匀，甚至余量不够。因此，图3-9中采用可调支承定位时，适当调节支承钉的高度便可避免出现上述情况。对于小型件，一般每批调一次，工件大时，常常每件都要调整。

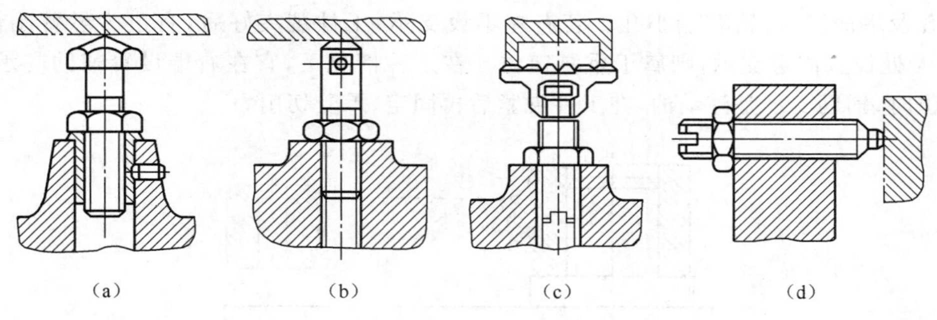

图3-8　可调支承

(a)用于支承较重的工件；(b)可用于支承夹紧压板；
(c)可增大接触面，减少压强；(d)用于侧面定位支承点的调节。

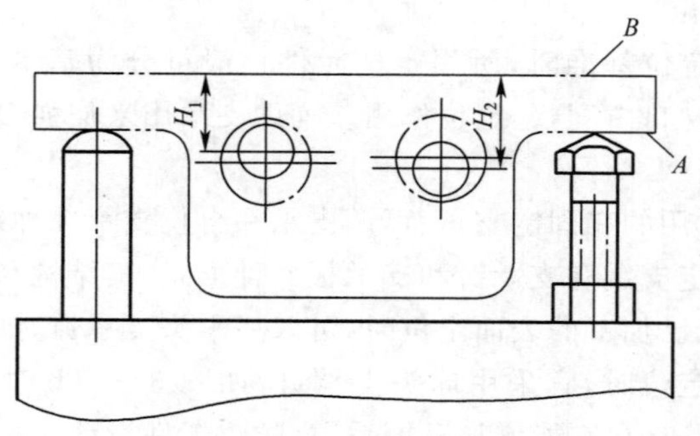

图 3-9　可调支承的应用

③自位支承(又称浮动支承)。这是在工件定位过程中能自动调整位置的支承。图 3-10(a)和图 3-10(b)是两点式自位支承,图 3-10(c)是三点自位支承。这类支承的特点是:支承点的位置能随着工件定位基面的位置不同而自动调整,定位基面压下其中一上点,其余点便上升,直至各点都与工件接触。由于自位支承是活动的或浮动的,无论在结构上是两点或三点支承,其实只起一个支承点的作用,只限制 1 个自由度,适于工件以粗基准定位或刚性不足、稳定性不好的场合。

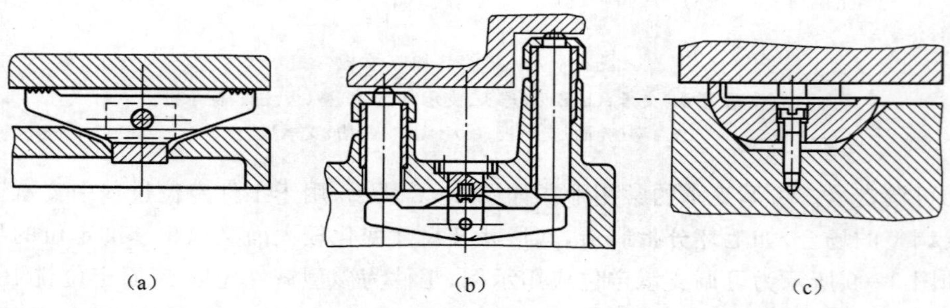

图 3-10　自位支承
(a),(b)两点式自位支承;(c)三点式自位支承。

(2)辅助支承。辅助支承只用来提高工件的装夹刚度和稳定性,不起定位作用,它是在工件夹紧后,再固定下来,以承受切削力,提高工件的支承刚度。如图 3-11 所示,工件以内孔及端面定位,钻右端小孔。若右端不设支承,工件装夹好后,右边为悬臂刚性差。若在 A 处设置固定支承,则属于重复定位。在这种情况下,宜在右端设置辅助支承。工件定位时,辅助支承是浮动的,在工件夹紧后再固定,承受切削力。

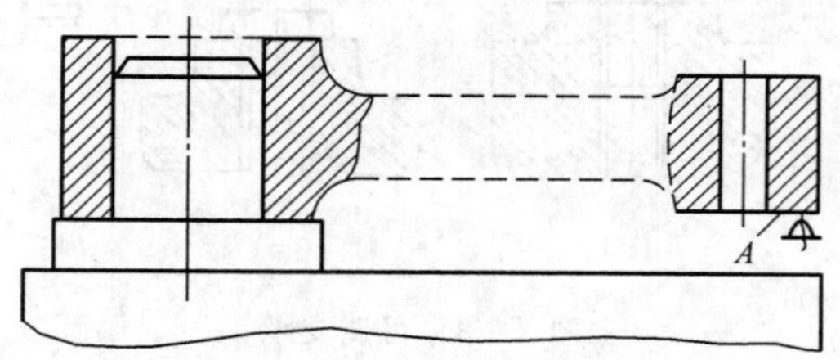

图 3-11　辅助支承的应用

常见的辅助支承结构如图 3－12 所示。

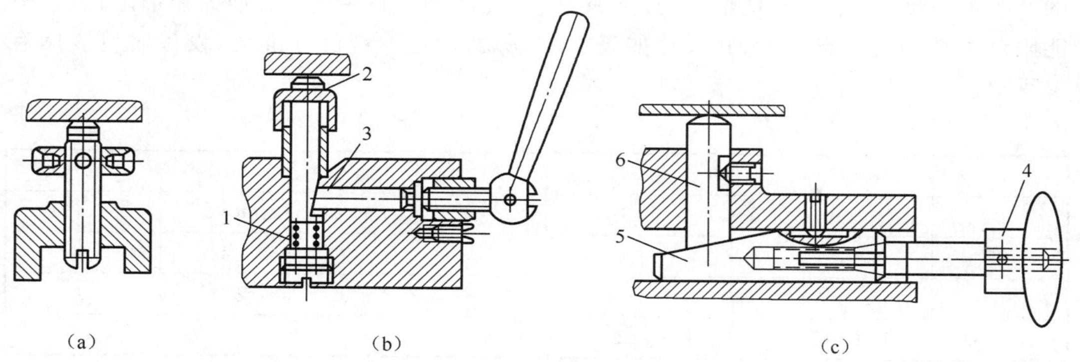

图 3－12 辅助支承的应用

(a)螺旋式;(b)自位式;(c)推引式。

1—弹簧;2—滑柱;3—顶柱;4—手轮;5—斜楔;6—滑销。

2. 工件以圆孔定位

工件以圆孔内表面作为定位基面时,常用以下几个定位元件:

(1)定位销。常用的定位销有圆柱销和削边销。图 3－13(a)所示为固定式定位销,

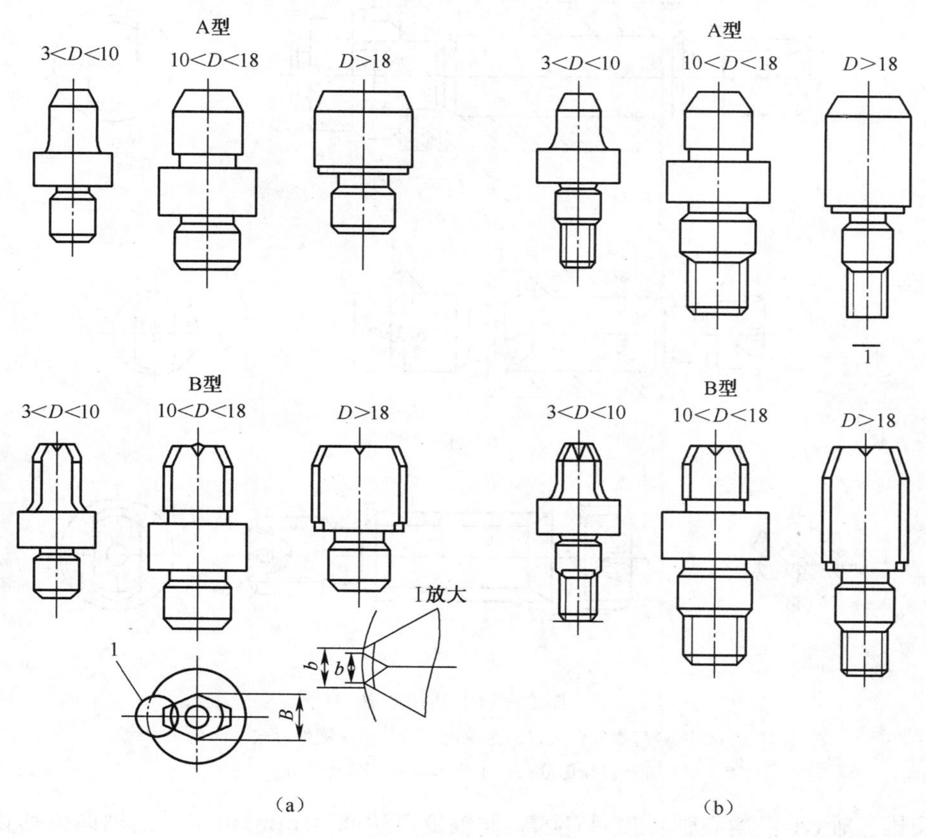

图 3－13 定位销

(a)固定式;(b)可换式。

图 3－13(b)所示为可换式定位销。常用的 A 型是圆柱定位销，一个短圆柱销限制工件的 2 个自由度，一个长圆柱销(L/D≥l)限制工件的 4 个自由度。B 型为菱形定位销，只能限制工件的 1 个自由度，其尺寸如表 3－1 所列。定位销已标准化，设计时可查阅有关手册。

表 3－1　菱形销的尺寸

D	>3~6	>6~8	>8~20	>20~24	>24~30	>30~40	>40~50
B	d－0.5	d－1	d－2	d－3	d－4	d－5	
Bl	1	2	3			4	5
B	2	3	4	5		6	8
注：D 为菱形销限位基面直径，其余尺寸如图 3－13(a)所示							

(2)心轴。常用的心轴有圆柱心轴和圆锥心轴。图 3－14 所示为常用的圆柱心轴结构形式。它主要用于车、铣、磨和齿轮加工等机床上加工套筒和盘类零件。图 3－14(a)所示为间隙配合心轴，装卸方便，定心精度不高。图 3－14(b)所示为过盈配合心轴，这种心轴制造简单，定位准确，不用另设夹紧装置，但装卸不方便。图 3－14(c)所示为花键配合心轴，用于加工以花键孔定位的工件。

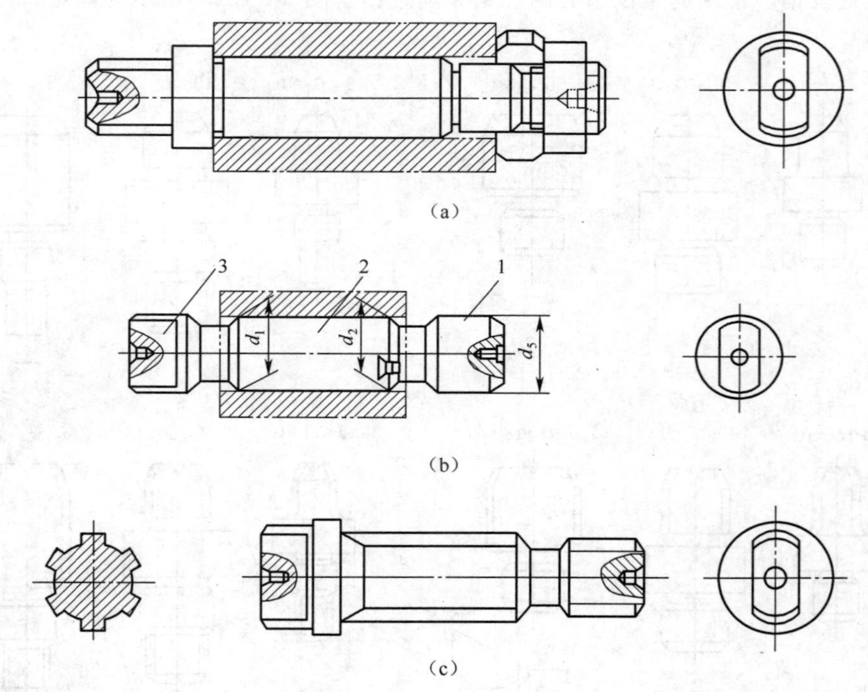

图 3－14　圆柱心轴

(a)间隙配合式；(b)过盈配合式；(c)花键配合式。

1—引导部分；2—工作部分；3—传动部分。

圆锥心轴(小锥度心轴)定心精度高，同轴度可达 0.01mm，但工件的轴向位移误差加大，适于工件定位孔精度不低于 IT7 的外圆精车和磨削加工。

(3)圆锥销。图 3－15 所示为工件以圆孔在圆锥销上的定位的示意图，它限制了工件的 $\vec{X}$、$\vec{Y}$、$\vec{Z}$ 3 个自由度。图 3－15(a)用于粗定位基面，图 3－15(b)用于精定位基面。工件在单个圆锥销上定位容易倾斜，因此圆锥销一般与其他定位元件组合定位。如图 3－16 所示为组合定位及中心孔定位，均限制工件 5 个自由度。中心孔定位的优点是定心精度高，可以实现定位基准统一，这是轴类零件加工普遍采用的定位方式。

3. 工件以外圆柱面定位

工件以外圆柱面作为定位基面时，常用的定位元件有 V 形块、定位套和半圆套。

(1)V 形块。其优点是对中性好，即工件的定位基准轴线始终位于 V 形块两限位基面的对称平面上，而不受定位基面直径误差的影响，并且安装方便。图 3－17 所示为常用 V 形块结构。图 3－17(a)用于较短定位面；图 3－17(b)和图 3—17(c)用于较长的或阶梯轴定位面，其中图 3－17(b)用于粗定位基面，图 3－17(c)用于精定位基面。图 3－17(d)用于工件较长且定位基面直径较大的场合。一个短 V 形块限制两个自由度，两个短 V 形块组合或一个长 V 形块均限制 4 个自由度。V 形块上两斜面间的夹角 α，一般选用 60°、90°和 120°，以 90°应用最广。V 形块结构尺寸请参见有关手册。

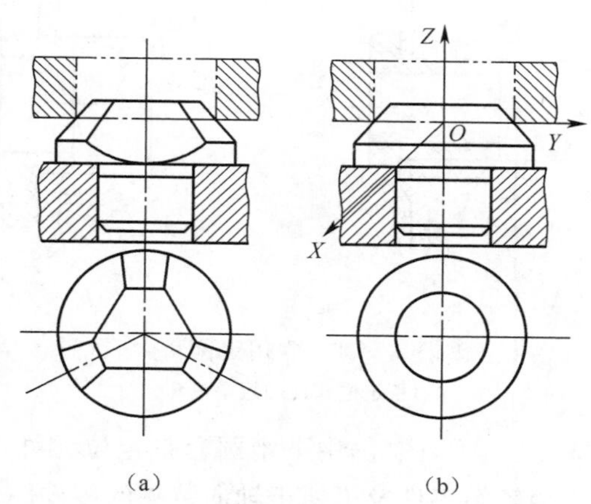

图 3－15 圆锥销定位

(a)用于粗定位基面；(b)用于精定位基面。

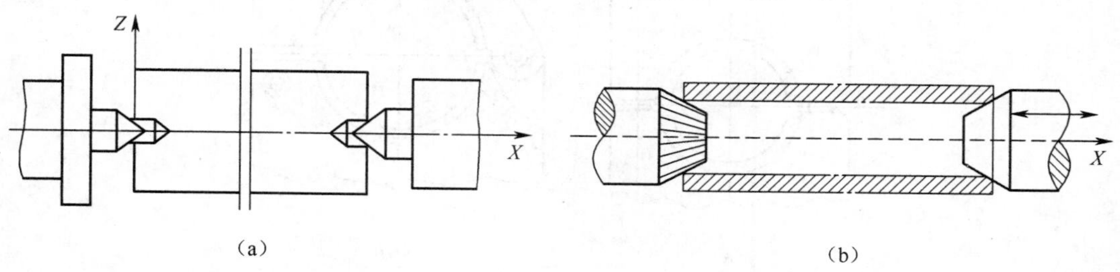

图 3－16 组合定位

(a)中心孔定位；(b)圆锥销组合定位。

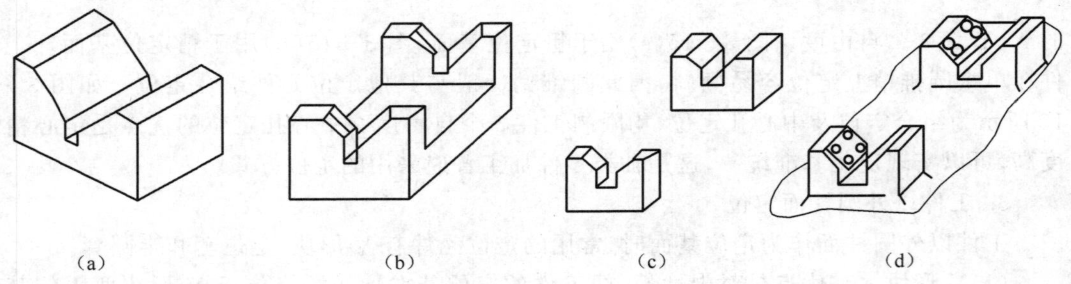

(a)　　(b)　　(c)　　(d)

图 3－17　V 型块

(a)较短定位面;(b)(c)较长或阶梯轴定位面;(d)较长。

(2)定位套。图 3－18 所示为常用的两种定位套。其内孔面为限位基面,为了限制工件沿轴向的自由度,常与端面组合定位,此时,定位套应设计得短一些,如图 3－18(b)所示,以免过定位。定位套的定位精度不高,且只适于已加工表面做定位基面。

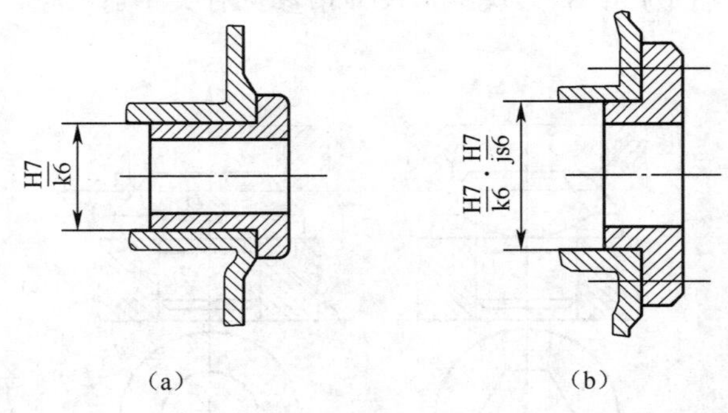

(a)　　(b)

图 3－18　常用定位套

(a)长定位套;(b)短定位套。

(3)半圆套。如图 3－19 所示,图(b)中下半圆套是定位元件,上半圆套起夹紧作用。这种定位方式主要用于大型轴类零件及不便于轴向装夹的零件。

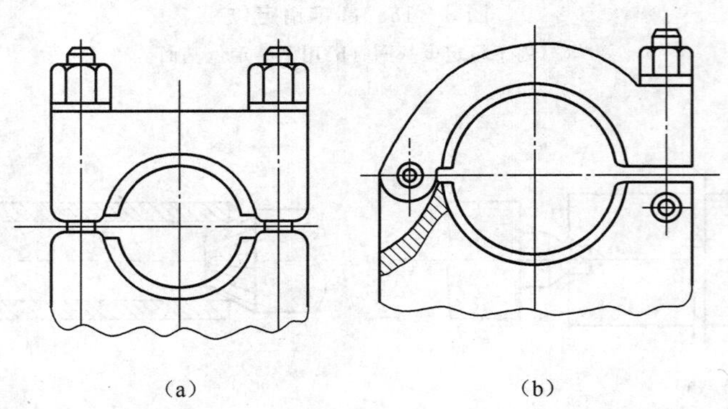

(a)　　(b)

图 3－19　半圆套定位装置

常用的定位方式、所用的定位元件及定位元件限制的自由度如表 3－2 所示。

表 3-2 常见定位元件限制工件自由度情况

工件定位基面	定位元件	定位方式简图	限制的自由度
平面	小平面,1 个支承钉	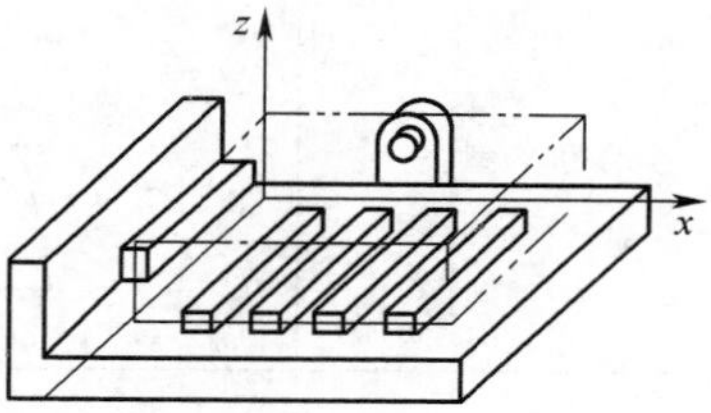	$\vec{Y}$
	支承板,2 个支承钉		$\widehat{X}$、$\widehat{Z}$
	大平面,支承板组合、支承钉组合		$\vec{Z}$ $\widehat{X}$、$\widehat{Y}$
内孔	短心轴	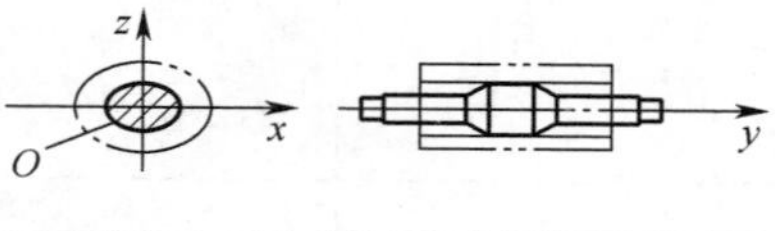	$\vec{X}$ $\vec{Z}$
	长心轴	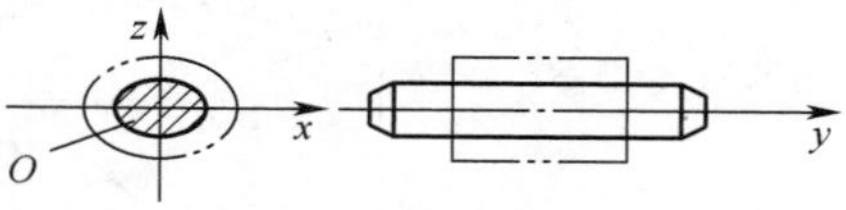	$\vec{X}$、$\vec{Z}$ $\widehat{X}$、$\widehat{Z}$
	短圆柱销	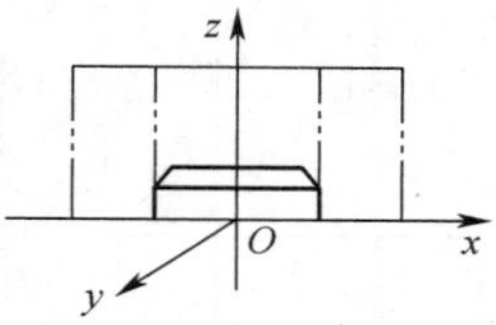	$\vec{X}$ $\vec{Y}$
	长圆柱销	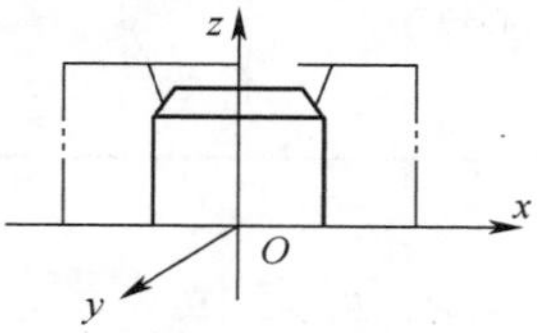	$\vec{X}$、$\vec{Y}$ $\widehat{X}$、$\widehat{Y}$
	削边销(菱形销)	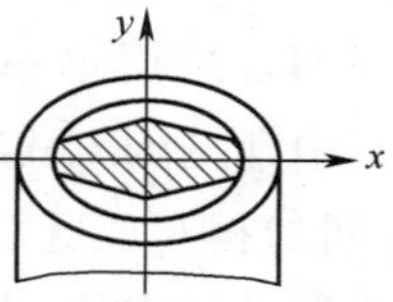	$\vec{X}$
	短锥销	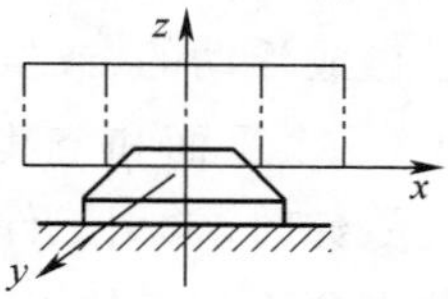	$\vec{X}$、$\vec{Y}$、$\vec{Z}$
外圆柱面	短 V 型块	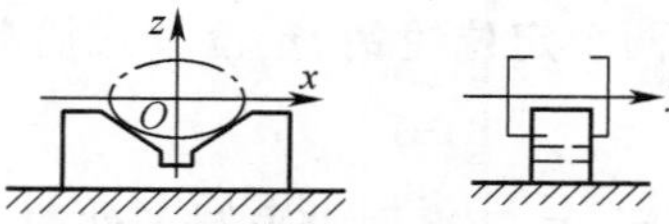	$\vec{X}$ $\vec{Z}$
	长 V 型块或两个 V 型块	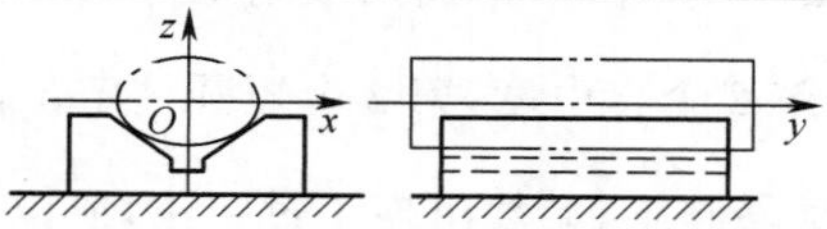	$\vec{X}$、$\vec{Z}$ $\widehat{X}$、$\widehat{Z}$

(续)

工件定位基面	定位元件	定位方式简图	限制的自由度
	浮动短 V 型块	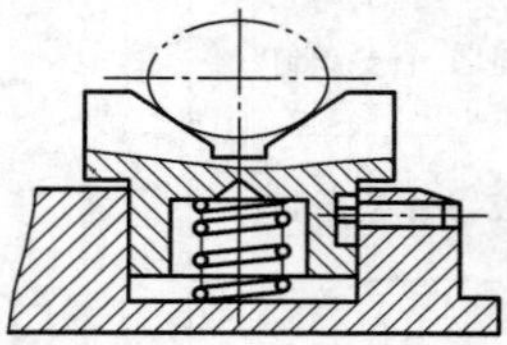	$\vec{X}$
	短定位套	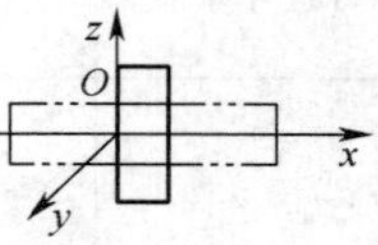	$\vec{Y}$ $\vec{Z}$
	长定位套	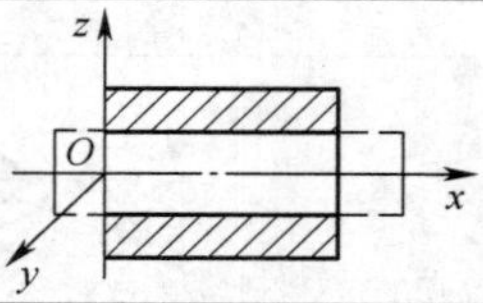	$\vec{Y}$、$\vec{Z}$ $\widehat{Y}$、$\widehat{Z}$
圆锥孔	固定顶尖(前) 浮动顶尖(后)	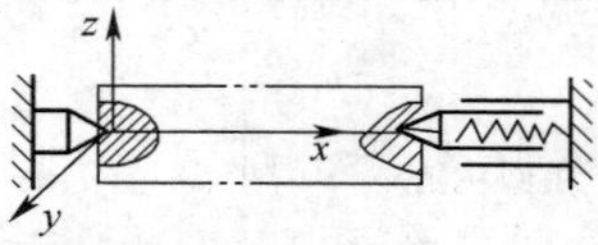	$\vec{X}$、$\vec{Y}$、$\vec{Z}$ $\widehat{Y}$、$\widehat{Z}$
	锥心轴	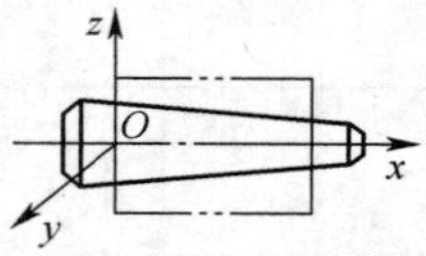	$\vec{X}$、$\vec{Y}$、$\vec{Z}$ $\widehat{Y}$、$\widehat{Z}$

3.2.4 工件以组合表面定位

实际生产中,工件往往不是采用单一表面的定位,而常常是以一组表面作为定位基准,采用组合定位方式。其中常见的方式有:平面与平面组合、孔与平面组合、锥面与锥面组合等。由几个定位表面间的相互位置总会存在一定的误差,若将所有的支承元件都做成固定的,工件将不能正确地进行定位,甚至无法定位。因此,在组合表面定位时,必须将其中的一个(或几个)支承做成浮动的,或虽然是固定的,但能补偿其定位面间的误差。

1. 一面两孔组合定位(一个平面和与其垂直的两个孔组合定位)

在加工箱体或支架类零件时,常用工件的一面两孔作为定位基准。此时,工件上的孔可以是专门为工艺的定位需要而加工的工艺孔,也可以是工件上原有的孔。采用的定位元件是一块支承板和两个定位短销,定位方式简单,夹紧方便,是机械加工过程中最常用的定位方式之一。

如图 3-20(a)所示,由于平面内限制工件的 $\vec{Z}$、$\widehat{X}$、$\widehat{Y}$ 3 个自由度,第 1 个短圆柱定位销限制工件的 $\vec{X}$、$\vec{Y}$ 2 个自由度,第 2 个短圆柱定位销限制工件的 $\vec{Y}$、$\widehat{Z}$ 2 个自由度,因此,$\vec{Y}$ 自由度就被重复限制了,显然出现了过定位,所以有可能会使同一批工件中的部分工件两孔无法套在两定位销上，如图 3－20(b)所示。当孔心距最小、销心距最大或孔心距最大、销心距最小时，工件不能顺利安装。强行安装则会导致工件或夹具的变形。

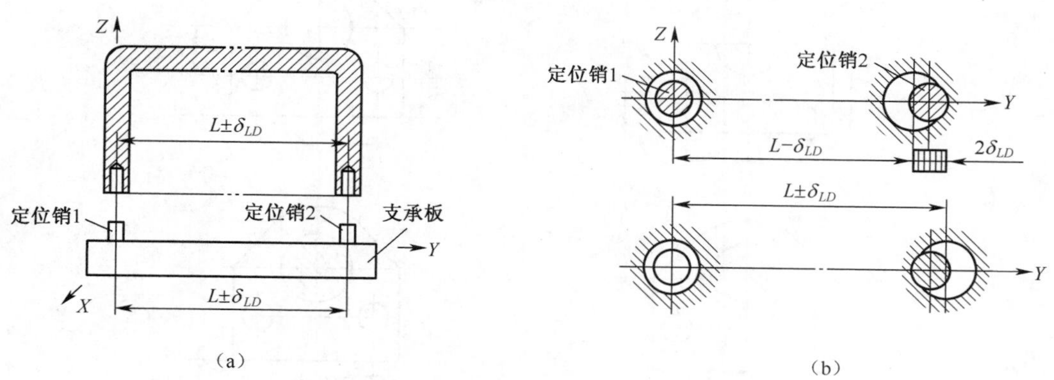

图 3－20　一面两孔定位

为了避免由于过定位引起的工件安装时的干涉，可以采取以下措施：

(1)减小定位销 2 的直径 d_2，采用这种方法可使孔与销之间的间隙增大，用以补偿中心距的误差，实现工件的顺利装卸，但增加了工件的转动误差，影响定位精度，因此只有在工件加工精度不高时才使用这种方法。

(2)采用削边销，沿垂直于两孔中心的连线方向削边，通常把削边销作成菱形销来提高其强度。由于这种方法只增大连心线方向的间隙，不增加工件的转动误差，因而定位精度较高，在生产中获得广应用。

2. 一平面和与其垂直的两外圆柱面组合定位

如图 3－21 所示，如工件在垂直平面定位后，再将件左端外圆用圆孔或 V 型块定位时，则工件右端外圆所用的 V 型块，一定要做成浮动结构，只起限制一个自由度的作用，否则就会过定位。

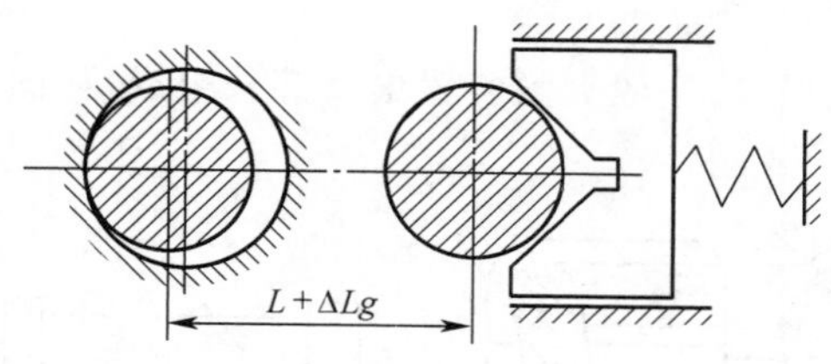

图 3－21　工件以两外圆定位

3. 一孔和一平行于孔中心线的平面组合定位

如图 3－22 所示，两个零件图 3－22(a)和图 3－22(b)，均需以大孔及底面定位，加工两个小孔。可以有两种定位方案，视其加工尺寸要求而定。根据基准重合原则，图 3－22(a)零件应选用图 3－22(c)方案，即平面用支承板定位，孔用菱形销定位，且削边方向应平行于定位平面，以补偿中心线与底面间的距离公差。图 3－22(b)零件则宜采用图 3－22(d)方案，即孔用圆销定位，而平面下方则加入楔形块可使定位平面升降，以补偿工件孔与平面间的尺寸误差。

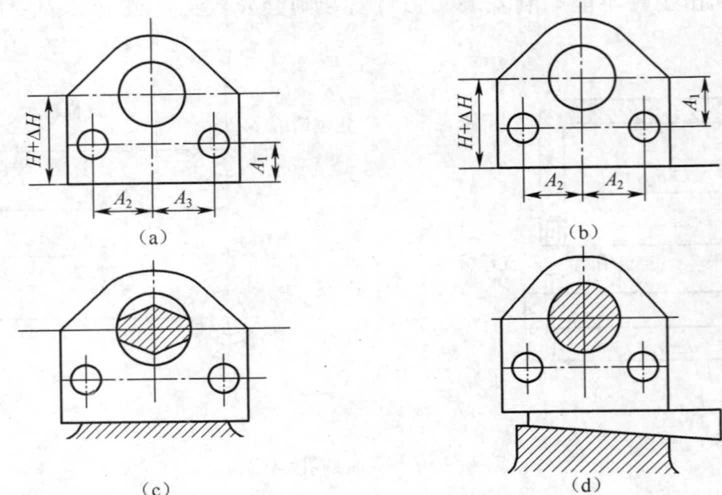

图 3-22　工件以一孔和一平面定位

3.3 夹紧装置

工件定位后，在加工过程中会受到切削力、惯性力和离心力等外力的作用，为了保证在这些外力作用下，工件仍能在夹具中保持定位的正确位置，而不致发生位移或产生振动，在夹具结构中都必须设置夹紧装置，把工件压紧夹牢。定位与夹紧是装夹工件的两个有联系的过程，也有些机构能使工件的定位与夹紧同时完成，例如三爪自动定心卡盘等。

3.3.1　夹紧装置的组成和基本要求

1. 夹紧装置的组成

夹紧装置的结构形式很多，一般夹紧装置由 3 部分组成，如图 3-23 所示。

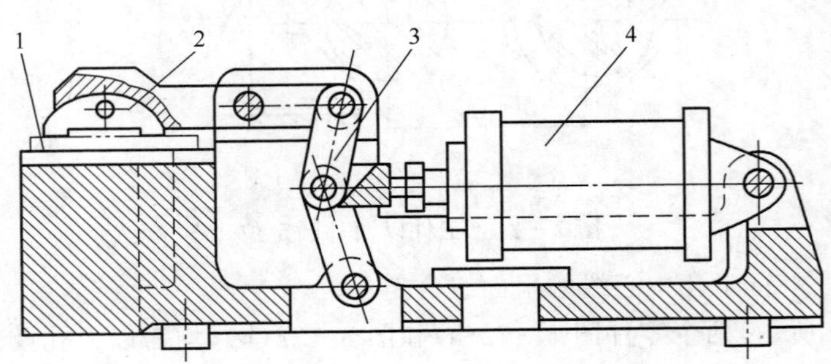

图 3-23　夹紧装置

1—工件；2—夹紧元件；3—中间传动机构；4—气缸。

(1)力源装置。力源装置是产生夹紧作用的装置。力源可来自于人力或其他动力装置，如气动、液压和电动装置等。图 8 - 23 中的气缸 4 即为一种动力装置。

(2)夹紧元件。夹紧元件是夹紧装置的最终执行元件，通过它和工件受压面的直接接触而完成夹紧动作。图 8 - 23 中的 2 为夹紧元件。

(3)中间传动机构。中间传动机构是介于力源和夹紧元件之间的传力机构。它可根据需要将力源产生的夹紧力以一定的大小和方向传递给夹紧元件，如铰链杠杆机构、斜楔机构等，且当手动夹紧时应具有良好的自锁性。图 8 - 23 中的 3 为中间传动机构。

通常把夹紧元件和中间传动机构统称为夹紧机构。

2. 对夹紧装置的基本要求

(1)夹紧过程可靠。不破坏工件在夹具中占有的正确位置。

(2)夹紧力大小适当。夹紧后的工件变形和表面压伤程度必须在加工精度允许的范围内。

(3)结构性好。夹紧装置的结构力求简单、紧凑，便于制造和维修。

(4)使用性好。夹紧动作迅速，操作方便，安全省力。

3.3.2 夹紧力的确定

在确定夹紧力的方向、作用点和大小时，应依据工件的结构特点和加工要求，并结合工件加工中的受力状况，以及其他定位元件的结构和布置方式等综合考虑。

1. 确定夹紧力作用方向的基本原则

(1)夹紧力应朝向主要限位面。夹紧力的方向应有助于定位稳定，且主夹紧力应朝向主要限位基面。如图 3 - 24(a)所示，工件被镗的孔与左端面有一定的垂直度要求，因此，工件以孔的左端面与定位元件 A 面接触，限制 3 个自由度；以底面与 B 面接触，限制两个自由度；夹紧力朝向主要限位面 A。这样做，有利于保证孔与左端面的垂直度要求。如果夹紧力改朝 B 面，则由于工件左端面与底面的夹角误差，夹紧时将破坏工件的定位，影响孔与左端面的垂直度要求。再如图 3 - 24(b)所示，夹紧力朝向主要限位面——V 型块的 V 形面，使工件的装夹稳定可靠。

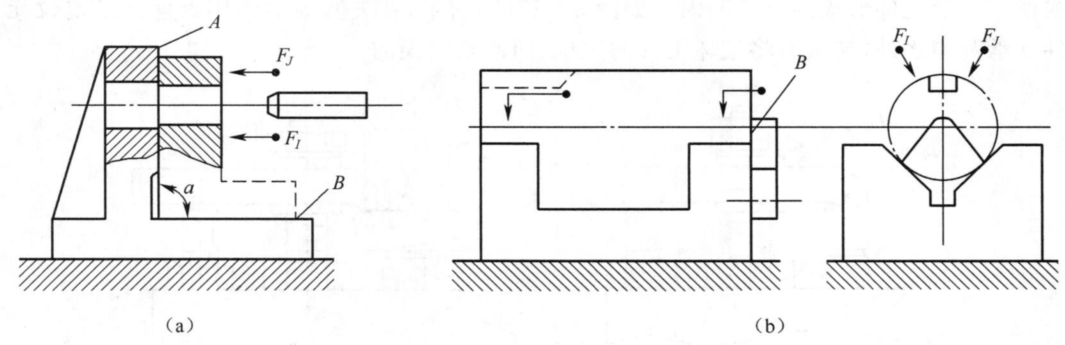

图 3 - 24　夹紧力朝向主要限位面

(2)夹紧力的方向应有利于减小夹紧力。图 3 - 25 所示为工件在夹具中加工时常见的几种受力情况。按图示关系计算可知，在图 3 - 25(a)中，夹紧力 F_w、切削力 F 和工件重力 G 同向时，所需的夹紧力最小；图 3 - 25(d)需要由夹紧力产生的摩擦力来克服切削力和重力,故需夹紧力最大;图 3-25(b)、图 3-25(c)、图 3-25(e)和图 3-25(f)所需夹紧力介于前两种之间。

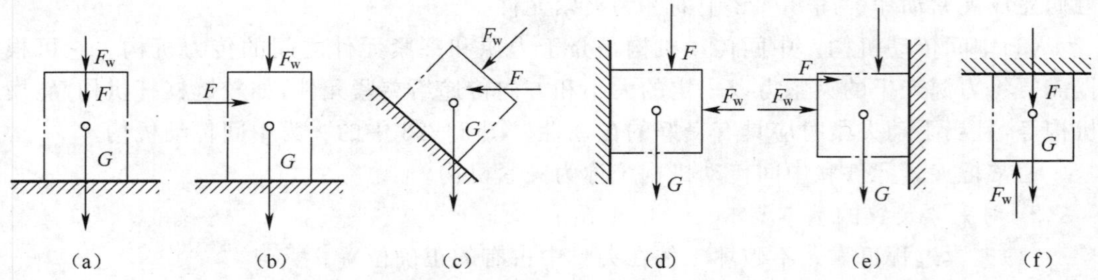

图 3-25　夹紧力、切削力、工件重力方向的关系

(3)夹紧力的作用方向应使工件变形尽可能小。如图 3-26 所示,薄套件径向刚性差,而轴向刚性好,采用如图 3-26(b)所示的夹紧方案,可避免工件发生严重的夹紧变形和产生较大的加工误差。

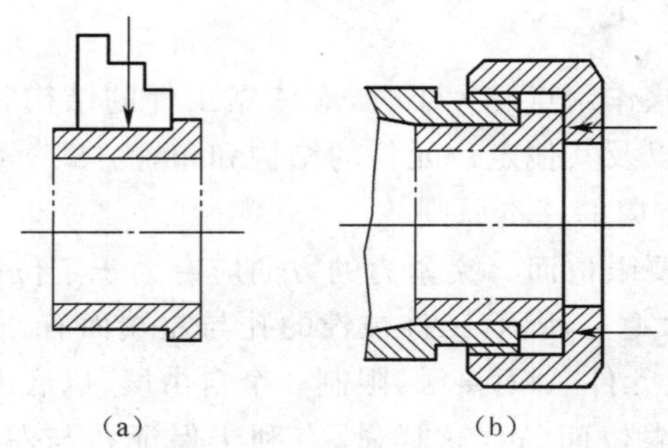

图 3-26　夹紧力方向与夹紧变形的关系

2. 确定夹紧力的作用点的原则

(1)夹紧力的作用点应落在定位元件的支承范围内。夹紧力作用点应正对支承元件或位于支承元件形成的支承面内。如图 3-27(b)所示,在夹紧力的作用点落到了定位元件支承范围之外,夹紧时将破坏工件的定位,因此是错误的。

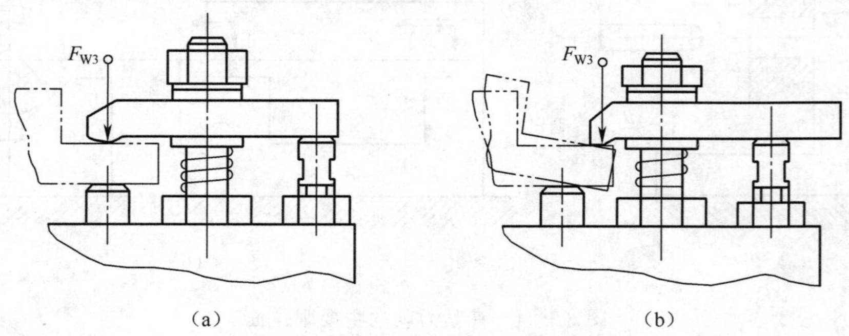

图 3-27　作用点与定位支承的位置关系

(2)夹紧力的作用点应选在工件刚性较好的部位,这一原则对刚性差的工件特别重要。如图 3-28(a)所示,在夹紧薄壁箱体时,夹紧力不应作用在箱体的顶面,而应作用在

刚性好的凸边上。箱体没有凸边时，可如图 3－28(b)所示，将单点夹紧改为三点夹紧，使着力点落在刚性好的箱壁上，并降低着力点的压强，减小了工件的夹紧变形。

(3)夹紧力的作用点应尽量靠近加工表面。夹紧力作用点靠近加工表面时可减少切削力对该点的力矩和减少振动。如图 3－29 所示的工件，被加工面分为 A 面和 B 面，若只采用夹紧力 F_{J1} 进行夹紧，因工件刚性差，加工时会产生较大振动，影响加工质量。因此，在靠近加工表面的地方增设一个辅助支持进行，增加夹紧力 F_{J2}，可提高工件的装夹刚性，减小加工时的工件震动。

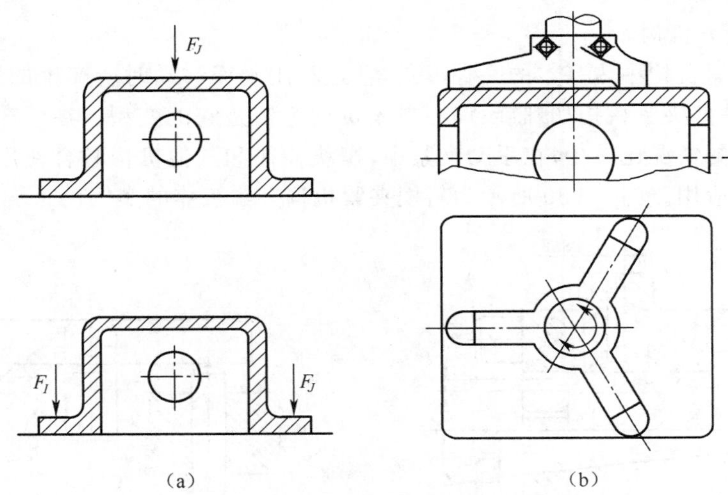

图 3－28　作用点应在工件刚度高的部位

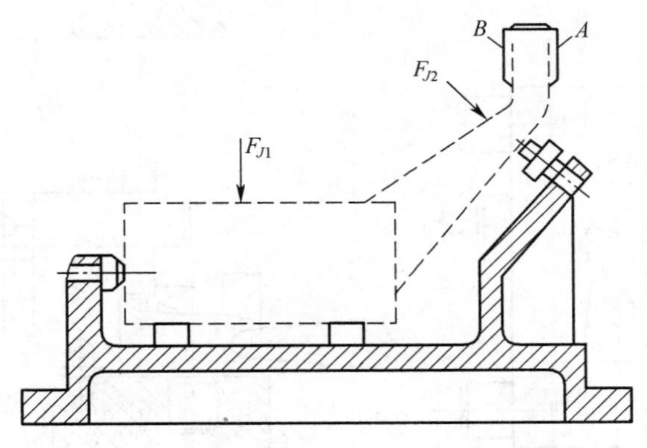

图 3－29　作用点应靠近加工部位

3．夹紧力的大小

理论上，夹紧力的大小应与作用在工件上的其他力(力矩)相平衡；而实际上，夹紧力的大小还与工艺系统的刚度、夹紧机构的传递效率等因素有关，计算是很复杂的。因此，实际设计中常采用估算法、类比法和试验法来确定所需的夹紧力。

当采用估算法确定夹紧力的大小时，为了简化计算，通常将夹具和工件看成是一个刚性系统。根据工件所受切削力和夹紧力(大型工件还应考虑重力、惯性力等)的作用情况，

找出加工过程中对夹紧最不利的状态，按静力平衡原理计算出理论夹紧力，最后再乘以安全系数作为实际所需夹紧力，即

$$F_{JK}=K\,F_{J} \tag{3-1}$$

式中 F_{JK}——实际所需的夹紧力，单位为 N；

F_{J}——在一定条件下，由静力平衡算出的理论夹紧力，单位为 N；

K——安全系数，一般取 $K=1.5\sim3$，粗加工取大值，精加工取小值。

3.3.3 典型夹紧机构

1. 斜楔夹紧机构

斜楔是夹紧机构中最基本的一种形式，它是利用斜面移动时所产生的压力来夹紧工件的，其他的一些夹紧机构如螺旋、偏心夹紧机构等都是它的变型。在生产中，直接使用楔块夹紧工件的情况比较少；在手动夹紧中，楔块往往和其他机构联合使用，通常在气动和液压夹具中应用。图 3-30 所示为斜楔夹紧机构夹紧工作的实例。

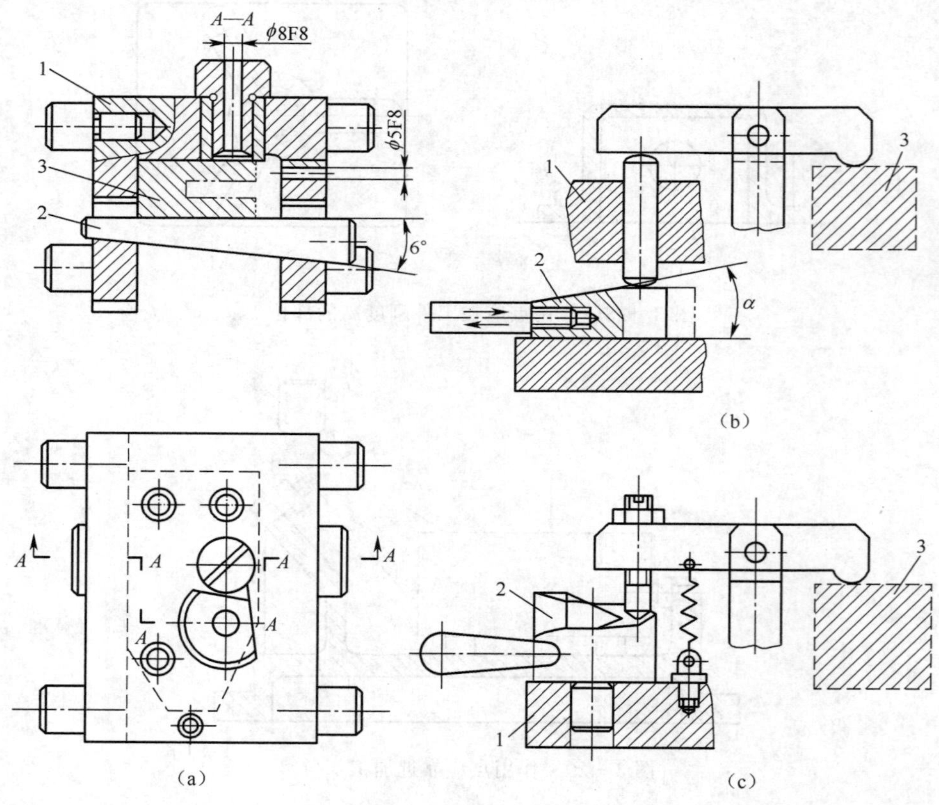

图 3-30 斜楔夹紧机构

1—夹具体；2—斜楔；3—工件。

在设计斜楔夹紧机构时，需注意原始作用力与夹紧力的转换、自锁条件，以及选择斜楔升角等主要问题。斜楔夹紧机构受力分析图如图 3-31 所示。

2. 螺旋夹紧机构

采用螺旋直接夹紧或者采用螺旋与其他元件组合实现夹紧的机构，统称为螺旋夹紧

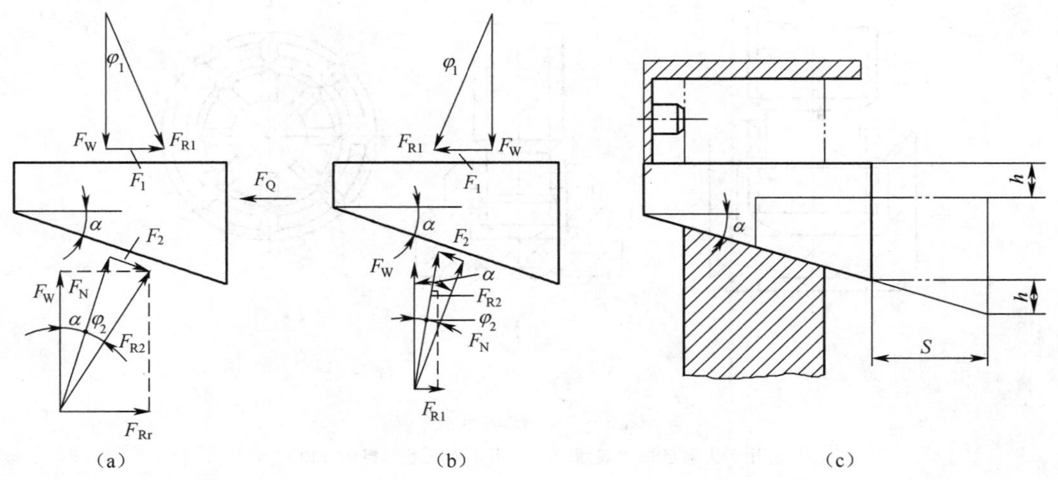

图 3-31　斜楔受力分析

(a)夹紧受力图;(b)自锁受力图;(c)夹紧行程。

机构。它是将楔块的斜面绕在圆柱体上形成螺旋面,因此螺旋夹紧的作用原理与楔块相同。螺旋夹紧机构具有结构简单,增力大,夹紧力和夹紧行程都较大,以及自锁性好等特点,很适用于手动夹紧;其缺点是夹紧动作慢,所以在机动夹紧机构中应用较少。

(1)简单螺旋夹紧机构。图 3-32 所示为最简单的螺旋夹紧机构。螺栓头部直接与工件表面接触,螺栓转动时,可能损伤工件表面或带动工件转动。克服这一缺点的方法是在螺栓头部装上如图 3-33 所示的摆动压块。由于摆动压块与工件间的摩擦力矩大于压块与螺钉间的摩擦力矩,压块不会随螺钉一起转动。摆动压块的结构已经标准化,可根据夹紧表面来选择。在图 3-33 中,A 型用于夹紧已加工表面,B 型用于夹紧毛坯粗糙表面。为提高夹紧速度、缩短辅助时间,可采用快速夹紧机构,图 3-34 所示为生产中经常采用的快速螺旋夹紧机构。

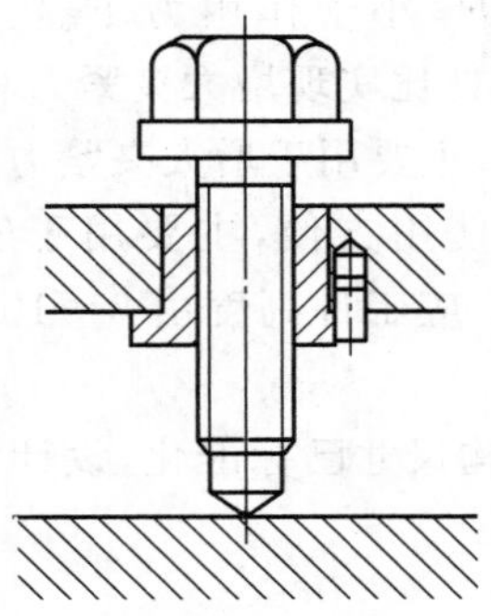

图 3-32　螺旋夹紧机构

(2)螺旋压板机构。在夹紧机构中,结构形式变化最多的是螺旋压板机构,图 8-35 所示是螺旋压板机构的 5 种典型机构。图 3-35(a)和图 3-35(b)两种机构的施力螺钉

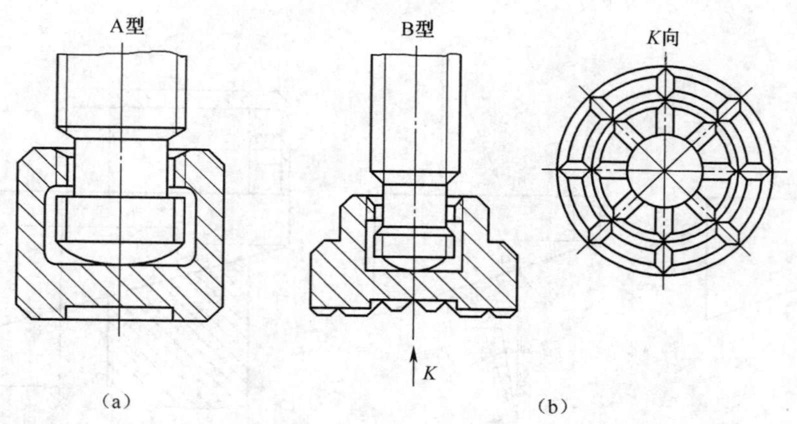

图 3-33 摆动压块

(a)用于夹紧已加工表面； (b)用于夹紧毛坯粗糙表面。

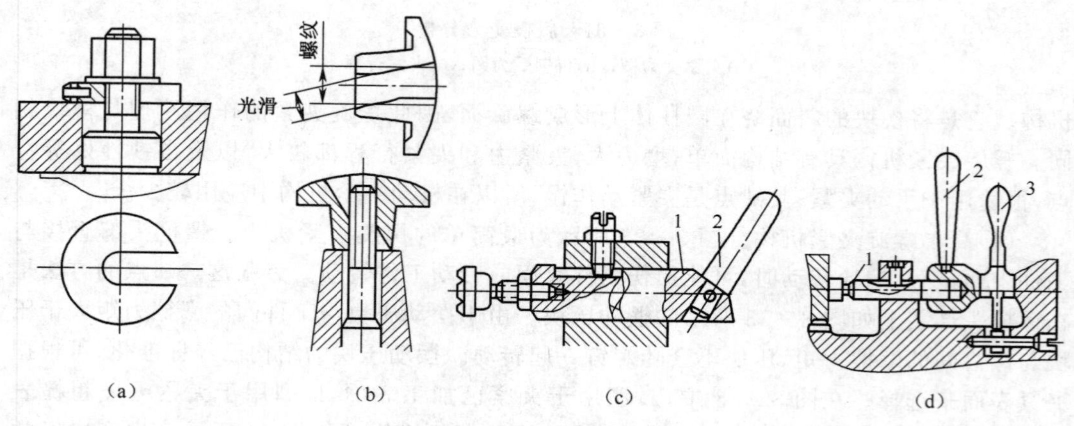

图 3-34 快速螺旋夹紧机构

1—夹紧轴；2,3—手柄。

位置不同，图 3-35(a)夹紧力 F_J 小于作用力 F_Q，主要用于夹紧行程较大的场合。图 3-35(b)可通过调整压板的杠杆比实现增大夹紧力和夹紧行程的目的。

图 3-35(c)是铰链压板机构，主要用于增大夹紧力的场合。图 3-35(d)是螺旋钩形压板机构。其特点是结构紧凑，使用方便，主要用于安装夹紧机构位置受限的场合。图 3-35(e)为自调式压板，它能适应工件高度由 0～100mm 范围内变化，而无须进行调节，其结构简单，使用方便。

上述各种螺旋压板机构的结构尺寸已标准化，设计者可参考有关夹具设计手册进行设计。

(3)螺旋夹紧机构的工作特点。

①结构简单，自锁性好，夹紧可靠。

②扩力比约为 80，远比斜楔夹紧力大。

③夹紧行程不受限制。

④夹紧动作慢，辅助时间长，效率低。

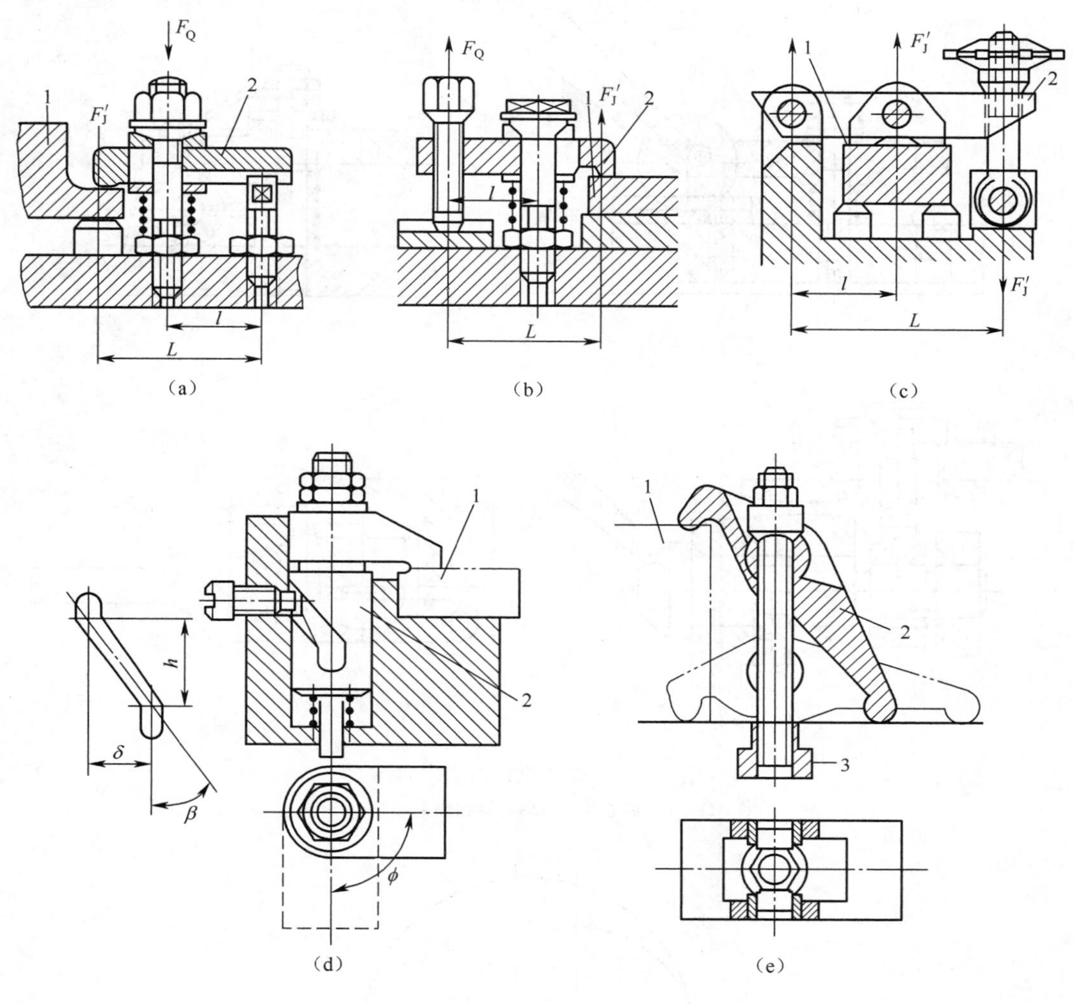

图 3-35 螺旋压板机构

1—工件;2—压板。

3. 偏心夹紧机构

用偏心件直接或间接夹紧工件的机构称为偏心夹紧机构。常用的偏心件是圆偏心轮和偏心轴。

图 3-36 所示为偏心机构的应用实例,图 3-36(a)和图 3-36(b)用的是偏心轮,图 3-36(c)用的是偏心轴,图 3-36(d)用的是偏心叉构成的偏心夹紧机构。

图 3-37 所示为圆偏心轮直接夹紧工件的原理图。可以看出,当偏心轮绕回转中心 O 顺时针方向转动时,其回转半径不断增大,相当于一个圆弧形楔逐渐楔紧在 R_0 圆与工件之间,因而把工件压紧。偏心夹紧机构的工作原理与斜楔夹紧相似。

偏心夹紧机构的优点是操作方便、夹紧迅速、结构简单、制造容易,但其缺点是夹紧力和夹紧行程都比较小,一般用于切削力不大、振动小、没有离心力影响的加工中。偏心轮的参数已标准化,在具体设计时,其结构参数可查阅有关资料选取。

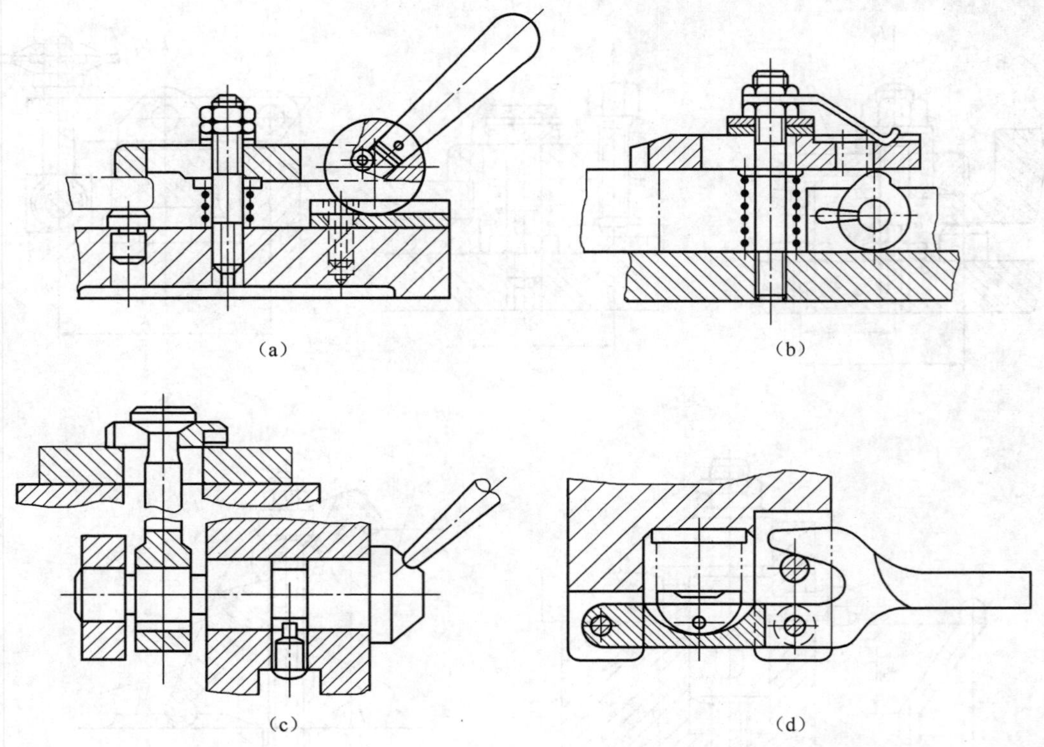

图 3－36　偏心机构的应用实例

(a)、(b)偏心轮；(c)偏心轴；(d)偏心叉。

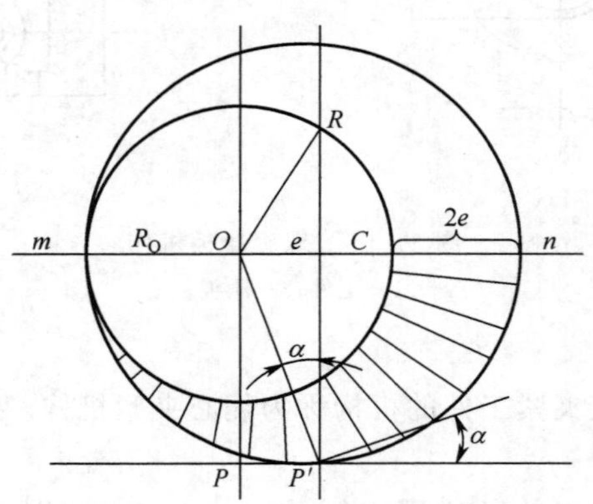

图 3－37　圆偏心轮直接夹紧工件的原理图

3.4 典型机床夹具

由于各类机床的加工工艺不同，夹具与机床的连接方式不同，各种夹具的结构与技术要求方面也有不同的特点。本节结合实例对几类典型机床夹具予以分析，以便了解和掌握机床夹具的结构特点和设计要点。

3.4.1 车床夹具

车床主要用于加工零件的内外回转面、螺纹及端面等。一些已经标准化的车床夹具，如各种卡盘、顶尖和花盘等都作为通用夹具或机床附件提供，能保证一些小批量、形状规则的零件加工要求。而对一些特殊零件的加工，还需要设计、制造车床专用夹具来满足加工工艺要求。根据夹具在车床上的安装位置可将车床夹具分为两种类型，一类是安装在车床主轴上的夹具，使工件随夹具与机床主轴一起做旋转运动，刀具做直线进给运动；另一类是安装在溜板或床身上的夹具，使某些不规则和尺寸较大的工件随夹具安装在车床溜板上做直线进给运动，刀具则安装在车床主轴上做旋转运动完成切削加工。生产中常用此方法，扩大车床的加工工艺范围，使车床做镗床用。

在实际生产中，需要设计且用得较多的是安装在车床主轴上的各种专用夹具，因此下面主要探讨该类夹具的结构特点和设计要点。

1. 车床夹具的典型结构

(1)心轴类车床夹具。心轴类车床夹具多用于以内孔作为定位基准，加工外圆柱面的情况。常见的车床夹具有圆柱心轴、弹簧心轴和顶尖式心轴等，如图 3－38 所示。

图 3－38(a)所示为顶尖式心轴。工件以孔口 60°倒角定位，旋转螺母 6 使活动顶尖套 4 左移，实现工件的定位夹紧。这类夹具结构简单，夹紧可靠，操作方便，适用于内、外表面同轴度要求较低的筒类零件的加工。

图 3－38(b)所示为过盈配合心轴。导向部分 $L1$ 的直径 $D1$ 的基本尺寸为工件定位孔的最小尺寸，按 f6 制造。定位部分 $L3$ 的直径 $D2$ 按两种情况制造：当心轴与工件的配合长度小于孔径时按过盈配合 r6 制造；当大于孔径时，应做成锥形，前端按间隙配合 h6 制造，后端按过盈配合 r6 制造。此心轴具有定心准确，但装卸不方便，且容易损伤工件定位孔。一般用于定心精度要求较高的加工。

图 3－38(c)所示为前推式弹簧心轴。转动螺母 1 将带动弹簧夹头 2 缩小，使工件实现定心夹紧。

图 3－38(d)所示为不动式弹簧心轴。转动螺母 1 将带动滑条 2 和锥形拉杆 3 后移，使弹簧夹头 4 胀大，实现工件定心夹紧；反之使弹簧夹头 4 松开工件。

(2)角铁式车床夹具。在车床上加工壳体、支座和箱体等外形较复杂零件上的外圆、

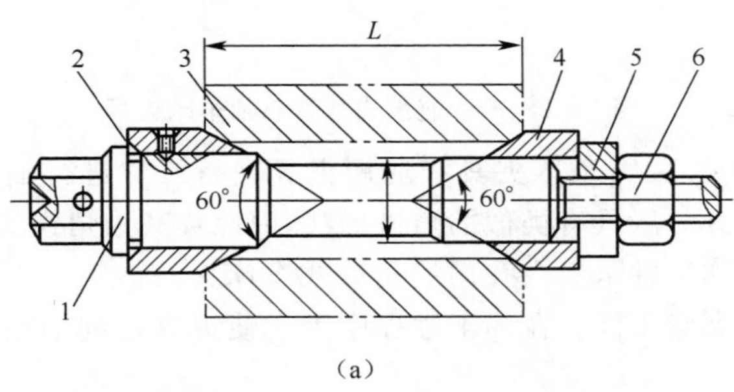

(a)

图 3－38(a) 顶尖式心轴车床夹具

1—心轴；2—固定顶尖套；3—工件；4—活动顶尖套；5—快换垫圈；6—螺母。

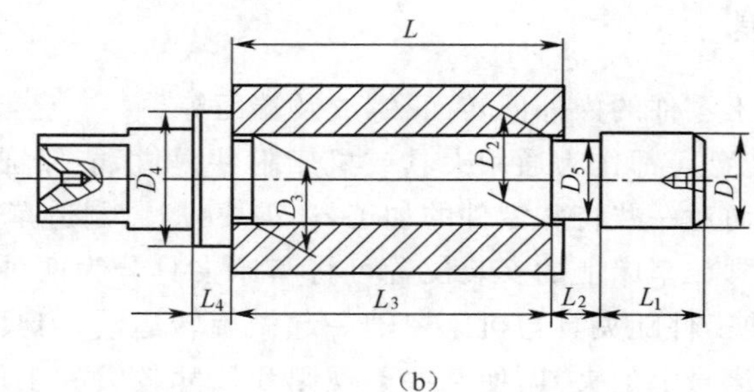

图 3-38(b) 过盈配合心轴车床夹具

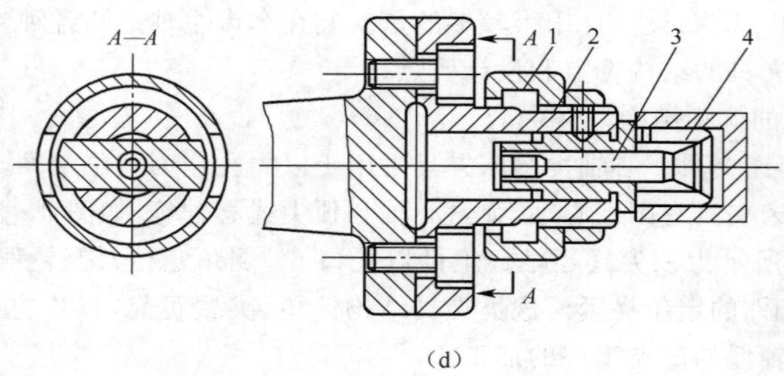

图 3-38(d) 不动式弹簧心轴车床夹具

1—螺母;2—滑条;3—锥形拉杆;4—弹簧夹头。

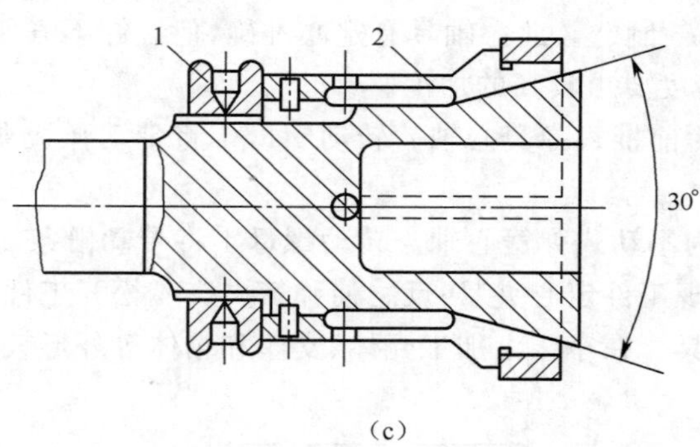

图 3-38(c) 前推式弹簧心轴车床夹具

内孔及端面时,难以用心轴类车床夹具和通用夹具夹持工件进行加工,需要设计专用夹具。这类专用车床夹具一般具有类似的角铁形状,因此称其为角铁式车床夹具。

图 3-39 所示为加工轴承座内孔用的角铁式车床夹具。工件以底面及两孔定位,利用螺旋压板机构进行夹紧工件。在加工过程中为了使夹具达到平衡,夹具上设计了平衡块 8。

2. 车床夹具与机床主轴的连接

由于工件在夹具中的正确位置是由夹具定位元件确定的,而夹具定位元件与车床的相互位置又是由夹具与车床的连接和配合精度来保证的。因此,要求车床夹具与主轴的

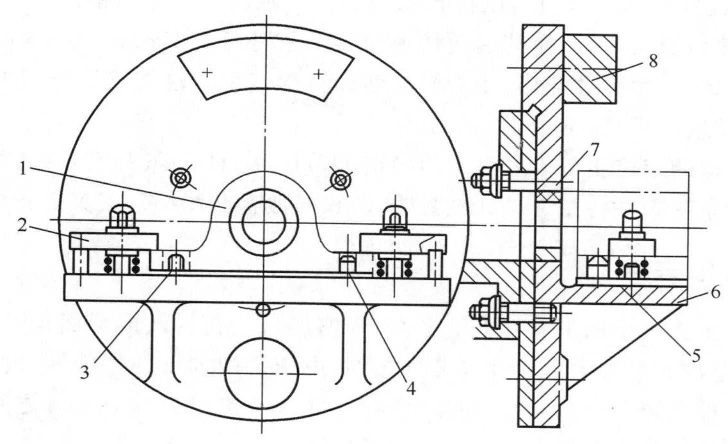

图 3-39　角铁式车床夹具

1—工件；2—压板；3—削边销；4—圆柱销；5—支承板；6—夹具体；7—校正套；8—平衡块。

连接具有很高的相互位置精度，即要求夹具的回转轴心线与车床主轴回转轴心线间应具有尽可能高的同轴度。

车床夹具与车床主轴的连接一般有两种方式，如图 3-40 所示。

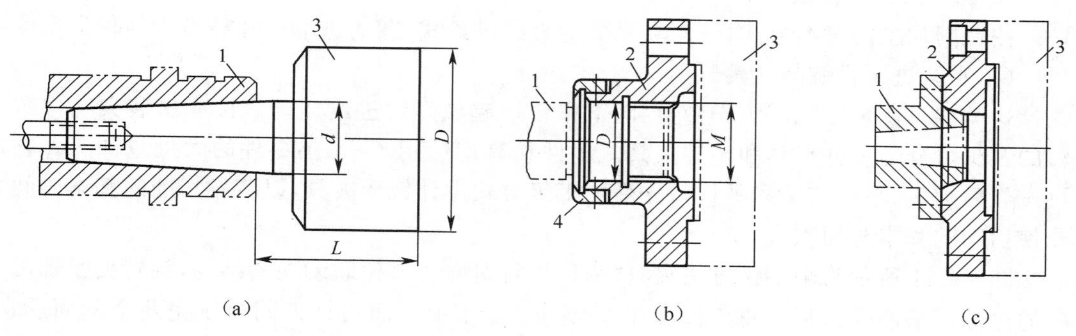

图 3-40　车床夹具与车床主轴的连接方式

1—主轴；2—过渡盘；3—专用夹具；4—压块。

(1)夹具通过主轴锥孔与机床连接。当夹具体两端有中心孔时，夹具安装在车床的前后顶尖上。夹具体带有锥炳时，夹具通过莫氏锥柄直接安装在主轴锥孔中，并用螺栓拉紧，如图 3-40(a)所示。这种连接方式具有结构简单和定心精度较高的特点，适用于心轴类小型车床夹具。一般径向尺寸 $D<140$nm 或 $D<(2-3)$d。

(2)夹具通过过渡盘与车床主轴前端轴颈连接。对于径向尺寸 $D>140$mm 的大型车床夹具，一般用过渡盘安装在主轴头部，车床的型号不同，主轴与夹具的连接方式也不同。

图 3-40(b)所示的过渡盘，以内孔在主轴前端的定心轴定位(采用 H7/h6 或 H7/js6 配合)，用螺纹与主轴连接；轴向由过渡盘端面与主轴前端的台阶面接触。为防止停车和倒车时因惯性作用使两者松开，用压块 4 将过渡盘压在主轴上。这种安装方式的安装精度受配合精度的影响，常用于 C620 机床。

图 3-40(c)所示的过渡盘,以锥孔和端面在主轴前端的短圆锥面和端面上定位。安装时,先将过渡盘推入主轴,使其端面与主轴端面之间有 0.05mm～0.1mm 的间隙,用螺钉均匀拧紧后,会产生弹性变形,使端面与锥面全部接触。这种安装方式的定心准确,刚性好,但加工精度要求高,常用于 CA6140 机床。

专用夹具体的定位止口与过渡盘凸缘按 H7/h6 或 H7/js6 配合定心,并用螺钉紧固。过渡盘常作为车床附件备用。设计夹具时,应按过渡盘凸缘确定夹具的止口尺寸。

3.4.2 铣床夹具

铣床夹具主要用于加工零件上的平面、沟槽、缺口、花键及成形面等。铣床夹具的组成除夹具体、定位元件和夹紧元件等部分之外,由于铣削加工的特殊性,铣床夹具中还需有对刀引导元件和导向定位元件。对刀引导元件用于确定刀具与夹具之间的相对位置,导向定位元件用于确定夹具在机床上的正确位置。

应用铣床夹具不仅可以保证零件的加工精度,提高生产效率,而且可以完成一些复杂表面和零件上特殊位置表面的加工,扩大铣床的工艺范围。在大批大量生产中,是必不可少的铣削加工工装设备;在中小批量生产中,对于一些特殊的零件和特殊的表面的加工也是非常重要的。例如,应用专用的靠模夹具可以完成凸轮的廓线的铣削和复杂型腔的铣削。

1. 铣床夹具的主要类型

按铣削加工的进给方式,铣床夹具分为直线进给式、圆周进给式和靠模式 3 种类型。

(1)直线进给式铣削夹具。

这类夹具安装在铣床工作台上,随工作台一起做直线进给运动。按一次装夹工件数目的多少可分为单件夹具和多件夹具。多件夹具广泛用于中、小零件的大批量加工。它可按先后加工、平行加工和平行—先后加工等方式设计铣床夹具,以节省切削的基本时间或使切削的基本时间重合。

图 3-41 所示为轴端铣方头夹具,采用平行对向式多位联动夹紧结构,旋转夹紧螺母 6,通过球面垫圈及压板 7 将工件压在 V 型块上。4 把三面刃铣刀同时铣完两个侧面后,取下楔块 5,将回转座 4 转过 90°,再用楔块 5 将回转座定位并锁紧,即可铣工件的另两个侧面。该夹具在一次安装中完成两个工位的加工,在设计中采用了平行—先后加工方式,既节省了切削基本时间,又使铣削两排工件表面的基本时间重合。

(2)圆周进给式铣床夹具。

圆周进给式铣床夹具多用在有回转工作台或回转鼓轮的铣床上,依靠回转台或鼓轮的旋转将工件顺序送入铣床的加工区域,以实现连续切削。在切削的同时,可在装卸区域装卸工件,使辅助时间与机动时间重合,因此它是一种高效率的铣床夹具。

图 3-42 所示是在立式铣床上连续铣削拨叉两端面的夹具。工件以圆孔、孔的端面及侧面在定位销 2 和挡销 4 上定位,由液压缸 6 驱动拉杆 1,通过快换垫圈 3 将工件夹紧。夹具上同时装夹 12 个工件。电动机通过蜗杆蜗轮机构带动工作台回转,*AB* 扇形区是切削区域,*CD* 是装卸工件区域,可在不停车的情况下装卸工件。

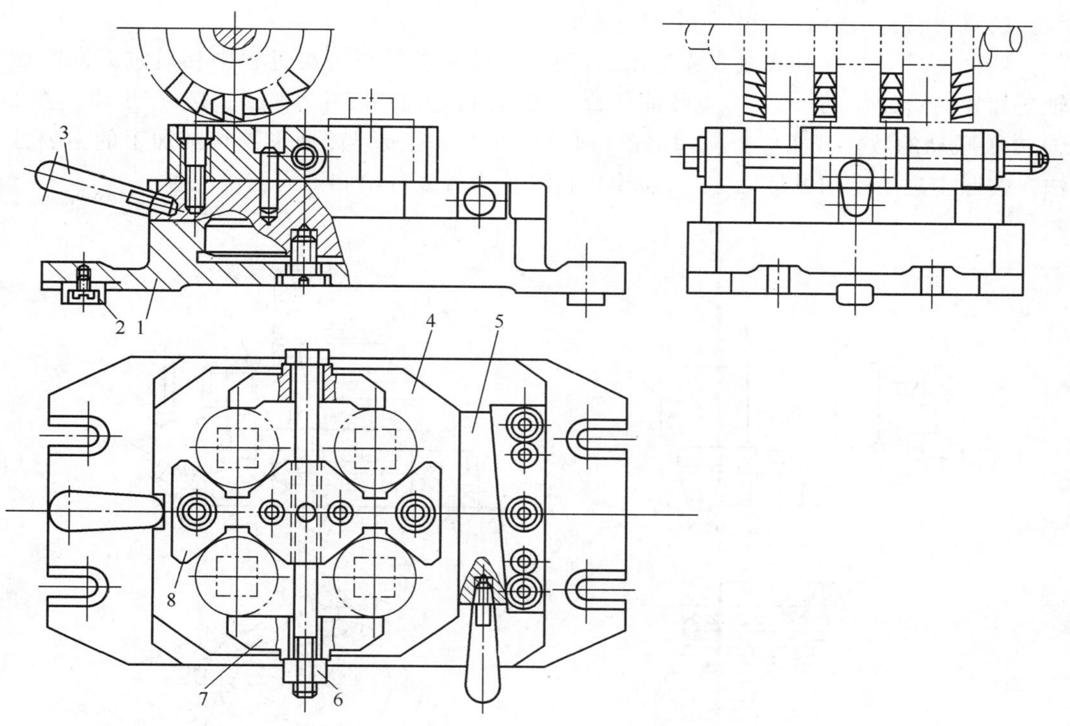

图 3-41 轴端铣方头的直线进给式铣床夹具

1—夹具体;2—定向键;3—手柄;4—回转座;5—楔块;6—夹紧螺母;7—压板;8—V 型块。

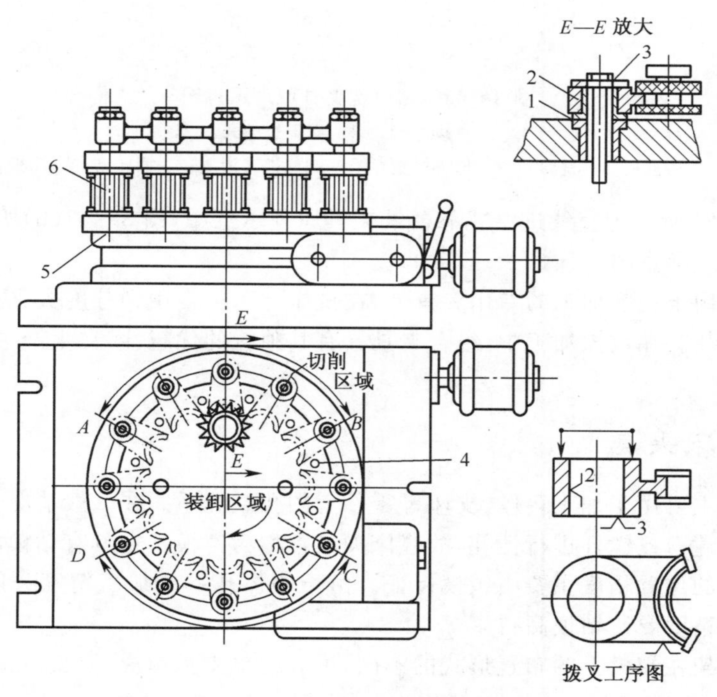

图 3-42 铣削拨叉两端面的圆周进给式铣床夹具

1—拉杆;2—定位销;3—快换垫圈;4—挡销;5—转台;6—液压缸。

(3)机械仿形进给靠模式铣夹具。

这种夹具安装在卧式或立式铣床上，利用靠模使工件在进给过程中相对铣刀同时做轴向和径向直线运动，来加工直纹曲面或空间曲面，它适用于中小批量的生产规模。在2轴、3轴联动的数控铣床广泛应用之前，利用靠模仿形是成形曲面形腔切削加工的主要方法。按照主进给运动的运动方式，靠模夹具可分为直线进给和圆周进给两种。

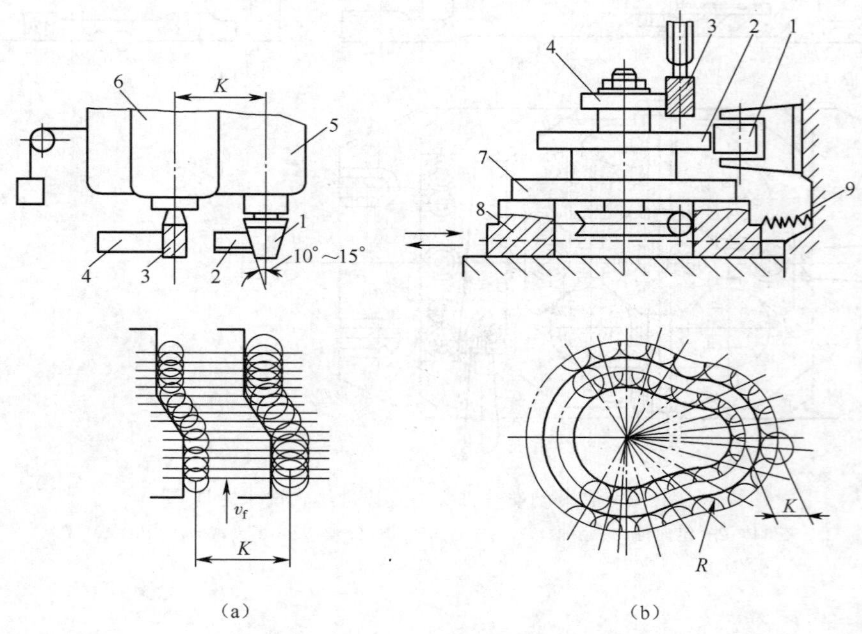

图3-43 靠模铣夹具原理示意图

(a)直线进给式；(b)圆周进给式。

1—滚柱；2—靠模板；3—铣刀；4—工件；5—滚柱滑座；6—铣刀滑座；7—回转台；8—溜板；9—弹簧。

图3-43(a)所示为直线进给式靠模铣夹具原理示意图，图3-43(b)所示为圆周进给靠模铣夹具原理示意图。

除了上述用于铣削加工的专用夹具外，在铣床上还经常用到分度头、虎钳和圆工作台等通用夹具工装。在数控加工中，组合夹具具有其独特的优越性，在生产中也得到了广泛的应用。

3.4.3 镗床夹具

镗床夹具主要用于加工箱体、支座等零件上的孔或孔系。在一般情况下，镗床夹具多由镗套来引导镗刀或镗杆进行镗孔，故镗床夹具常称为镗模。它具有钻模的特点，即工件上的孔或孔系的位置精度主要由镗模保证。由于箱体孔系的加工精度一般要求很高，因此镗模的制造精度要比钻模高得多。

按镗模支架在镗模上的布置形式的不同，可分为单支承镗模、双支承镗模等。

1. 单支承镗模

单支承镗模只有一个导向支承，镗杆与主轴采用固定连接，主轴的回转精度将影响镗孔精度。根据镗套与加工孔的位置不同，单支承镗模又可分为单支承前引导和单支承后引导两种形式。

(1)单支承前引导。图 3-44 所示为单支承前引导镗孔，镗套布置在刀具的前面，主要用于加工孔的直径 $D>60\mathrm{mm}$，加工长度 $L<D$ 的通孔。一般镗杆的导向部分直径 $d<D$。这种方式便于在加工过程中进行观察和测量，特别是适合需要锪平面或攻螺纹的工序。

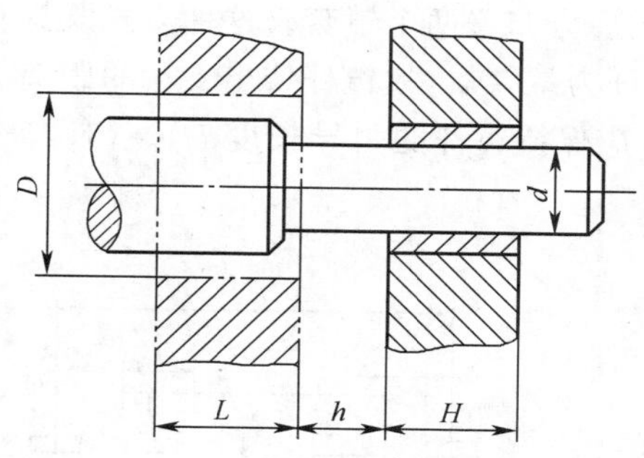

图 3-44 单支承前引导镗孔

(2)单支承后引导。图 3-45 所示为单支承后引导镗孔。镗套布置在刀具的后面，主要用于镗 $D<60\mathrm{mm}$ 的通孔或盲孔，装卸工件和更换刀具较为方便。当镗削 $L<D$ 的孔时，如图 3-45(a)所示，可使镗杆的导向部分直径 $d>D$。这种形式的镗杆刚度好，加工精度高；当加工孔长度 $L\geqslant(1-1.25)D$ 时，如图 3-45(b)所示，应使镗杆的导向部分直径 $d<D$，以便镗杆导向部分可进入加工孔，缩短镗杆的悬伸长度 L_1。

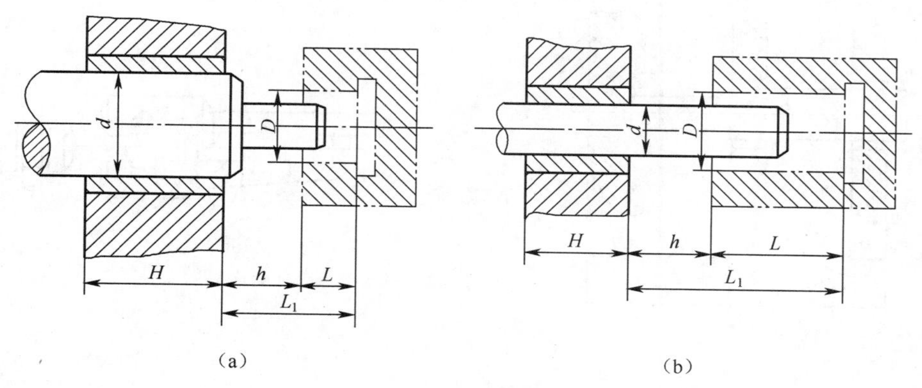

图 3-45 单支承后引导镗孔

(a)$L<D$；(b)$L\geqslant D$。

为便于刀具及工件的装卸和测量，单支承镗模与工件之间的距离 h 一般在20mm～80mm 之间，常取 $h=(0.5-1.0)D$。

2. 双支承镗模

双支承镗模有两个引导镗刀杆的支承，如图 3-46 所示。镗杆和机床主轴采用浮动连接(图 3-46(c)所示为一简单浮动接头)，所镗孔的位置精度主要决定于镗模板上镗套的位置准确度，而基本不受机床精度的影响，因此两镗套必须同轴。

双镗套的布置有以下两种方式：

(1)前后双支承引导。图 3-46(a)所示为前后双支承引导镗孔。两个镗套分别布置在工件的前后方，这是目前使用最为普遍的方式。主要用于加工孔径较大，孔长与孔径比 $l/D>1.5$ 以上的孔或一组同轴线的孔，而且孔本身和孔间距精度又要求很高的场合。缺点是更换刀具不方便。

(2)双支承后引导。图 3-46(b)所示为双支承后引导镗孔。当因条件所限不能使用前后双引导时，可在刀具的后方布置两个镗套。这种方式既具有上一方式的优点，又便于装卸工件和刀具。由于镗杆为悬臂梁，故镗杆伸出支承的距离 L 一般不得大于镗杆直径5倍，以免镗杆悬伸过长。应保持镗杆的引导长度 $L_2>(1.25-1.5)L$，有利于增强镗杆刚度和轴向移动时的平稳性。

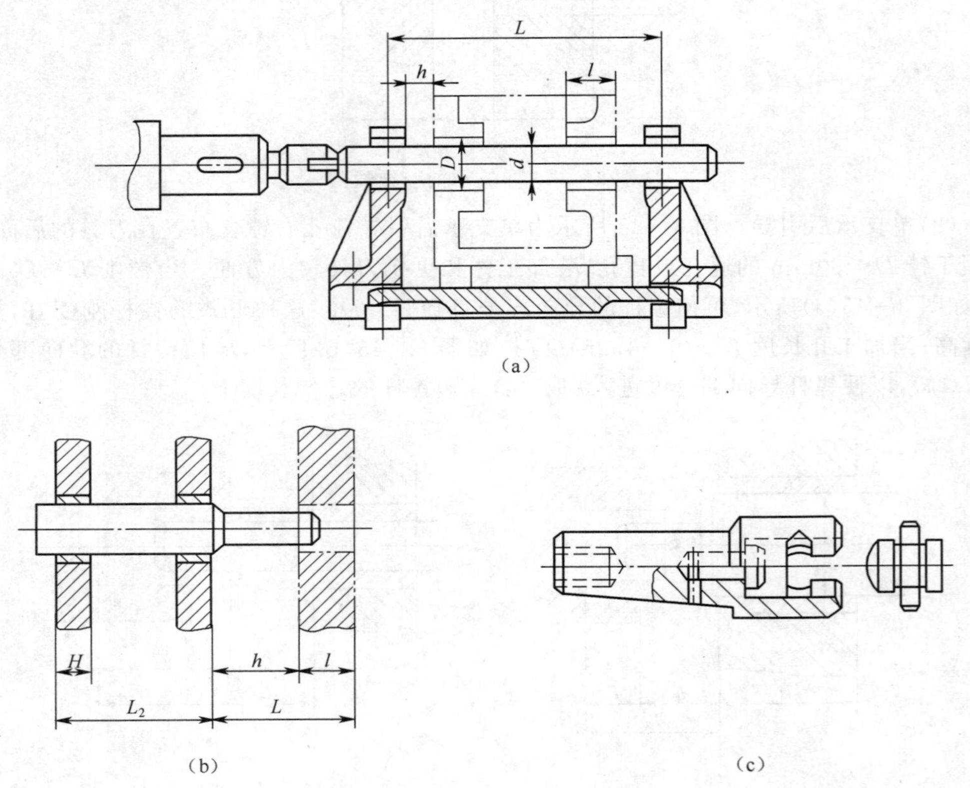

图 3-46 双支承引导镗孔

(a)前后双支承引导；(b)双支承后引导；(c)浮动接头。

3.4.4 钻床夹具

在钻床上钻孔，不便于用试切法把刀具调整到规定的加工位置。如采用划线法加工，其加工精度和生产率又较低。故当生产批量较大时，常使用专用钻床夹具。在这类专用夹具上，一般都装有距离定位元件规定尺寸的钻套，通过它引导刀具进行加工。被加工的孔径主要由钻头、铰刀等保证，而孔的位置精度则由夹具的钻套保证，并有助于提高刀具系统的刚性，防止钻头在切入后引偏，从而提高孔的尺寸精度和改善表面粗糙度。此外，由于不需划线和找正，工序时间大为缩短，因而可显著地提高工效。

在钻床上进行孔的钻、扩、铰、锪、攻螺纹加工所用的夹具，称为钻床夹具。钻床夹具是用钻套引导刀具进行加工的简称为钻模。钻模有利于保证被加工孔对其定位基准和各孔之间的尺寸精度和位置精度，并可显著提高劳动生产率。

1. 钻床夹具的分类及其结构形式

钻床夹具（钻模）的结构形式可分为固定式、回转式、翻转式等。

（1）固定式钻模。固定式钻模在使用过程中它的位置是固定不动的。立式钻床工作台上安装固定式钻模时，首先用装在主轴上的钻头（精度要求高时用心轴）插入钻套以校正钻模位置，然后将其固定。这样可减少钻套的磨损，并使孔有较高的位置精度。图 3－47 所示的钻模是用来加工工件上 10mm 孔的。工件在钻模上以其 d68H7 孔、端面和键槽定位。转动螺母 8 能将工件夹紧或松开；转动垫圈 1，可方便装卸工件；钻套 5 用以确定钻头的位置并引导钻头。

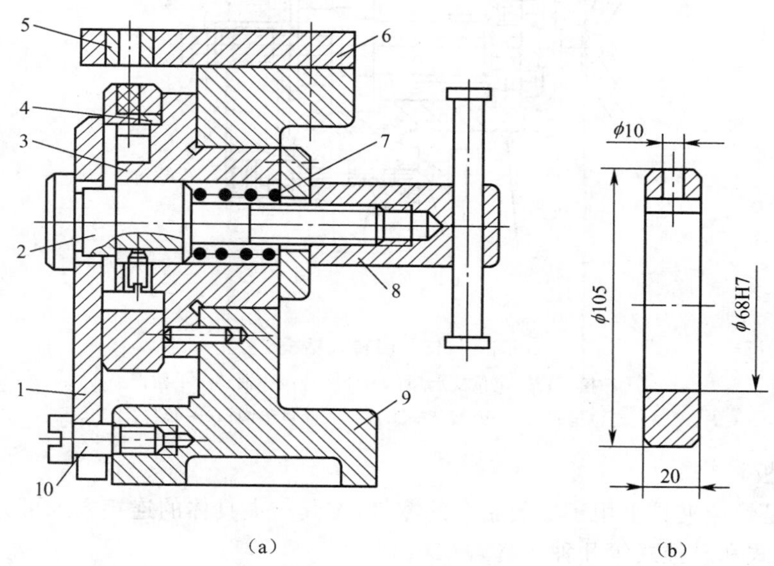

图 3－47 固定式钻模

（a）钻模结构；（b）工件工序图。

1—转动垫圈；2—螺杆；3—定位法兰；4—定位块；5—钻套；

6—钻模板；7—夹具体；8—夹紧螺母；9—弹簧；10—螺钉。

（2）回转式钻模。工件在外圆柱面上有呈径向分布的孔系，若能采用回转式钻模进行加工，则既可保证加工精度又能提高劳动生产率。

回转式钻模的钻套一般是固定不动的，也有的是与回转分度工作台一起转动的。工件每次转动的角度，由回转分度盘和对定销装置控制。根据工件加工孔系的分布情况，装夹工件的回转分度工作台的结构形式，有绕立轴回转和绕水平轴回转两种，个别情况也有绕斜轴回转的。图 3－48 所示的水平轴回转式钻模，能在工件 8 上钻四个等分的径向孔。工件 8 的内孔和端面在定位支承环 2 上定位。定位支承环 2 和环形钻模板 1 都固定在绕水平轴回转的分度盘 3 上。分度盘 3 套压在轴 4 上。在轴 4 的孔里装拉杆 10,其一端的螺纹与手柄 5 连接。在装卸工件时,定位销 6 插入分度盘 3 上的定位孔中,使分度盘不转动。此时转动手柄即可使拉杆 10 前后移动,通过开口垫圈 9 和弹簧 11 压紧和松开工件。夹具的分度,要在工件处于夹紧状态时进行,这是因为夹紧力通过拉杆 10 使手柄 5 与轴 4 的端面产生摩擦力。分度时,拔出定位销 6,转动手柄 5,通过端面的摩擦力使轴 4 带动分度盘 3 转动,待钻模板 1 和工件 8 一起回转至下一个孔位后,在弹簧 7 的作用下使定位销插入定位销孔,开始加工。

上例是一个专用的回转式钻模。目前,回转式钻的回转分度部分已有标准回转工作台供选用,这样从工作台上拆下固定式钻模即可。

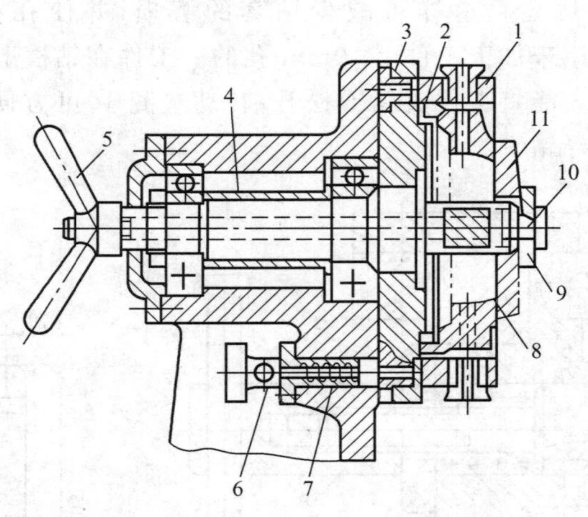

图 3-48 回转式钻模

1—钻模板;2—定位支承环;3—分度盘;4—轴;5—手柄;

6—定位销;7、11—弹簧;8—工件;9—开口垫圈;10—拉杆。

2. 钻模板

钻模板是钻床夹具上用于安装钻套的零件,按其与夹具体的连接方式可分为固定式、铰链式、分离式和悬挂式等几种。

(1)固定式钻模版。这种钻模板如图 3-49 所示,是直接固定在夹具体上的,因此钻模板上的钻套相对于夹具体是固定的,所以精度较高。但它对有些工件的装卸不方便。固定式钻模版与夹具体可以采用销钉定位及螺钉紧固结构。对于简单的钻模,也可采用整体铸造及焊接结构。

(2)铰链式钻模板。这种钻模板如图 3-50 所示,是用铰链装在夹具体上的。它可以绕铰链轴翻转,铰链孔与销轴的配合为 F8/h6,由于铰链存在间隙,所以它的加工精度不如固定式钻模板高,但是装卸工件比较方便。

(3)分离式钻模板。这种钻模板与夹具体分开,成为一个独立的部分。工件在夹具中每装卸一次,钻模板必须卸下一次。用这种钻模板钻孔精度较高,但装卸工件的时间长,效率低。

(4)悬挂式钻模板。这种钻模板悬挂在机床主轴上,由机床主轴带动而与工件靠近或离开,它与夹具体的相对位置由滑柱来确定。

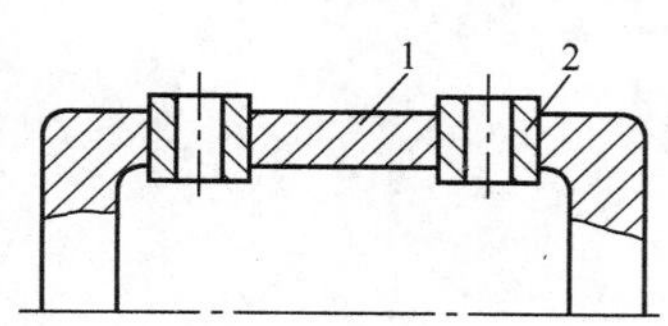

图 3－49　固定式钻模板

1—钻模板；2—钻套。

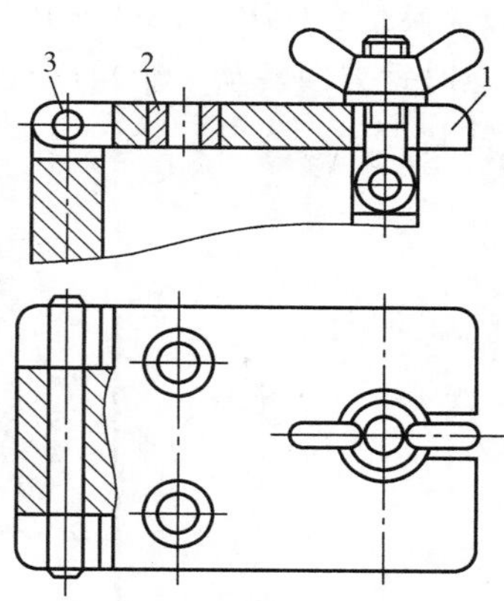

图 3－50　铰链式钻模板

1—钻模板；2—钻套；3—铰链。

3. 钻套

钻套(导套)是确定钻头等刀具位置及方向的引导元件。它能引导刀具并防止其加工时倾斜，保证被加工孔的位置精度，并能提高刀具的刚性，防止加工时产生振动。

钻套按其结构可分为固定钻套、可换钻套、快换钻套和特殊钻套四类。

(1)固定钻套(GB/T2263－1991)。图 3－51 所示是固定钻套的两种形式(即无肩和带肩)，这种钻套直接压入钻模板或夹具体上，其外围与钻模板一般采用 H7/r6 或 H7/n6 配合。

固定式钻套的缺点是磨损后不易更换，因此主要用于中、小批生产的钻模或用来加工孔距甚小以及孔距精度要求较高的孔。为了防止切屑进入钻套孔内，钻套上、下端应以稍突出钻模板为宜。

(2)可换钻套(GB/T2264－1991)。图 3－52 所示是可换钻套，可换钻套 1 装在衬套 2 中，衬套则是压配在夹具体或钻模板 3 中。可换钻套由螺钉 4 固定住，防止转动。可换钻套与衬套常采用 H7/g6 或 H7/g5 配合。这种钻套在磨损以后，松开螺钉换上新的钻套，即可继续使用。

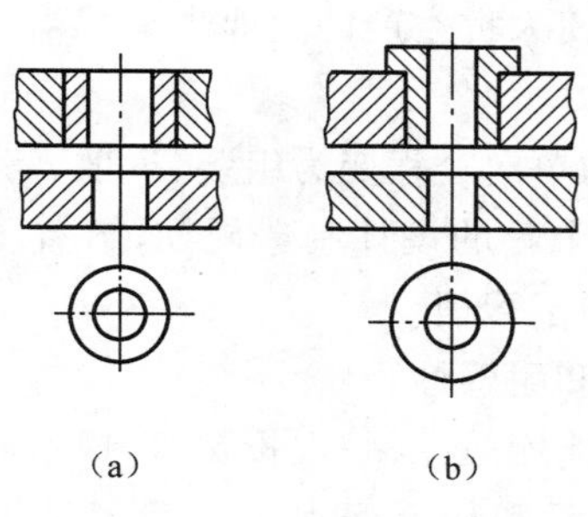

图 3－51　固定钻套

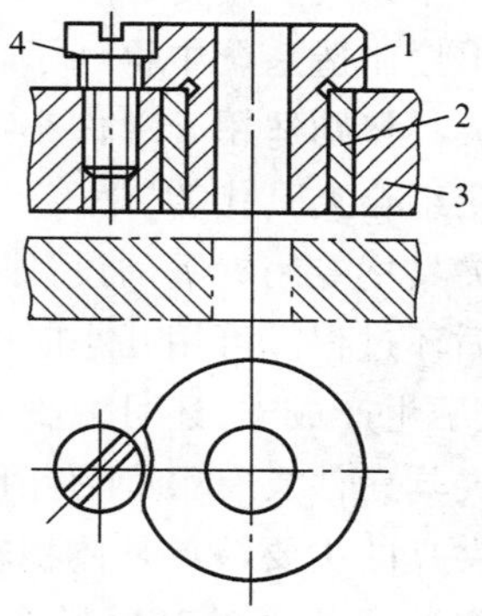

图 3－52　可换钻套

1—可换钻套；2—衬套；3—钻模板；4—螺钉。

(3)快换钻套(GB/T2265—1991)。图3-53所示是快换钻套,当取下钻套时,只要将钻套朝逆时针方向转动一个角度,使得螺钉的头部刚好对准钻套上的缺口,再向上拔,即可取下钻套。

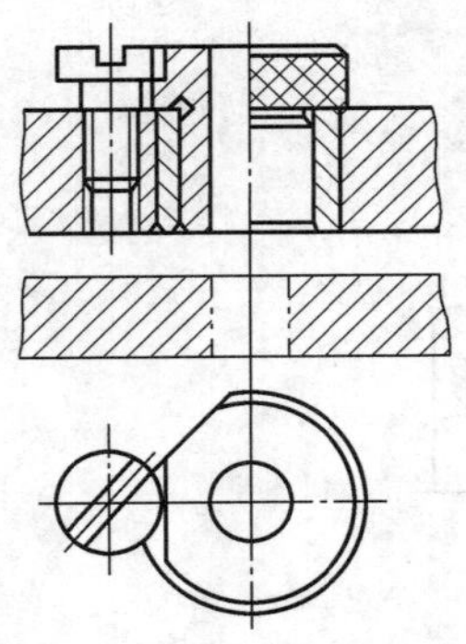

图3-53 快换钻套

(4)特殊钻套。凡是尺寸和形状与标准钻套不同的钻套都称为特殊钻套。

3.5 现代机床夹具简介

随着机床现代化程度越来越高,夹具的作用也越来越突出。现代机床夹具的发展不断适应着现代化制造业的要求,下面重点介绍组合夹具和自动线夹具。

1. 组合夹具的特点及应用

组合夹具是一种标准化、系列化、通用化程度很高的柔性化夹具,它是由一套预先加工好的各种不同形状、不同规格、不同尺寸的标准元件与合件组成的。使用时按照工件的加工要求,采用组合的方式组装成所需的夹具。使用完毕后,可将夹具拆开,擦洗并归档保存,以便于再组装时使用。图3-54所示为一套组装好的回转式钻床夹具立体图及其分解图。

组合夹具一般是为某一工件的某一工序组装的专用夹具。组合夹具适于各类机床,但以钻模及车床夹具用得最多。最近几年,组合夹具在数控、加工中心机床,以及柔性制造单元和柔性制造系统中得到了较好的应用。

组合夹具特别适用于单件小批量生产企业。即使大批生产的企业也有相当比例的专用夹具可用组合夹具代替。

组合夹具把专用夹具的设计、制造、使用、报废的单向过程变为组装、拆散、清洗入库、再组装的循环过程。可用几小时的组装周期代替几个月的设计制造周期,节省了工时和材料,降低了生产成本;还可减少夹具库房面积,有利于管理。

组合夹具元件具有很好的互换性和较高的精度和耐磨性。

组合夹具的主要缺点是体积较大,结构较笨重,刚度较差,一次投资多,成本高。

按照组装所依据的基面形状,组合夹具分为槽系和孔系两大类。我国采用槽系组合夹具,它又分为大型、中型和小型3种系列。中型系列组合夹具元件在我国用得最多。

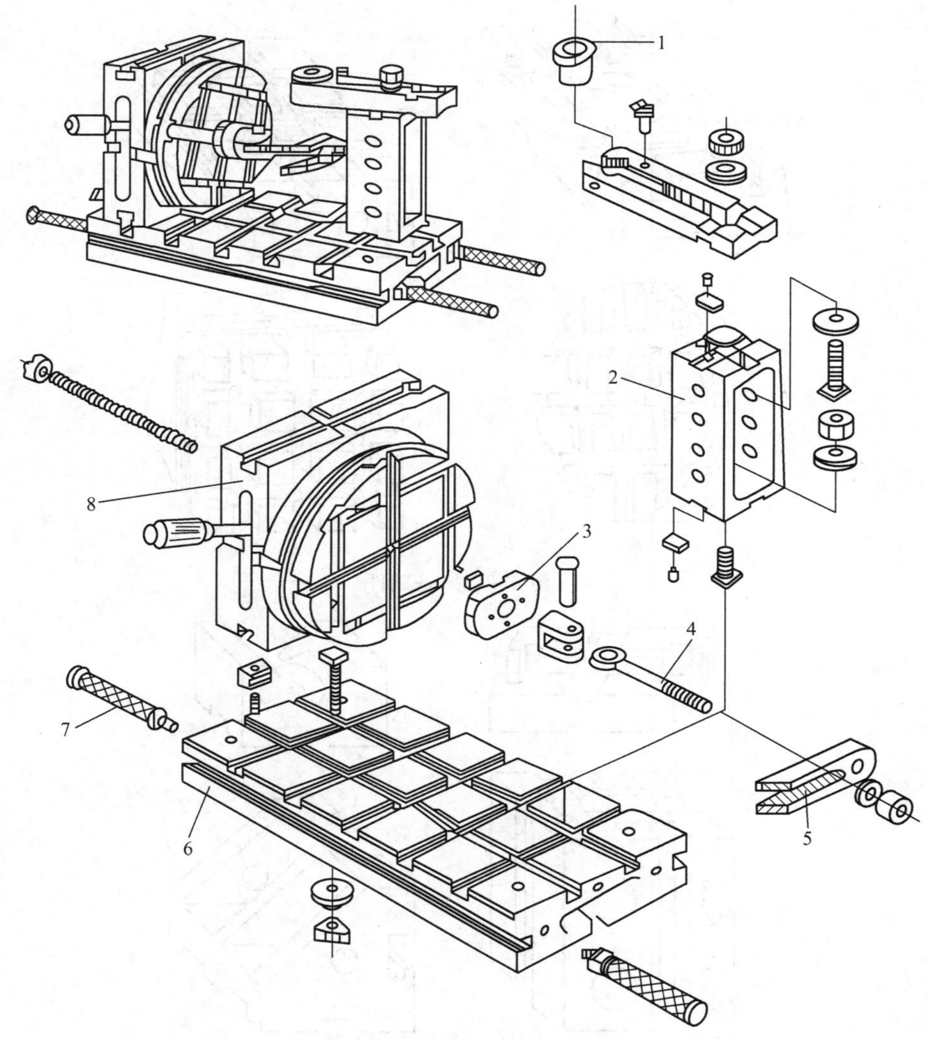

图 3－54　组合夹具组装与分解

1—导向件；2—支承件；3—定位件；4—紧固件；5—夹紧件；6—基础件；7—其他件；8—合件。

2. 组合夹具的元件

(1)基础件，包括各种规格的方形、矩形、圆形基础板和基础角铁等。它们常作为组合夹具的夹具体，如图 3－55 所示。

(2)支承件，是组合夹具的骨架元件，数量最多，应用最广。它将上面的元件与基础件连成一体，既可作为定位元件和导向元件，又可作为小型工件的夹具体，还可作为大型工件的定位件。图 3－56 所示的是其中的几种结构。

(3)定位件，是用来对工件进行正确定位，以及元件与元件之间的定位。图 3－57 所示为几种定位件结构。

(4)导向件，包括固定钻套、快换钻套和钻模板等。主要用来确定刀具与工件的相对位置，并起引导刀具的作用。有的导向件还能做定位用，或作组合夹具系统中移动件的导向，如图 3－58 所示。

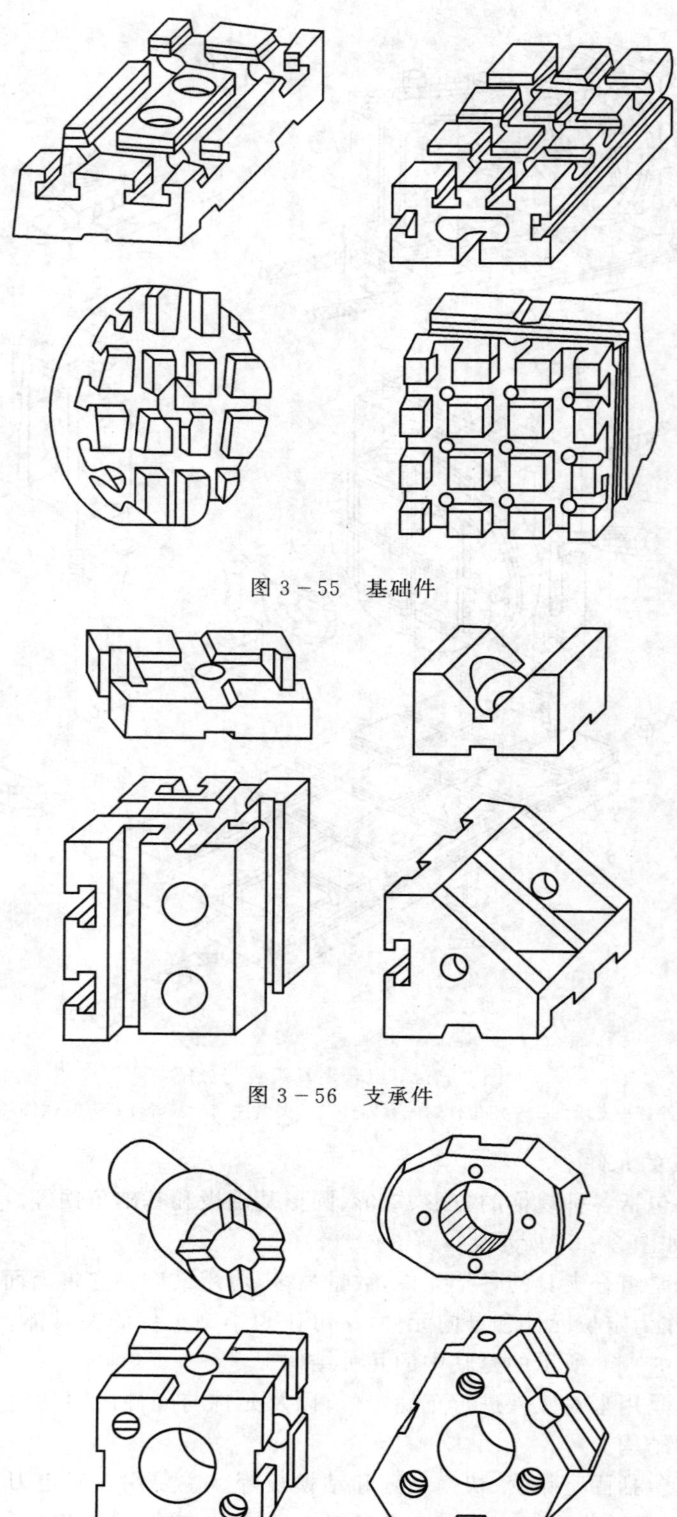

图 3－55　基础件

图 3－56　支承件

图 3－57　定位件

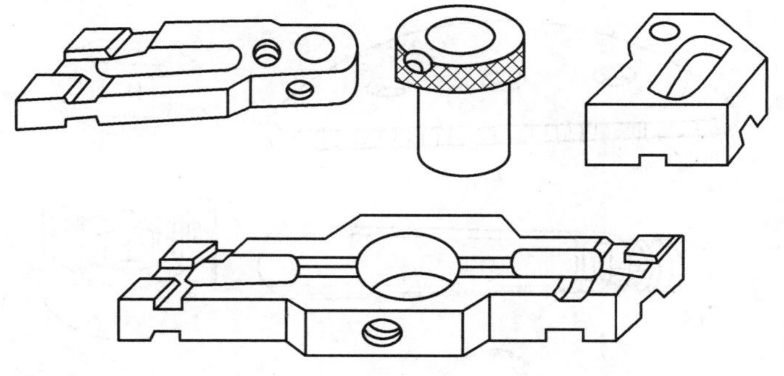

图 3－58　导向件

(5)夹紧件,主要用于将工件夹紧在夹具上,如图 3－59 所示的各种结构的压板。

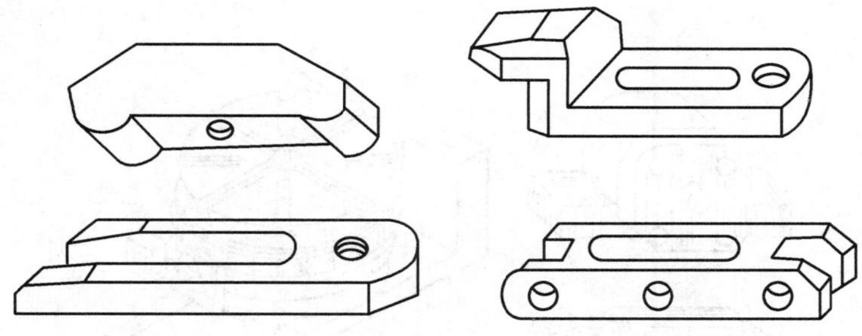

图 3－59　夹紧件

(6)紧固件,主要用于紧固组合夹具中各种元件和紧固工件。这些元件在一定程度上影响夹具的刚性。如图 3－60 所示的螺母、垫圈和螺钉等。

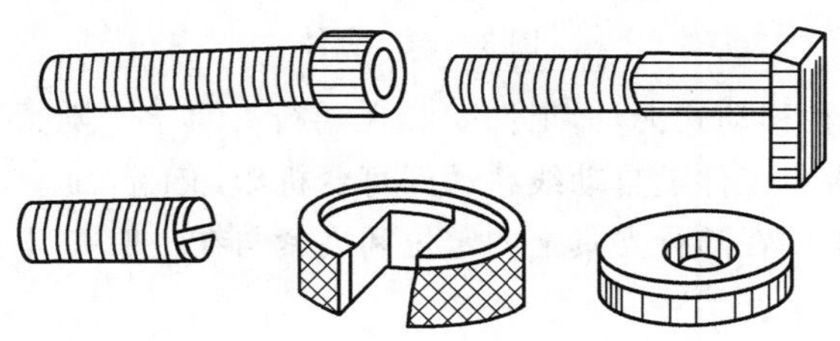

图 3－60　紧固件

(7)其他件,除了上述 6 种元件之外的各种辅助元件,统称为其他件。多用于搬运和组装过程,如图 3－61 所示的手柄、弹簧和平衡块等。

(8)合件,由若干元件装配在一起而成。合件在组合夹具组装过程中一般不拆散使用,是独立部件。使用合件可以扩大组合夹具的使用范围,简化组合夹具的结构,减少夹具体积。按其用途,合件可分为定位合件、导向合件、分度合件以及必需的专用工具等,如图 3－62 所示。

3. 自动线夹具

自动线夹具根据自动线的配置形式,主要有固定夹具和随行夹具两大类。

固定夹具用于工件直接输送的生产线,夹具安装在每台机床上。随行夹具是用于组

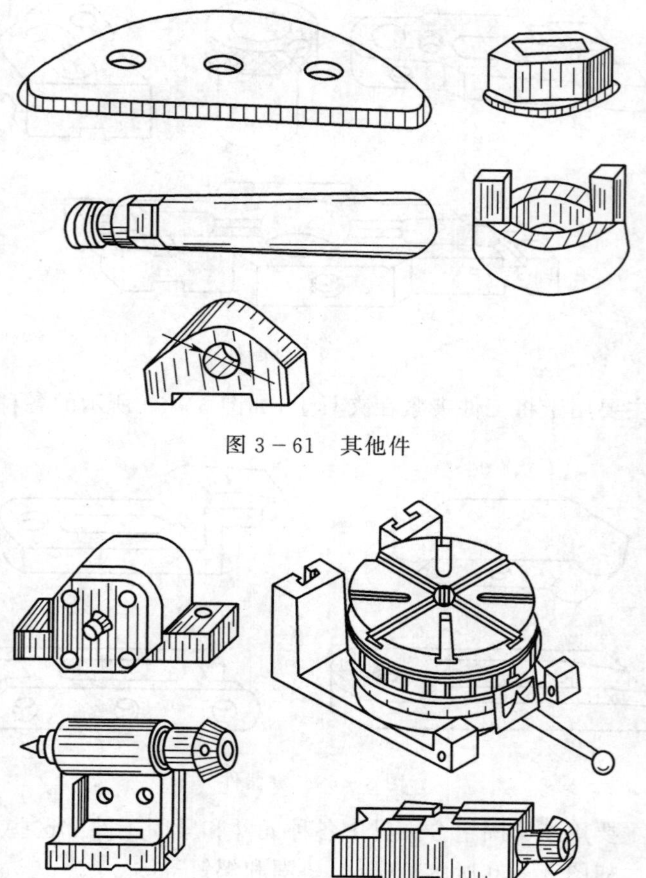

图 3－61　其他件

图 3－62　合件

合机床自动线上的一种移动式夹具，工件安装在随行夹具上。随行夹具除了完成对工件的定位和夹紧外，还带着工件随自动线移动到每台机床加工台面上，再由机床上的夹具对其整体定位和夹紧，工件在随行夹具上的定位和夹紧与在一般夹具上的定位和夹紧一样。

思考题

1. 工件在夹具中定位和夹紧的任务是什么？
2. 什么是欠定位？为什么不能采用欠定位？试举例说明。
3. 固定支承有哪几种形式？各适用于什么场合？
4. 可调支承与辅助支承有何区别？
5. 夹紧装置由哪几部分组成？
6. 试将偏心夹紧、螺旋夹紧和斜楔夹紧做一比较。

7. 手动夹紧机构若没有自锁性能是否允许？为什么？

8. 试分析图3-63中各夹紧方案是否合理？若有不合理之处，则应如何改进？

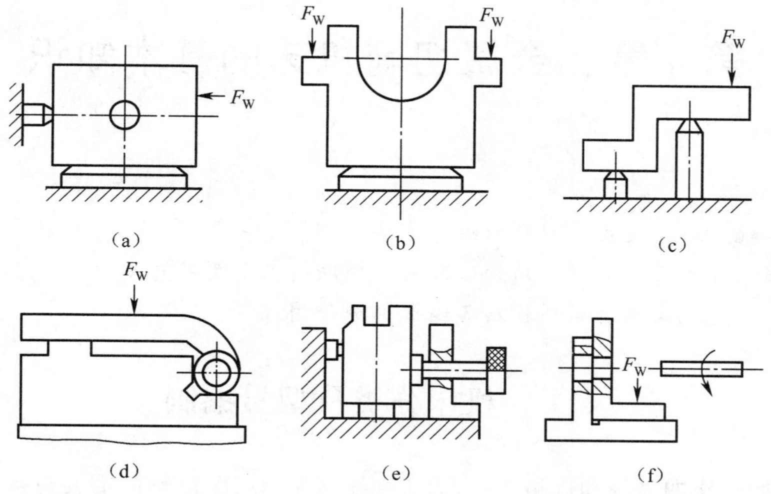

图3-63 夹紧方案

9. 零件的生产类型对夹具设计有什么影响？

10. 为了校核所设计的夹具是否与机床、刀具等发生干涉，在夹具总图上应标注什么尺寸？

11. 标注夹具与机床连接部分尺寸的依据是什么？

12. 试述车床夹具与车床主轴的连接方式及其特点？

13. 试述车床夹具的结构特点？

14. 在铣削夹具中使用对刀块和塞尺起什么作用？由于使用了塞尺对刀，对调刀尺寸的计算会产生什么影响？

15. 在铣床夹具中，定位键有何作用？如何使用？

16. 钻床夹具有哪几种类型？各有什么特点？

17. 镗床夹具有哪几种类型？各有什么特点？

18. 对专用夹具的基本要求是什么？

19. 夹具体的结构形式有几种？

20. 夹具体毛坯有哪些类型？如何选用？

21. 影响加工精度的因素有哪些？保证加工精度的条件是什么？

22. 可调夹具有何特点？什么是成组夹具？

23. 试述组合夹具的优点。

第4章　金属切削机床的基本知识

学习目标：

(1)掌握机床分类及机床型号的编制方法。

(2)掌握零件的表面成形运动方法及机床辅助运动种类及作用。

(3)了解常见机床的主要结构及各组成部分作用。

4.1　机床分类及型号编制

金属切削机床的品种和规格繁多，为了便于区别、使用和管理，需要对机床加以分类，并编制型号。

4.1.1　机床的分类

机床的分类方法很多，根据我国制定的GB/T15375—1994《金属切削机床型号编制方法》，按加工性质和所用刀具进行分类，将机床分为11大类，即车床、钻床、镗床、磨床、齿轮加工机床、螺纹加工机床、铣床、刨插床、拉床、锯床及其他机床。在每一类机床中，又按工艺范围、布局形式和结构性能等不同，分为若干组，每一组又细分为若干系(系列)。

除上述基本分类方法外，机床还可以根据其他特征进行分类。

机床按其工艺范围又可分为：

(1)通用机床：可以加工多种零件的不同工序，加工范围较广，但结构比较复杂。通用机床主要适用于单件小批生产，如卧式车床、卧式镗床、万能升降台铣床等。

(2)专门化机床：工艺范围较窄，专门用于加工某一类或几类零件的某一道(或几道)特定工序，如曲轴机床、齿轮机床等。

(3)专用机床：工艺范围最窄，只能用于加工某一零件的某一道特定工序，适用于大批量生产，如加工机床主轴箱的专用镗床、加工车床导轨的专用磨床等。各种组合机床也属于专用机床。

同类型机床按照加工精度的不同又可分为普通精度机床、精密机床和高精度机床。

此外，机床还可以按照自动化程度的不同，可分为手动、机动、半自动和全自动机床。机床还可按质量与尺寸分为仪表机床、中型机床(一般机床)、大型机床(质量达10t及以上)、质型机床(质量在30t以上)、超重量型机床(质量在100t以上)。按机床主要工作部件的数目，又可分为单轴、多轴、单刀或多刀机床。

上述几种分类方法，是由于分类的目的和依据不同而提出的。通常机床是按照加工方法(如车、钻、刨、铣、磨等)及某些辅助特征来进行分类的。例如，多轴自动车床，就是以车床为基本类型，再加上“多轴”“自动”等辅助特征，以区别与其他种类车床。

随着机床的发展，其分类方法也将不断发展。现代机床正向数控化方向发展，数控机床的功能日趋多样化，工序更加集中。现在一台数控机床集中了越来越多的传统的功能。例如，数控车床是在卧式车床功能的基础上，又集中了转塔车床、仿形车床、自动车床等多种车床的功能。可见，机床数控化引起了机床传统分类方法的变化。这种变化主要表现在机床品种不是越来越细，而是趋向综合。

4.1.2 机床型号的编制方法

机床型号是赋予每种机床的代号，用于简明地表达该机床的类型、主要规格及有关特性等。我国机床型号由大写汉语拼音字母和阿拉伯数字组成。我国从1957年开始规定了机床型号的编制方法，随着机床工业的发展，至今已变动了6次。现行规定是按1994年颁布的GB/T15375—1994《金属切削机床型号编制方法》执行，适用于各类通用及专用金属切削机床、自动线，不包括组合机床、特种加工机床。

1. 通用机床型号

1）型号的表示方法

型号由基本部分和辅助部分组成，中间用“/”隔开，读作“之”。前者需统一管理，后者纳入型号与否由企业自定。型号构成如下：

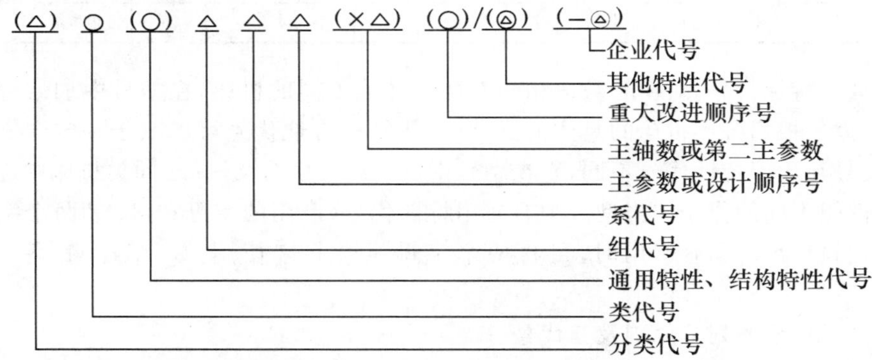

注：①有“( )”的代号或数字，当无内容时，则不表示；若有内容，则不带括号。

②有“○”符号者，为大写的汉语拼音字母。

③有“△”符号者，为阿拉伯数字。

④有“◎”符号者，为大写的汉语拼音字母，或阿拉伯数字，或两者兼有之。

2）机床的类代号

机床的类代号用大写的汉语拼音字母表示。必要时，每类可分为若干分类。分类代号在类代号之前，作为型号的首位，并用阿拉伯数字表示。第一分类代号前的“1”省略，第“2”、“3”分类代号则应予以表示。

机床的类代号按其相应的汉字字意读音，例如铣床类代号“X”，读作“铣”。机床的类和分类代号见表4-1。

3）通用特性代号及结构特性代号

这两种特性代号用大写的汉语拼音字母表示，位于类代号之后。

（1）通用特性代号，有固定含义，它在各类机床的型号中，表示的意义相同。

当某类型机床，除有普通型外，还有下列某种通用特性时，则在类代号之后加通用特性代号予以区分。如果某类型机床仅有某种通用特性，而无普通形式者，则通用特性不予表示。当在一个型号中需同时使用两至三个通用特性代号时，一般按重要程度排列顺序。通用特性代号按其相应的汉字字意读音。

表 4－1 机床的类和分类代号

类别	车床	钻床	镗床	磨床			齿轮加工机床	螺纹加工机床	铣床	刨插床	拉床	特种加工机床	锯床	其他机床
代号	C	Z	T	M	2M	3M	Y	S	X	B	L	D	G	Q
读音	车	钻	镗	磨	二磨	三磨	牙	丝	铣	刨	拉	电	割	其

机床通用特性代号见表 4－2。

表 4－2 机床通用特性代号

通用特性	高精密	精密	自动	半自动	数控	加工中心	仿形	轻型	加重型	简式	柔性加工单元	数显	高速
代号	G	M	Z	B	K	H	F	Q	C	J	R	X	S
读音	高	密	自	半	控	换	仿	轻	重	简	柔	显	速

(2)结构特性代号，对主参数值相同而结构性能不同的机床，在型号中加结构特性代号予以区分。根据各类机床的具体情况，对某些结构特性代号可以赋予一定含义。但结构特性代号与通用特性代号不同，它在型号中没有统一的含义，只在同类机床中起区分机床结构、性能不同的作用。当型号中有通用特性代号(已用的字母和“I、O”两个字母不能用)表示，当单个字母不够用时，可将两个字母组合起来使用，如 AD、AE 等，或 DA、EA 等。

4)机床组、系的划分原则及其代号

(1)机床组、系的划分原则。将每类机床划分为 10 个组，每个组又划分为 10 个系(系列)。组、系划分的原则如下：

①在同一类机床中，主要布局或使用范围基本相同的机床，即为同一组。

②在同一组机床中，主参数相同，主要结构及布局形式相同的机床，即为同一系。

(2)机床的组、系代号。机床的组用一位阿拉伯数字表示，位于类代号或通用特性代号、结构特性代号之后。机床的系用一位阿拉伯数字表示，位于组代号之后。

5)主参数的表示方法

机床型号中主参数用折算值表示，位于系代号之后。当折算值大于 1 时，则取整数，前面不加“0”；当折算值小于 1 时，则取小数点后第一位数，并在前面加“0”。

机床的统一名称和组、系划分以及型号中主参数的表示方法见 GB/T15375—1994《金属切削机床型号编制方法》中类、组、系划分表。

6)通用机床的设计顺序号

某些通用机床当无法用一个主参数表示时，则在型号中用设计顺序号表示。设计顺序号由 1 起始，当设计顺序号小于 10 时，由 01 开始编号。

7）主轴数和第二主参数的表示方法

（1）主轴数的表示方法。对于多轴车床、多轴钻床、排式钻床等机床，其主轴数应以实际数值列入型号，置于主参数之后，用“×”分开，读作“乘”。单轴可省略，不予表示。

（2）第二主参数的表示方法。第二主参数（多轴机床的主轴数除外）一般不予表示，如有特殊情况，需在型号中表示，应按一定手续审批。在型号中表示的第二主参数，一般以折算成两位数为宜，最多不超过三位数。以长度、深度值等表示的，其折算系数为 1/100；以直径、宽度值等表示的，其折算系数为 1/10；以厚度、最大模数值等表示的，其折算系数为 1。当折算值大于 1 时，则取整数；当折算值小于 1 时，则取小数点后第一位数，并在前面加“0”。

8）机床的重大改进顺序号

当机床的结构、性能有更高的要求，并需按新产品重新设计、试制和鉴定时，才按改进的先后顺序选用 A、B、C 等汉语拼音字母（“I、O”两个字母不得选用），加在型号基本部分的尾部，以区别原机床型号。

重大改进设计不同于完全的新设计，它是在原有机床的基础上进行改进设计，因此，重大改进后的产品与原型号的产品是一种取代关系。凡属局部的小改进，或增减某些附件、测量装置及改变装夹工件的方法等，因对原机床的结构、性能没有作重大的改变，故不属于重大改进，其型号不变。

9）其他特性代号及其表示方法

（1）其他特性代号置于辅助部分之首。其中同一型号机床的变型代号也应放在其他特言代号之首位。

（2）其他特性代号主要用以反映各类机床的特性，例如，对于数控机床，可用来反映不同的控制系统等；对于加工中心，可用以反映控制系统、自动交换主轴头、自动交换工作台等；对于柔性加工单元，可用以反映自动交换主轴箱；对于一机多能机床，可用以补充表示某些功能；对于一般机床，可以反映同一型号机床的变型等。

（3）其他特性代号可用汉语拼音字母（“I、O”两个字母除外）表示。当单个字母不够用时，可将两个字母组合起来使用，如 AB、AC、AD 等，或 BA、CA、DA 等；也可用阿拉伯数字表示；还可用阿拉伯数字和汉语拼音字母组合表示。用汉语拼音字母代号，如有需要也可用相对应的汉字字意读音。

10）企业代号及其表示方法

（1）企业代号：包括机床生产厂及机床研究单位代号。

（2）企业代号：置于辅助部分之尾部，用“—”分开，读作“至”。若在辅助部分中只有企业代号，则不加“—”。

（3）企业代号见 GB/T15375—1994《金属切削机床型号编制方法》附录 1。

11）通用机床型号示例

示例 1：北京机床研究所生产的精密卧式加工中心，其型号为 THM6350/JCS。

示例 2：大河机床厂生产的经过第一次重大改进，其最大钻孔直径为 25mm 的四轴立式排钻床，其型号为 Z5625×4A/DH。

示例 3：中捷友谊厂生产的最大钻孔直径为 40mm，最大跨距为 1600mm 的摇臂钻床，其型号为 Z3040×16/S2。

示例 4：瓦房店机床厂生产的最大车削直径为 1250mm，经过第一次重大改进的数显单柱立式车床，其型号为 CX5112A/WF。

示例 5：新乡机床厂生产的光球板直径为 800mm 的立式钢球光球机，其型号为 3M7480/XX。

示例 6：最大回转直径为 400mm 的半自动曲轴磨床，其型号为 MB8240。根据加工的需要，在此型号机床的基础上变换的第一种形式的半自动曲轴磨床，其型号为 MB8240/1，变换的第二种形式的型号则为 MB8240/2，依此类推。

示例 7：某机床厂生产的最大磨削直径为 320mm 的半自动万能外圆磨床，其型号为 MBE1432。

示例 8：宁江机床厂生产的数控精密单轴纵切自动车床，其型号为 CKM1116/NG。

示例 9：某机箱厂生产的配置 MTC-2M 型数控系统的数控床身铣床，其型号为 XK714/C。

示例 10：某机床厂设计试制的第五种仪表磨床为立式双轮轴颈抛光机，这种磨床无法用一个主参数表示，故其型号为 M0405。后来，又设计了第 6 种轴颈抛光机，其型号为 M0406。

2. 专用机床型号

1)专用机床型号表示方法

专用机床的型号一般由设计单位代号和设计顺序号组成。

型号构成如下：

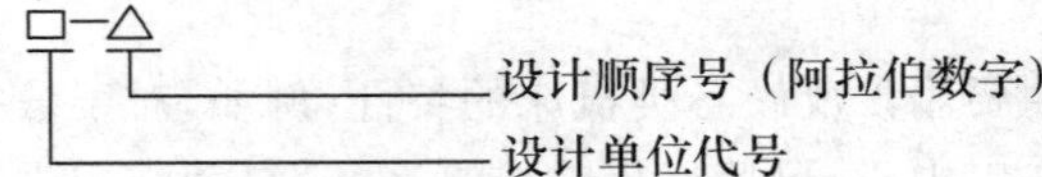

2)设计单位代号

设计单位代号包括机床生产厂和机床研究单位代号（位于型号之首），见 GB/T15375—1994《金属切削机床型号编制方法》的附录。

3)专用机床的设计顺序号

专用机床的设计顺序号，按该单位的设计顺序号排列，由 001 起始位于设计单位代号之后，并用“—”隔开，读作“至”。

4)专用机床的型号示例

示例 1：沈阳第一机床厂设计制造的第一种专用机床为专用车床，其型号为 ST—001。

示例 2：上海机床厂设计制造的第 15 种专用机床为专用磨床，其型号为 H—015。

示例 3：北京第一机床厂设计制造的第 100 种专用机床为专用铣床，其型号为 BI—100。

3. 机床自动线型号

1)机床自动线代号

由通用机床或专用机床组成的机床自动线，其代号为“ZX”，（读作“自线”），位于设计单位代号之后，并用“—”分开，读作“至”。

机床自动线设计顺序号的排列与专用机床的设计顺序号相同，位于机床自动线代号之后。

2)机床自动线的型号表示方法

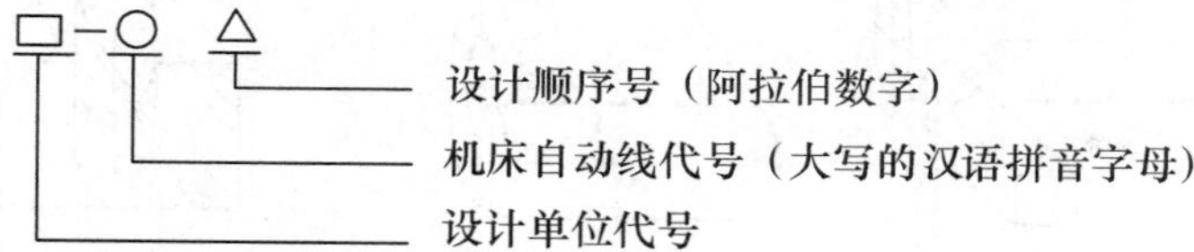

3)机床自动线的型号示例

北京机床研究所以通用机床或专用机床为某厂设计的第一条机床自动线，其型号为JCS—ZX001。

4.2 机床的运动

各种类型的机床，为了进行切削加工以获得所需的具有一定的几何形状、一定精度和表面质量的工件，必须使刀具和工件完成一系列运动。以机床上车削圆柱为例(图4－1)，安装好工件并开车之后，首先需将车刀靠近工件(运动Ⅱ和Ⅲ)；其次，为了得到所要求的直径尺寸(d)，还需将车刀切入至一定深度(运动Ⅳ)，然后由工件旋转(运动Ⅰ)和车刀纵向直线移动(运动Ⅴ)车削出圆柱面；当达到所需的长度尺寸(l)时，车刀径向退离工件(运动Ⅵ)，并纵向移动退回至起始位置(运动Ⅶ)。机床在加工过程中完成的各种运动，按其功用可分为表面成形运动和辅助运动两类。

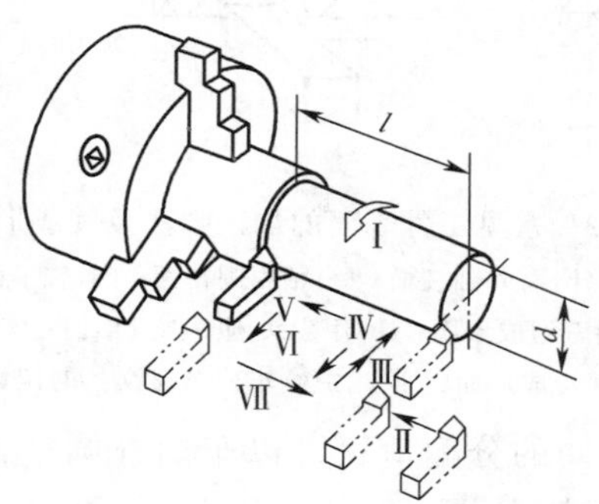

图4－1 车削圆柱面过程中的运动

4.2.1 表面成形运动

直接参与切削过程，形成工件几何形状表面的刀具和工件的运动，称为表面成形运动。例如，图4－1中工件的旋转运动Ⅰ和车刀的纵向直线移动Ⅴ是形成圆柱面的成形运动。表面成形运动是机床上最基本的运动，对被加工表面的精度和粗糙度有直接影响。各种机床加工时必需的表面成形运动的形式和数目，决定于被加工表面的形状以及所采用的加工方法和刀具结构。图4－2列举了常见的几种工件表面的加工方法及加工时的成形运动。由图可以看到，用不同加工方法形成各种表面所需的成形运动，其基本形式是旋转运动和直线运动，图4－2(j)所示的车刀沿曲线的运动是由相互垂直的两个直线运动s_1和s_2组合而成的。

用同一种加工方法和刀具结构加工某种表面，由于具体加工条件不同，表面成形运

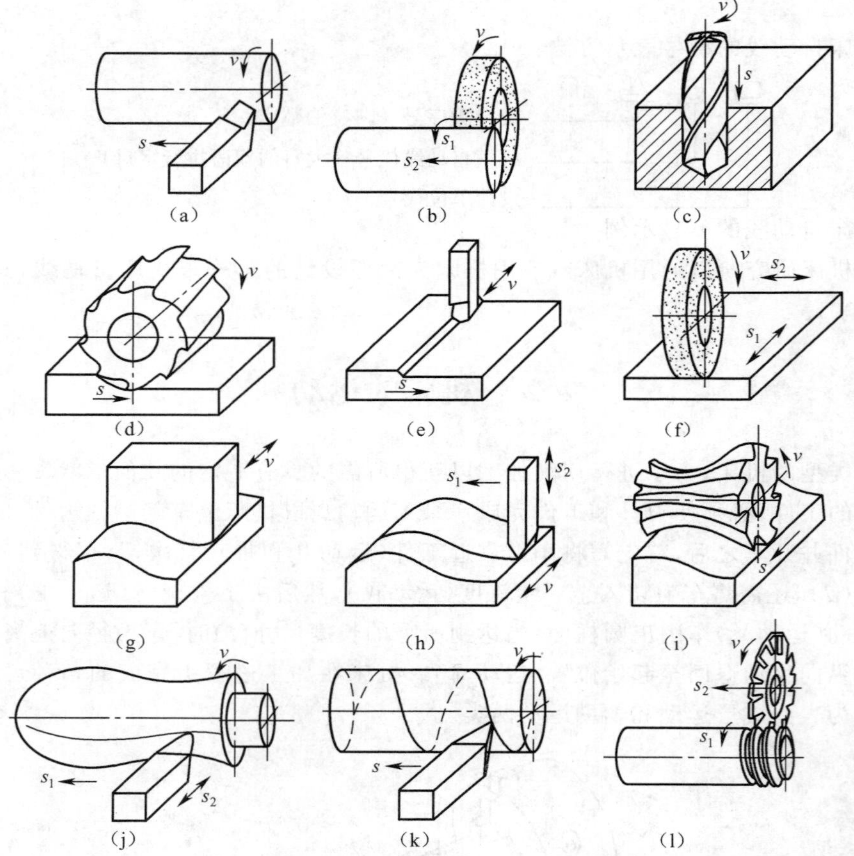

图 4-2　常见工件表面的加工方法及其成形运动

(a)车外圆柱面；(b)磨外圆柱面；(c)钻内圆柱面；(d)铣平面；(e)刨平面；
(f)磨平面；(g)用成形刨刀刨成形面；(h)用尖头刨刀刨成形面；(i)用成形铣刀铣成形面；
(j)用尖头车刀车回转成形面；(k)用螺纹车刀车螺纹；(l)用螺纹铣刀铣螺纹。

动在刀具和工件间可以有不同的分配情况。以车削外圆柱面为例，其表面成形运动可以是工件旋转和刀具直线移动，如图 4-2(a)所示，也可以是工件旋转并直线移动，或者刀具旋转而工件直线移动，或者刀具旋转并直线移动(图 4-3)。运动分配情况不同，机床结构就不一样，这说明即使是用同一种工艺方法加工相同的表面，还可能有多种结构形式的机床。

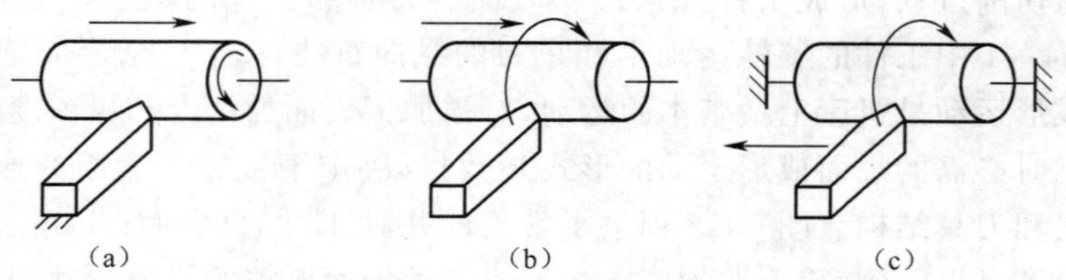

图 4-3　外圆柱面的车削加工方法

形成某一表面的各个运动之间，在多数情况下并不需要保持严格的运动关系，因而可以独立地调整各个运动的速度，且不要求调整得非常精确。但是，在某些情况下，各表面成形运动中的某两个运动之间，却必须保持某种确定的运动关系。例如，车削螺纹时，如图 4－2(k)所示，为了得到一定导程的螺纹，在工件旋转一转的时间内，刀具纵向移动的距离必须准确地等于被车削螺纹的导程。在类似情况下，必须根据被加工表面的形状准确地调整有关运动的速比关系。

根据切削过程中所起的作用不同，表面成形运动又可分为主运动和进给运动。主运动是直接切除工件上的被切削层，使之转变为切屑、速度较高、消耗功率较大的主要运动；进给运动是不断地把被削层投入切削，以逐渐切出整个工件表面所需要的运动。在图 4－2中，主运动以 v 表示，进给运动以 s 表示。通常任何一种机床，只有一个主运动，但进给运动可能有一个或几个，也可能没有，例如拉削加工，只有主运动而没有进给运动。

4.2.2 辅助运动

机床上除表面成形运动外的所有运动都是辅助运动，其功用是实现机床加工过程中所必需的各种辅助动作。辅助运动的种类很多，它包括：保证获得一定加工尺寸所需的切入运动（如图 4－1 中的运动Ⅳ）；为反复进行切削加工创造条件的快速靠近和退回运动（如钻床上移动钻头对准被加工孔中心）；多工位工作台和多工位刀架周期换位以及逐一加工许多相同的局部表面时工件周期换位所需的分度运动（如在万能升降台铣床上用分度头加工齿轮时工件周期地转过一定角度）等。此外，机床的启动、停止、变速、变向以及部件和工件的夹紧、松开等操纵控制运动也都属于辅助运动。

辅助运动虽然不参与表面的形成过程，但对机床整个加工过程是不可缺少的，同时对机床的生产率和加工精度也有重大影响。

4.3 基本的传动方法

为了实现加工过程中所需的各种运动，机床必须具备以下三个基本部分：

(1)执行件：执行机床运动的部件，如主轴、刀架、工作台等，其任务是安装刀具或工件，并直接带动其完成一定形式的运动和保持准确的运动轨迹。

(2)动力源：提供动力和运动的装置，是执行件的运动来源。现代机床通常都采用三相异步电动机作动力源，只有某些小型机床的进给运动以及普通机床的辅助运动是手动的。

(3)传动装置：传递运动和动力的装置，通过它把动力源的运动和动力传给执行件。在多数情况下，传动装置同时还需完成变速、变向、改变运动形式等任务，使执行件获得所需的运动形式、运动速度和运动方向。

机床的传动装置按其所采用的传动介质不同，可分为机械传动、液压传动、电气传动和气压传动等。

机械传动应用齿轮、皮带、离合器、齿条和丝杠螺母等机械元件传递运动和动力。这种传动形式工作可靠、维修方便，目前机床上应用最广。

液压传动应用油液作介质，通过液压元件来传递运动和动力。这种传动形式结构简单、传动平稳、容易实现自动化，在机床上应用日益广泛。

电气传动应用电能通过电气装置传递运动和动力。这种传动形式的电气系统比较复杂、成本较高，主要用于大型和重型机床，如龙门刨床、重型镗床等。

气压传动应用空气作介质，通过气动元件传递运动和动力。这种传动形式的主要特点是动作迅速、易于实现自动化，但运动不易稳定、驱动力较小，主要用于机床的某些辅助运动（如夹紧工件等）以及小型机床的进给运动传动中。

根据机床的工作特点不同，往往采用以上几种传动形式组合，如主运动采用机械传动，进给运动采用液压传动；或者主运动采用电气传动，进给运动采用机械传动或液压传动等。此外，一台机床的某个运动，有时也可采用以上几种传动形式的组合，如液压—机械、电气—机械、气压—液压等。

为了适应工件和刀具的材料、尺寸的变化，以及满足不同加工工序的要求，通用机床和专用机床的主运动和进给运动速度，需在一定范围内变化。根据速度调节变化的特点不同，机床的传动可分为无级变速传动和有级变速传动两种。无级变速传动的速度变换是连续的，即在一定范围内可以调节到需要的任意速度。有级变速传动的速度变换是不连续的，即在一定范围内只能调节到有限的几种速度。

机床采用无级变速传动，可以在一定范围内获得最有利的切削用量，对提高生产率和适应加工工艺的要求都有重要意义。但由于可靠性、传动效率、使用寿命、制造成本以及其他一些原因，目前除用于某些精密机床和重型机床外，在绝大多数机床上仍以采用机械有级变速传动为主（因其具有结构紧凑、工作可靠、效率高和变速范围大等优点）。

在采用有级变速传动的情况下，机床的运动速度数列（如主轴转速数列、进给量数列等）一般都是等比数列的规律排列，只有少数机床（如普通车床、牛头刨床、插床等）的进给量，是按等差数列的规律排列的。

按等比数列排列的主轴转速数列，其各级转速之间的关系如下：

$$
\begin{aligned}
& n_1 \\
& n_2 = n_1 \Phi \\
& n_3 = n_2 \Phi = n_1 \Phi^2 \\
& \vdots \\
& n_z = n_{z-1} \Phi = n_1 \Phi^{z-1}
\end{aligned}
$$

式中 n_1、n_z——主轴的最低和最高转速；

z——主轴的转速级数；

Φ——等比数列的公比。

主轴最高转速与最低转速的比值称为主轴转速的变速范围，用 R_n 表示，即

$$R_n = n_z / n_1 = \Phi^{z-1}$$

4.4 机床常用结构

4.4.1 离合器概述

离合器的作用是使同轴线的两轴或轴与该轴上的空套传动件（如齿轮、皮带轮等）根

据工作需要随时接通或分离，以实现机床的启停、变速、换向及过载保护。

离合器种类很多，按其结构、功用的不同，可分为啮合式离合器、摩擦式离合器、超越式离合器和安全离合器；按其操作方式的不同，又可分为操作式（机械、气动、液压、电磁操作式）和自动离合器。

机床上常用离合器的结构、特点和应用见表 4－3。

表 4－3　离合器的结构、特点和应用

		结构示意图	特点和应用
啮合式离合器	牙嵌式		优点：接合后无相对滑动，可保证两轴同速转动，不发热，结构简单，尺寸小。 缺点：在运转过程中接合易产生冲击、振动，多用于低速轴，通常在静止或低速下接合。适用于金属切削机床及其他机械设备
	齿轮式		优、缺点基本与牙嵌式离合器相同，但其齿轮可用齿轮机床制造，全部齿的总接触面积较大，磨损较小，通常在静止或低速下啮合。应用较广泛，如金属切削机床等设备
摩擦式离合器	多片式		优点：结构紧凑，接合平稳，过载打滑。 缺点：不能保证两轴同速，摩擦生热。广泛用于金属切削机床及其他机械设备
	圆锥式		优、缺点基本同多片式摩擦离合器，但比多片式摩擦离合器能传递较大的扭矩。适用于金属切削机床及其他机械设备
电磁离合器			优点：接合平稳，可调速，便于远距离操纵，可传递较大扭矩，过载打滑。 缺点：发热大，尺寸较大。适用于球磨机空气压缩机以及数控机床等自动控制系统
超越离合器			一般只能传动单向转动，当被动件转速大于（超越）主动件时能自动脱开。用于机械快慢速的转换装置或不允许逆转的机构以及自动化装置中。适用于金属切削机床等设备

大多数离合器已标准化、系列化，使用时可按需要选择合适的类型、型号和尺寸。

1. 啮合式离合器

啮合式离合器由两个半离合器组成，利用两个半离合器的齿爪相互啮合传递运动和扭矩。按其结构的不同，又可分为牙嵌式和齿轮式。

图 4－4(a)为牙嵌式离合器结构。与齿轮成为一体的左半离合器空套在轴上，其右端面有齿爪，可与右半离合器左端面的齿爪相啮合，齿爪结构如图 4－4(b)所示。右半离

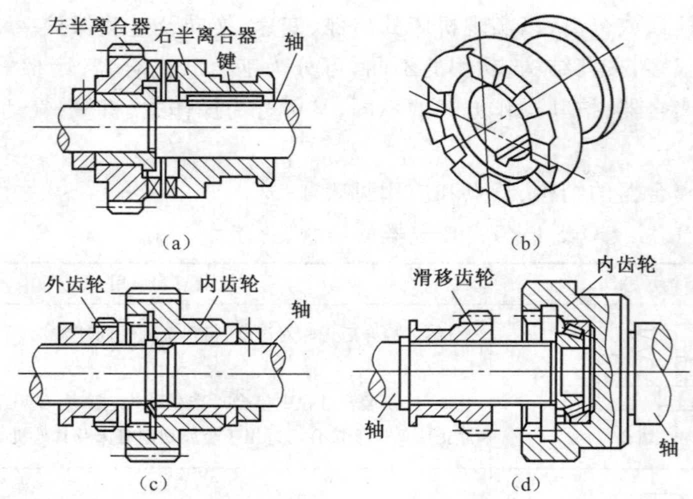

图 4-4　啮合式摩擦离合器

合器用花键或滑键与轴相连，利用拨叉可使之向左移动脱开齿爪，则齿轮空转。

图 4-4(c)、(d)为内齿式离合器。这种离合器实际上是一对齿数和模数相等的内啮合齿轮。外齿轮用花键与轴连接，并可向右滑移与内齿轮的内齿啮合，将空套齿轮与轴(图(c)中内齿轮与轴)或同轴线的两轴(图(d)中的两轴)连接、传递运动。滑移齿轮向左滑动时则脱开啮合，断开其运动联系。

啮合式离合器结构简单、紧凑，接合后不会产生滑动，可传递较大扭矩且传动比准确；但齿爪不易在运动中啮合，一般只能在停转或相对较低时接合，故操作不便，仅用于机床上要求保持严格运动关系或速度较低的传动链中。

2. 摩擦式离合器

摩擦式离合器利用相互压紧的两个摩擦元件接触面之间的摩擦力传递运动和扭矩。摩擦元件的结构形式很多，有片式和锥式。其中片式又分为单片式和多片式两种。机床常用的是多片式摩擦离合器。

图 4-5 为机械操纵的多片式摩擦离合器的结构。这种离合器是由两组形式不同的摩擦片和一个压紧机构组成。齿轮套筒 2 空套在轴 1 上，外摩擦片 4 的外径上有 3 个或 4 个均布凸齿，插在齿轮套筒 2 上相应的轴向槽中，用其内孔空套在花键轴 1 上。内摩擦片 5 的形状为外圆内花键孔，与花键轴配合，并可沿花键轴轴向滑动，其外径略小于齿轮套筒 2 的内径。因此，外摩擦片总是与齿轮套筒 2 一起转动，而内摩擦片总与花键轴 1 一起转动。一组内、外摩擦片之间的摩擦力，通过外摩擦片传给齿轮套筒 2，将运动接通。因靠摩擦片之间的摩擦力传递扭矩，所以离合器传递扭矩的大小取决于压紧块的压紧力、摩擦片间的摩擦系数、摩擦片的作用半径以及摩擦面对数。

离合器的压紧装置由滑套 9、钢球 8、压紧套 7 及螺母 6 组成。当操纵机构操纵滑套 9 左移动时，其左端内锥面将钢球压入固定套 10 的径向斜面。固定套 10 与轴固连在一起，不能轴向移动，迫使压紧套 7 左移，并带动螺母 6 左移，将内、外摩擦片压紧。内外摩擦片压紧时，滑套 9 的小直径内圆柱与钢球 8 接触，二者间的作用力垂直于滑套内表面，产生自锁。此时撤去加在滑套上的操纵力，离合器仍能保持接通。要脱开离合器，需将滑套右

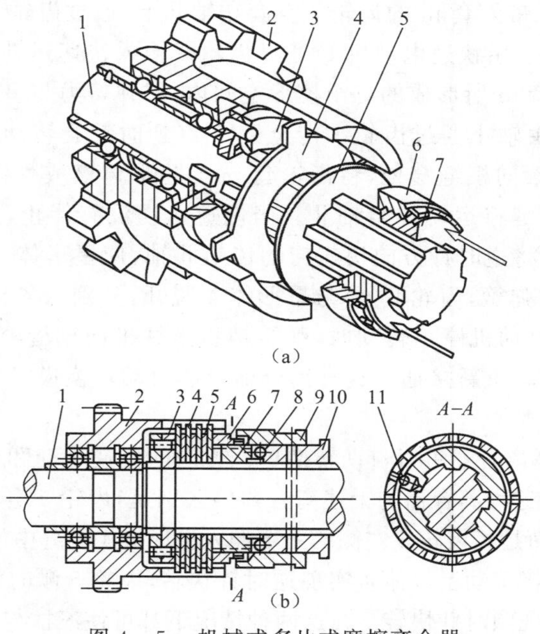

图 4－5　机械式多片式摩擦离合器

1—花键轴；2—齿轮套筒；3—垫片；4—外摩擦片；
5—内摩擦片；6—螺母；7—压紧套；8—钢球；9—滑套；10—固定套；11—弹簧销。

移，以其内锥面与钢球相对，钢球不再受压，内、外摩擦片便自行松开。

摩擦片间初始间隙的大小应调整合理。间隙过大，摩擦片间可能产生相对滑动，不能正常地传递扭矩；间隙过小，压紧套移走后摩擦片仍不能彼此分开以中断运动联系，同时使磨损加剧，发热量增大，为此设有调整环节。用调整螺母 6 相对于压紧套 7 的伸出量来控制初始间隙的大小。调整时先按下弹簧销 11，然后转动螺母 6，使之相对压紧套 7 产生一轴向移动，转至下一槽口时松开弹簧销 11，使其卡在槽内，锁定在压紧套上。因螺母套沿圆周均布 16 个槽口，则每转过一个槽口，其轴向的位移量为螺母螺距的 1/16。

摩擦片接合时的压紧力由垫片 3 承受。垫片 3 有内花键孔，装到花键轴上后被推至沉割槽中，再转过 1/2 齿距，使其不能轴向移动，然后用销钉与其左边的空套在花键轴上的垫片固定在一起，两垫片既不能相对花键轴 1 转动，又不能轴向移动，形成一个止推环，承受轴向力，并将此力传给花键轴 1。

一般多片式摩擦离合器是人力通过操纵机构移动压紧装置，改变离合器的工作状态的。但是，有时为了实现远程操纵或顺序控制而采用液压、气动或电磁力驱动，压紧摩擦片，这种离合器称为液压离合器或电磁离合器。机床上采用液压、气动、电磁离合器，不仅使操纵省力，而且易于实现机床工作的自动化。

3. 超越离合器

超越离合器属于非外力操纵的离合器，用在有快慢两个动力源交替传动的轴上，可以实现输出轴快慢运动的自动转换，即当有快慢两种动力源同时输入时，离合器不断开慢速运动而自动接通快速运动，使其超越慢速运动；而当快速运动停止后，又自动恢复慢速运动。常用的有滚柱式单向超越离合器、带拨爪的单向超越离合器和双向超越离合器等。

图 4－6(a)为滚珠式单向超越离合器。这种离合器包括星形体 4、带外套 m 的齿轮

2、滚柱 3 及弹簧销 7。带外套 m 的齿轮 2 空套在轴Ⅱ上，通过齿轮 1 输入慢速运动，星形体 4 用键固定在轴Ⅱ上，由快速电动机 D 通过齿轮 6 输入快速运动。三个滚柱 3 处在分别由星形体 4 和齿轮套 m 所形成的三个楔形空间内，靠弹簧力与星形体 4 和齿轮套 m 接触。当仅有慢速运动由轴Ⅰ通过齿轮 1 传至齿轮 2(逆时针旋转)时，齿轮套 m 与滚柱 3 之间的摩擦力使滚柱滚向楔缝窄处，将齿轮套 m 与星形体楔成一体，带动星形体逆时针转动，并通过轴Ⅱ上的键将运动传给轴Ⅱ。当慢速运动没有停止，又启动了快速电动机时，齿轮 6 通过齿轮 5 将逆时针方向快速转动传给Ⅱ轴，使星形体 4 逆时针方向快转，滚柱 3 则反向滚动，压缩弹簧，齿轮套 m 与星形体 4 脱开，分别以各自不同转速、互不相干地同向旋转。当快速电动机停止转动时，弹簧销将滚柱推向楔缝窄处，又将齿轮套 m 与星形体 4 楔紧，慢速运动重新接通。这种离合器只能自动转换逆时针方向的快慢速运动，故称单向超越离合器。

带拨爪的单向超越离合器可以自动转换单一方向的慢速运动和双向的快速运动，其结构如图 4-6(b)所示。这种离合器与上述离合器的区别是，齿轮 5 空套在轴上，其快速运动不直接传给星形体 4，而是经齿轮 5 左侧的三个伸入星形体 4 楔缝中的拨爪传动。齿轮 5 顺时针转动时，由拨爪直接带动星形体 4 实现逆时针快转，齿轮 5 顺时针转动时，拨爪 n 则通过滚柱 3 推星形体，实现顺时针快转。在这两种情况下都可使滚柱与齿轮套 m 脱开。

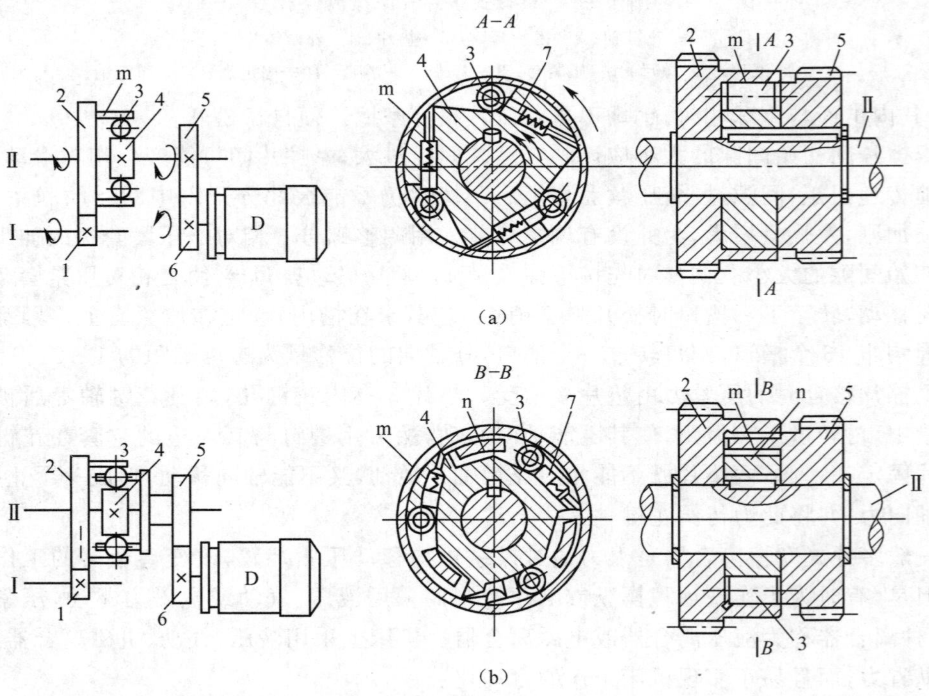

图 4-6　单向超越离合器

1—齿轮；2—带外套 m 的齿轮；3—滚柱；4—星形体；5、6—齿轮；7—弹簧销。

双向超越离合器能实现正、反两个方向的快慢速运动的自动转换，其结构如图 4-7 所示。它如同两个楔缝相反的带拨爪的超越离合器。这种离合器的星形体有两组双向楔形缺口，可与齿轮套 m 形成两对方向相反的楔缝。每一对楔缝中，有传递快速运动的拨爪、滚柱及弹簧销。没有快速运动输入时，齿轮套 m 通过不同的滚柱从不同方向楔紧星形体，而实现两个方向的慢速运动；有快速运动输入时，则通过拨爪传递，使其超越慢速运动，实现两个方向的快速运动。其原理同带拨爪的单向超越离合器。

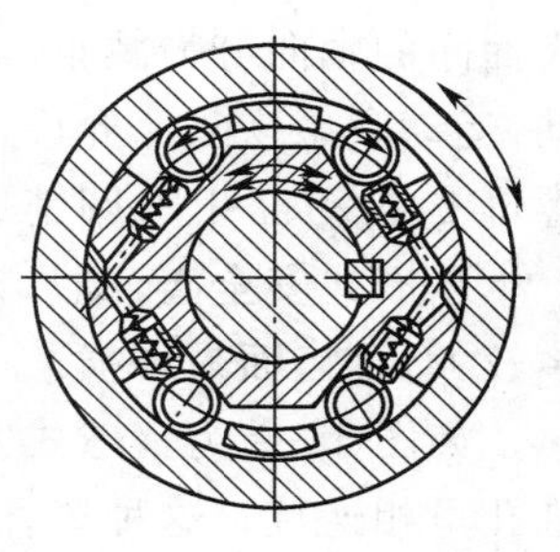
图 4－7　双向超越离合器

4. 安全离合器

安全离合器的作用是提供过载保护，即当机床过载或出现故障时能自动断开而保护机床零件不受损坏，也是一种非外力操纵式离合器。

图 4－8(a)是牙嵌式安全离合器，用于卧式车床溜板箱。其工作原理如图 4－8(b)所示。左半离合器 5 和右半离合器 6 的相对端面为相吻合的螺旋齿面。左半离合器 5 空套在轴上，右半离合器 6 与轴用花键连接。正常工作时，在弹簧 7 的弹力作用下，左半离合器 5、右半离合器 6 的齿面紧密啮合，成为一体，同步旋转，传递运动。当机床过载或出现故障时，半离合器 6 停转，但电动机未停，整个传动链带动左半离合器 5 仍在转动，两螺旋齿面相对滑动，产生轴向分力，当轴向分力超过弹簧的压力时，右半离合器便压缩弹簧而向右移动，与左半离合器 5 脱开，运动联系中断，因而不会损坏其他零件。当过载消失或故障排除后，两半离合器

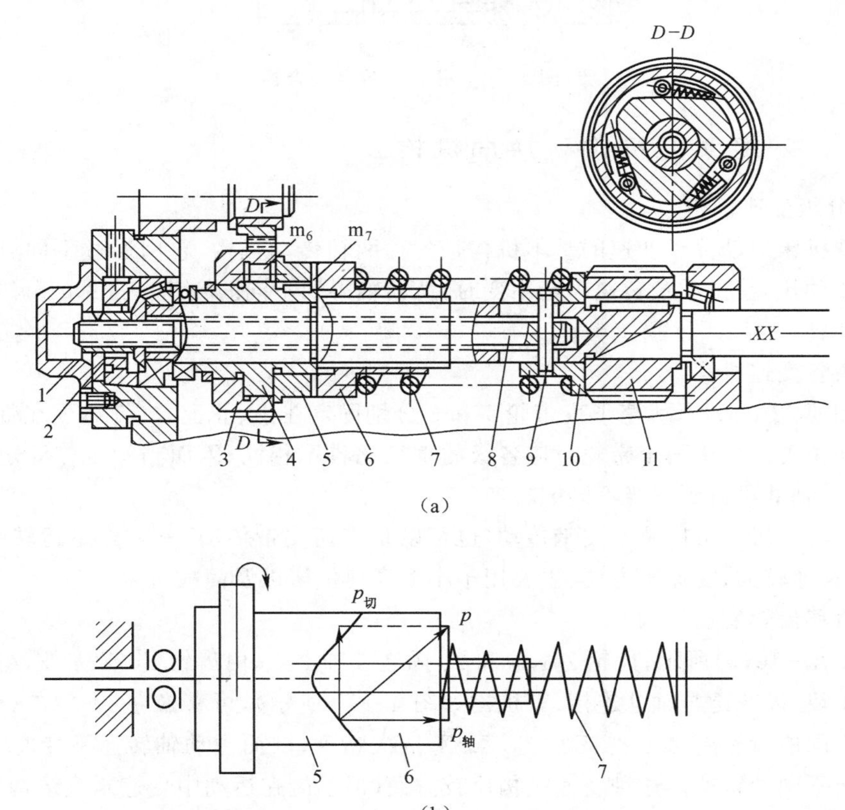

图 4－8　牙嵌式安全离合器

1—锁紧螺母；2—调整螺母；3—齿轮套；4—星形体；5—左半离合器；6—右半离合器；7—弹簧；8—拉杆；9—圆销；10—弹簧座；11—蜗杆。

齿面间的轴向分力减小，右半离合器被弹簧重新压紧在左半离合器齿面上，二者一起转动，运动联系恢复。允许过载的轴向力的大小可以调整。调整时转动 XX 轴左端的调整螺母 2，拉动拉杆 8、圆销 9 及弹簧座 10，通过改变弹簧压缩量来控制传递扭矩的大小。

牙嵌式安全离合器结构简单，过载时齿面打滑发出响声，可作为过载报警信号，但噪声较大，且齿面易磨损。

如图 4－9 为钢球式安全离合器。由图可知，两半个离合器的齿面用弹簧将钢球顶在锥孔里相连接。这种离合器动作反应灵敏，作为安全离合器比牙嵌式可靠，过载时噪声也小。但端面锥孔孔口磨损快，不宜用于传递重载荷。

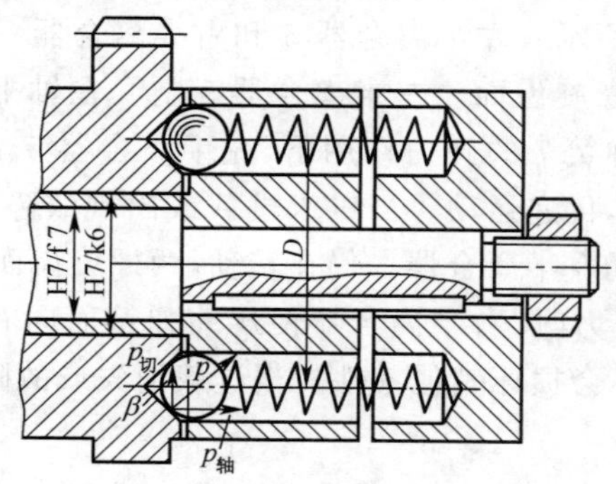

图 4－9　钢球式安全离合器

4.4.2　分级变速机构和换向机构

1. 分级变速机构

实现机床运动分级变速的基本机构是各种两轴传动机构，它们通过不同方法变换两轴间的传动比，使主动轴转速固定不变时，从动轴得到不同的转速。常见的分级变速机构有以下几种。

1）塔轮变速机构

如图 4－10(a)所示，塔形皮带轮 1 和 3 分别固定在Ⅰ、Ⅱ上，皮带 2 可在带轮上移换三个不同位置。由于两个带轮对应各级的直径比各不相同，因而当轴Ⅰ以固定不变的转速旋转时，轴Ⅱ可得到三级不同的转速。

塔轮变换机构可以是平皮带传动，也可以是三角皮带传动，其特点是运转平稳，结构简单；但尺寸较大，变速不方便，主要用于小型高速机床以及简式机床。

2）滑移齿轮变速机构

如图 4－10(b)所示，齿轮 Z_1，Z_2 和 Z_3 固定在轴Ⅰ上，由齿轮 Z_1'、Z_2'和 Z_3'组成的三联滑移齿轮块，以花键与轴Ⅱ连接(其机构如图 4－11 所示)，可移换左、中、右三个位置，使转动比不同的齿轮副 Z_1/Z_1'、Z_2/Z_2'、Z_3/Z_3'依次啮合，因而主动轴转速不变时，从动轴可得到三级不同的转速。这种变速机构比较方便(但不能在运动中变速)，且结构紧凑，传动效率高，在机床上的应用最广。

3）离合器变速机构

图 4－10(c)、(d)为离合器变速机构，固定在轴Ⅰ上的齿轮 Z_1、Z_2 分别与空套在轴Ⅱ上的齿轮 Z_1'、Z_2'经常保持啮合。由于两对齿轮的传动比不同，当轴Ⅰ的转速一定时，齿轮

Z_1'和Z_2'将以不同的转速旋转。因而利用双向牙嵌式离合器M_1（图4-10(c)）或摩擦离合器M_2、M_3（图4-10(d)），使齿轮Z_1'和Z_2'与轴Ⅱ连接，轴Ⅱ就可获得两级不同的转速。

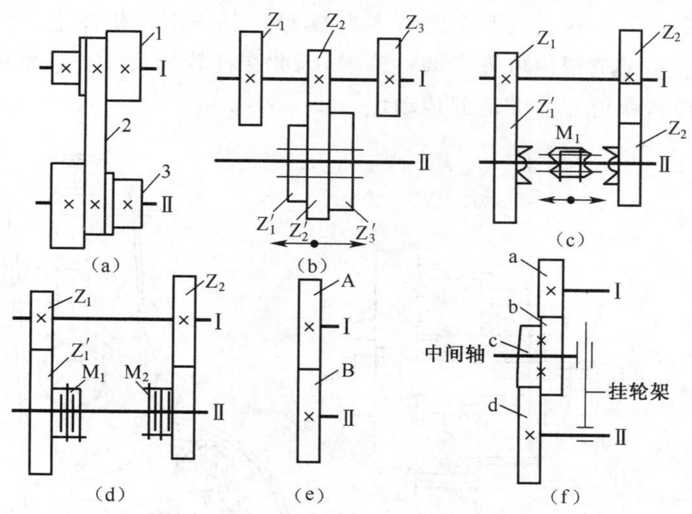

图4-10　常用分级变速机构

离合器变速机构变速方便，变速时齿轮不需移动，可采用斜齿轮传动，使传动平稳，齿轮尺寸大时操作比较省力，采用摩擦离合器时可在运转中变速，易于实现机床自动化。其缺点是各对齿轮经常处于啮合状态，磨损较大，传动效率低；此外，摩擦离合器的结构复杂，尺寸较大。它主要用于重型机床以及采用斜齿轮传动的变速箱（啮合式离合器）以及自动、半自动机床（摩擦离合器）。图4-11为滑移齿轮变速机构。

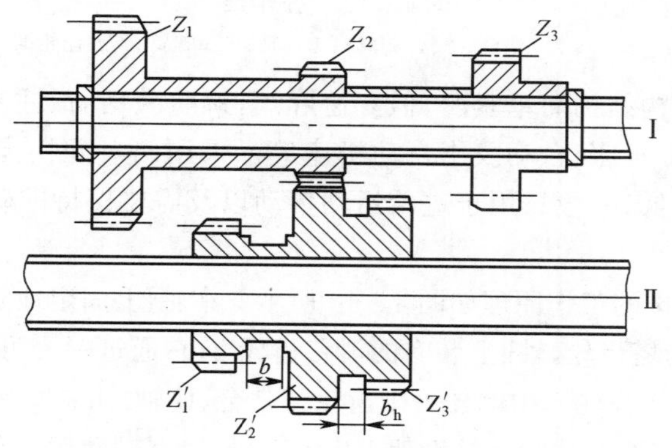

图4-11　滑移齿轮变速机构

4）配换齿轮变换机构

如图4-10(e)所示，在轴Ⅰ、Ⅱ上分别装有一个可拆卸更换的配换齿轮A和B，选择并装上传动比不同的齿轮副，从动轴就可得到不同的转速。由于轴Ⅰ、Ⅱ的中心距是固定不变的，因此在模数相同的条件下，装上的每对齿轮的齿数和必须为一常数。

图4-10(f)为采用两对配换齿轮的变速机构。齿轮a和d分别装在固定在轴Ⅰ、Ⅱ上，齿轮b和c装在可以调整位置的中间轴5上（图4-12），它们用键与套筒3连接在一起，可绕支承在中间轴5上的套筒4空转。中间轴5装在挂轮架7的直槽中，可沿槽移动

以调整齿轮 c 和 d 的中心距,使它们正确啮合,然后由螺母 1 经垫圈 2 和套筒 4,将其并紧在挂轮架 7 上。挂轮架可绕轴Ⅱ的轴线摆动一定角度,以调整齿轮 a 的中心距,使它们正确啮合,然后由穿在弧形槽内的两个螺钉 6,用螺母将其固定在机体上。由于中间轴 5 相对两定轴Ⅰ、Ⅱ在一定范围内可任意调整位置,因此在挂轮架尺寸允许范围内可以装上各种齿数的配换齿轮,获得非常准确的传动比。

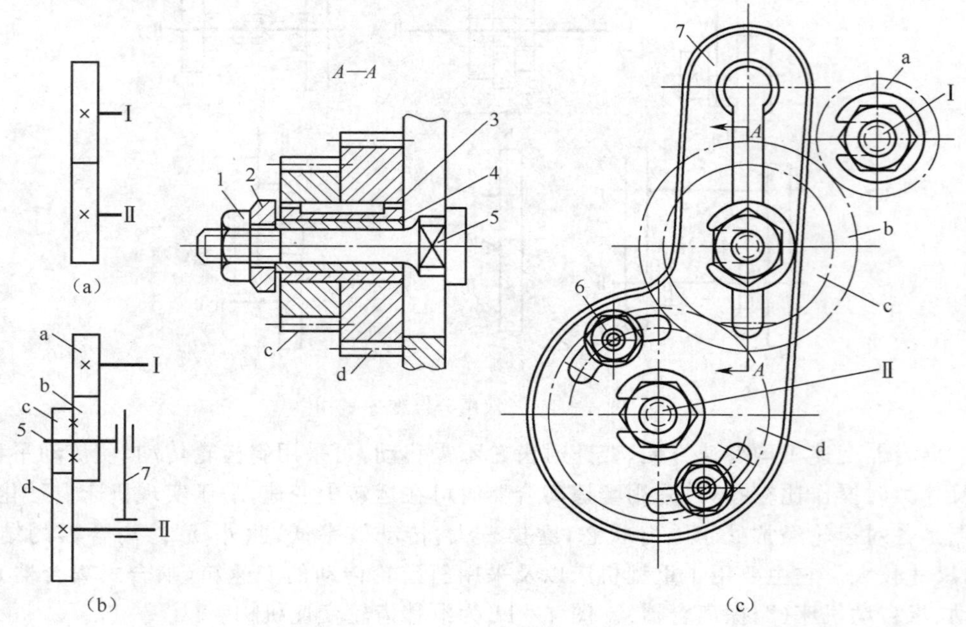

图 4-12　挂轮架

1—螺母；2—垫圈；3、4—套筒；5—轴；6—螺钉；7—挂轮架。

配换齿轮变速机构结构简单紧凑,但变速麻烦,调整费时,故主要用于不需经常变速的机床上,如齿轮加工机床、自动及半自动机床等。采用两对配换齿轮时,由于装在挂轮架上的中间轴刚度较低,一般只用于进给运动传动以及需要保持准确运动关系的传动中。

5)摆移齿轮机构

摆移齿轮变速机构的工作原理如图 4-13 所示。在轴Ⅰ上固定地安装着 6 个～9 个齿数不同的齿轮,通常称为塔齿轮,轴Ⅱ上装有的滑移齿轮 2,它通过一个可以轴向移动又能摆动的中间齿轮 4,能够和塔齿轮 5 中的任一个齿轮相啮合,使轴Ⅰ、Ⅱ之间变换 6 种～9 种不同的传动比。中间齿轮 4 空套在固定于摆动架 1 中的轴销 3 上,摆动架空套在轴Ⅱ上,由定位销 6 将其固定在一定位置上(图 4-13(b)),以保持中间齿轮和塔齿轮正确啮合。变速时需首先从定位孔中拔出定位销 6,转动摆动架 1 使中间齿轮 4 与塔齿轮 5 脱开啮合,然后轴向移动摆动架,带着滑移齿轮 2 和中间齿轮 4 移动至所需位置,再反向转动摆动架,将定位销插入相应的定位孔,使中间齿轮与塔齿轮中另一个所需的齿轮啮合。

6)拉键机构

拉键机构由两组塔齿轮组成(图 4-14),其中一组与轴Ⅰ固定连接,另一组空套在轴Ⅱ上,两组齿轮成对地经常处于啮合状态。在空心轴Ⅱ内装有齿条轴 4,轴 4 的左端装有一个与其成铰链连接的拉键 2。用手柄驱动齿轮 5 转动,带动齿条轴 4 移动,使拉键 2 移

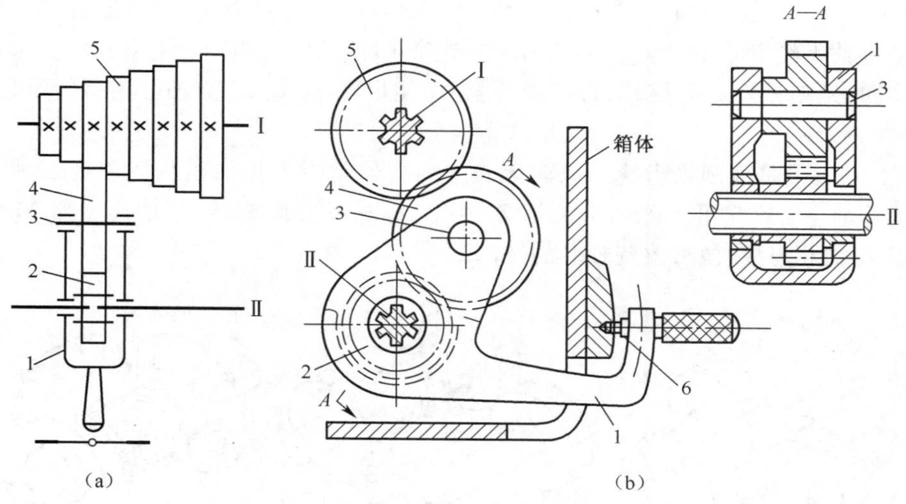

图 4-13　摆移齿轮机构

1—摆动架；2—滑移齿轮；3—销轴；4—中间齿轮；5—塔齿轮；6—定位销。

至不同轴向位置时，它可进入相应的空套齿轮的键槽内，使之与轴Ⅱ连接，从而变换轴Ⅰ、Ⅱ间的传动比，使从动轴得到不同的转速。为了防止拉键 2 同时进入相邻两个空套齿轮的键槽内，以及转速不同的相邻齿轮间的相互摩擦，在各空套齿轮之间均有垫圈 3 隔开。当拉键转换位置时，垫圈 3 将其压向空心轴Ⅱ的中心，使之离开齿轮上的键槽。待其越过垫圈后，在弹簧片 1 的作用下，又重新抬起，进入另一空套齿轮的键槽内。

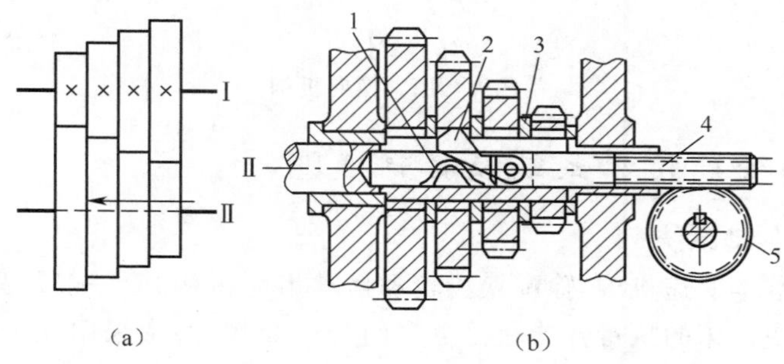

图 4-14　拉键机构

1—弹簧片；2—拉键；3—垫圈；4—轴；5—齿轮。

摆移齿轮机构和拉键机构的共同特点是：结构比较紧凑；但刚度较差，能传动的扭矩不大，因此只用于进给运动传动。

2. 换向机构

换向机构用来改变机床运动部件的运动方向，如主轴旋转方向，刀架和工作台的进给方向等。机床上广泛采用由圆柱齿轮和圆锥齿轮组成的换向机构，如图 4-15 所示。

图 4-15(a)为滑移齿轮换向机构。当滑移齿轮 Z_2 在图示位置时，运动由齿轮 Z_1 经中间齿轮 Z_0 传至齿轮 Z_2，轴Ⅱ和轴Ⅰ的转向相同；滑移齿轮 Z_2 左移至虚线位置时，齿轮 Z_2 与轴上的齿轮直接啮合，轴Ⅱ和轴Ⅰ的转向相反。

图 4-15(b)为有圆柱齿轮和摩擦离合器组成的换向机构。双向摩擦离合器 M 的左

面部分接合时，运动由轴Ⅰ经齿轮副 Z_1/Z_2 传至轴，两轴转向相反；离合器右面部分接合时，运动由轴Ⅰ经齿轮副 Z_3/Z_0 和 Z_0/Z_4 传至轴Ⅱ，两轴转向相同。空套在轴Ⅱ上的两个齿轮 Z_2 和 Z_3 朝相反方向旋转，移动离合器 M 使齿轮 Z_2 或 Z_3 与轴Ⅱ连接，便可改变轴Ⅱ的转向。

图 4－15(c)是由圆锥齿轮和双向牙嵌式离合器组成的换向机构。固定在轴Ⅰ上的齿轮 Z_1 传动空套在轴Ⅱ上的两个齿轮 Z_2 和 Z_3 朝相反方向旋转，移动离合器 M 使齿轮 Z_2 或 Z_3 与轴Ⅱ连接，便可改变轴Ⅱ的转向。

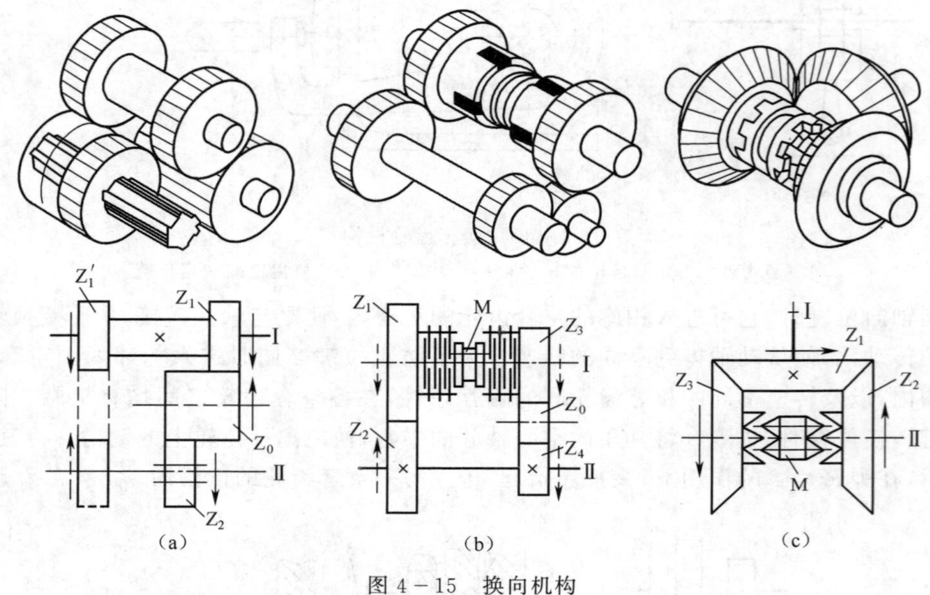

图 4－15　换向机构

4.4.3　分级变速传动系统及其转速图

1. 分级变速传动系统

前面介绍的基本变速机构，除配换齿轮和摆移齿轮机构外，一般都只能变换 2 种～4 种传动比。为了使机床的执行件能获得更多的变速级数，通常采用几个基本变速机构顺序串联排列，组合成为一个变速传动系统。变速传动系统中的每一个基本变速机构，通常成之为一个变速组。

图 4－16 所示为由两个滑移齿轮变速组组成的变速传动系统。当轴Ⅰ以固定不变的转速旋转时，通过轴Ⅱ、Ⅲ间的三联滑移齿轮变速组，可使轴Ⅱ获得三级不同的传递。轴Ⅱ的每一级转速，通过轴Ⅱ、Ⅲ间的双联滑移齿轮变速组，又可使轴Ⅲ变换两极转速。因此，通过两个变速组的滑移齿轮变换位置，轴Ⅲ总共可以得到 3×2＝6 级不同的转速。轴Ⅲ获得各级转速时的传动路线，可从图中下半部的折线清楚地看出，n_1 的传动路线为

$$\text{Ⅰ}-\frac{Z_3}{Z_3}-\text{Ⅱ}-\frac{Z_5}{Z_5}-\text{Ⅲ}$$

n_2 的传动路线为

$$\text{I}-\frac{Z_1}{Z_1}-\text{II}-\frac{Z_5}{Z_5}-\text{III}$$

图 4－17 为具有公用齿轮滑移齿轮变速传动系统，轴Ⅰ转速不变时，通过轴Ⅰ、Ⅱ和轴Ⅱ、Ⅲ的两个滑移齿轮变速组，轴Ⅲ同样可获得 6 级不同的转速。图中轴Ⅱ上画有阴影线的齿轮，在前一个变速组中是从动轮，在后一个变速组中是主动轮，因此称它们为公用齿轮。图 4－18 是由两个离合器变速组组成的变速传动系统。轴Ⅰ转速一定时，通过依次接合离合器 M_1 和 M_2，轴Ⅱ可获得两级不同的转速，再通过轴Ⅲ上离合器 M_3、M_4 的依次接合，轴Ⅲ总共可获得2×2＝4级转速。如图 4－18 所示，下半部的折线表示出了轴Ⅲ获得各级转速时的传动路线。

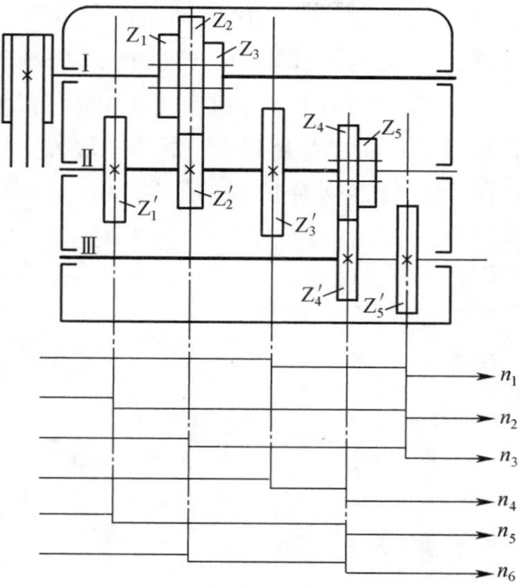

图 4－16　滑移齿轮变速传动系统

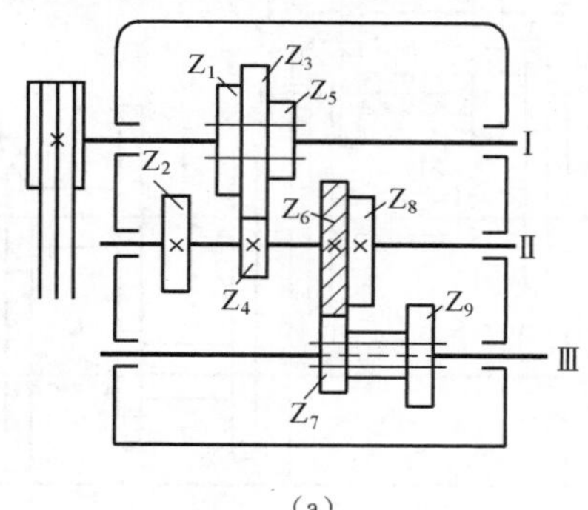

(a)

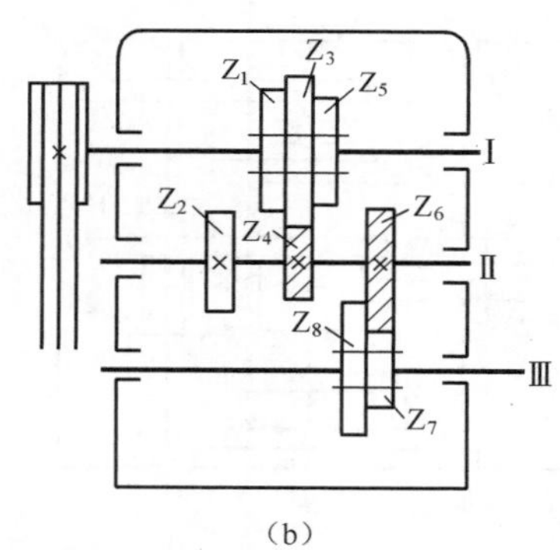

(b)

图 4－17　具有公用滑移齿轮变速传动系统

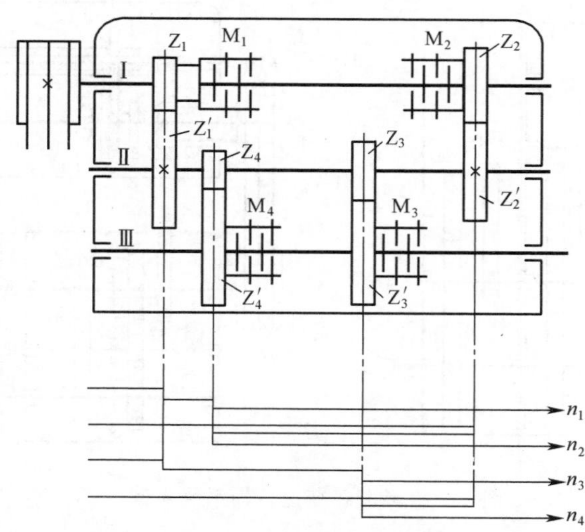

图 4－18　离合器变速传动系统

图 4－19 为分级变速传动系统的几个实例。如图 4－19(a)所示，利用轴Ⅱ、Ⅲ间的四联滑移齿轮变速组和轴Ⅱ、Ⅳ间的三联滑移齿轮变速组，使轴Ⅳ获得 12 级转速。如图 3－19(b)所示，利用四个双向牙嵌式离合器 M_1、M_2、M_3 和 M_4 变速，轴Ⅳ可获得 16 级转速。轴Ⅲ、Ⅳ间由离合器 M_3 和 M_4 以及几个空套齿轮组成的变速机构称为回曲机构，它通过两个离合器啮合位置的不同组合得到的四种传动比如下：

$$\mu_{(\text{Ⅲ}-\text{Ⅳ})1}=\frac{94}{44} \qquad (\underset{M3}{\longrightarrow},\underset{M4}{\longleftarrow})$$

$$\mu_{(\text{Ⅲ}-\text{Ⅳ})2}=\frac{58}{80} \qquad (\underset{M3}{\longleftarrow},\underset{M4}{\longleftarrow})$$

$$\mu_{(\text{Ⅲ}-\text{Ⅳ})3}=\frac{27}{106} \qquad (\underset{M3}{\longrightarrow},\underset{M4}{\longrightarrow})$$

$$\mu_{(\text{Ⅲ}-\text{Ⅳ})4}=\frac{58}{80}\times\frac{44}{94}\times\frac{27}{106} \qquad (\underset{M3}{\longleftarrow},\underset{M4}{\longrightarrow})$$

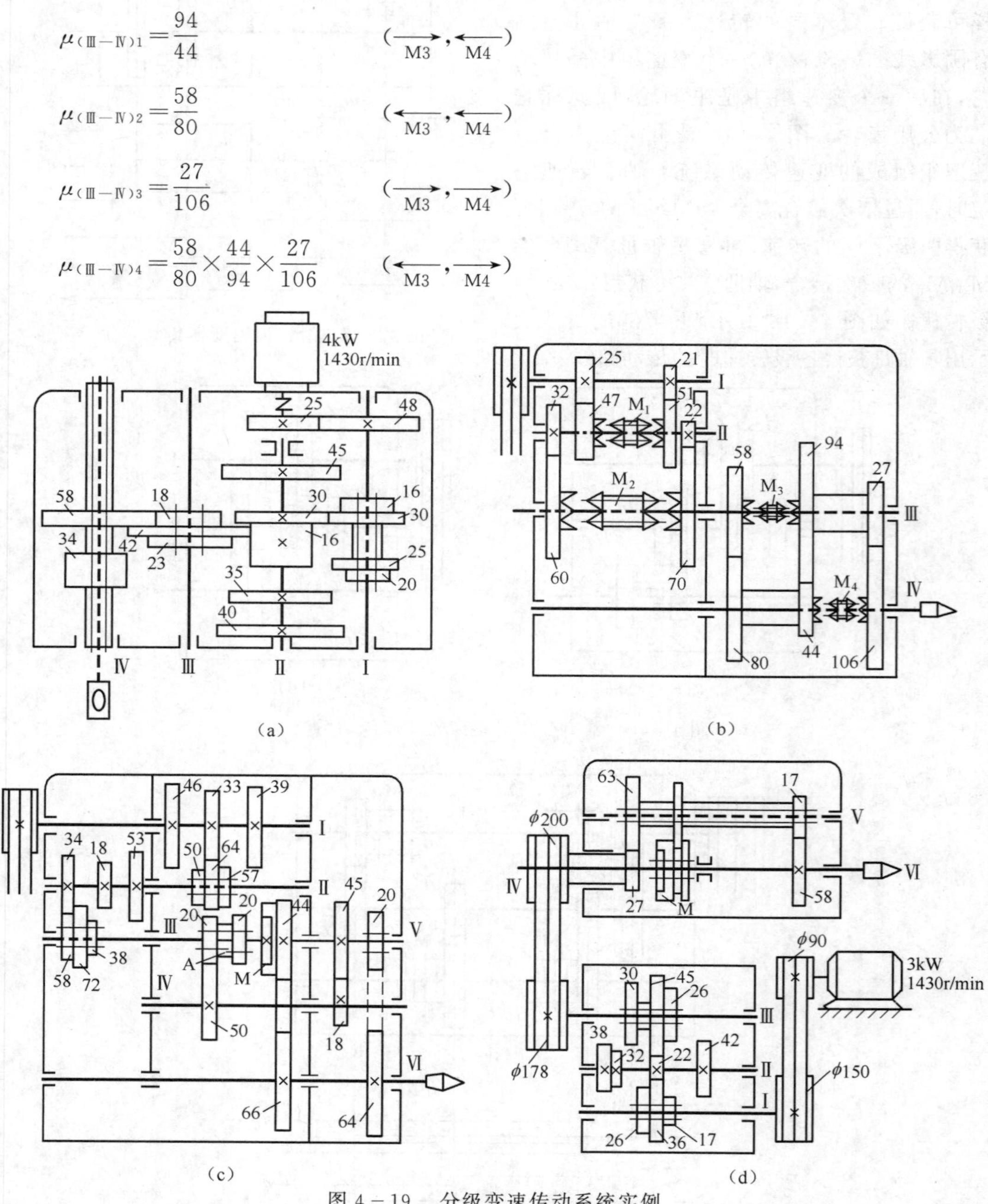

图 4－19　分级变速传动系统实例

如图 4－19(c)所示，利用滑移齿轮和齿轮式离合器变速。运动由轴Ⅰ经两个三联滑移齿轮变速组传至轴Ⅲ后，分两条传动路线传给主轴Ⅵ：滑移齿轮块A在图示位置时，运动经齿轮副$\frac{50}{20}$—Ⅳ—$\frac{18}{45}$—Ⅴ—$\frac{20}{64}$传至主轴Ⅵ；滑移齿轮A向右移动，其上的齿轮Z_{20}与离合器M接合时，运动经齿轮副$\frac{44}{64}$传至主轴Ⅵ。因此，主轴共可获得3×3×2=18级变速。图4-19(d)表示变速机构分别装在两个箱体中的变速传动机构。电动机的单一转速由滑移齿轮变速箱变换为9级转速后，通过皮带传至套筒轴Ⅳ。当齿轮式离合器M和滑移齿轮Z_{63}-Z_{17}处于图示位置时，运动由套筒轴Ⅳ经齿轮副$\frac{27}{63}$—Ⅴ—$\frac{17}{58}$传至主轴Ⅵ；当离合器M和滑移齿轮Z_{63}-Z_{17}一起向左移动，齿轮式离合器接合时，套筒轴Ⅳ离合器直接传动主轴Ⅵ旋转。上述轴Ⅳ与轴Ⅵ间的变速机构，一般称为背轮机构。通过滑移齿轮变速机构和背轮机构，主轴Ⅵ可获得3×3×2=18级变速。

2. 转速图

转速图是一种用来表示变速系统运动规律的线图，它可以非常直观地表示变速传动过程中各传动轴和传动副的转速情况、运动输出轴获得各级转速的传动路线等，所以是认识和分析机床变速传动系统非常有用的工具。

图4-20是一台机床的主变速传动系统及其转速图。通过三个滑移齿轮变速组，主轴获得的12级转速为31.5r/min、45r/min、63r/min、90r/min、125r/min、180r/min、250r/min、355r/min、500r/min、710r/min、1000r/min、1400r/min。

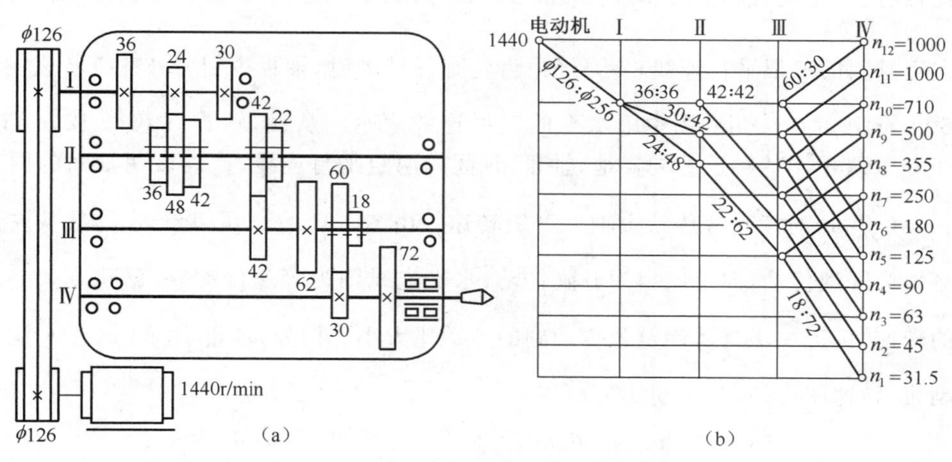

图4-20 机床主变速传动系统和转速图

现将转速图所表示的意义说明如下：

(1)距离相等、上端标注“电动机”、“Ⅰ”、“Ⅱ”、“Ⅲ”、“Ⅳ”的5根纵向平行线，依次代表变速传动系统图中从电动机轴到主轴Ⅳ的各根轴。

(2)距离相等的12根横向平行线，表示由低至高依次排列的各级转速，每根线所代表的转速数值在其右端标出。图中代表转速值的纵向坐标采用对数坐标。由于主轴转速数列是按等比数列规律排列的，即

$$\frac{n_j}{n_{j-1}}=\varphi=常数$$

式中　n_j——主轴任意一级转速；

n_{j-1}——比 n_j 低一级的转速；

φ——转速数列的公比。

将上式取对数，得

$$\lg n_j - \lg n_{j-1} = \lg\varphi = \text{常数}$$

这说明，主轴任意两相邻转速在对数坐标上的间隔都是相等的。因此，代表主轴各级转速的横线间的距离相等。

(3)代表各传动轴的纵向线上的小圆点，表示各轴工作过程中能够获得的转速。例如，轴Ⅱ上有三个小圆点，表示该轴能够获得 355r/min、500r/min、700r/min 三级不同的转速；轴Ⅰ上有一个圆点，表示它只有一级转速，即 710r/min。

(4)连接两轴上转速点的连线，表示该两轴间的传动副，连线的倾斜程度代表传动副的传动比。图中电动机轴与轴Ⅰ间的一根连线，表示该两轴间的皮带传动$\frac{\phi 126}{\phi 256}$，通过它使轴Ⅰ得到一级转速 710r/min。轴Ⅰ、Ⅱ间有三根不同斜度的连线，分别表示该两轴间的三对齿轮副：$\frac{24}{48}$、$\frac{30}{42}$和$\frac{36}{36}$，通过它们使轴Ⅱ获得三级转速：355r/min、500r/min、710r/min。轴Ⅱ、Ⅲ间斜度不同的两组平行线，代表该两轴间的两对齿轮副$\frac{22}{62}$和$\frac{42}{42}$。轴Ⅱ的三级转速，经由齿轮副$\frac{22}{62}$传动时，轴Ⅲ可得到 125r/min、180r/min、250r/min 三级转速，图中用向下倾斜的三根平行连线表示；经由齿轮副$\frac{42}{42}$传动时，轴Ⅲ得到另外三级转速：355r/min、500r/min、710r/min，图中用水平的三根连线表示。从而，轴Ⅲ共获得 125r/min～710r/min 6 级不同的转速。同样地，轴Ⅲ、Ⅳ间的两组平行连线，代表该两轴间的两对齿轮副：$\frac{18}{72}$和$\frac{60}{30}$，每对齿轮各传给主轴Ⅳ 6 级转速。由图 4－20(b)可以看到，连线从左到右向下倾斜为降速传动，向上倾斜为升降传动，水平连线则为等速传动，根据起点和终点所代表的转速，可进一步具体确定各传动副的传动比大小。例如，轴Ⅲ、Ⅳ间 $v_6=\frac{18}{72}$这一对齿轮副，从转速图可知，其传动比为

$$v_6 = n_1/n_3 = n_2/n_6 = n_3/n_7 = n_4/n_8 = n_5/n_9 = n_6/n_{10} = 1/\varphi^4$$

轴Ⅲ、Ⅳ间另一对齿轮副 $v_7=60/30$，其传动比为

$$v_7 = n_7/n_5 = n_8/n_6 = n_9/n_7 = n_{10}/n_8 = n_{11}/n_9 = n_{12}/n_{10} = \varphi^2$$

由此可知，连线向下倾斜 x 格，表示该传动副传动比等于 $1/\varphi^x$；连线向上倾斜 x 格，则传动比等于 φ^x；连线为水平时，传动比为 1。

转速图除了表示变速传动系统上述的几方面内容外，通过它还可以清楚地了解到运动输出轴获得各级转速的传动路线以及各中间传动轴的转速。例如，在图 3－20(b)中，若主轴Ⅳ的转速为 355r/min，则其传动路线为：电动机—$\phi 125/\phi 256$—Ⅰ—30/42—Ⅱ—22/62—Ⅲ—60/30—Ⅳ。这时轴Ⅰ的转速为 710r/min，轴Ⅱ转速为 500r/min，轴Ⅲ的转速为 180r/min。

图 4-21 为两个变速传动系统的转速图实例。图 4-21(a)对应的变速传动系统如图 4-19(a)所示，图 4-21(b)对应的变速传动系统如图 4-19(d)所示，读者可自行对照分析。

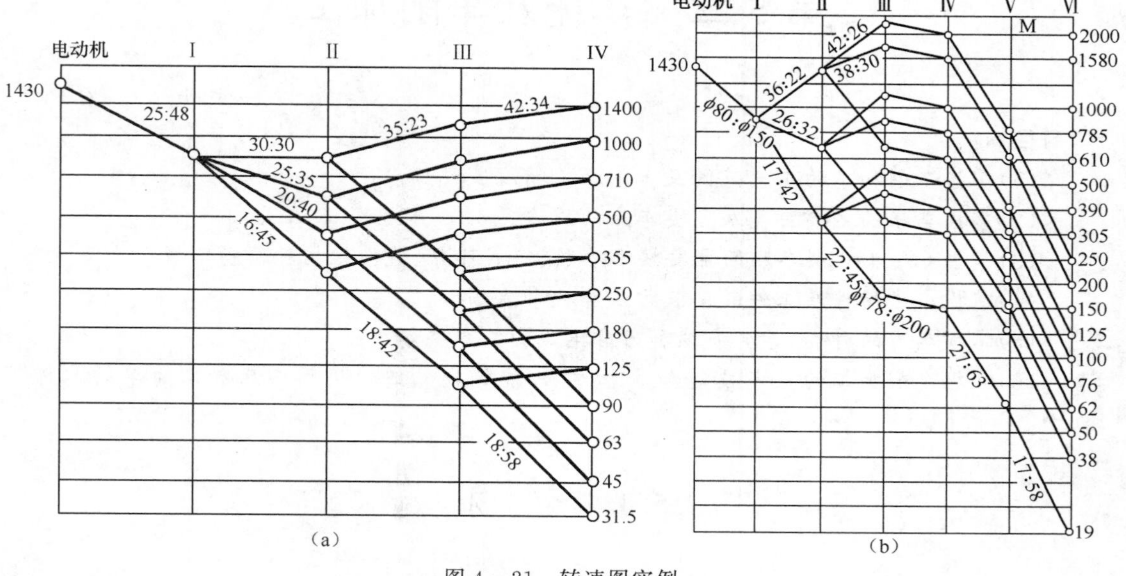

图 4-21 转速图实例

思考题

1. 解释下列机床型号：CM6132、Z3140×16、MGK1320A、X62W 及 B2021A。
2. 什么是表面成形运动？什么是辅助运动？各有何特点？
3. 离合器的作用是什么？
4. 试述多片式摩擦离合器的工作原理和安全离合器的工作原理。
5. 机床分级变速的机构有哪些？
6. 试述机床分级变速传动系统的实现方法。

第5章　车床及车削加工

学习目标：

(1)掌握车削加工的工艺范围及车削加工精度。

(2)掌握车床的主要种类及各类车床的用途。

(3)掌握CA6140型车床的主要技术参数、组成部分、典型结构和传动路线。

(4)掌握车床附件及工件的安装方法和技术要领。

(5)掌握车刀的种类，学会安装和刃磨车刀的技术要领。

(6)掌握车削加工的基本技能和基本方法，能够较熟练地运用车床加工简单的零件表面。

5.1　车　床

5.1.1　车床概述

1. 车床的用途和分类

车床是车削加工所必需的工艺装备，它提供车削加工所需的成形运动、辅助运动和切削动力，保证加工过程中工件、夹具与刀具的相对正确位置。

车床是机械制造业中使用最广泛的一类机床，这类机床的共同特征是：以车刀为主要切削工具，车削回转体表面(圆柱表面、圆锥表面和成形表面等)、端面以及内、外螺纹等，也可以用钻头、铰刀和螺纹刀具(丝锥、板牙)加工内孔和螺纹。

大多数机械零件都具有回转表面，同时车床本身的工艺范围广，使用的刀具简单，所以，一般机械工厂中车床所占的比例较大，约占机床拥有量总台数的25%～50%。

传统的机械传动式车床有很多类型，按其结构与用途的不同可分为普通车床、马鞍车床、转塔车床、仪表车床、立式车床、半自动和自动车床、专门化车床和其他车床等。近几年来，数控车床和数控车削中心的应用得到迅速普及，已经逐步在车削加工设备中处于主导地位。

2. 各类车床的主要特点

1)普通车床

普通车床是车床中应用最广泛的一种，约占车床类机床总台数的60%。主要用来车削各种零件的外圆、内孔、端面和螺纹。

普通车床加工范围广，能进行各种车削和钻镗工作，其中用车刀车削各种内外螺纹，是普通车床的一个极其重要的性能。它广泛应用于机械加工车间、工具车间和机修车间。

2)马鞍车床

马鞍车床是普通车床基型品种的一种变型(图5-1)，它和普通车床的主要区别在于马鞍车床的床身，在靠近主轴一端装有一段可卸式导轨，形似马鞍。装上"马鞍"和普通车床一样使用，卸去"马鞍"可加工较大直径的盘类零件，加大了加工工件的直径范围。但由于"马鞍"经常装卸，其工作精度、刚度都有所下降。所以，马鞍车床主要适用于中小型工厂的机械加工和机修车间。

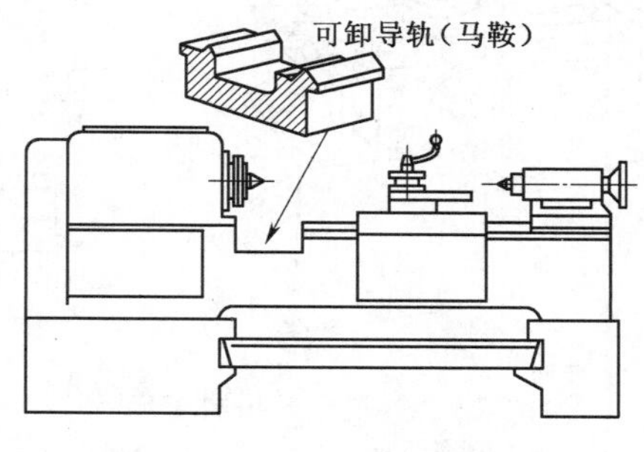

图 5－1　马鞍车床

3)立式车床

当工件径向尺寸较大而长度较短时，可采用立式车床加工。立式车床结构的主要特点是主轴垂直布置，并有一个直径很大的圆工作台供安装工件用(图 5－2)。工作台面处于水平位置，故笨重工件的装夹、校正都比较方便，机床的精度保持性也好。而且，工件的重量和切削力，可由工作台和底座间的回转导轨承受，使工作时的运动平稳性好。

立式车床按结构形式可分为单柱式，如图 5－2(a)所示，和双柱式，如图 5－2(b)所示。

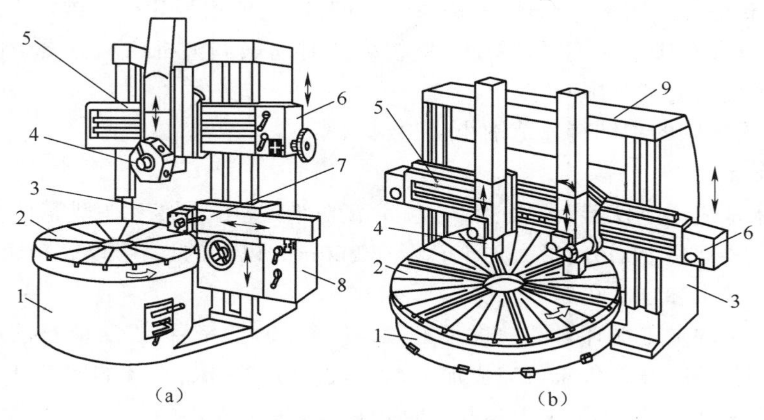

图 5－2　立式车床

(a)单柱式；(b)双柱式。

1—底座；2—工作台；3—立柱；4—垂直刀架；5—横梁；

6—垂直刀架进给箱；7—侧刀架；8—侧刀架进给箱；9—顶梁。

4)转塔式车床

卧式车床具有加工范围广、灵活性大等优点；但其方刀架最多只能装 4 把刀具，尾座只能安装 1 把孔加工刀具，且无机动进给。在用卧式车床加工一些形状较为复杂，特别是带有内孔和内螺纹的工件时，需要频繁换刀、对刀、移动尾座以及试切、测最尺寸等，从而使辅助时间较长，生产率降低，劳动强度增大。在批量生产中，卧式车床的这种不足表现尤为突出。为了缩短辅助时间，提高生产效率，在卧式车床的基础上，发展出了转塔式车床(图 5-3)。

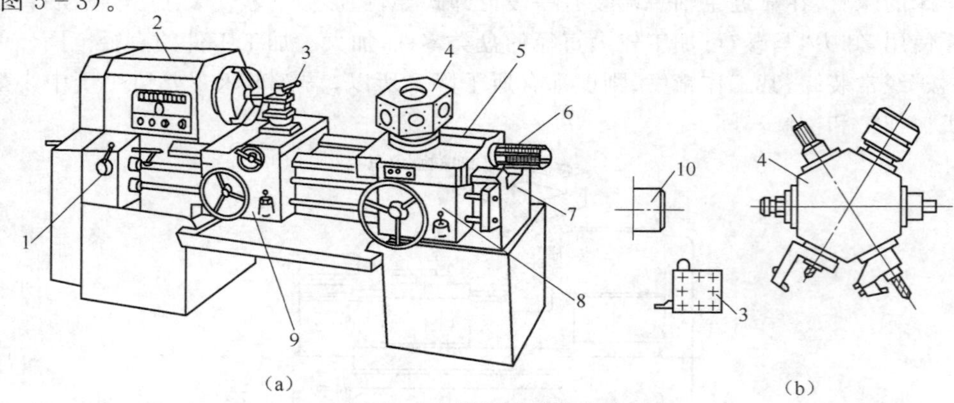

图 5-3　滑鞍转塔式车床

1—进给箱；2—主轴箱；3—前刀架；4—转塔刀架；5—纵向溜板；6—定程装置；7—床身；8—转塔刀架溜板箱；9—前刀架溜板箱；10—主轴。

转塔车式床与普通车床的区别如下：

(1)转塔式车床取消了尾座和丝杠，并在床身尾座部位装有一个可沿床身导轨纵向移动并可转位的多工位刀架。转塔式车床在加工前预先调好所用刀具，加工中多工位刀架周期地转位，使这些刀具依次对工件进行切削加工。因此，在成批生产，特别是加工形状复杂工件时，生产效率比卧式车床高，由于安装的刀具比较多，故适于加工形状比较复杂的小型回转类工件。

(2)由于转塔式车床没有丝杠，一般不能车螺纹，只能用板牙或丝锥加工螺纹。

(3)在转塔式车床上加工时，需要花费较多的时间来调整机床和刀具。因此，在单件小批量生产中使用受到了限制。

(4)转塔式车床的主轴转速范围小、级数少。

5)仪表车床

仪表车床是适用于仪器、仪表、无线电等工业部门，用来加工小型零件的小型车床。一般从车床主要规格上划分，最大加工直径在 250mm 以下的，属于仪表车床。

6)半自动车床和自动车床

可以按一定的加工循环自动地进行工作，当零件加工完后，机床能自动停车，由工人卸下成品，装上毛坯，开动机床再完成加工循环，这样的机床称为半自动车床。

将机床调整好之后，无需工人参与，便能自动地进行零件的加工，并能实现连续重复的加工循环，这样的机床称为自动车床。

半自动车床和自动车床是一种高效率生产的机床，可减轻工人的劳动强度，适于成批大量生产。

本章以 CA6140 车床为典型，介绍机床的使用范围、主要技术规格、机床的运动和传动，为了解其他机床打下一定的基础。

5.1.2　CA6140 车床概述

CA6140 车床的加工范围除了涵盖其他类型车床的加工范围之外，还具有车削公制、英制、模数和径节等螺纹的功能，所以是一种加工范围广、适应性强、应用广泛的普通车床。

1. 技术规格

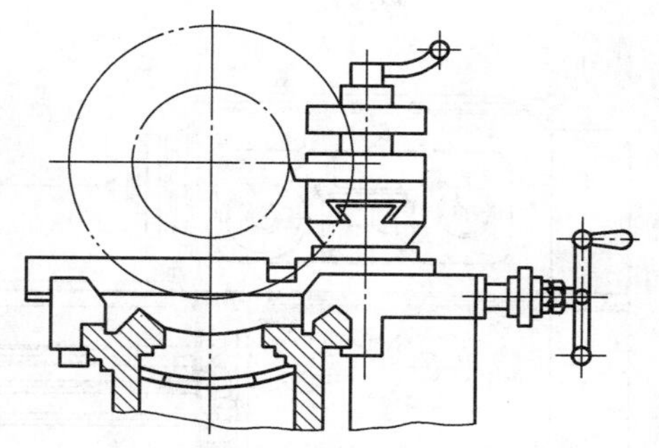

图 5-4　最大车削工件直径

CA6140 车床的主参数为最大车削工件直径 400mm。这是指在该车床上加工盘类零件的最大直径。因为，主轴中心线在床身导轨面上高度(中心高)约为 200mm(图 5-4)。

加工轴套类零件时，由于工件要在横溜板上面通过，而横溜板的上平面在床身的导轨之上，此时，最大车削工件直径便受到横溜板的限制，CA6140 车床刀架溜板上最大车削工件直径为 210mm。当加工棒料时，棒料要通过主轴孔，受到主轴孔径的限制。CA6140 车床允许的最大加工棒料直径为 47mm。

CA6140 车床技术规格的主要内容如下：

在床身上最大加工直径/mm	400
在刀架上最大加工直径/mm	210
主轴可通过的最大棒料直径/mm	48
最大加工长度/mm	650、900、1400、1900
中心高/mm	205
顶尖距/mm	750、1000、1500、2000
主轴内孔锥度	莫氏 6 号
主轴转速范围/(r/min)	10～1400(24 级)
纵向进给量/(mm/r)	0.028～6.33(64 级)
横向进给量/(mm/r)	0.014～3.16(64 级)
加工米制螺纹/mm	1～192(44 种)
加工英制螺纹/(牙/英寸)	2～24(20 种)
加模数螺纹/mm	0.25～48(39 种)
加工径节螺纹/(牙/英寸)	1～96(37 种)
主电动机功率/kW	7.5

2. 主要组成部件和功能

CA6140 车床的外形如图 5-5 所示。

CA6140 车床的主要组成部件有主轴箱 1、进给箱 2、溜板箱 4、溜板与刀架 3、尾架 5、床身 7、床脚 6、床脚 8。

主轴箱 1 固定在床身左上面，装有主轴和主传动的变速机构，是实现主运动的部件。主轴前端可安装三爪自定心、四爪单动卡盘等夹具，用以装夹工件。

进给箱 2 固定在床身左前面，它里面装有进给传动的变速机构，用以变换进给量和各种螺纹的螺距。从主轴箱至进给箱，在床身左端装有挂轮，将进给传动从主轴传到进给箱，再经床身前面的光杠或丝杠，传到固定在纵溜板下面的溜板箱 4，最后通过溜板箱内的传动机构，使刀架 3 得到纵向、横向的进给运动或者螺纹运动。所以，进给箱 2、溜板箱 4、挂轮、光杠和丝杠等，都是实现进给传动及其变速的部分。

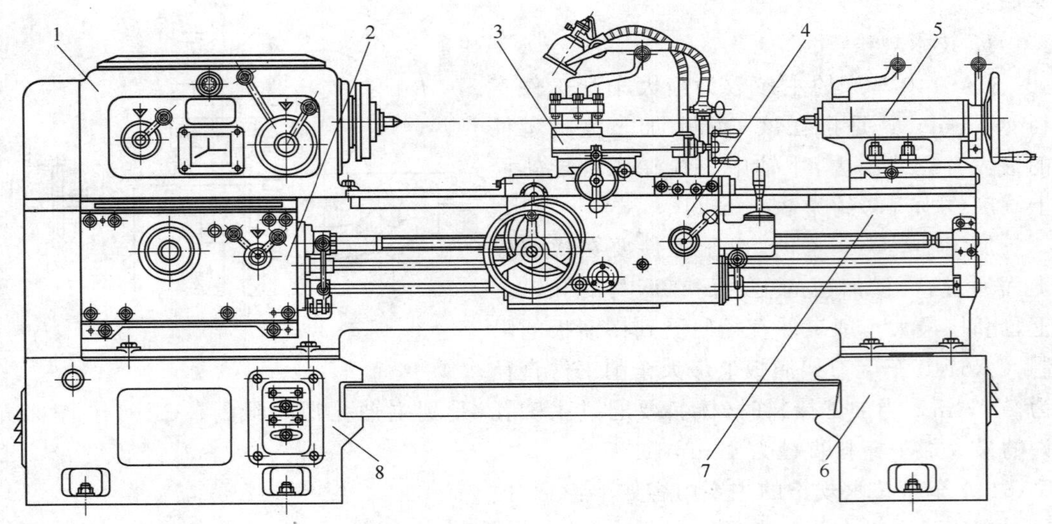

图 5－5　CA6140 车床的外形

溜板与刀架 3 由纵溜板、横溜板、上溜板和方刀架等组成。最下层的纵溜板可沿床身上的导轨作纵向移动；第二层的横溜板，可在纵溜板上面的导轨上作横向移动；第三层是横溜板与上溜板之间的转盘；第四层的上溜板，可在转盘上面的导轨上移动，当转盘相对主轴中心线摆置一定角度时，可用手操纵上溜板移动来车削短锥面；最上层是方刀架，能在四个位置夹持刀具。整个刀架之所以由这么多层组成，主要是为了能实现纵向、横向进给运动和车锥面等的需要。

尾架 5 装在床身上面，加工较长的轴类零件时，尾架内装入顶尖以支承工件的一端，也可在尾架内装入钻头、铰刀等来加工孔。

床身 7 装在两个床脚 6、8 上面，床身是整个机床的基础件，其他各主要部件都装在床身上或在床身上运动。因此，它应具备足够的刚度和精确的导轨面，才能保证机床的工作精度。

5.2　车　刀

车刀是完成车削加工所必需的工具，其特点是结构简单、应用广泛。车刀的性能取决于刀具的材料、结构和几何参数。刀具性能的优劣对车削加工的质量、生产率有决定性的影响。

车刀有许多种类，按用途不同可分为外圆车刀、端面车刀、螺纹车刀、镗孔刀和切断刀等（图 5－6）；按刀具材料可分为高速钢车刀、硬质合金车刀、陶瓷车刀、金刚石车刀等；按结构可分为整体式车刀、焊接式车刀、机夹式车刀、可转位式车刀和成形车刀等（图5－7）。

1. 硬质合金焊接式车刀

硬质合金焊接式车刀由硬质合金刀片和普通结构钢刀杆通过焊接连接而成，其优点是结构简单，制造刃磨方便，刀具材料利用充分，刀具刚度好且使用灵活，故使用较为广

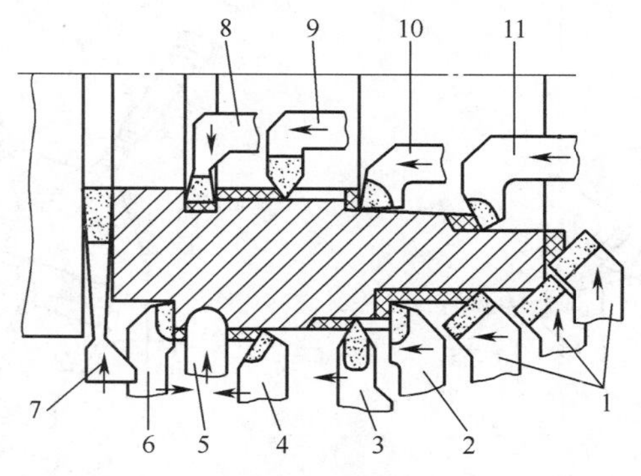

图 5－6　车刀的类型与用途

1—45°弯头车刀；2—90°外圆车刀；3－外螺纹车刀；4—75°外圆车刀；5—成形车刀；
6—90°左外圆车刀；7—车槽刀；8—内孔车槽刀；9—内螺纹车刀；10—闭孔车刀；11—通孔镗刀。

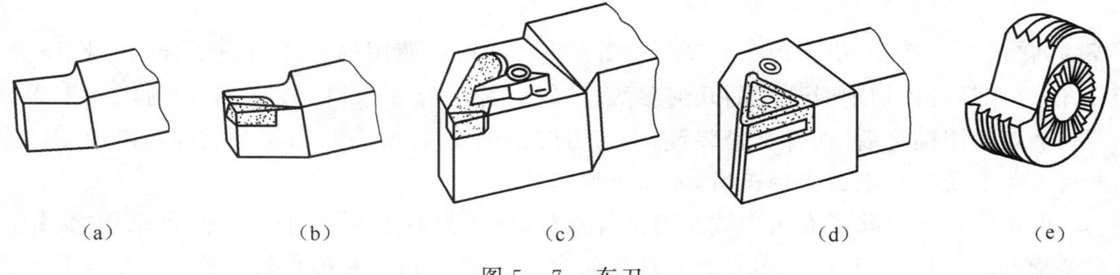

图 5－7　车刀

(a)整体式车刀；(b)焊接式车刀；(c)机夹式车刀；(d)可转位式车刀；(e)成形车刀。

泛;但其切削性能受工人的刃磨技术水平和焊接质量的影响。

2. 硬质合金机夹式车刀

硬质合金机夹式车刀分为机夹重磨式和可转位式两种。其共同之处是刀片不经焊接,而是用机械夹固的方法将刀片夹持在刀杆上。

1)机夹式重磨车刀

机夹式重磨车刀是将普通硬质合金刀片夹固在刀杆上,切削刃用钝后,只要卸下刀片刃磨、安装后即可继续使用。

此车刀的主要优点是由于刀片不经高温焊接,可避免因此而产生的硬度下降和裂纹等缺陷,提高了刀具耐用度,刀杆可多次重复使用、可集中刃磨,能保证刃磨质量,有利于生产质量和效率的提高,也降低了成本。

常用的刀片夹紧方式有上压式、侧压式和切削力夹固式等。

图 5－8 为上压式车刀,利用螺钉和压板将刀片紧固在刀杆上。调节螺钉和刀垫可调节刀片位置,刀片平装,用钝后重磨。

图 5－9 为侧压式车刀,利用刀片的斜面,由楔块和螺钉从侧面进行夹紧,刀片竖装,用钝后重磨前面。

图 5－10 为切削力夹固式车刀,该车刀在车削时,利用切削合力将刀片夹紧在 1∶30 的斜槽中。这种结构简单,使用方便;但要求刀槽与刀片配合精度高,切削时无冲击振动。

2)可转位式(刀片)车刀

可转位式车刀是采用一定的机械夹固方式把一定形状的可转位刀片夹固在刀杆上形

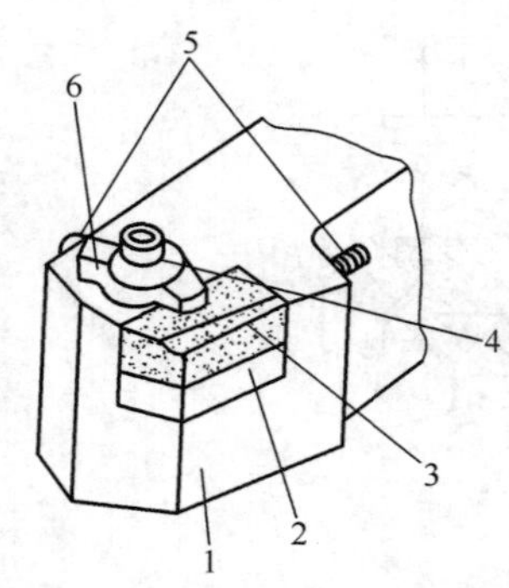

图 5-8　上压式车刀

1—刀杆；2—刀垫；3—刀片；
4—压紧螺钉；5—调节螺钉；6—压板。

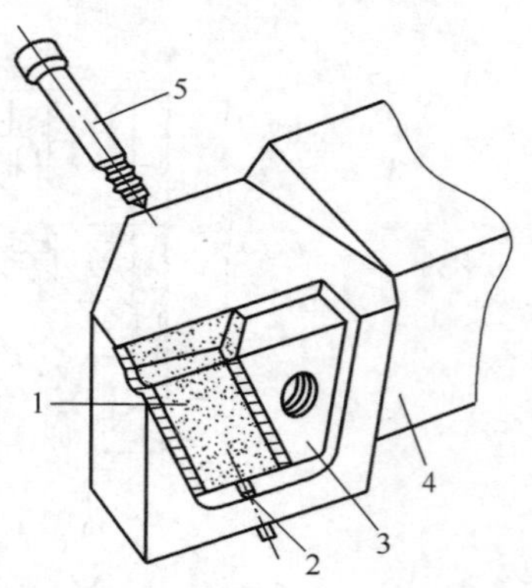

图 5-9　侧压式车刀

1—刀片；2—调节螺钉；3—楔块；
4—刀杆；5—压紧螺钉。

成的，它包括刀杆、刀垫、刀片、夹紧元件等(图 5-11)。使用的刀片由硬质合金厂模压成形，使刀片具有供切削时选用的几何参数，同时刀片上有 3 个以上供转位切削用的刀刃。当一个刀刃用钝之后，松开夹紧装置，将刀刃转位调换一个新刃口，夹紧后即可继续切削，直到刀片上所有切削刃都用钝后，才需更换刀片。

可转位式车刀除了有机夹式车刀的优点外，它还具有更换切削刃简捷、可采用涂层刀片等特点。另外，可转位式车刀的刀具几何参数由刀片和刀片槽保证，使用中不需重磨，不受工人技术水平的影响，切削性能稳定，故目前已经在生产实践中得到广泛应用。

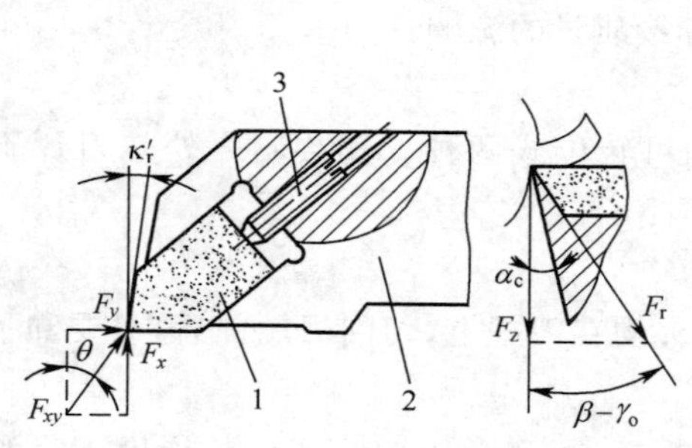

图 5-10　切削力夹固式车刀

1—刀片；2—刀杆；3—调节螺钉。

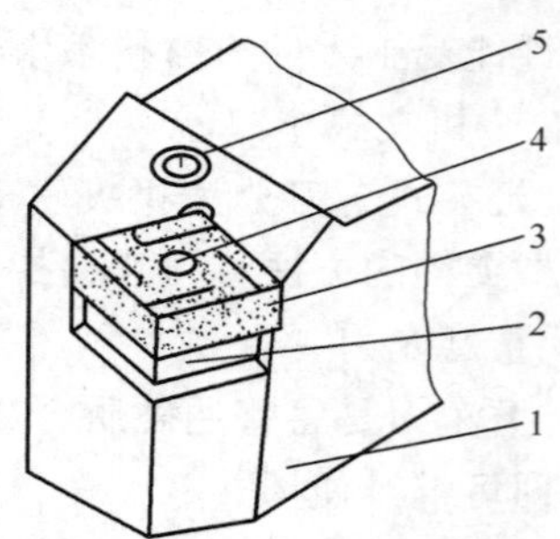

图 5-11　可转位式车刀

1—刀杆；2—刀垫；3—刀片；4、5—夹紧元件。

5.3　典型车削方法

车床的工艺范围相当广泛，在几乎不加其他装置的情况下，能完成如图 5-12 所示的各种工作：用中心钻钻中心孔；车外圆；车端面；使用麻花钻钻孔；镗孔；用铰刀铰孔；切槽和切断；车螺纹；用滚花刀滚花；车锥面；车成形面；盘绕弹簧等。

5.3.1　车外圆

车外圆是最基本、最简单的切削方法。车外圆一般经过粗车和精车两个步骤。粗车

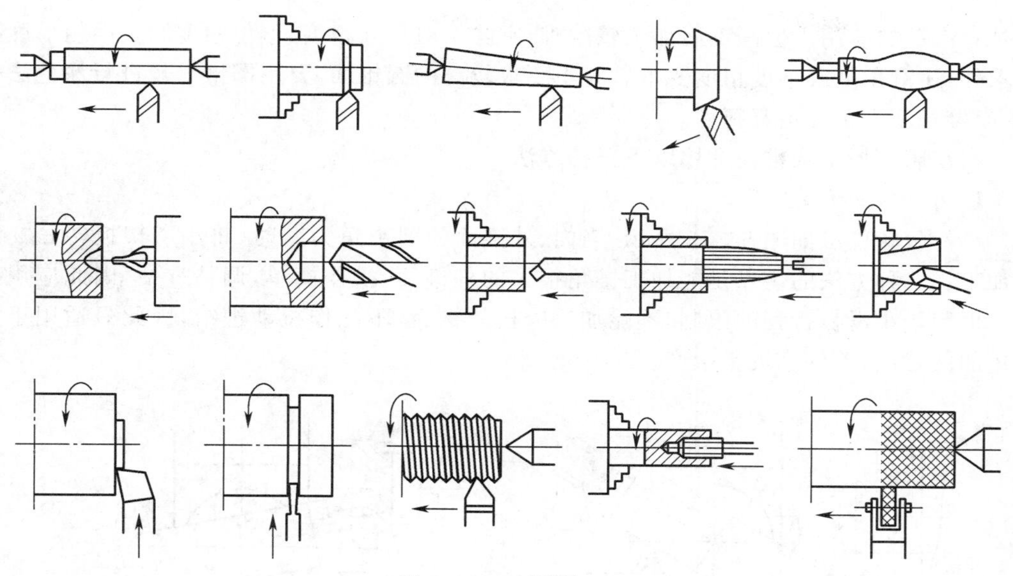

图 5-12　车削加工

的目的是使工件尽快地接近图纸上的形状和尺寸，并留有一定的精车余量。粗车精度为IT11、IT12，粗糙度为 12.5μm。精车则切去少量的金属，以获得图纸上所需的形状、尺寸和较小的表面粗糙度。精车精度为 IT6～IT8。

5.3.2　车端面

端面是轴的基本组成形状。对于轴类零件的加工，一般先车零件的端面，以保证定位基本尺寸的实现，同时可检验刀具装夹的正确与否。端面车削的要求，以端面车平为标准，不允许出现凸起和凹进的现象；否则为不合格端面。车削端面时，刀具大多采用从外向里(圆心)车削，也可采用从里向外车削。进刀方式包括横向自动进刀和手动进刀，这两种方式都经常采用。

车端面时，车刀的刀尖要对准中心；否则不仅改变前、后角的大小，而且在工件中心还会留有一个切不掉的凸台，且易损坏刀尖。

车端面的刀具可选用 90°偏刀、45°偏刀和反偏刀。

5.3.3　切断和切槽

切断是指在车床上用切断刀截取棒料或将工件从原料上切下的加工方法。切断时一般采用正车切断法，同时进给速度应均匀并保持切削的连续性。正切容易产生振动，致使切断刀折断。因此，在切断大型工件时，常采用反车切断法进行切断。反车切断法刀具对工件作用力与工件的重力的方向一致，有效地减少了振动，而且排屑容易，减少了刀具的磨损，改善了加工条件。由于刀头切入工件较深，散热条件差，因此切钢件时应加冷却液。

圆柱面上各种形状的槽，一般用与槽形相应的车刀进行加工。较宽的槽，可通过几次吃刀来完成，最后根据槽的要求进行精车。

5.3.4　车圆锥面

用圆锥面配合时，同轴度高、装卸方便。锥角较小时，可以传递较大扭矩。因此圆锥面具有广泛的应用。但圆锥面加工较困难，它除了对尺寸精度、形位精度和表面粗糙度有要求外，还有角度或锥度精度要求。对于要求较高的圆锥面，要用圆锥量规进行涂色法检验，以接触面大小评定其精度。

在车床上加工圆锥面常用以下三种方法。

1. 小滑板转位法

小滑板转位法如图 5-13 所示，当内、外锥面的圆锥角为 α 时，将小刀架扳转 $\alpha/2$ 即可加工。这种方法的优点是能加工锥角很大的外锥面，操作简单，调整方便，因此应用广泛。但因受小滑板行程的限制，不能加工较长的锥面，不能作机动进给，因此只适用于加工短的圆锥面，单件小批量生产。

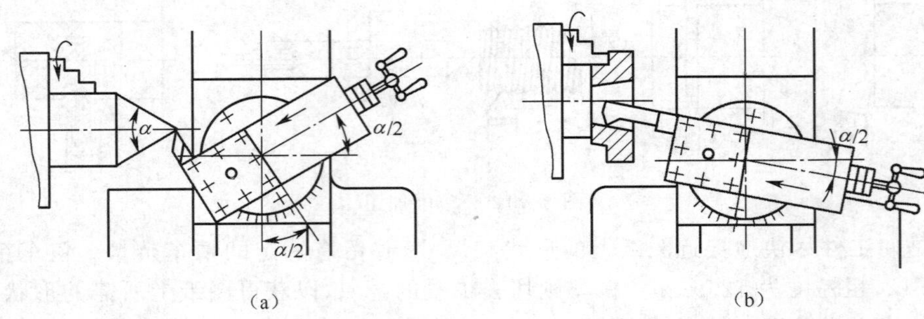

图 5-13 小滑板转位法车内、外锥面

(a)车外锥面；(b)车外锥面。

2. 尾座偏移法

尾座主要由尾座体和底座两大部分组成。底座靠压板和固定螺钉紧固在床身上，尾座体可在底座上横向调节。当松开固定螺钉，拧动两个调节螺钉时，即可使尾座体在横向移动一定距离。

尾座偏移法(图 5-14)只能加工轴类零件或者安装在心轴上的盘套类零件的锥面。将工件或心轴安装在前、后顶尖之间，把后顶尖向前或向后偏移一定距离(s)，使工件回转轴线与车床主轴轴线的夹角等于圆锥斜角($\alpha/2$)，即可自动走刀车削。尾座偏移法只能加工半锥角较小的外锥面。因为当圆锥过大时，顶尖在工件中心孔内歪斜，接触不良，磨损也不均匀，影响加工质量。所以，这种方法只适宜加工长度较长、锥度较小、精度要求不高的工件，而且不能加工内锥面。

3. 靠模法

靠模的结构如图 5-15 所示，将靠模体上的靠模板绕中心转到与工件成 $\alpha/2$ 角。用螺钉固定，当床鞍作纵向进给时，通过靠模装置使中滑板横向进给，车刀合成斜进给运动，可车削出锥体。

靠模法车锥面既方便又准确，中心孔接触良好，质量较高。它适用于成批和大量生产中，加工锥度小、较长的内、外圆锥面。

5.3.5 钻孔和镗孔

在车床上钻孔，工件一般装在卡盘上，钻头装在尾座上，此时工件的旋转为主运动。

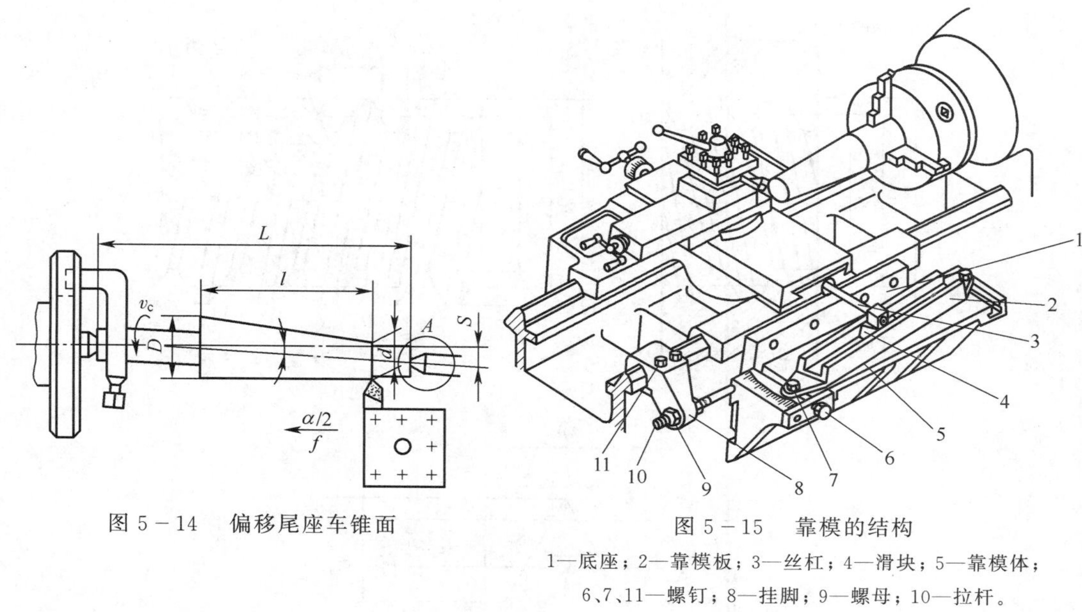

图 5－14　偏移尾座车锥面

图 5－15　靠模的结构

1—底座；2—靠模板；3—丝杠；4—滑块；5—靠模体；
6、7、11—螺钉；8—挂脚；9—螺母；10—拉杆。

为防止钻偏，应先将工件端面车平，有时还在端面中心处先车出小坑来定中心。钻孔时动作不宜过猛，以免冲击工件或折断钻头。钻深孔时，切屑不易排出，故应经常退出钻头，以清除切屑。钻钢料时应加冷却液，钻铸铁时不加冷却液。

镗孔是对钻出或铸、锻出的孔的进一步加工。镗孔与车外圆相似，分粗镗和精镗，必须注意的是切深进刀的方向与车外圆相反。用于车床的镗孔刀，其特点是刀杆细长，刀头较小，以便于深入工件孔内进行加工。由于刀杆刚度低，刀头散热体积小，加工中容易变形，切削用量要比车外圆小些，应采用较小的进给量和切削深度，进行多次走刀完成。

5.3.6　车螺纹

螺纹按牙形分为三角螺纹、梯形螺纹、锯齿螺纹和矩形螺纹等。普通螺纹各部分名称如图 5－16 所示。生产中常用的三角螺纹，其螺纹车刀切削部分的形状应与螺纹的轴向截面相符合。车削螺纹时，为了获得准确的螺纹，必须用丝杠带动刀架进给，使工件每转一周，刀具移动的距离等于螺距。

1. 三角形螺纹车刀的刃磨与安装

正确的螺纹牙形，取决于螺纹车刀的刃磨和安装。因为螺纹车刀是属于成形刀具，所以必须保证车刀的形状；否则就要影响加工质量(图 5－17)。

螺纹车刀刃磨是否正确，一般可用样板来检验，检验时样板的平面应与车刀底面平行，用透光法检查，如图 5－18 所示。

车螺纹时为了保证螺纹牙形正确，对装刀提出了较严格的要求。对于三角形螺纹、梯形螺纹及矩形螺纹，它的牙形要求垂直对称于工件轴线。如果装歪，车出的螺纹牙形将不正确，如图 5－19 和图 5－20 所示。

装刀时刀尖的高低必须对准工件中心。

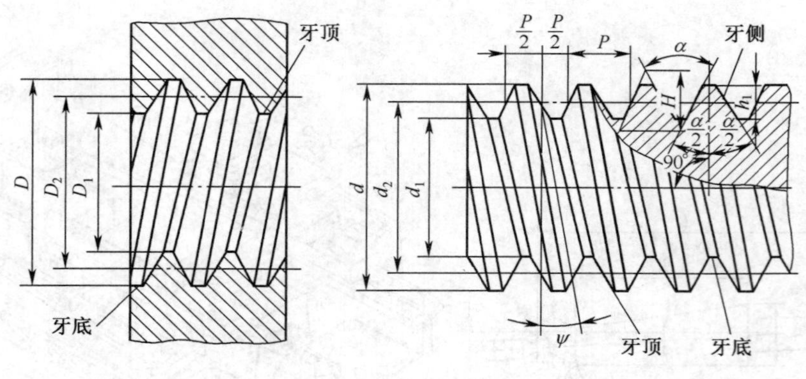

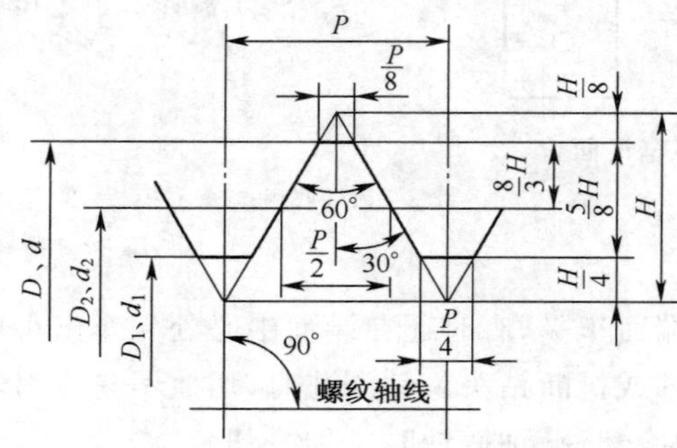

图 5－16　普通螺纹各部分名称

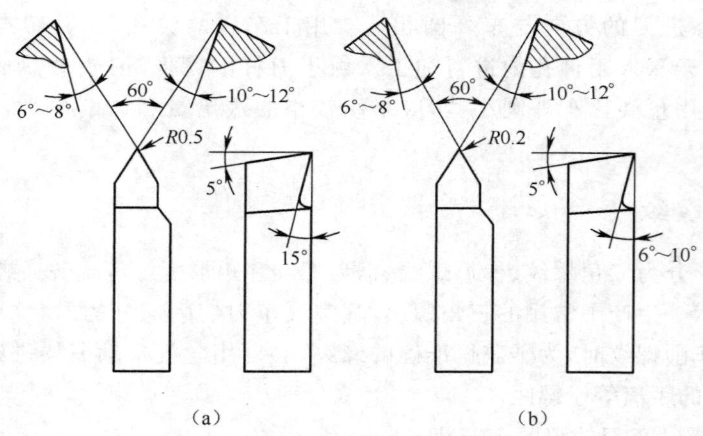

图 5－17　高速钢三角形外螺纹车刀

(a)粗车刀；(b)精车刀。

2. 三角螺纹车削方法

车削三角螺纹常用以下三种方法。

1)直进法

车螺纹时，经试切检查工件、螺距符合要求后，径向垂直于工件轴线进刀，重复多次，直至螺纹车好。一般为：螺纹深度＝0.65×螺距。这种车削方法牙形较准确，但由于车刀两刃同时切削而且排屑不畅，受力大，车刀易磨损，切削会滑伤螺纹表面。

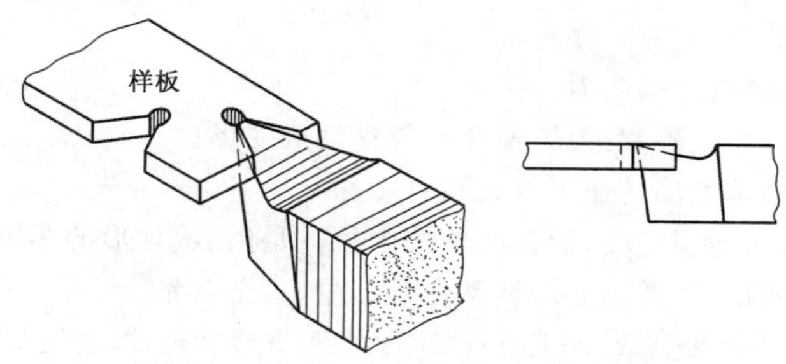

图 5－18　用样板测量螺纹车刀刃

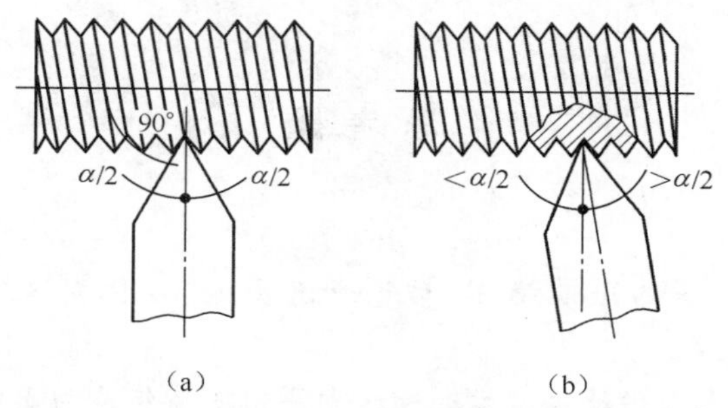

图 5－19　车螺纹时对刀要求

(a)两半角相等；(b)半角不等螺纹歪斜。

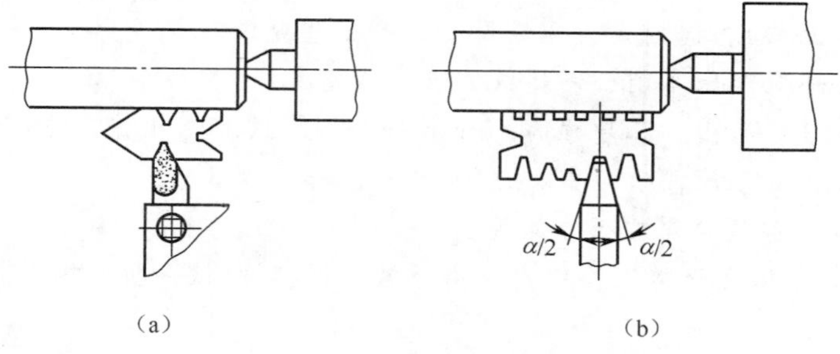

图 5－20　车外螺纹的对刀方法

(a)车三角螺纹；(b)车梯形螺纹。

2)斜进法

当工件螺距(t)大于 3mm 时，一般采用斜进法车加工螺纹。斜进法是车刀沿螺纹牙形一侧在径向进刀的同时作轴向进给，经多次走刀完成螺纹的加工，最后采用直进法吃刀，保证螺纹的牙形角的精度。

3)左右进刀法

这种方法是用横拖板刻度控制螺纹车刀的垂直进刀，用小拖板的刻度控制车刀左右的微量进刀。当螺纹接近切成时，要用螺母或螺纹量规检查螺纹尺寸和加工精度是否合格。这种方法操作方便，因此应用较广。

车内螺纹的方法与车外螺纹基本相同。先车出螺纹内径，再车内螺纹。对于直径较小的内螺纹，也可在车床上用丝锥攻出。

3. 车削单线右旋普通螺纹的操作过程及注意事项

普通螺纹的车削过程与其他螺纹的车削过程相似，现以车削普通螺纹为例，车螺纹的要领如下：

(1)车螺纹前用样板仔细装刀。

(2)工件要装牢,伸出不宜过长,避免工件松动或变形。

(3)为了便于退刀,主轴转速不易太高。

(4)为减小螺纹表面粗糙度,保证合格的中径,即将完成牙形的车削时,应停车用螺纹环规或标准螺母旋入检查,并细心地调整背吃刀量,直至合格。

(5)当 $P_{丝}/P_{工}$ 不等于整数,加工时不要随意打开开合螺母,以避免发生乱扣而报废工件。

(6)如果在切削过程中换刀或磨刀,均应重新对刀。

思考题

1. CA6140 车床主轴的正转、反转,理论变速级数与实际变速级数各有多少级?如何计算?
2. 分析 CA6140 车床进给箱基本变速组和增倍变速组传动比的特点。
3. 车削圆锥面的方法有哪几种?各适合于什么场合?
4. 简述常见的车刀结构及特点。
5. 车削三角形螺纹时,对车刀刃磨及安装有哪些要求?
6. 简述 CA6140 车床车削公制螺纹的机床调整方法。
7. 在 CA6140 车床上加工导程为 48mm 的公制螺纹有哪几种方法,分别简述之。
8. 简述 CA6140 车床溜板箱中,互锁机构的工作原理。
9. 简述片式摩擦离合器的工作原理。
10. CA6140 车床在正常工作中安全离合器自行打滑,试分析原因并指出解决办法。

第 6 章　铣床及铣削加工

学习目标：

(1)掌握铣削加工的工艺范围和工艺特点。

(2)掌握铣削加工工艺参数的选择原则和选择方法。

(3)掌握铣削加工常用铣床的类型、组成部分、功用，以及加工工艺范围。

(4)掌握铣削加工常用刀具的种类、适用范围、几何参数和规格，以及铣刀在铣床上的安装。

(5)掌握普通铣床的操作方法，能够熟练操作铣床加工简单的非回转体表面。

6.1　铣　床

铣床是用铣刀进行切削加工的机床。铣床的主运动是铣刀的旋转运动，铣床的主参数是工作台的宽度。和刨床相比，它的切削速度高，而且是多刃连续切削，所以生产率较高。目前铣床在很多机械加工环境中取代了刨床工作。

6.1.1　铣床的种类

铣床的种类很多，按铣床主轴的布局，可以分为卧式铣床和立式铣床两大类。铣床的基本类型包括卧式升降台铣床、卧式万能升降台铣床、立式铣床、龙门铣床等。

1. 卧式升降台铣床

卧式铣床的主轴与工作台平行。

在生产中应用较广泛的是卧式升降台铣床(图 6－1)，为扩大机床的应用范围，有的卧式铣床的工作台可以在水平面内旋转一定角度，称为卧式万能铣床。加工时，工件安装在工作台上，铣刀装在铣刀心轴上，在机床主轴的带动下旋转。工件随工作台作纵向进给运动；滑座沿升降台上部的导轨移动，实现横向进给运动。升降台可沿车身导轨升降，以便调整工件与刀具的相对位置。横梁的前端可安装吊架，用来支承铣刀心轴的外伸端，以提高心轴刚度。另外，横梁可沿床身顶部水平导轨移动，调整其伸出长度。进给变速箱可变换工作台、滑座和升降台的进给速度。

2. 卧式万能升降台铣床

卧式万能升降台铣床的机构与卧式升降台铣床相似，只是在工作台和床鞍之间增加了回转盘，如图 6－2 所示，使工作台可绕回转盘轴线作±45°范围内的偏转，以便铣削加工斜槽、螺旋槽等表面，扩大了铣床的工艺范围。

3. 立式升降台铣床

立式升降台铣床与卧式铣床的主要区别是：立式铣床的主轴与工作台垂直，如图6－3

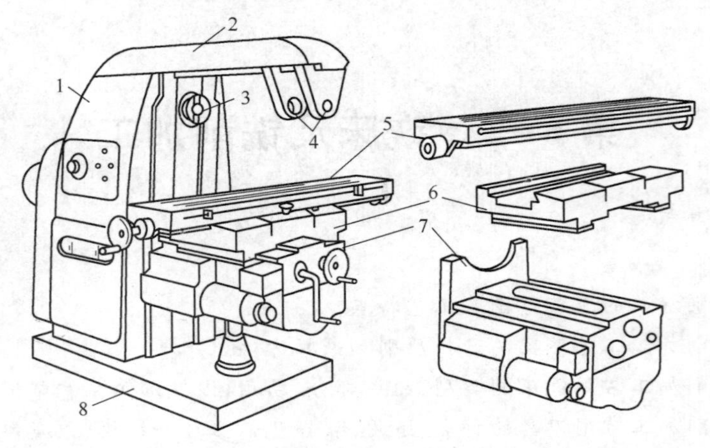

图 6-1　卧式升降台铣床

1—床身；2—悬梁；3—主轴；4—刀杆支架；5—工作台；6—床鞍；7—升降台；8—底座。

(a)所示。有些立式铣床为了加工需要，可以把立铣头旋转一定的角度，如图 6-3(b)所示，其他部分与卧式升降台相同。

在立式铣床上可安装面铣刀或立铣刀加工平面、沟槽、斜面、台阶、凸轮等表面。

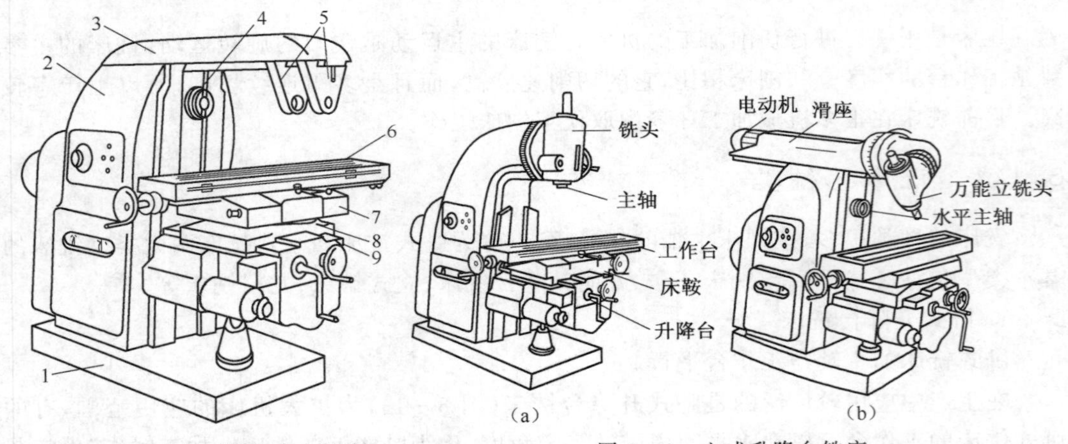

图 6-2　卧式万能升降台铣床

1—底座；2—床身；3—悬梁；4—主轴；5—刀杆支架；6—工作台；7—回转盘；8—床鞍；9—升降台。

图 6-3　立式升降台铣床

(a)立式升降台铣床；(b)万能回转头铣床。

4. 龙门铣床

龙门铣床是一种大型高效通用机床。龙门铣床在布局上以两根立柱、顶梁及床身构成龙门式框架，具有较高的刚度及抗震性，如图 6-4 所示。龙门铣床一般有 3 个或 4 个铣头，分别装在左、右立柱和横梁上。每个铣头都是一个独立的主运动传动部件，其中包括单独的驱动电动机、变速机构、传动机构、操纵机构及主轴部件等部分。横梁上的两个垂直铣头可沿横梁导轨作水平方向位置调整。横梁本身及立柱上的两个水平铣头可沿立柱上的导轨调整垂直方向位置。各铣刀的背吃刀量均由主轴套筒带动铣刀主轴沿轴向移动来实现。加工时，工作台带动工件作纵向进给运动。由于采用多刀同时切削几个表面，加工效率较高。另外，龙门铣床不仅可以作粗加工、半精加工，还可以进行精加工，所以龙门铣床在大批和大量生产中得到广泛应用，特别适用于加工大中型或重型工件。

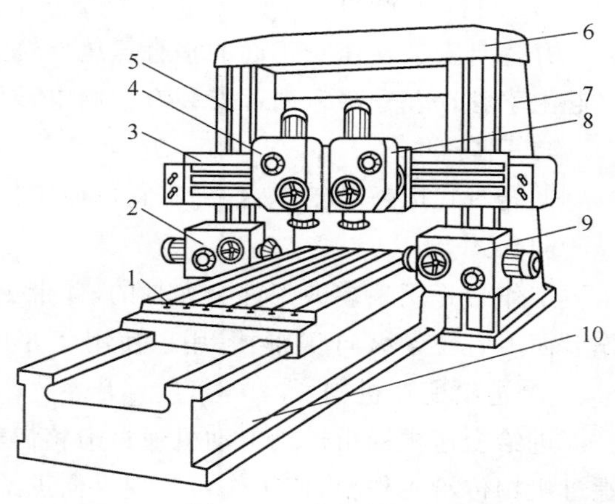

图 6-4　龙门铣床

1—工作台；2、9—水平铣头；3—横梁；4、8—垂直铣头；5、7—立柱；6—顶梁；10—床身。

6.1.2 X6132 万能升降台铣床概述

X6132 万能升降台铣床是目前最常用的铣床，其结构比较完善，变速范围大，刚度高，操作方便。X6132 万能升降台铣床与普通升降台铣床区别在于工作台与升降台之间增加了回转盘，可使工作台在水平面上回转一定角度。

1. 主要技术参数

主参数为工作台宽度/mm	320
第二主参数为工作台长度/mm	1250
工作台最大纵向行程/mm	800
工作台最大横向行程/mm	300
工作台最大升降行程/mm	400
工作台最大回转角度/(°)	±45
主轴转速(18 级)/(r/min)	30～1500
主轴锥孔锥度	7∶24
刀杆直径/(mm)	22、27、32

2. 主要部件及其功能

图 6-5 为 X6132 万能升降台铣床的外形图。

1）主变速机构

主变速机构将主电动机的转速通过带轮降速和滑移齿轮变速，变速成 18 级不同的转速，传递给主轴。主变速采用孔盘式集中操纵机构。操纵盘和速度盘设置在床身左侧。

2）主轴部件

主轴是空心轴，前端带锥度为 7∶24 的锥孔，用于安装刀杆或刀具，主轴孔前端面上还装有两个端面键，与刀杆锥柄或刀柄上的键槽配合，传递转矩。在主轴靠近前轴承处的大齿轮上装有飞轮，以增大主轴的转动惯量，减小铣削时切削力变动的影响，使铣削平稳。

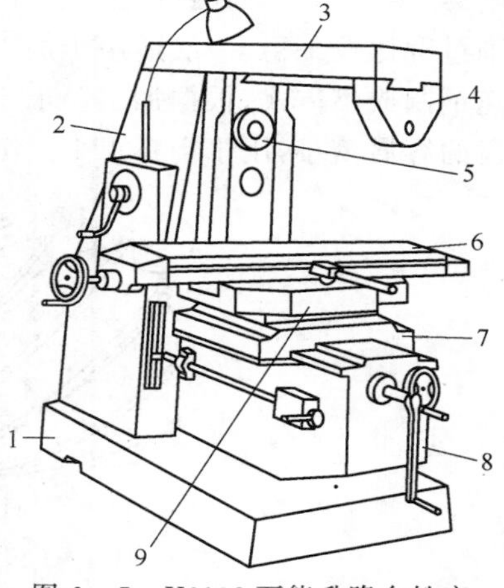

图 6-5　X6132 万能升降台铣床

1—底座；2—床身；3—悬梁；4—刀杆支架；5—主轴；6—工作台；7—床鞍；8—升降台；9—回转盘。

3）升降台

升降台安装在床身正面的垂直燕尾导轨上，支承床鞍、回转盘和工作台，并带动它们一起上下移动。升降台内部安装有进给电动机及进给变速机构。

4）回转盘

回转盘在床鞍和工作台之间，它可使工作台在水平面内旋转±45°。

5）工作台

工作台是用来装夹工件与夹具的，并带工件和夹具作纵向（或斜向）的进给运动。工作台面上有三条纵向T形槽，用以使用T形螺钉紧固工件、夹具或其他附件。

6）进给变速机构

进给变速机构由进给电动机通过滑移齿轮变速机构传动进给丝杠旋转，经丝杠上的螺母机构传给工作台，使工作台实现纵向进给运动、横向进给运动和垂向进给运动。进给变速操纵机构也是用孔盘式集中操纵的方式变换各种不同的进给速度。

6.2 铣 刀

6.2.1 铣刀的种类

铣刀是金属切削刀具中种类最多的刀具之一，根据加工对象的不同，铣刀有许多不同的类型。按用途不同，铣刀可分为圆柱铣刀、面铣刀、三面刃铣刀、锯片铣刀、立铣刀、键槽铣刀、模具铣刀、角度铣刀及成形铣刀等；按结构不同，铣刀可分为整体式铣刀、焊接式铣刀、装配式铣刀及及可转位式铣刀；按齿背形式可分为尖齿铣刀和铲齿铣刀。

常用铣刀的结构及用途说明如下。

1. 圆柱铣刀

圆柱铣刀如图6－6所示，圆柱铣刀仅在圆柱表面上有直线或螺旋线切削刃，没有副切削刃，主要用于卧式铣床上铣平面。螺旋形的刀齿切削时是逐渐切入和脱离工件的，其切削过程比较平稳，一般适用于加工宽度小于铣刀长度的狭长平面。一般圆柱铣刀都用高速钢制成整体式，根据加工要求不同有粗齿、细齿之分。粗齿的容屑槽大，用于粗加工；细齿的容屑槽小，用于半精加工。圆柱铣刀外径较大时，常制成镶齿式。

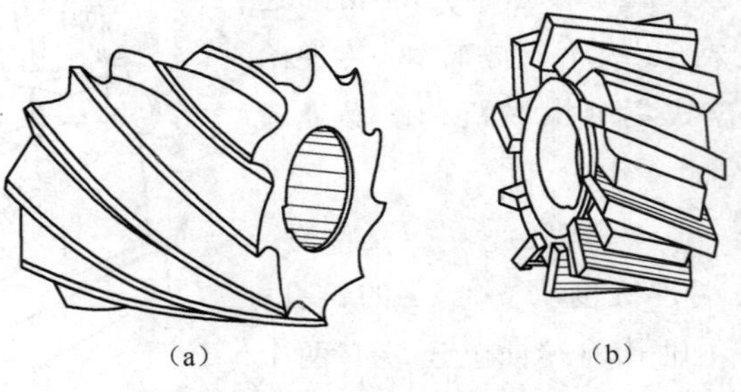

图6－6 圆柱铣刀

(a)整体式；(b)镶齿式。

2. 面铣刀

面铣刀如图6－7所示，其切削刃位于圆柱的端面，圆柱或圆柱面上的刃口为主切削刃,端面刀刃为副切削刃。铣削时,铣刀的轴线垂直于被加工表面,适用于在立铣床上加工平面。用面铣刀加工平面,同时参加切削的刀齿较多,又有副切削刃的修光作用,故加工表面的粗糙度值较小。因此,可以用较大的切削用量。大平面铣削时都采用面铣刀铣削,生产率较高。小直径面铣刀用高速钢做成整体式,大直径的面铣刀是在刀体上装焊接式硬质合金刀头,或采用机械夹固式可转位硬质合金刀片。

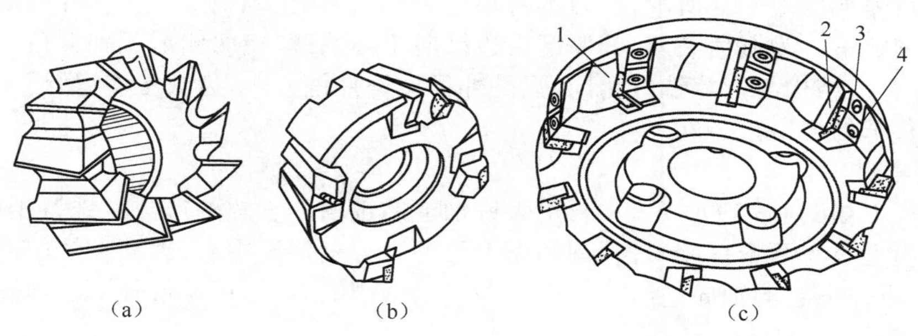

图 6-7　面铣刀

(a)整体式刀片;(b)镶焊接式硬质合金刀片;(c)机械夹固式可转位硬质合金刀片。

1—刀体;2—定位座;3—定位座夹板;4—刀片夹板。

3. 立铣刀

立铣刀一般由 3 个或 4 个刀齿组成,相当于带柄的、在轴端有副切削刃的小直径圆柱铣刀,因此,既可作圆柱铣刀用,又可以利用端部的副切削刃起到面铣刀的作用。各种立铣刀如图 6-8 所示。它以柄部装夹在立铣头主轴中,可以铣削窄平面、直角台阶、平底槽等,应用十分广泛。另外,还有粗齿大螺旋角立铣刀、玉米铣刀、硬质合金波形刃立铣刀等,它们的直径较大,可以采用大的进给量,生产效率很高。

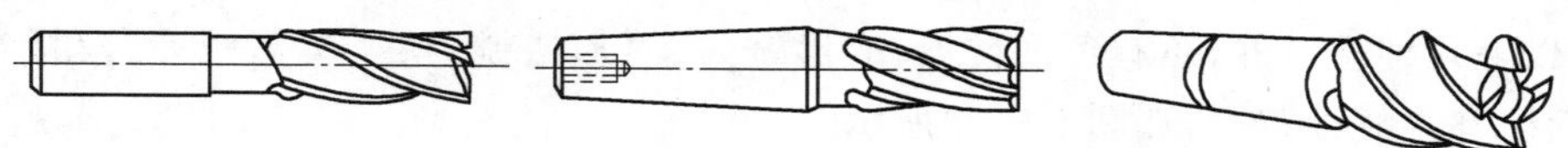

图 6-8　立铣刀

4. 三面刃铣刀

三面刃铣刀也称为盘铣刀,如图 6-9 所示。由于在刀体的圆周上及两侧环形端面上均有刀刃,所以称为三面刃铣刀。它主要用在卧式铣床上加工台阶面和一端或两端贯通

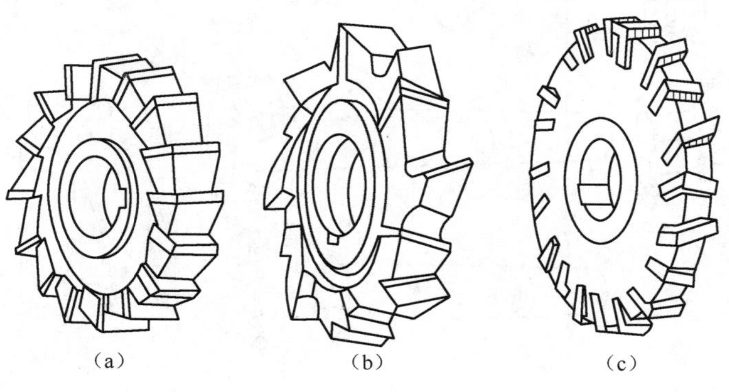

图 6-9　三面刃铣刀

(a)直齿;(b)交错齿;(c)镶齿。

的浅沟槽。三面刃铣刀的圆周刀刃为主切削刃，侧面刀刃是副切削刃，只对加工侧面起修光作用。三面刃铣刀有直齿和交错齿两种，交错齿三面刃铣刀比直齿三面刃铣刀切削平稳，切削力小，排屑容易。直径较大的三面刃铣刀常采用镶齿结构，直径较小的往往用高速钢制成整体式。

5．锯片铣刀

锯片铣刀如图 6－10 所示，其刀本身很薄，只在圆周上有刀齿，主要用于切断工件和在工件上铣狭槽。为避免夹刀，其厚度由边缘向中心减薄，使两侧形成副偏角。还有一种切口铣刀，它的结构与锯片铣刀相同，只是外径比锯片铣刀小，齿数更多，适用于在较薄的工件上铣狭窄的切口。

6．键槽铣刀

键槽铣刀如图 6－11 所示，主要用来铣轴上的键槽。它的外形与立铣刀相似，不同的是它在圆周上只有两个螺旋刀齿，其端面刀齿的刀刃延伸至中心，因此在铣削两端不通的键槽时，可以作适量的轴向进给。还有一种半圆键槽铣刀，专用于铣轴上的半圆键槽。

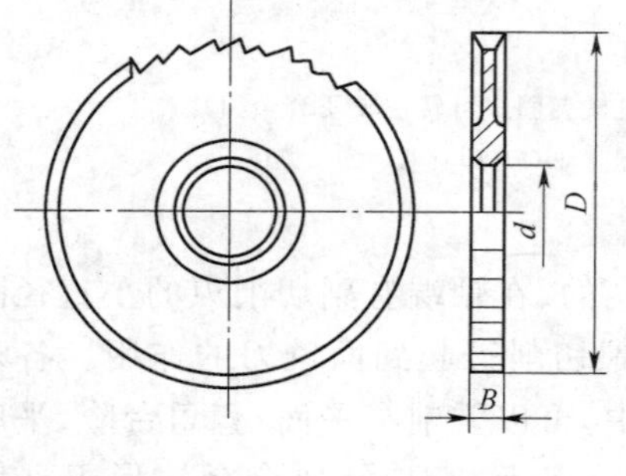

图 6－10　锯片铣刀

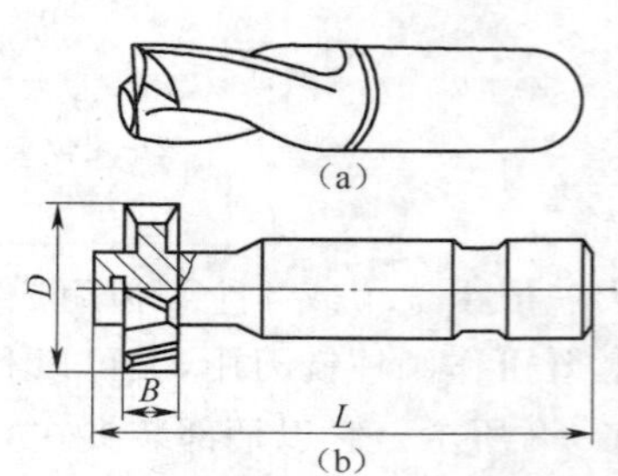

图 6－11　键槽铣刀

(a)矩形键槽铣刀；(b)半圆键槽铣刀。

除以上几种铣刀外，还有角度铣刀、成形铣刀、T 形槽铣刀、燕尾槽铣刀、及指状铣刀等，它们统称为特种铣刀，如图 6－12 所示。

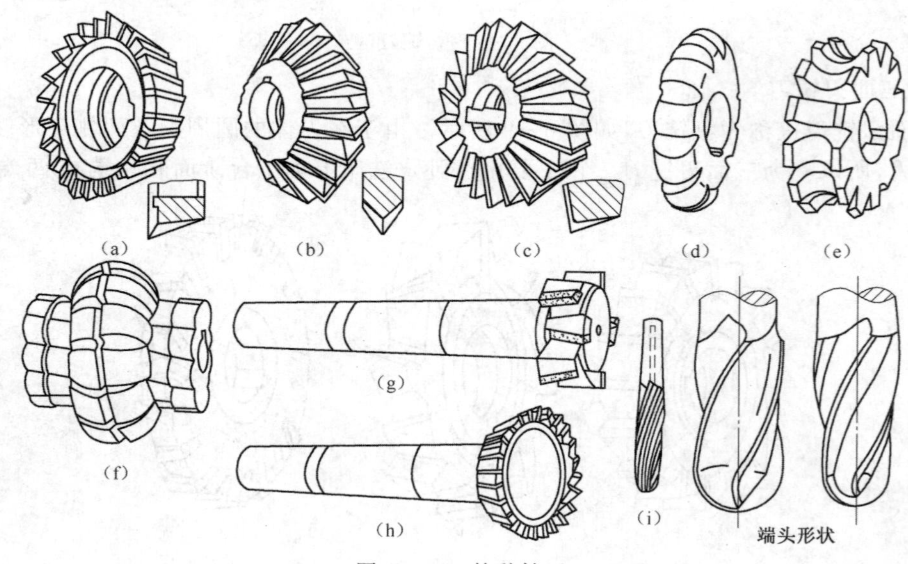

图 6－12　特种铣刀

(a)、(b)、(c)角度铣刀；(d)、(e)、(f)成形铣刀；(g)T 形槽铣刀；(h)燕尾槽铣刀；(i)指状铣刀。

6.2.2 铣刀的几何参数

铣刀的种类、形状虽多,但都可以归纳为圆柱铣刀和面铣刀两种基本形式。铣刀上的每一个刀齿,可看作一把车刀在进行切削,这样车刀上有关辅助平面和角度的定义,都能应用到铣刀上。对于以绕自身轴线旋转作主运动的铣刀,它的基面(P_r)是通过切削刃选定点并包含铣刀轴线的平面,并假定主运动方向与基面垂直。

圆柱铣刀的几何角度如图 6－13 所示,圆柱铣刀的主剖面是垂直于铣刀轴线的端剖面,切削平面是通过切削刃选定点的圆柱的切平面,因此刀齿的前角(γ_o)和后角(α_o)都标注在端剖面上。螺旋角(β)相当于刃倾角,当 $\beta=0$ 时,是直齿圆柱铣刀。加工铣刀齿槽时及刃磨刀齿时都需要铣刀齿槽的法向剖面形状,因此,如果是螺旋槽铣刀,还要标注法向剖面上的前角 (γ_n)和后角(α_n)及螺旋角(β)。

如果圆柱铣刀的螺旋角为 β,前角(γ_o)与法向剖面上的前角(γ_n)、后角(α_o)与法向剖面上的后角(α_n)之间的关系,可用下列公式计算,即

$$\tan\gamma_n=\tan\gamma_o\cos\beta$$

$$\cot\alpha_n=\cot\alpha_o\cos\beta$$

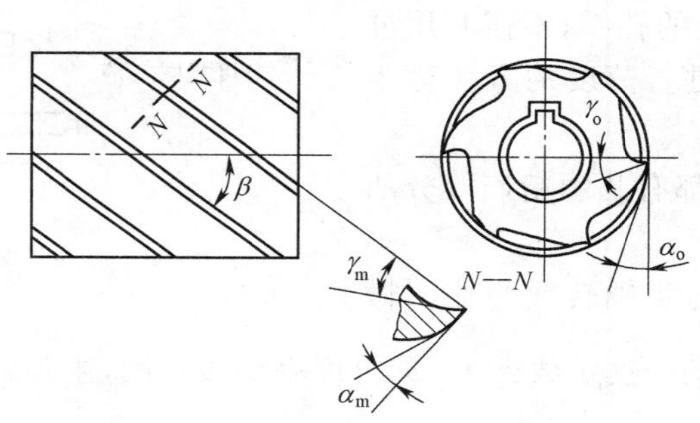

图 6－13 圆柱铣刀的几何角度

6.3 铣床附件

为了扩大铣床的加工范围，铣床一般均配有附件。常用附件有以下几种。

6.3.1 平口钳

铣削加工常用平口钳夹紧工件。它具有结构简单、夹紧可靠和使用方便等特点,广泛用于装夹矩形工件。生产中常用的是可调整的回转式平口钳。

6.3.2 回转工作台

回转工作台主要用来加工带有内外圆弧面的工件及对工件分度,分为手动进给和机动进给两种。

6.3.3 分度头

分度头是铣床上最常用的标准附件,常用分度头的格规有 FW250、FW320、FW100、

FW500 等多种。规格代号中的 F 表示分度头；W 表示万能；数字表示分度头能加工最大直径。

1. 分度头的功用

分度头是升降台铣床，特别是卧式万能铣床的重要附件，把它放在铣床工作台上，可进行下列工作：

(1)周期性的分度(等分或不等分)，如用模数盘铣刀加工圆柱直齿轮。

(2)与工作台的纵向进给相配合，使工件连续旋转以加工螺旋槽，如加工螺旋齿轮、钻头的螺旋槽等。

(3)使工件轴线相对于铣床工作台装置成所需要的倾斜角，如加工锥齿轮。

分度头一般为手动分度，生产率低，所以适于单件小批生产中应用。

图 6－14 为万能分度头的传动图。

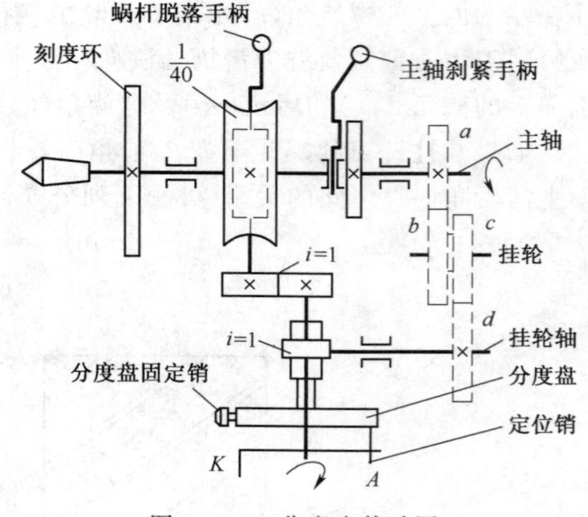

图 6－14　分度头传动图

2. 分度方法

1) 简单分度法

直接利用分度盘上的孔圈，不需利用分度盘的附加转动即能进行分度的方法称为简单分度法。

分度盘的正、反面都有几圈精确等分的定位孔。

分度头手柄转数与主轴转数之比叫做分度头定数。FW250 的分度定数为 40，即分度手柄转一圈，主轴转过$\frac{1}{40}$圈。若要进行 Z 等分，即欲使主轴转过$\frac{1}{Z}$圈，则分度头手柄所转的圈数应为

$$n=\frac{40}{Z}$$

显然，若 Z 为 2、4、5、8、10、20、40，手柄转过的圈数均为整数，利用任意一孔圈均可简单分度；否则可将上式化为

$$n=\frac{40}{Z}=a+\frac{p}{q}$$

式中　a——每次分度时，手柄应转过的整转数(当 $Z>40$ 时，则 $a=0$)；

q——分度盘上所适用孔圈的孔数；

p——手柄 K 在所适用的孔圈上转过的孔距数。

分度盘上的孔数为：24、25、28、30、34、37、38、39、41、42、43、46、47、49、51、53、54、57、58、59、62、66。

例如：

当 n 为真分数，如 $Z=65$ 时，$n=\frac{40}{65}=\frac{8}{13}=\frac{24}{39}$(圈)；

当 n 为假分数，如 $Z=27$ 时，$n=\frac{40}{27}=1+\frac{26}{54}$(圈)。

其中：

$\frac{24}{39}$圈，即手柄在孔数为 39 的孔圈中转过 24 个孔距。

$1+\frac{26}{54}$圈，即手柄转过 1 圈后还在孔数为 54 的孔圈中转过 26 个孔距。

2）其他分度法

除简单分度法外，较常用的还有差动分度法、近似分度法及复式分度法等。

6.4 铣削加工

6.4.1 铣削加工概述

1. 铣削加工范围

铣床加工范围相当广泛，如图 6－15 所示。此外，在铣床上还可以加工圆锥齿轮。

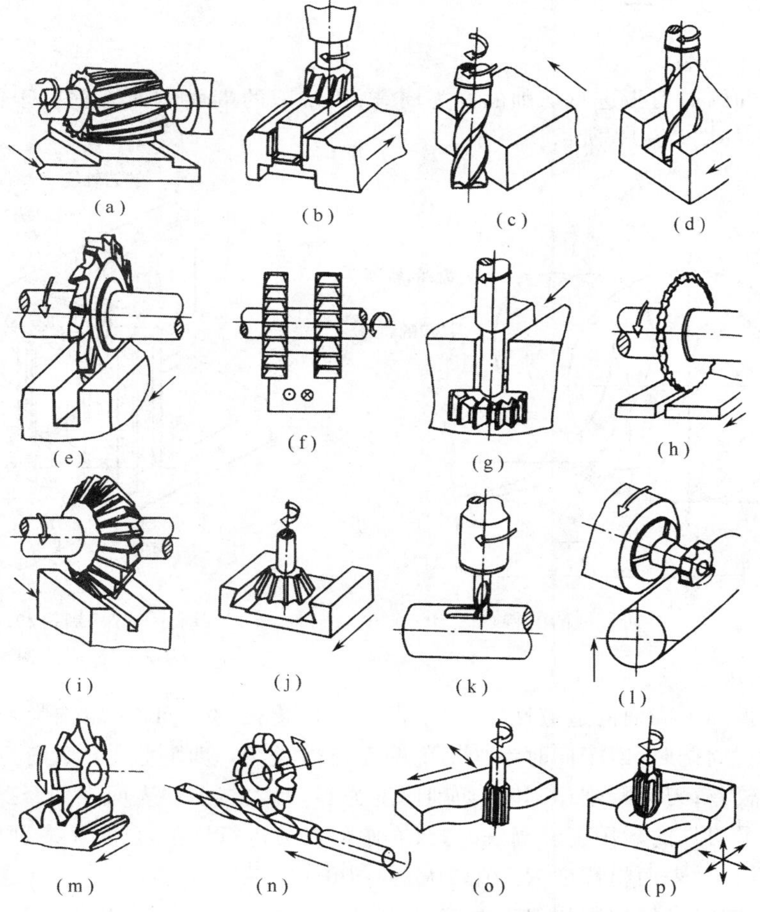

图 6－15　铣削加工

(a)、(b)、(c)铣平面；(d)、(e)铣沟槽；(f)铣台阶；(g)铣 T 形槽；(h)铣狭缝；(i)、(j)铣角；(k)、(l)铣键槽；(m)铣齿形；(n)铣螺旋面；(o)铣曲面；(p)铣立体曲面。

2. 铣削加工的特点

1）铣削加工的优点（图 6－16）

铣刀是多刃刀具，一般来说同一时刻只有几个刀齿参与工作，其他刀齿均处于非工作状态。这样每一刀齿均有较充分的冷却时间，因而提高铣刀耐用度。

因铣刀是多刃刀具，铣削工作量由多个刀齿平均负担，所以可采用大的进给量。主运动是旋转运动，无惯性限制，所以可采用高速切削。

由于上述原因，使铣削生产率、铣刀耐用度均比刨削高，加工精度比刨削高 1 级～2 级，粗糙度与刨削大致相同。

2）铣削加工的缺点

铣刀每一刀齿均是周期性地切削，故每一刀齿在切入与切离时会造成冲击现象，这个特点影响铣刀耐用度、切削速度的提高，使加工精度和粗糙度不高。

铣削时，切削厚度和切削面积是变量，因此切削力周期性变化，容易引起振动。

铣削经济精度为 IT9～IT10，表面粗糙度 Ra 为 1.6μm～3.2μm。

6.4.2 铣削加工方式

1. 周铣和端铣

用铣刀的圆周刀齿进行切削的称为周铣；用铣刀的端面齿加工垂直于铣刀轴线表面的称为端铣，如图 6－17 所示。

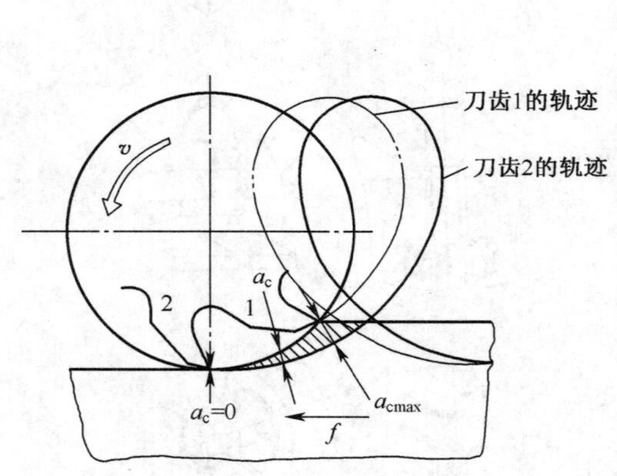

图 6－16 铣削的特点

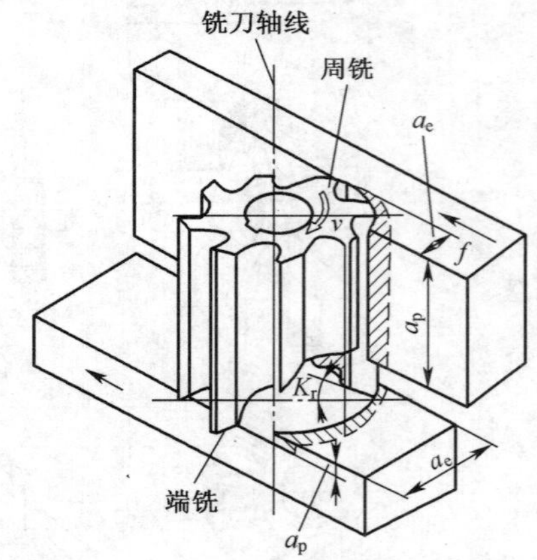

图 6－17 周铣和端铣

a_p—背吃刀量；a_e—侧吃刀量。

周铣对被加工表面的适应性较强，不但适于铣狭长的平面，还能铣削台阶面、沟槽和成形表面等。周铣时，由于同时参加切削的刀齿数较少，切削过程中切削力变化较大，铣削的平稳性较差；刀齿刚刚切削时，切削厚度为零，刀尖与工件表面强烈摩擦（用圆柱铣刀逆铣），降低了刀具的耐用度。周铣时，只有圆周刀刃进行铣削，已加工表面实际上是由无数浅的圆沟组成，表面粗糙度 Ra 值较大，如图 6－18(a)所示。

端铣时，同时参加切削的刀齿数较多，铣削过程中切削力变化比较小，铣削比较平稳；端铣的刀齿刚刚切削时，切削厚度虽小，但不等于零，这就可以减轻刀尖与工件表面强烈摩擦，可以提高刀具的耐用度。端铣有副刀刃参加切削，当副偏角(κ'_r)较小时，对加工表面有修光作用，使加工质量好，生产效率高。在大平面的铣削中，大多采用端铣，如图 6-18(b)所示。

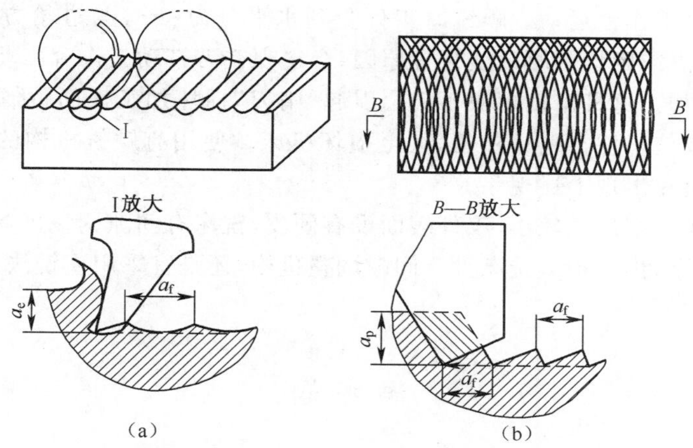

图 6-18 周铣和端铣的表面特征

(a)周铣；(b)端铣。

2. 顺铣和逆铣

铣床在进行切削加工时，进给方向与铣削力(F)的水平分力(F_x)方向相反，称为逆铣；进给方向与铣削力(F)的水平分力(F_x)方向相同，称为顺铣，如图 6-19 所示。顺铣和逆铣的切削过程有不同特点，现以周铣分析它们的区别。

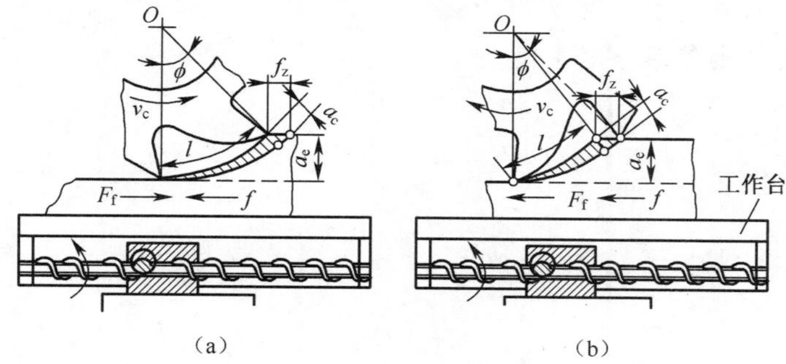

图 6-19 逆铣和顺铣

(a)逆铣；(b)顺铣。

1) 铣削厚度的变化

逆铣时刀齿的铣削厚度是由薄到厚，开始时侧吃刀量几乎等于零，刀齿不能立刻切入工件，而是在已加工表面上滑行，待侧吃刀量达到一定数值时，才真正切入工件。由于刀齿滑行时对已加工表面的挤压作用，使工件表面的硬化现象严重，影响了表面质量，也使刀齿的磨损加剧。顺铣时刀齿的切削厚度则是从厚到薄，没有上述缺点，但刀齿切入工件时的冲击力较大，尤其工件待加工表面是毛坯或者有硬皮时，更加显著。

2) 切削力方向的影响

逆铣时作用于工件上的垂直切削分力(F_z)向上，有将工件从工作台上挑起的趋势，影响工件的夹紧，铣薄工件时影响更大。顺铣时作用于工件上的垂直切削分力(F_z)向下，将工件压向工作台，对工件的加紧有利。

逆铣时工件受到的水平分力(F_x)与进给方向相反，丝杠与螺母的传动工作面始终接触，由螺纹副推动工作台运动。顺铣时工件受到水平分力(F_x)与进给方向相同，当铣刀切到材料上的硬点或因切削厚度变化等原因，会出现铣刀带动工作台窜动的运动形式，引起进给量突然增加。这种窜动现象不但会引起"啃刀"损坏加工表面，严重时还会使刀齿折断、刀杆弯曲或使工件与夹具移位，甚至损坏机床。使用有顺铣机构的铣床，如 X6132 万能铣床，可以避免出现上述现象。

综上所述，若切削用量较小，工件表面没有硬皮，铣床有间隙调整机构，采用顺铣较有利。但一般情况下，由于很多铣床没有间隙调整机构，还是宜采用逆铣法。

思考题

1. 铣削的加工特点是什么？
2. 铣削加工有哪几种方法？各有什么特点？
3. 简述 X6132 铣床实现进给运动（工作台的纵向、横向和垂向移动）时，传动系统中各离合器的工作状态。
4. 简述常用铣刀的分类及特点。
5. 简述顺铣机构的工作原理。
6. 简述分度头的简单分度原理。

第7章 磨床及磨削加工

学习目标：

(1)掌握磨削加工的加工工艺范围和精度范围。

(2)掌握磨削加工过程中的各种切削运动。

(3)掌握磨削加工中最常见的磨具—砂轮的特性参数。

(4)掌握磨削加工的加工机理、磨削的阶段划分，以及磨削温度的变化。

(5)掌握磨削加工中最常见的磨床种类、加工范围和特点。

(6)掌握磨削加工中磨床的基本操作，并能够操作平面磨床和外圆磨床进行简单表面的磨削加工。

7.1 磨 床

7.1.1 磨床概述

1. 磨床的分类

磨床是用砂轮作切削工具，对工件表面进行精密切削加工的机床。磨削时，以砂轮的高速旋转作主运动，工件低速旋转作圆周进给，同时作轴向进给，每次行程完后，砂轮作横向切深移动。磨床的种类很多，目前生产中应用较多的有外圆磨床、内圆磨床、平面磨床和工具磨床等。

1) 外圆磨床

外圆磨床由床身、头架、工作台、砂轮架、内圆磨具、滑鞍、尾架、横向进给装置、液压传动系统装置和冷却装置等组成。床身用来安装各种部件，其内部装有液压传动装置和其他装置，床身上有两条相互垂直的导轨：纵向导轨和横向导轨。纵导轨安装工作台，磨床工作台的纵向往复运动，是由机床的液压传动装置来实现的。液压传动具有较大范围内无级调速、机床运转平稳、无冲击振动、操作简单方便等特点。

2) 平面磨床

根据砂轮磨削方式不同，分为用砂轮圆周面进行磨削的及砂轮端面进行磨削的两类平面磨床。根据工作台形状不同，平面磨床又可分为矩形工作台和圆形工作台两类。普通平面磨床的主要类型有卧轴矩台式、卧轴圆台式、主轴矩台式和立轴圆台式4种(图7-1)。

平面磨床由床身、工作台、砂轮架、立柱、液压传动系统等部件组成。在磨削时，工件安装在工作台上，工作台在床身水平纵向导轨上，由液压传动作纵向直线往复运动，也可用手轮移动进行高速调整。工作台上装有电磁吸盘或其他夹具以装夹工件。砂轮架沿滑座的燕尾导轨作横向间歇进给运动，滑座和砂轮架一起可沿立柱的导轨作垂直间歇切入进给运动。

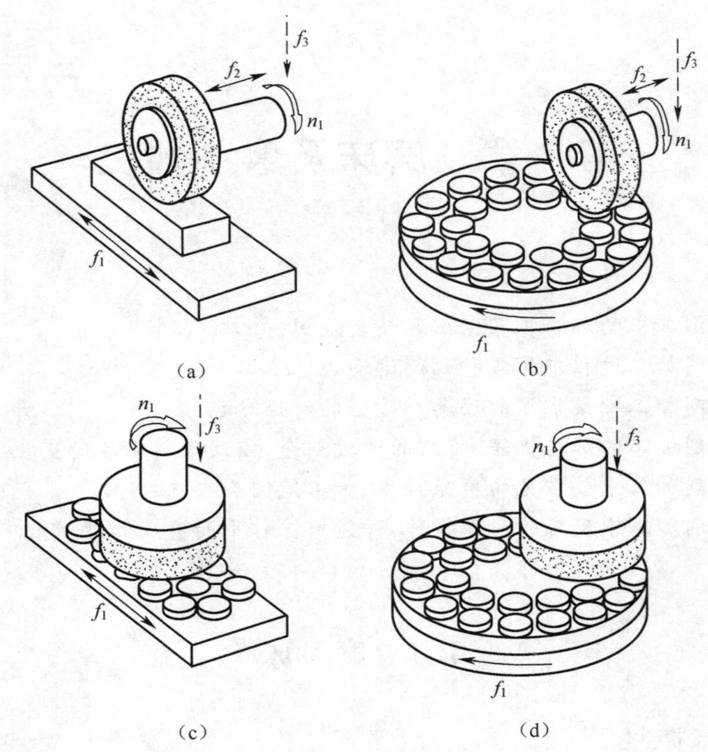

图 7－1　平面磨床

(a)卧轴矩台式；(b)卧轴圆台式；(c)立轴矩台式；(d)立轴圆台式。

2. 磨床的加工范围

1）外圆磨床的加工范围

外圆磨床主要用于磨削各种轴类及套类零件的外圆柱面、外圆锥面及台阶端面。在磨外圆锥时，应将工作台转过半锥角。

万能外圆磨床除可完成外圆磨床的工作外，还可完成以下的磨削加工：将工件及主轴箱转过半锥角用纵向进给磨外圆锥面；将工件主轴箱转过 90°磨端面；将砂轮架转过半锥角，利用横向进给磨母线长度小于砂轮宽度的外圆锥面；将砂轮架转过半锥角用砂轮的斜向进给磨母线长度大于砂轮宽度的外圆锥面；利用内圆磨具附件磨内圆锥或圆柱孔。

2）内圆磨床的加工范围

内圆磨床主要用于各类圆柱孔、圆锥孔及端面的磨削。在磨内孔时，受加工孔径的限制，砂轮直径较小，为保证磨削线速度，所以砂轮转速很高，每分钟几千转至几万转。

3）平面磨床的加工范围

平面磨床主要用于各种工件上平面的磨削。

7.1.2　M1432A 万能外圆磨床

M1432A 万能外圆磨床属于普通精度级，加工精度可达 IT6～IT7，表面粗糙度 Ra 在 1.25μm～0.08μm 之间，它的万能性强；但磨削效率不高，自动化程度低；适用于工具车间、机修车间和单件小批量生产的车间使用。

1. 机床的主要技术参数

外圆磨削直径/mm	8～320
外圆最大磨削长度/mm	1000、1500、2000
内孔磨削直径/mm	30～100
内孔最大磨削长度/mm	125
磨削工件最大质量/kg	150
砂轮尺寸/mm	$\phi400\times50\times\phi203$
砂轮转速/(r/min)	1670
内圆砂轮转速/(r/min)	10000、15000
头架主轴转速/(r/min)	25、50、80、112、160、224
工作台纵向移动速度/(m/min)	0.05～4 液压无级调速
机床外形尺寸(三种规格)：	
长度/mm	3200、4200、5200
宽度/mm	1800～1500
高度/mm	1420
机床质量/kg	3200、4500、5800

2. 主要部件和功能

M1432A 万能磨床外形如图 7-2 所示，其主要部件如下：

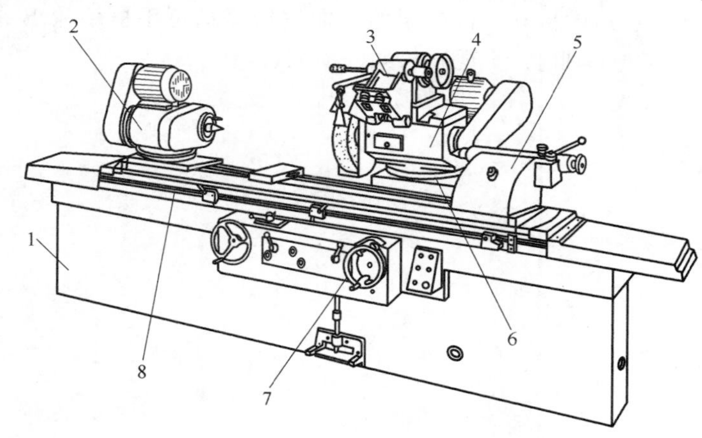

图 7-2 M1432A 万能磨床外形

1—床身；2—头架；3—内圆模具；4—砂轮架；5—尾座；6—滑鞍；7—手轮；8—工作台。

(1) 床身：磨床的基础支承件，用以支承机床的各部件，使它们在工作时保持准确的相对位置。

(2) 头架：用于装夹工件并带动工件转动，当头架体座回转一个角度时，可磨削短圆锥面；当头架逆时针回转 90°，可磨削小平面。

(3) 砂轮架：用以支承并传动砂轮主轴高速旋转，砂轮架装在滑鞍上，可回转角度为±30°，当需要磨削短圆锥面时，砂轮架可调至一定的角度位置。

(4) 内圆磨具：用于支承磨内孔的砂轮主轴。内圆磨具主轴由单独的内圆砂轮电动机驱动。

(5) 尾座:尾座上的后顶尖和头架前顶尖一起,用于支承工件。

(6) 工作台:由上、下工作台两部分组成,上工作台可绕下工作台的心轴在水平面内转比较小的角度以便磨削锥度较小的长圆锥面。工作台台面上装有头架和尾座,它们一起随工作台作纵向往复运动。

(7) 滑鞍及横向进给机构:转动横向进给手轮,通过横向进给机构,带动床鞍及砂轮架作横向移动;也可利用液压装置,使砂轮架作快速进退或周期性自动切入进给。

3. 磨床的机械传动系统

M1432A 机床的运动,是由机械和液压联合传动,除了工作台的纵向往复、砂轮架的快速进退和周期自动切入进给、尾座顶尖套筒的退回是液压传动外,其他均为机械传动。图 7-3 为 M1432A 机床的机械传动系统。

(1) 外圆磨削砂轮传动。砂轮主轴由 4kW、1440r/min 电动机,经 V 带传动使砂轮的转速为 1670r/min。

(2) 头架拨盘的传动。拨盘的运动由双速电动机(700(r/min)/1350(r/min),0.55kW/1.1kW)驱动,经 V 带塔轮及两级 V 带传动,使头架的拨盘或卡盘带动工件实现圆周进给,共有 6 级转速。

(3) 内圆磨具的传动。内圆磨削砂轮主轴由内圆砂轮电动机(2840 r/min,1.1kW),经平带直接传动,更换带轮可得到两种转速。

(4) 工作台的手动驱动。调整机床及磨削阶梯轴的台阶时,工作台可由手轮 A 驱动。

(5) 砂轮架横向进给的传动。砂轮架的横向进给运动可手摇手轮 B 来实现,或者由自动进给液压缸的柱塞 G 驱动,实现砂轮架的横向进给。

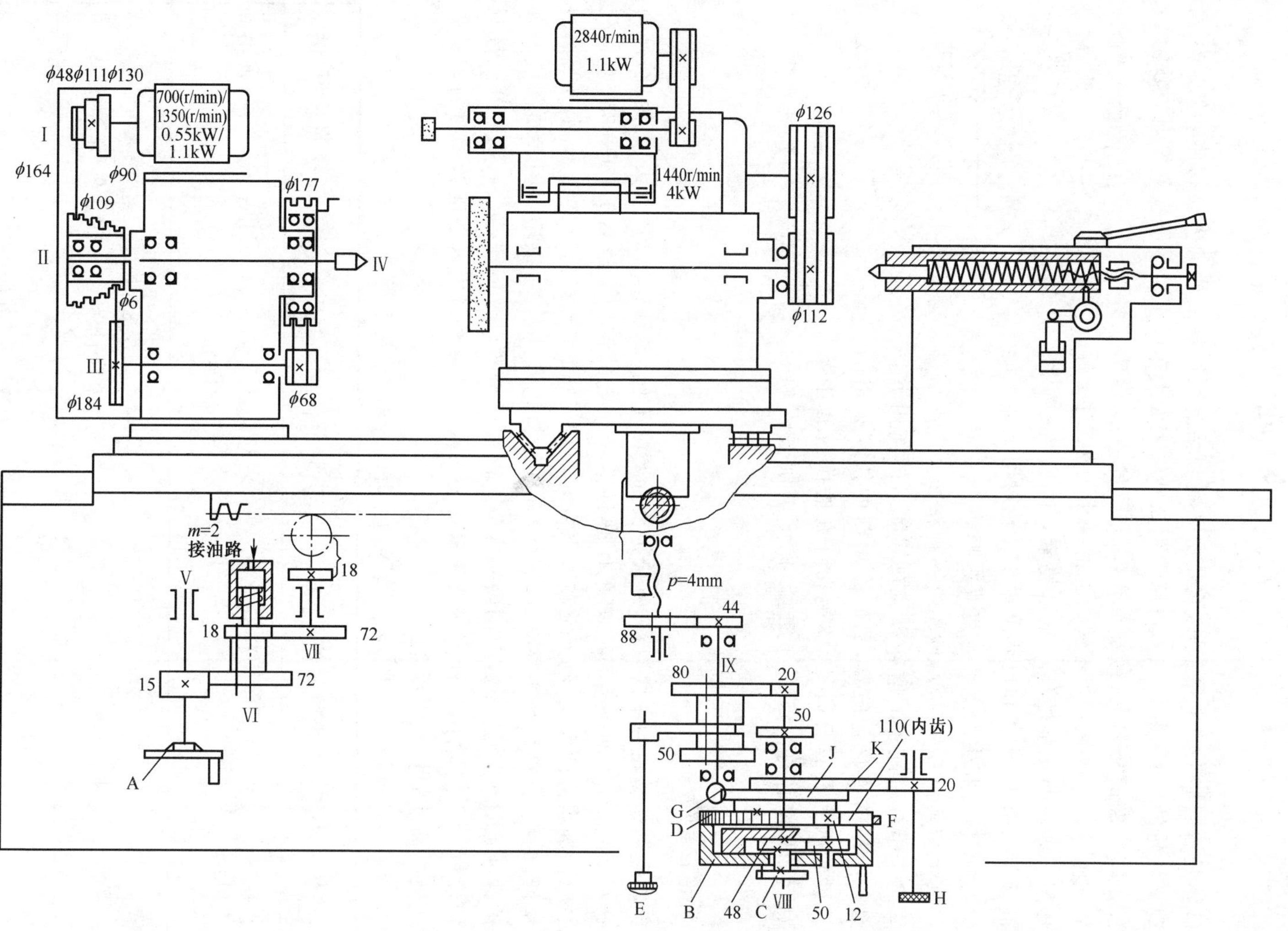

图 7－3 M1432A 机床机械传动系统

7.2 砂 轮

砂轮是磨削加工的重要工具，它是由磨料和结合剂焙烧而成的多孔物体。如用放大镜来观察砂轮的表面(图 7-4)，可以看到在砂轮表面上布满了极多形状不规则的砂粒 1，并且分布的位置杂乱无章、参差不齐，2 为结合剂，3 为所形成的空隙。每颗砂粒相当于铣刀上的一个刀齿，对工件进行切削。砂轮的切削性能由基本要素，即：磨料、粒度、结合剂、硬度、组织、形状和尺寸决定。砂轮对磨削加工的精度、表面粗糙度和生产率有着重要影响。

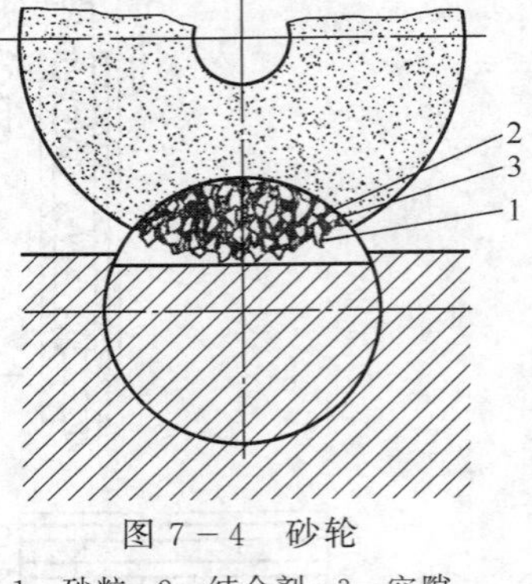

图 7-4 砂轮
1—砂粒；2—结合剂；3—空隙。

与其他切削刀具相比较，砂轮有一种特殊性能——自锐性。它是指被磨钝了的磨料颗粒在切削力的作用下自行从砂轮上脱落或自行破碎，从而露出新的锐利刃口的性能。砂轮因为具有自锐性，才能保证在磨削过程中始终锐利，保证磨削的生产率和质量，保证磨削过程顺利进行。

7.2.1 磨料

磨料是制造砂轮的主要原料，直接担负着磨削工作，是砂轮上的“刀头”。因此，磨料必须锋利，并具有高的硬度和良好的耐热性能及一定的韧性。按 GB2476—83(磨料代号)的规定，磨料分两大类：刚玉类和碳化物类，见表 7-1。与碳化物类相比，刚玉类磨料硬度稍低，韧性好(即磨粒不易破碎)，与结合剂结合能力较强，所以用这种磨料制成的砂轮易被磨钝且自锐性差，不宜磨削硬质合金类高硬度材料以及铸铁、黄铜、铝等高脆性或提高韧性材料；宜于磨削各种钢料及高速钢。而碳化物类磨料用来磨削特硬材料以及高脆性或极高韧性的材料比较合适。

表 7-1 常用磨料的物理、力学特性及适用范围

系别	磨料	代号	化学成分/(%)	显微硬度 HV	特性	适用范围
刚玉类	棕刚玉	A	$w_{Al_2O_3}>95.0$ $w_{SiO_2}<2$ $w_{Fe_2O_3}<1.0$	2000～2200	棕褐色、硬度高、韧性大、价格便宜	磨削碳钢、合金钢、可锻铸铁及硬青铜
	白刚玉	WA	$w_{Al_2O_3}>98.5$ $w_{SiO_2}<1.2$ $w_{Fe_2O_3}<0.15$	2200～2400	白色、硬度比棕刚玉高，韧性较棕刚玉低	磨削淬火钢、高速钢、高碳钢及薄壁零件
	铬刚玉	PA	$w_{Al_2O_3}>97.5$ $w_{SiO_2}<1.0$ $w_{Fe_2O_3}<0.01$ $w_{Cr_2O_3}>(1.15\sim1.3)$	2000～2200	玫瑰色或紫红色、韧性比白刚玉高，磨削粗糙度 Ra 值小	磨削淬火钢、高速钢、高碳钢及薄壁零件

（续）

系别	磨料	代号	化学成分/(%)	显微硬度 HV	特性	适用范围
刚玉类	微晶刚玉	MA	与棕刚玉相似	2000～2200	硬度和韧性高于白刚玉，呈浅黄色或白色	磨削不锈钢、轴承钢和特种球墨铸铁，也可用于高速精细磨削
	单晶刚玉	SA	与白刚玉相似		硬度和韧性高于白刚玉，呈浅黄色或白色	磨削不锈钢，高钒高速钢等强度高、韧性高的材料
碳化硅类	黑碳化硅	C	$w_{SiC}>98.5$ $w_C<0.2$ $w_{SiO_2}<0.5$ $w_{Fe_2O_3}<0.6$	2840～3320	黑色有光泽、硬度比白刚玉高，性脆而锋利，导热性和导电性良好	磨削铸铁、黄铜、铝、耐火材料及非金属材料
	绿碳化硅	GC	$w_{SiC}>99.0$ $w_C<0.2$ $w_{SiO_2}<0.3$ $w_{Fe_2O_3}<0.35$	2840～3320	绿色，硬度和脆性比黑碳化硅高，具有良好的导热性和导电性	磨削硬质合金、宝石、陶瓷、玉石、玻璃等材料

7.2.2 粒度

粒度指磨料颗粒的大小，其大小决定了工件的表面粗糙度和生产率。GB2744—83（磨料及其组成）规定磨料粒度按颗粒大小分 41 个号：4＃、5＃、6＃、7＃、8＃……180＃、220＃、240＃、W63、W50……W1.0、W0.5（表 7－2）。

表 7－2 磨料粒度

粒度号	磨料颗粒尺寸 /μm	粒度号	磨料颗粒尺寸 /μm	粒度号	磨料颗粒尺寸 /μm
4	5600～4750	40	500～425	W50	50～40
5	4750～4000	46	425～355	W40	40～28
6	4000～3350	54	355～300	W28	28～20
7	3350～2800	60	300～250	W20	20～14
8	2800～2360	70	250～212	W14	14～10
10	2360～2000	80	212～180	W10	10～7
12	2000～1700	90	180～150	W7	7～5
14	1700～1400	100	150～125	W5	5～3.5
16	1400～1180	120	125～106	W3.5	3.5～2.5
20	1180～1000	150	106～90	W2.5	2.5～1.5
22	1000～850	180	90～75	W1.5	1.5～1.0
24	850～710	220	75～63	W1.0	1.0～0.5
30	710～600	240	63～50	W0.5	0.5 及更细
36	600～500	W63	63～50		

4#～240#磨料粒度组成用筛分法测定，粒度号数越大，表示磨粒尺寸越小；W63 至 W0.5 叫微粉，W 后的数字表示微粉尺寸(μm)，用显微镜分析法测定。

7.2.3 结合剂

结合剂的作用将磨料颗粒结合成具有一定形状的砂轮。根据 GB2484—84(磨具代号)规定，结合剂有陶瓷结合剂(V)、树脂结合剂(B)、橡胶结合剂(R)等。其中陶瓷结合剂具有很多优点，如耐热、耐水、耐油、耐普通酸碱等，故应用较多；其主要缺点是较脆，经不起冲击。

7.2.4 硬度

磨具的硬度是指在外力作用下，磨粒脱落的难易程度。磨粒不易脱落的硬度高；反之，硬度就低。磨具硬度对磨削性能影响很大，磨具太软，磨粒尚未变钝便脱落，使磨具形状难于保持且损耗很快；磨具太硬，磨粒钝化后不易脱落，磨具的自锐性减弱，产生大量的磨削热，造成工件烧伤或变形。实际生产中可按以下规则选择砂轮及其他磨具硬度：

(1)磨削软材料，选择硬砂轮。

(2)磨削硬材料，选择软砂轮。

GB2484—84 将砂轮硬度分为超软、软、中软、中、中硬、硬、超硬 7 大级，每一大级又细分为几个小级，各用相应代号表示。

7.2.5 组织

磨具的组织是指磨粒、结合剂、气孔三者间的体积关系，磨具的组织号是按磨粒在磨具中占有的体积百分数(即磨粒率)表示。磨具组织疏松，则容屑空间大，空气及冷却润滑液也容易进入磨削区，能改善切削条件。但组织疏松会使磨削粗糙度提高，磨具外形也不易保持。所以必须根据具体情况选择相应的组织，砂轮组织等级见表 7-3。

表 7-3 砂轮组织等级

组织号	0	1	2	3	4	5	6	7	8	9	10	11	12	13	14
磨粒占砂轮体积/(%)	62	60	58	56	54	52	50	48	46	44	42	40	38	36	34

7.2.6 形状尺寸

砂轮的形状尺寸主要由磨床型号和工件形状决定。按照标准 GB2484－84 的规定，国产砂轮分为平行系砂轮、筒形系砂轮、杯形系砂轮、碟形砂轮以及专用加工系砂轮等。表 7-4 为最常用的砂轮的形状、代号、尺寸及主要用途。

表 7-4 常用砂轮的形状、代号、尺寸及主要用途 (单位：mm)

砂轮种类	断面形状	形状代号	主要尺寸			主要用途
			D	d	H	
平形砂轮	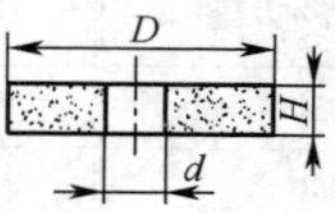	P	3～90 100～1100	1～20 20～350	2～63 6～500	磨外圆、内孔，无心磨，周磨平面及刃磨刀具

（续）

砂轮种类	断 面 形 状	形状代号	主 要 尺 寸			主要用途
			D	d	H	
薄片砂轮		PB	50～400	6～127	0.2～5	切断及磨槽
双面凹砂轮		PSA	200～900	75～305	50～400	磨外圆，无心磨的砂轮和导轮，刃磨车刀后面
双斜边一号砂轮		PSX_1	125～500	20～305	8～32	磨齿轮与螺纹
筒形砂轮		N	250～600	b＝25～100	75～150	端磨平面
碗形砂轮		BW	100～300	20～140	30～150	端磨平面 刃磨刀具后面
碟形一号砂轮		D_1	75 100～800	13 20～400	8 10～35	刃磨刀具前面

7.2.7 砂轮代号

为使用方便和防止用错砂轮，在砂轮的非工作表面印有砂轮代号。砂轮代号按形状、尺寸、磨料、粒度、组织、结合剂、线速度的顺序书写。

书写顺序示例：

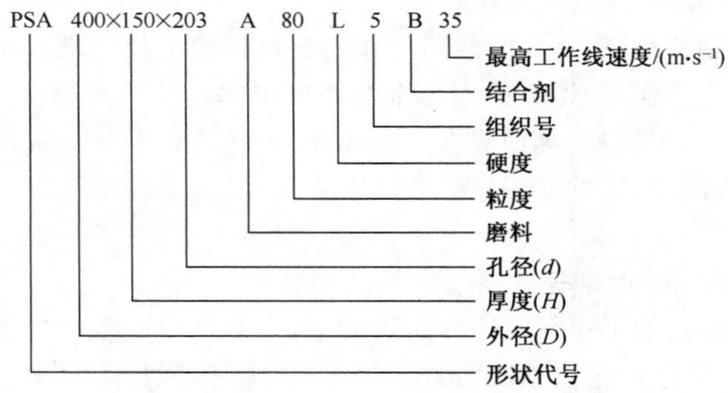

7.3 磨削加工工件的装夹

7.3.1 外圆磨削工件的装夹

在外圆磨床上，通常采用的工件装夹方式为两顶尖或卡盘装夹。

1. 用两顶尖装夹工件

用两顶尖装夹工件是外圆磨床最常用的装夹方法。这种方法的特点是装夹方便，定位精度高。两顶尖固定在头架主轴和尾架套筒的锥孔中。磨削时顶尖不旋转，这样头架主轴的径向圆跳动误差和顶尖本身的同轴度误差就不再对工件的旋转运动产生影响。只要中心孔和顶尖的形状正确，装夹得当，就可以使工件的旋转轴线始终不变，获得较高的圆度和同轴度。

2. 用卡盘装夹

工件在万能外圆磨床上，利用卡盘在一次装夹中磨削工件的内孔和外圆，可以保证内孔和外圆之间有较高的同轴度。

7.3.2 平面磨削工件的装夹

平面磨床上工件的装夹方法，需要根据工件的形状、尺寸和材料决定。

1. 平行平面的装夹

在平面磨削中平行平面是磨削的重点工作内容，磨削平行面需要达到的技术要求是：被磨削平面本身的表面粗糙度和平面度；两平面间的平行度及尺寸精度。

形状复杂、尺寸较大和非磁性材料（如铜、铜合金、铝等）的工件可以用螺钉、压板直接装夹在磨床工作台上，或由夹具装夹。凡是由钢、铸铁等磁性材料制造的具有两个平行平面的工件，一般都用电磁吸盘装夹。

当磨削键、垫圈、薄壁套等较小的零件时，由于工件与工作台接触面积小、吸力弱，容易被磨削力弹出造成事故，所以装夹这类工件时，需要在工件四周或左、右两端用挡铁围住，以防工件移动。

2. 垂直面的装夹

垂直平面磨削中经常采用精密平口钳或精密角铁实现装夹。

1）用精密平口钳装夹，磨削垂直面

精密平口钳的制造很精确，底座两侧面和固定钳口的工作面都严格地垂直于底座的底平面。当磨削垂直平面时，先磨平面 5 至图样要求，如图 7-5(b)所示，再将平口钳连同工件一起转过 90°，将平口钳侧面吸在电磁吸盘上，磨削垂直面 6，如图 7-5(c)所示。

另外，磨削垂直面时，还可以用导磁直角铁装夹，以及用精密 V 形架装夹，如图 7-6 和图 7-7 所示。

2）用精密角铁装夹，磨削垂直面

精密角铁相互垂直的工作平面经过刮研加工，它们之间的垂直度误差很小。磨削垂直面时，工件以精加工过的定位基准面紧贴在角铁的垂直面上，用压板和螺钉夹紧。装夹

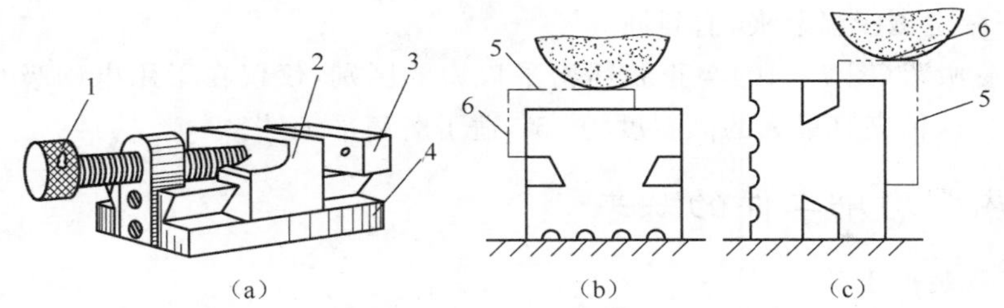

图 7－5　用精密平口钳装夹,磨削垂直面

1—螺杆；2—活动钳口；3—固定钳口；4—底座；5—平面；6—垂直面。

过程中需用百分表找正,使待加工表面处在水平位置,然后进行磨削(图 7－8)。

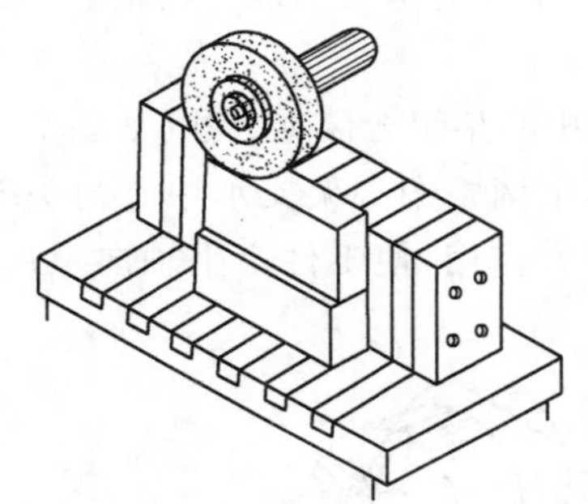

图 7－6　用导磁直角铁装夹磨削垂直面

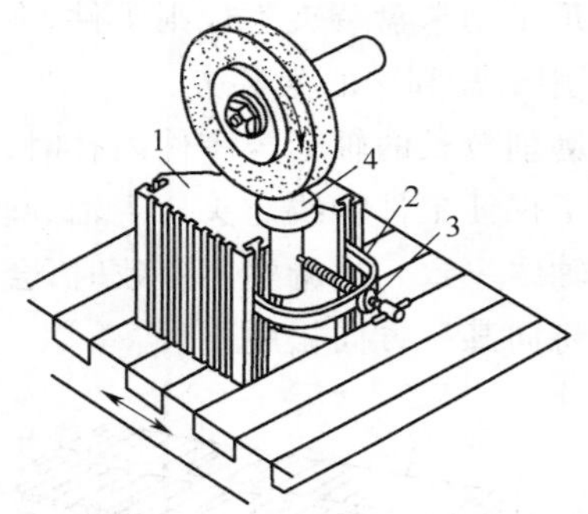

图 7－7　用精密 V 形架装夹磨削垂直面

1—V 形架；2—弓架；3—夹紧螺钉；4—工件。

3. 倾斜面的装夹

1) 用正弦精密平口钳装夹,磨倾斜面

正弦精密平口钳主要由带精密平口钳的正弦规与底座组成,如图 7－9(a)所示。将工件夹紧在平口钳中,在正弦圆柱 4 和底座 1 的定位面之间垫入块规组 5,使正弦规连同工件一起倾斜成需要的角度,将待磨削的斜面放成水平位置,如图 7－9(b)所示,便可进行磨削。磨削时正弦圆柱 2 需要用锁紧装置紧固在底座的定位面上,同时旋紧螺钉 3,以便通过撑条 6 把正弦规紧固。正弦平口钳最大转角为 45°。

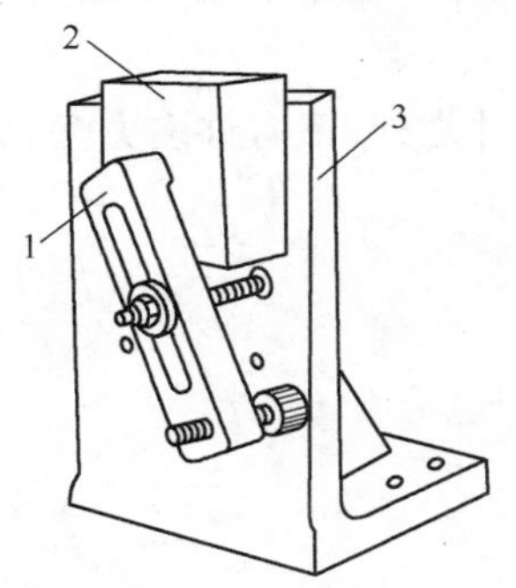

图 7－8　用精密角铁装夹,磨削垂直面

1—压板；2—工件；3—精密角铁。

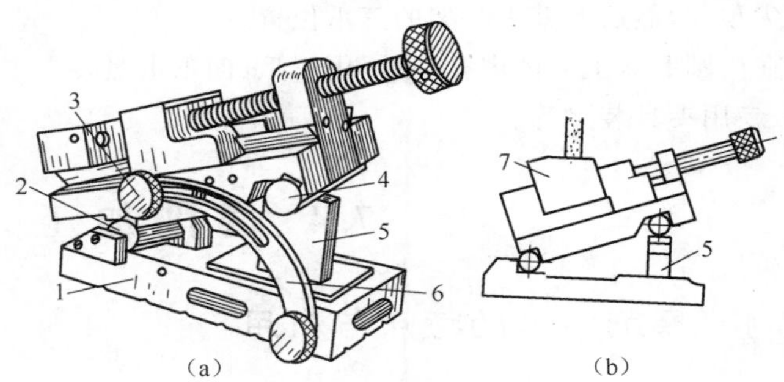

图 7－9　用正弦精密平口钳装夹,磨倾斜面

1—底座；2、4—正弦圆柱；3—紧固螺钉；5—块规组；6—撑条；7—工件。

2）用正弦电磁吸盘装夹，磨斜面

正弦电磁吸盘（图 7－10）与正弦精密平口钳的区别，仅仅在于用电磁吸盘代替平口钳装夹工件。这种夹具最大的倾斜度为 45°，适于磨扁平工件。

7.3.3 内圆磨削工件的装夹

1. 用卡盘装夹工件

三爪自定心卡盘使用方便，但定心精度较低，当装夹长工件时，工件轴线易发生偏斜，工件外端的径向跳动量较大，需进行找正；另外，对于盘形工件，则端面容易倾斜，也需校正。

四爪单动卡盘装夹不规则工件，在夹紧后，必须依工件的基准面进行校正。

2. 用卡盘和中心架装夹工件

当磨削较长的轴套类零件内孔时，可采用卡盘和中心架组合装夹方法，如图 7－11 所示。为了保证工件轴线与头架主轴旋转轴线重合，必须调整中心架支承中心与头架主轴的回转轴线一致。当调整不一致时，会因轴向附加分力作用，使工件产生轴向窜逃现象，即工件将向某一方向松脱。

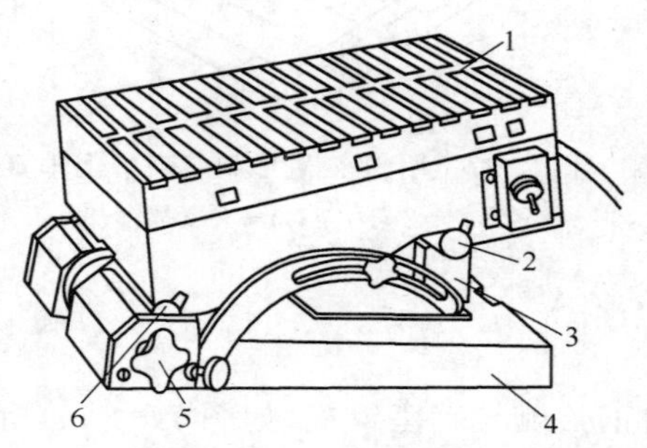

图 7－10 正弦电磁吸盘

1—电磁吸盘；2、6—正弦圆柱；3—块规；4—底座；5—锁紧正弦圆柱用的把手。

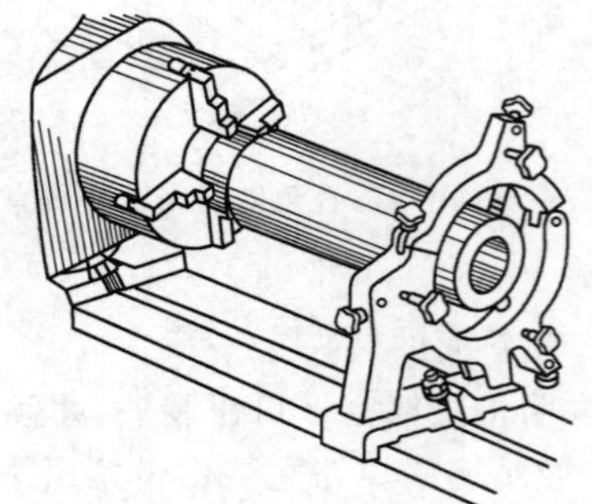

图 7－11 用卡盘和中心架装夹工件

较长的工件，可以利用万能磨床的尾架进行校正。将工件一端用卡盘夹紧，另一端用后顶尖顶住，然后调整中心架的三爪位置。

在内圆磨床上磨削内孔，除了用三爪、四爪卡盘装夹工件之外，还有许多方法，如花盘装夹、专用夹具装夹等。

7.4 磨削加工

7.4.1 磨削加工的特点与应用

根据工件被加工表面的形状和砂轮与工件的相对运动，磨削加工有外圆磨削、内圆磨削、平面磨削、无心外圆磨削等，如图 7－12 所示。

磨削加工有以下一些特点：

(1)工艺范围较广泛。在不同类型的磨床上，可分别完成内、外圆柱面，内、外圆锥面，

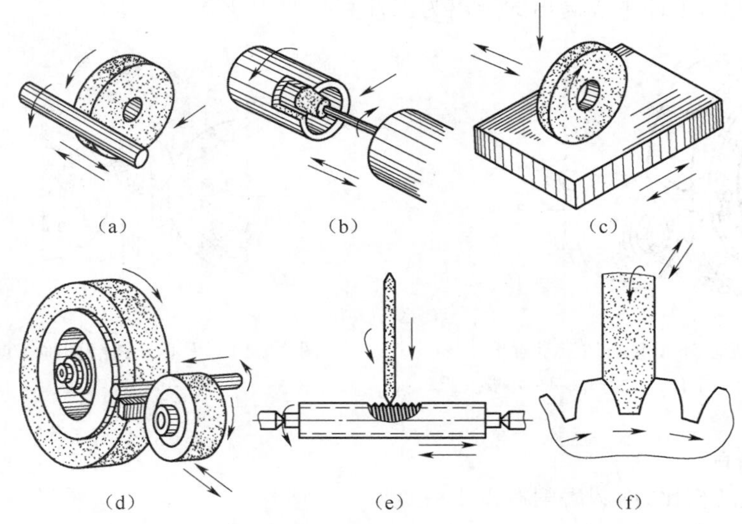

图 7－12　磨削加工方式

(a)外圆磨削；(b)内圆磨削；(c)平面磨削；(d)无心外圆磨削；(e)螺纹磨削；(f)齿轮磨削。

平面，螺纹，花键，齿轮，蜗轮，蜗杆以及如叶片榫槽等特殊、复杂的成形表面的加工。

(2)可进行各种材料的磨削。无论是黑色金属、有色金属，还是非金属材料均可进行磨削加工。尤其高硬度材料，磨削加工是经常采用的切削加工方法。

(3)可获得很高的加工精度和很小的粗糙度。磨削内、外圆的经济精度分别为 IT6～IT7 和 IT6 级，表面粗糙度 Ra 值分别为 0.2μm～0.8μm 和 0.2μm～0.4μm；磨削平面的经济精度为 IT6～IT7 级，表面粗糙度 Ra 为 0.2μm～0.4μm。所以对高精度零件，磨削加工几乎成了最终加工必不可少的手段。

(4)逐渐应用于粗加工。通常磨削只适用于半精加工和精加工，但近年来，由于高速磨削和强力磨削逐渐得到推广，磨削已用于粗加工。

7.4.2　典型磨削加工

1. 无心外圆磨削

无心外圆磨削与普通外圆磨削方法不同，工件不是支承在顶尖上或夹持在卡盘上，而由工件的被磨削外圆面本身做为定位基准。如图 7－13 所示，工件放在磨削砂轮 1 和导轮 3 之间，由托板 4 支承进行磨削。导轮 3 是用树脂或橡胶为结合剂制成的刚玉砂轮，它与工件之间的摩擦系数较大，能通过摩擦力带动工件旋转作圆周进给。导轮的线速度通常为 10m/min～50m/min，靠摩擦力带动工件旋转的线速度大致与导轮的线速度相同。而磨削砂轮是普通的砂轮，有很高的线速度，工件与砂轮之间有很大的相对速度，因而砂轮能对工件进行磨削，砂轮的线速度是磨削速度。

为了加快成圆过程和提高工件圆度，工件中心应高于砂轮和导轮的中心联线(图 7－14)，这样工件与导轮、砂轮的接触相当于在假想的 V 形槽中转动。由于工件的凸起部分 a 和 V 形槽的两侧面不可能对称地接触，因此可使工件在多次转动中磨圆。实践证明：工件中心越高，越易获得较高的圆度，磨削过程越快。但高出距离不能太大，如果高出的距离过大，则导轮对工件的垂直作用力增大，磨削时容易引起工件振动，影响加工表面的粗糙度。一般情况下,工件中心高出的距离为工件直径的15%～25%。

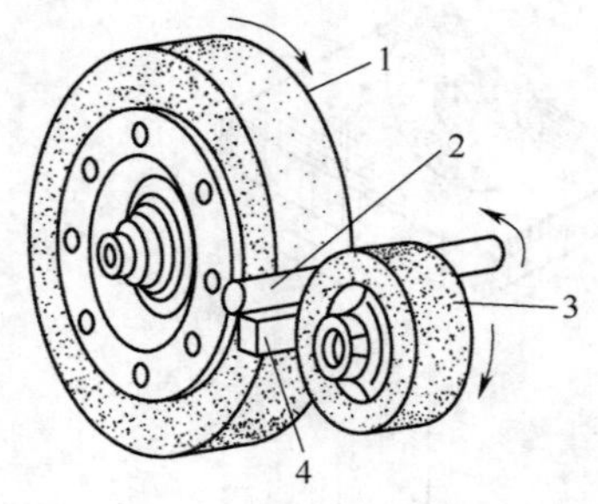

图7-13　无心外圆磨削加工示意图

1—磨削砂轮；2—工件；3—导轮；4—托板。

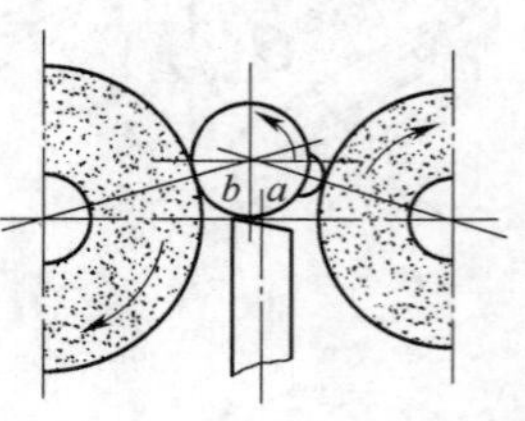

图7-14　无心外圆磨削加工原理

2. 内圆磨削

与外圆磨削相比,内圆磨削有以下特点：

(1) 磨孔时砂轮直径受到工件孔径的限制,直径较小。

(2) 为了保证正常的磨削速度,小直径砂轮转速要求较高,目前生产的普通内圆磨床砂轮转速一般为10000r/min～24000r/min,有的专用内圆磨床砂轮转速高达80000r/min～100000r/min。

(3) 砂轮轴的直径由于受孔径的限制比较细小,而悬伸长度较大,刚度较低,磨削时容易产生弯曲和振动,使工件的加工精度和表面粗糙度难于控制,限制了磨削用量的提高。

内圆磨削有普通内圆磨削、无心内圆磨、行星内圆磨削等类型。

内圆磨削用于磨削各种圆柱孔(通孔、盲孔、阶梯孔和断续表面的孔等)和圆锥孔,按其磨削方法的不同有下列几种。

1) 普通内圆磨削

普通内圆磨削如图7-15(a)所示,适用于形状规则便于旋转的工件。

磨削时,工件用卡盘或其他夹具装夹在机床主轴上,由主轴带动旋转作圆周进给运动($f_{周}$),砂轮高速旋转($n_{内}$)为主运动,同时砂轮或工件往复移动作纵向进给运动($f_{纵}$),在每次(或几次)往复行程后砂轮或工件作一次横向进给($f_{横}$)。

2) 无心内圆磨削

无心内圆磨削如图7-15(b)所示,适用于大批量生产中,外圆表面已精加工的薄壁工件,如轴承套等。

磨削时,工件支承在滚轮1和导轮3上,压紧轮2使工件紧靠导轮3,工件由导轮3带动旋转,实现圆周进给运动。砂轮除完成主运动外,还作纵向进给运动和周期横向进给运动。加工结束时,压紧轮沿箭头A方向摆开,以便装卸工件。

3) 行星内圆磨削

行星内圆磨削如图7-15(c)所示,适用于磨削大型或形状不对称且不便于旋转的工件。

磨削时,工件固定不转,砂轮除绕其自身轴线高速旋转实现主运动($n_{内}$)外,同时还绕被磨内孔的轴线公转,以实现圆周进给运动($f_{周}$)。纵向往复运动($f_{纵}$)由砂轮或工件完

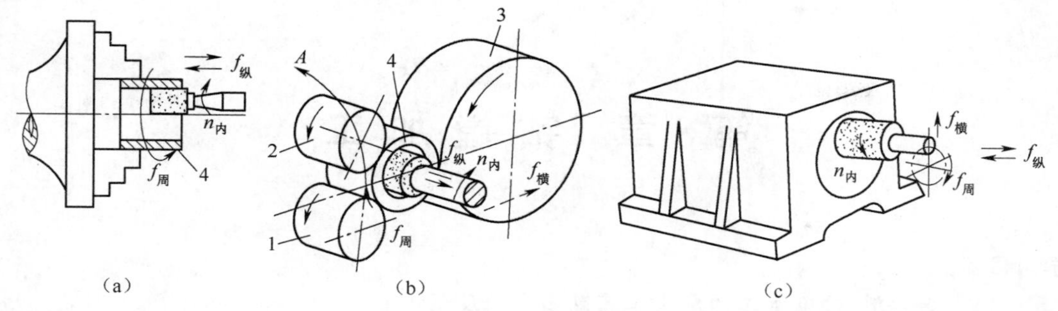

图 7－15　内圆磨削方式

1—滚轮；2—压紧轮；3—导轮；4—工件。

成。周期性改变与被磨内孔轴线间的偏心矩，即增大砂轮公转运动的旋转半径，可实现横向进给运动（$f_{横}$）。

思考题

1. 试述磨削加工的特点。
2. 简述无心外圆磨削的工作原理。在无心外圆磨床上加工工件时，工件的中心为什么高于砂轮与导轮的中心连线？
3. 简述反映砂轮切削性能的基本要素及含义。
4. 简述内圆磨削的类型及适用场合。
5. 垂直平面磨削时，常用的工件的装夹方法有哪些？
6. 在 M1432A 磨床上磨削圆锥面时，机床的调整方法有哪些？

第8章 钻镗加工

学习目标：

(1)掌握钻削、镗削加工的加工工艺范围和精度范围。

(2)掌握常见的钻床、镗床的种类、加工范围和特点。

钻削加工和镗削加工是孔加工的重要方法。

8.1 钻削加工

钻削加工是在钻床上使用钻头对实体进行孔加工，其主要加工方法有钻孔、扩孔、铰孔、攻螺纹等。加工时，工件固定不动，刀具作旋转主运动，同时沿轴向移动作进给运动。钻床一般用于加工直径不大、精度要求较低的孔，其加工方法如图 8－1 所示。

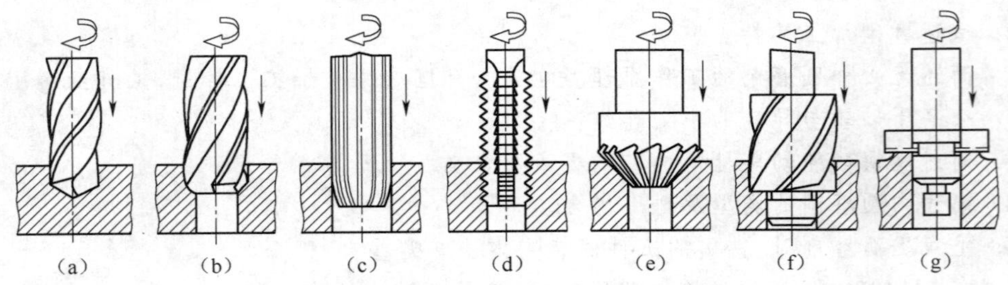

图 8－1 钻床的加工方法

(a)钻孔；(b)扩孔；(c)铰孔；(d)攻螺纹；(e)、(f)锪埋头孔；(g)锪端面。

钻床主要有台式钻床、立式钻床、摇臂钻床以及专门化钻床等类型。

8.1.1 立式钻床

立式钻床是一种应用较广的钻床，其特点是主轴轴线垂直布置，且位置固定，如图 8－2所示。它主要由工作台、主轴、主轴箱、立柱、进给操纵机构等部件组成。主轴箱 3 中由主运动和进给运动变速传动机构、主轴部件和操纵机构等组成。加工时，主轴箱固定不动，由主轴随同主轴套筒在主轴箱中作直线移动来实现进给运动；利用装在主轴箱上的进给操纵构 5，使主轴实现手动快速升降、手动进给、接通和断开机动进给；被加工工件直接或通过夹具装夹在工作台 1 上，工作台和主轴箱均装在方形立柱上，并可以上下调整位置，以适应加工不同高度的工件。立式钻床的传动原理如图 8－3 所示，其主轴旋转方向的变换有电动机正、反转实现。

使用立式钻床加工工件上同一方向的多个平行孔，因其主轴在水平方向固定不动，只能通过移动工件实现，因而操作不便，生产率较低，常用于单件、小批量生产中的中、小型工件加工。

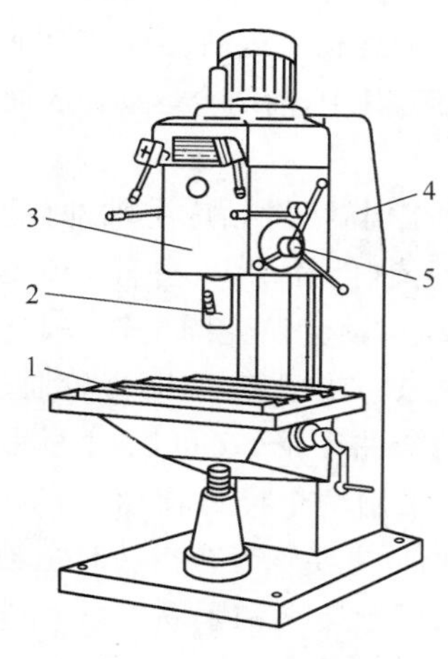

图 8-2　立式钻床

1—工作台；2—主轴；3—主轴箱；4—立柱；5—进给操纵机构。

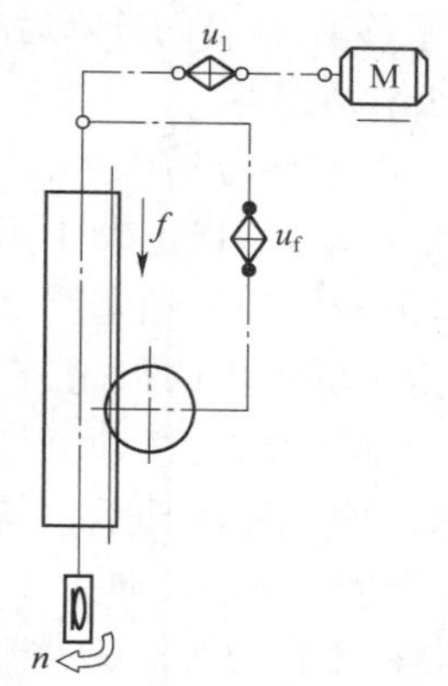

图 8-3　立式钻床传动原理图

8.1.2　摇臂钻床

摇臂钻床适用于在结构尺寸较大且较重的工件上钻孔，因其通过移动工件找正较为困难，加工时，工件固定不动，通过调整主轴的坐标位置来实现钻孔加工的找正。

1. 主要组成部件

图 8-4 为常用的 Z3040 摇臂钻床，它由底座、立柱、升降丝杠、摇臂、主轴箱、主轴、工作台等部件组成。底座 1 上除装有立柱外，还可以安装工作台 6 或直接安装夹具、装夹工件；立柱 2 为内、外两层，内立柱固定在底座 1 上，外立柱由滚动轴承支承，并带动摇臂 3 绕立柱转动；摇臂可沿外立柱轴向移动（垂直升降），以便加工不同高度的工件；主轴箱 4 可沿摇臂的导轨作水平移动，以调整主轴 5 的坐标位置；为使机床在加工时有足够的刚

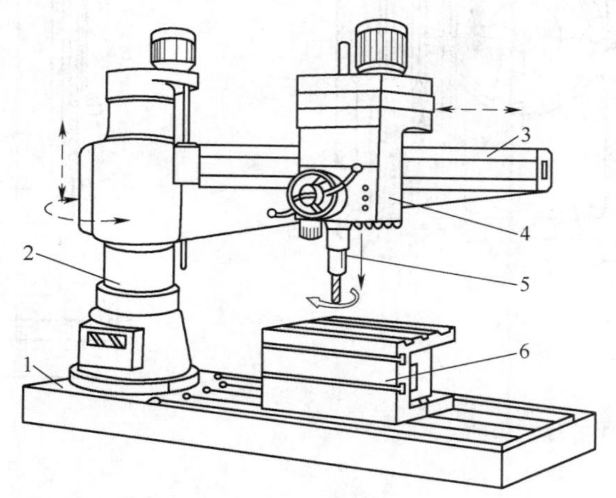

图 8-4　Z3040 摇臂钻床

1—底座；2—立柱；3—摇臂；4—主轴箱；5—主轴；6—工作台。

度，并使主轴调整后的位置保持不变，摇臂钻床设有立柱、摇臂及主轴箱的夹紧机构。摇臂钻床被广泛应用于大、中型零件的加工，其运动由主轴的旋转主运动、主轴的轴向进给运动、主轴箱沿摇臂的水平移动、摇臂的升降运动及回转运动等，其中，前两个运动为表面成形运动。

2. 主要部件结构

图 8－5 为 Z3040 摇臂钻床主轴部件。钻削加工时，摇臂钻床主轴部件既作旋转主运动，又作轴向进给运动，所以主轴 1 用轴承支承在主轴套筒 2 内，主轴套筒装在主轴箱体的镶套 13 中，由齿轮 4 和主轴套筒 2 上的齿条驱动主轴套筒连同主轴一起作轴向进给运动；主轴的旋转由主轴箱内的齿轮经主轴尾部（上端）的花键传入，而齿轮通过轴承支承在主轴箱体上，使主轴卸荷，这样，既可以减少主轴的弯曲变形，又可以使主轴移动轻便；主轴的径向支承采用两个深沟轴承；主轴的轴向支承采用两个推力轴承，前端的推力球轴承承受钻削加工时产生的向上轴向力，后端的推力球轴承主要承受在空转时主轴的重量，轴承间隙由螺母 3 调整；主轴的头部（下端）有莫氏锥孔，用于装夹和紧固刀具，主轴的头部有两个横向腰形孔，用于传递扭矩和卸下刀具。

由于摇臂钻床的主轴部件是垂直安装，需要有平衡装置平衡其重力，使上、下移动时操纵力基本相同，并得到平稳的轴向进给，在摇臂钻床上设有弹簧凸轮平衡装置。由弹簧 8 产生的弹力，经链条 5、链轮 6、凸轮 9、齿轮 10 和 4 作用在主轴套筒 2 上，与主轴部件重力平衡。

立柱是摇臂钻床的主要支撑件，它承受着摇臂和主轴箱的全部重力以及钻削加工时的切削力，并需保持摇臂能实现升降和旋转运动。其结构有多种类型，Z3040 摇臂钻床的立柱采用圆形双柱式结构，这种立柱机构由圆柱形的内、外两层立柱组成，如图 8－6 所

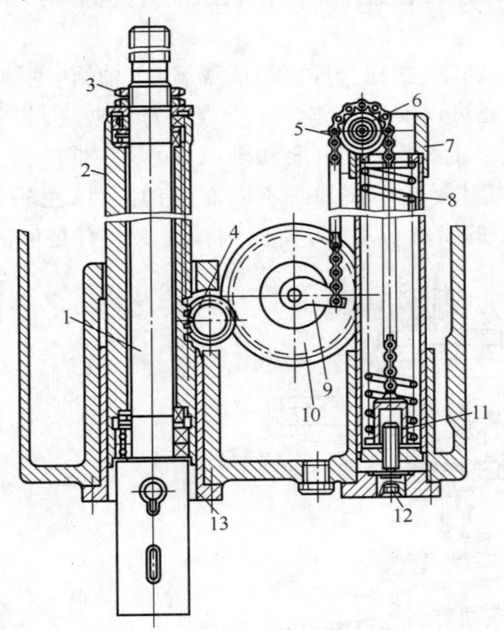

图 8－5　Z3040 摇臂钻床的主轴部件

1—主轴；2—主轴套筒；3—螺母；4—小齿轮；5—链条；6—链轮；7—弹簧座；8—弹簧；9—凸轮；10—齿轮；11—套；12—内六角螺钉；13—镶套。

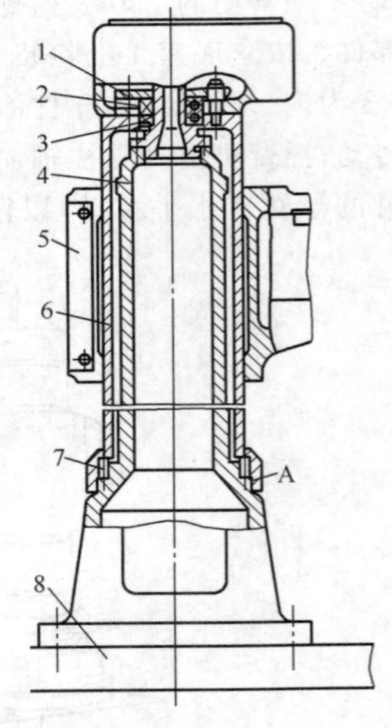

图 8－6　立柱

1—平板弹簧；2—推力球轴承；3—深沟球轴承；4—内立柱；5—摇臂；6—外立柱；7—滚柱链；8—底座；A—圆锥面。

示。内立柱 4 用螺钉紧固在机床底座 8 上，外立柱 6 通过上部的推力球轴承 2 和深沟球轴承 3 及下部的滚柱链 7 支承在内立柱上，摇臂 5 以其一端的套筒部分套在外立柱上，并以导键与立柱连接(图中未示出)。调整主轴位置时，摇臂和外立柱一起绕内立柱转动；同时，摇臂又可相对外立柱作升降运动。当调整到所需位置后，利用夹紧机构产生的向下夹紧力，迫使平板弹簧 1 变形，使外立柱向下移动，并压紧在圆锥面 A 上，依靠锥面间的摩擦力将外立柱锁紧在内立柱上。

8.1.3 典型钻削加工

1. 钻孔

1)麻花钻

用钻头在实体上钻出孔来，称为钻孔。使用的刀具称为钻头，又称麻花钻，它由颈部、柄部和工作部分组成，如图 8-7 所示。钻头的柄部是钻头的夹持部分，用来传递钻孔时所需的扭矩和轴向力。钻头的柄部有锥柄和直柄两种形式。直柄传递的扭矩较小，一般直径小于 12mm 的钻头为直柄，大于 12mm 的钻头为锥柄。

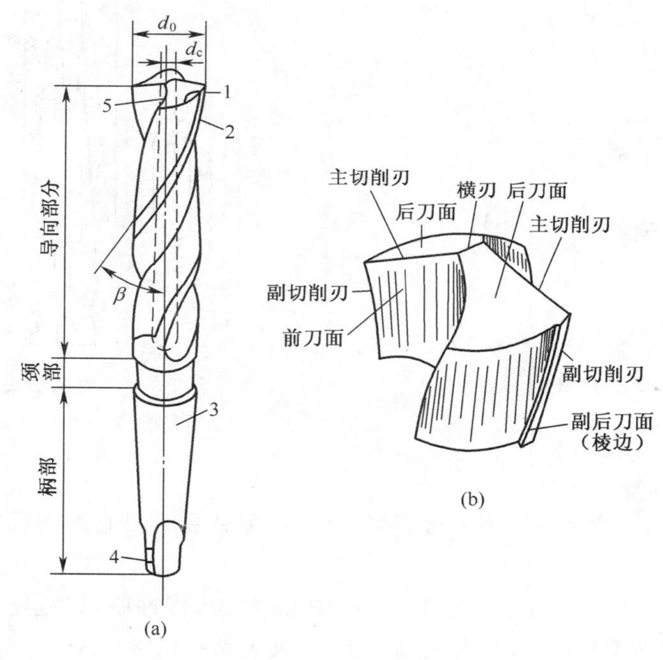

图 8-7 麻花钻

(a)麻花钻组成；(b)切削部分。

1—刃瓣；2—棱边；3—莫氏锥柄；4—扁尾；5—螺旋槽。

钻头的工作部分包括切削部分和导向部分。导向部分的作用是在钻孔时起引导作用，也是切削部分的备磨部分，它有两条对称的螺旋槽，用来形成切削刃及前角，并起排屑和输送切削液的作用，其径向尺寸决定了麻花钻的直径(d_0)。为了减少摩擦面积并保持钻孔的方向，在钻头工作部分外螺旋面上做出两条窄的棱边；钻头的外径略带倒锥，前大、后小，每 100mm 长度上减小 0.05mm～0.1mm；两条螺旋形刃瓣中间由钻芯相连，以保证刃瓣的连接强度，钻芯直径 $d_c=(0.125\sim0.15)d_0$，并从切削部分到尾部方向制成正锥（前小、后大）。

钻头的切削部分起主要的切削作用，它有两个主切削刃。

螺旋槽表面即为钻头的前刀面，切削部分顶端的两曲面为主后刀面，钻头的棱边为副后刀面。前刀面与后刀面的交线是主切削刃，两个主切削刃在与它们平行的平面中相交的角度，称为钻头的顶角（2ϕ），一般 $2\phi=118^\circ\sim120^\circ$。两个主后刀面的交线是横刃，在其他刀具上是没有的，是钻头的一个重要特点，在横刃处切削条件很差。麻花钻螺旋槽上最外缘的螺旋线展开成直线后与麻花钻轴线之间的夹角称为螺旋角（β）。

2）刀具的安装

因钻头柄部不同，其装夹方法也不同。直柄钻头可用钻夹头装夹，如图 8－8 所示。锥柄钻头可直接装在机床主轴的锥孔内。锥柄尺寸较小时，可用过渡套筒安装，如图8－9所示。卸刀具时要用手握住刀具，以免打击刀具时刀具落下，损伤刀具和机床。

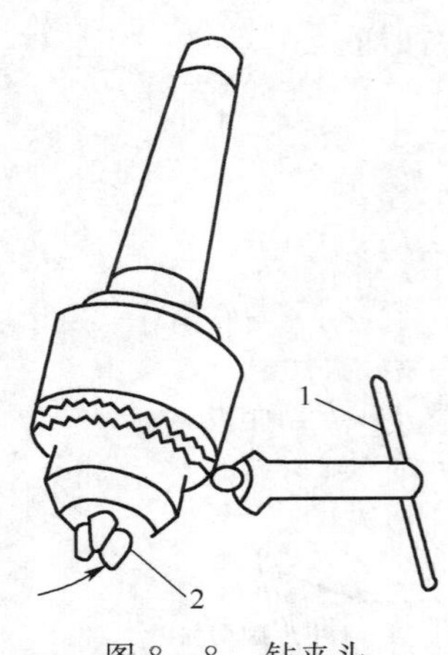

图 8－8　钻夹头

1—紧固扳手；2—自动定心夹爪。

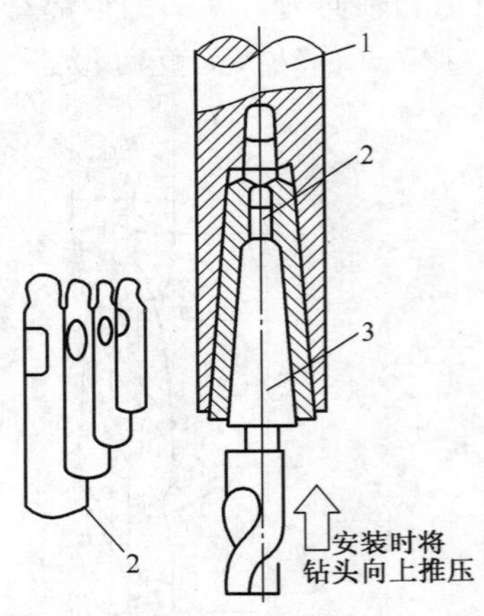

图 8－9　锥柄钻头安装

1—钻床主轴；2—过渡套筒；3—钻头。

3）钻孔方法及注意事项

（1）刃磨钻头时，两个主切削刃刃磨要对称，以免钻孔时引起颤动或因所钻孔的歪斜致使孔径扩大。

（2）单件、小批生产时，钻孔前要划线，孔中心要打出样冲眼，以起定心作用。大批量生产时，广泛应用钻模钻孔，即可免去划线工作，又可钻孔精度提高。

（3）孔径超过 30mm 时，应分两次钻孔，先钻一个小孔，以减小轴向力。

（4）在斜面上钻孔，必须先用中心钻钻出定心坑，或用立铣刀铣出一个平面。

（5）钻孔时，进给速度要均匀。钻通孔时，工件下面要垫上垫板或把钻头对准工作台空槽，将要钻通时，进给量要减小。

（6）工件材料较硬或钻孔较深时，在钻孔过程中要不断将钻头抬起，方便排出切屑，并防止钻头过热；钻削韧性材料时，要加切削液。

（7）为了操作安全，钻孔时，身体不要贴近主轴，不得戴手套，手中也不得拿棉纱；切屑要用毛刷清理，不得用手抹或用嘴吹；工件必须放平稳并夹牢固。

钻孔时由于切屑切除量大，会严重擦伤孔壁；钻头切削部分冷却条件较差，切削温度高，因此，钻孔加工的生产率较低，加工精度、加工质量不高，是一种粗加工，常用于贯穿螺栓、螺钉用孔、润滑通道孔以及一些内螺纹在攻丝前的钻孔。

2. 扩孔

对于中等精度的孔，必须在钻孔后再进行扩孔或镗孔。扩孔时使用的扩孔钻如图 8－10所示，它同麻花钻的基本区别如下：

(1)排屑槽及切削刃不是两条，而是三四条，而且排屑槽浅，钻心大，因而使扩孔钻的刚度提高。

(2)由于有三四条棱边进行导向，提高了扩孔时的稳定性。

(3)扩孔钻没有横刃，切削条件较钻孔有明显改善，可以获得较高精度和较小的表面粗糙度，其尺寸精度一般为 IT10～IT9，表面粗糙度 Ra 为 6.3μm～3.2μm。

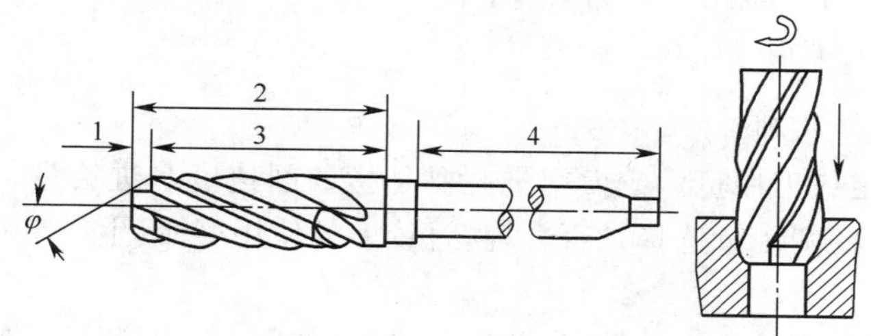

图 8－10　扩孔钻

1—切削部分；2—工作部分；3—导向部分；4—柄部；φ—钏角。

零件上的螺栓紧固孔，往往带有凸台、锥形或柱形沉孔，可以钻孔后再用锪钻加工，如图 8－1(e)、(f)、(g)所示。

3. 铰孔

为了加工较精密孔，可在扩孔后再进行铰孔。铰刀是对中、小尺寸的孔进行半精加工和精加工的常用刀具。

1)铰刀

图 8－11 为铰刀，与扩孔钻的区别如下：

(1)刀刃多(6 个～12 个)，排屑槽很浅，刀芯截面很大，所以铰刀的刚度和导向性较扩孔钻更好。

(2)铰刀本身的精度很高，而且具有修光部分，可以校准孔径和修光孔壁。

(3)铰刀的切削余量很小(粗铰为 0.15mm～0.35mm，精铰为 0.05mm～0.15mm)、切削速度很低，所以切削力和切削热都较微弱。因此，铰削的加工精度可达 IT8～IT6、表面粗糙度为 Ra0.4μm～0.2μm。

铰刀有手工铰刀(图 8－12、直柄)和机铰刀(锥柄)两种，其主要区别是：手工铰刀的刀刃锥角非常小(0.5°～1.5°)；机铰刀则较大，加工钢时刃锥角为 1.5°，加工铸铁时为 3°～5°，所以在外观上手铰刀的工作部分比机铰刀长得多。由于手工铰孔时没有机床振动的影响，刃锥角又小，切屑极薄，因此，加工质量比机铰高。

铰刀工作部分长度取(0.8～3)d(d 为铰刀外径)，手铰刀取大值，机铰刀取小值。铰刀一般用合金工具钢制作。

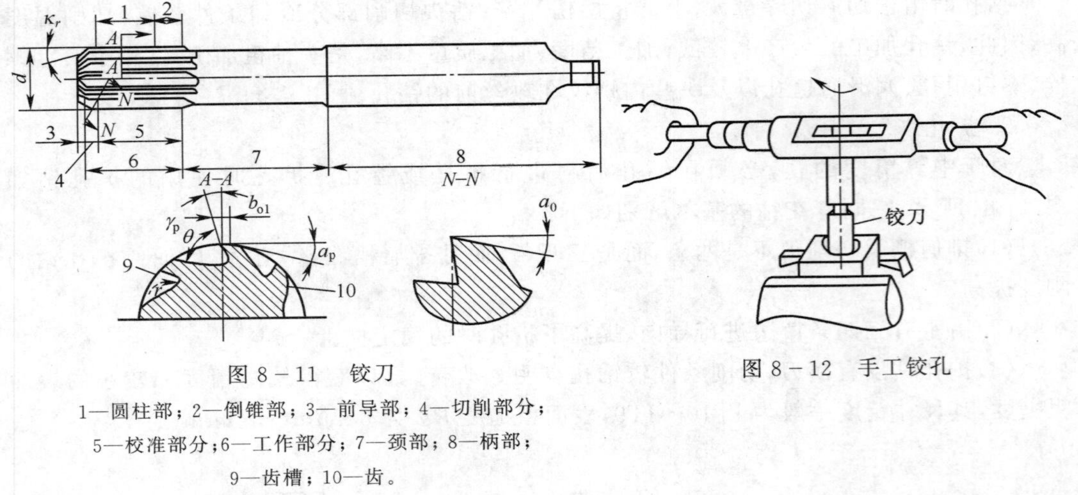

图 8－11　铰刀

1—圆柱部；2—倒锥部；3—前导部；4—切削部分；
5—校准部分；6—工作部分；7—颈部；8—柄部；
9—齿槽；10—齿。

图 8－12　手工铰孔

2)铰孔时的注意事项

(1)合理地确定铰刀用量。铰刀用量主要是指铰削速度和进给量，一般较小，其选择可参考有关手册。铰削用量选择是否合理，对铰刀的使用寿命、生产率和铰削质量都有直接的影响。

(2)手工铰孔时，用铰杠转动铰刀，并轻压进给，如图 8－12 所示。铰刀在孔中不能倒转，否则铰刀和孔壁之间易于挤住切屑，造成孔壁划伤和切削刃崩裂。

(3)机铰时要在铰刀退出孔后再停车，以免划伤孔壁。铰通孔时，铰刀校准部分不能全部露出孔外，以免划伤出口处。

(4)铰钢制工件时，应经常清除切屑并加切削液进行润滑和冷却，以提高加工质量。

上述钻孔、扩孔和铰孔只能保证加工孔本身的精度及表面粗糙度，对于空间距离的尺寸精度可利用夹具或镗孔来保证。

4. 其他钻孔方法

在工程中常需加工孔长度与直径之比(称为深径比)大于 5 的深孔，如油缸孔、主轴孔、润滑油孔等。对于深径比为 5～20 的普通深孔，可在车床或钻床上用加长钻头加工；对深径比为 20 以上的深孔，应在深孔钻床上用深孔钻加工；对于要求较高且直径较大的深孔，可以在深孔镗床上加工。

深孔加工比普通孔加工的难度大得多，主要原因如下：

(1)刀具导向部分和柄部细长，刚度很低，加工时易产生弯曲变形和振动，使孔位置偏斜，难以保证孔的加工精度。

(2)切削液喷注和切屑排出都很困难，切削热不易导出。

针对深孔加工的特点，对深孔加工刀具有以下要求：足够的刚度和良好的导向性，可靠的断屑和排屑功能，有效的冷却和润滑功能。

深孔钻分为外排屑深孔钻和内排屑深孔钻。

1)外排屑深孔钻

图 8－13 为单刃外排屑深孔钻，由于这种深孔钻最初用于加工枪管，故又称为枪钻。它只有一个切削刃，整个钻头是空心的排屑槽很大。钻削时，高压切削液从钻头尾部沿孔

喷向头部，进行强迫冷却，然后切削液带着切屑沿槽挤向尾部，排出孔外，这种加工是在深孔钻床上进行的，用于加工 ϕ 为 3mm～20mm 的小直径深孔，深径比可达 100 以上，加工精度为 IT10～IT8，表面粗糙度 Ra 为 3.2μm～0.8μm。加工时，工件旋转，刀具不转，这样可以保证被加工孔的轴线不会歪斜，这对于深孔加工非常重要。深孔钻床的外形类似于卧式普通车床。

枪钻的切削部分可用高速钢或硬质合金制造。

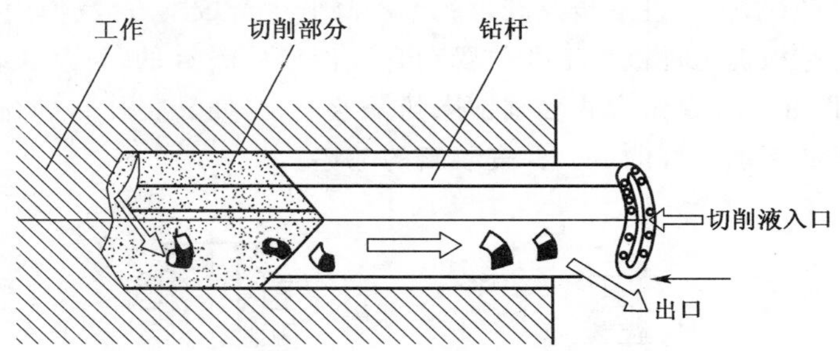

图 8-13　单刃外排屑深孔钻

2)内排屑深孔钻

图 8-14 为内排屑深孔钻，又称为 BTA 或炮钻，刀齿采用硬质合金刀片焊接在刀体上，彼此间交错排列。切削液由钻杆与孔壁之间的空隙高压输入至切削区对钻头冷却和润滑，然后连同切屑从钻杆内孔排出，故称为内排屑。BTA 深孔钻主要用于钻削直径 ϕ 为 20mm～120mm、深径比 100 以内的深孔，加工精度为 IT7～IT9，表面粗糙度为 Ra6.3μm～1.6μm。

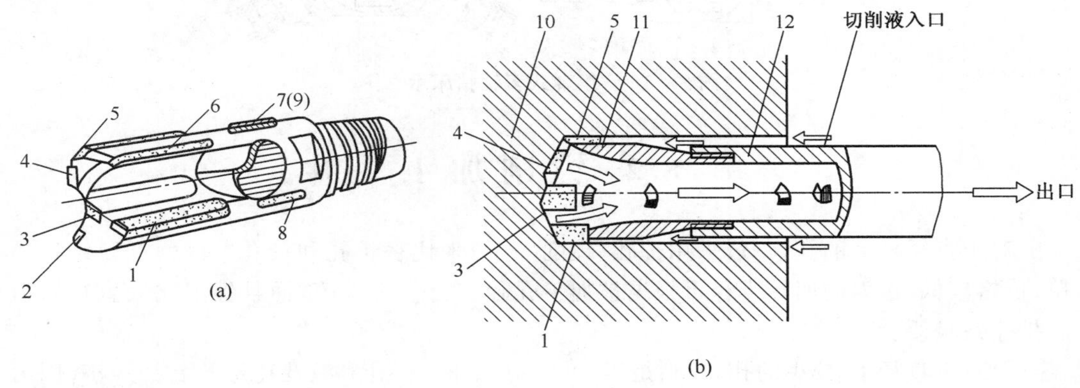

图 8-14　内排屑深孔钻

(a) 外形图；(b)工作原理。

1、2、3—刀片；4、5、6、7、8、9—导向块；10—工件；11—钻头；12—钻杆。

新型的内排屑深孔钻有喷吸钻等。

生产中在大直径棒料上加工直径较大的孔(如空心轴)，可以应用套料刀进行加工，如图 8-15 所示。套料刀的端部镶嵌数片切刀，后端则有若干导向块。工件精加工后留下的芯料可作他用，这种方法既省工又省料。

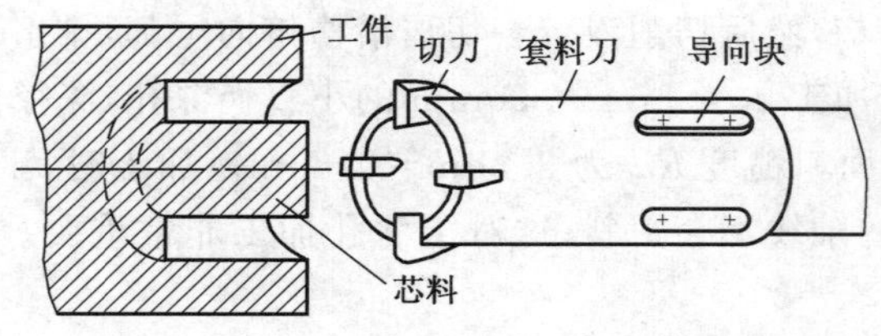

图 8－15　套料刀

在大批量生产中，为了进一步提高生产率和降低生产成本，广泛使用多轴钻床和组合机床。这类机床是根据工件被加工孔位置和直径而专门设计的，可从工件的一面或若干个面同时加工，图 8－16 是组合式多轴钻床的示意图，当回转工作台转位 360°后，便可在正前方的工位上卸下加工好的成品并安装新的毛坯。

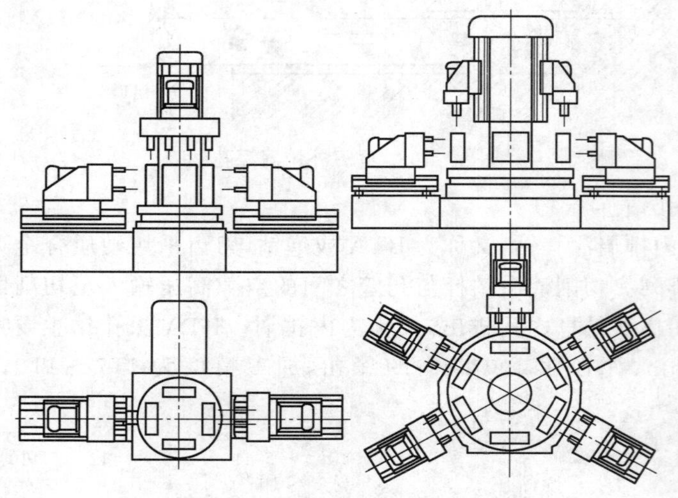

图 8－16　组合式多轴钻床示意图

8.2　镗削加工

对于直径较大的孔，一般采用镗孔(镗削加工)来代替扩孔和铰孔。因为镗刀结构简单、价格较低，镗刀的回转半径可根据被加工孔径进行任意调节，而且镗刀比大直径铰刀和扩孔钻轻便。

但对于直径 D 较小的孔，特别是当 $D<25\text{mm}$ 时，扩孔和铰孔比镗孔更为经济，因为在这种情况下，扩孔和铰孔由于生产率较高而取得的经济效果，超过了刀具成本较高而付出的代价。下面介绍几种用于镗削加工的机床及其典型的加工方法。

1. 在车床上镗孔

在车床上用卡盘安装工件进行镗孔(图 8－17)，适用于加工简单工件上的单轴线孔。若工件外形较复杂，则可把工件安装在花盘角铁上，并把被加工孔的中心线调整到和车床主轴同心。

当工件外形更复杂，难于作回转运动时，还可将车床进行简单的改装，将车床的刀架卸除，大拖板改成工作台，可作纵向进给运动。在前、后顶针间安装镗刀杆。

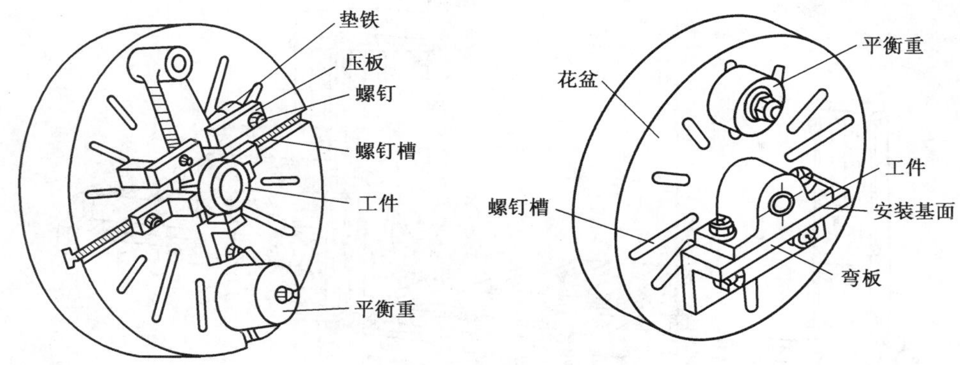

图 8－17　花盘角铁安装

在车床上进行上面两种加工时,工件的安装和调整、整个系统的刚度和稳定性都有不足之处。所以在此基础上又发展成一种专门对形体复杂的零件进行孔加工的机床——镗床。

镗床通常用于加工尺寸较大、精度要求较高的孔,特别是分布在不同表面上,孔距和位置精度(平行度、垂直度和同轴度等)要求都很严格的孔系,如各种箱体、汽车发动机缸体等零件上的孔系加工。镗削前的预加工孔一般是在工件毛坯上铸出孔或经过粗钻而形成的孔。镗床的主要类型有卧式铣镗床、坐标镗床和金刚镗床等。

2. 卧式铣镗床

在一些箱体零件(如机床主轴箱和变速箱等)中,需要加工数个尺寸不同的孔,通常,这些孔的尺寸较大,精度要求较高,在孔的轴心线之间有严格的同轴度、垂直度、平行度及孔间距精度等要求。此外,这些孔的中心线往往是和箱体的基准面平行。这种零件在一般立式钻床或摇臂钻床上加工,必须应用一定的工艺装备,否则就比较困难。这时,根据工件的精度要求,可在卧式镗床或坐标镗床上加工。

在卧式铣镗床上可以进行孔加工、车端面、车凸缘的外圆、车螺纹和铣平面等工作,这种机床工作的万能性较大,所以习惯上又称为万能镗床。

卧式铣镗床(图 8－18)由底座 10、主轴箱 8、前立柱 7、后支架 1 的后立柱 2、下滑座 11、上滑座 12 和工作台 3 等部件组成。加工时,刀具装在主轴箱 8 的镗轴 4 或平旋盘 5 上,由主轴箱 8 可获得各种转速和进给量。主轴箱 8 可沿前立柱 7 的导轨上、下移动。工件安装在工作台 3 上,可与工作台一起随下滑座 11 或上滑座 12 作纵向或横向移动。此外,工作台 3 还可绕上滑座 12 的圆导轨在水平面内调整至一定的角度位置,以便加工互相成一定角度的孔或平面。装在镗轴上的镗刀还可随镗轴作轴向运动,以实现轴向进给或调整刀具的轴向位置。当镗轴及刀杆伸出较长时,可用后支架 1 支承它的左端,以增加镗轴和刀杆的刚度。当刀具装在平旋盘 5 的径向刀架上时,径向刀架可带着刀具作径向进给。卧式铣镗床典型加工方法如图 8－19 所示。

3. 落地镗床及落地铣镗床

在重型机械制造厂中,某些工件庞大而笨重,加工时移动很困难,这时,希望工件在加工过程中固定不动,运动由机床部件来实现。因为,机床部件的质量比工件轻,由较轻的部分来实现运动,往往可使机床结构简单紧凑些。因此,在卧式铣镗床的基础上,产生了

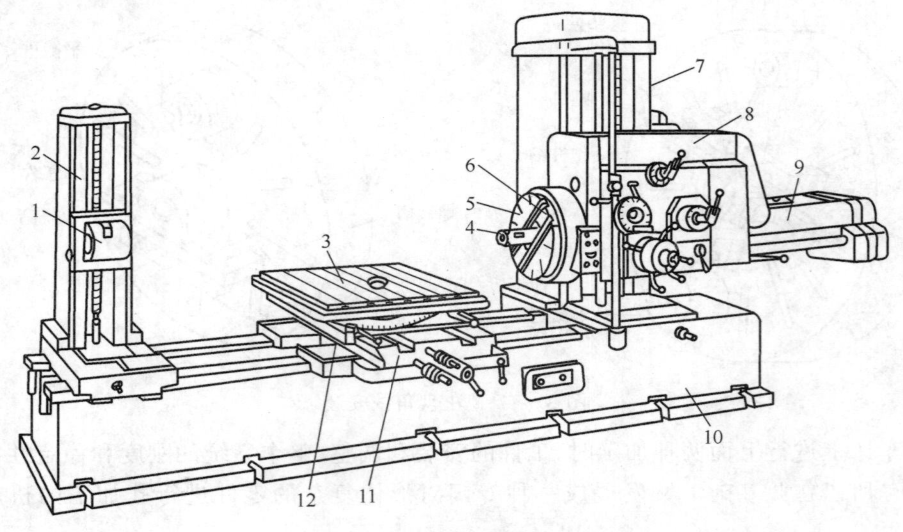

图 8-18　卧式铣镗床外形

1—后支架；2—后立柱；3—工作台；4—镗轴；5—平旋盘；6—径向溜板；7—前立柱；8—主轴箱；9—后尾筒；10—底座；11—下滑座；12—上滑座。

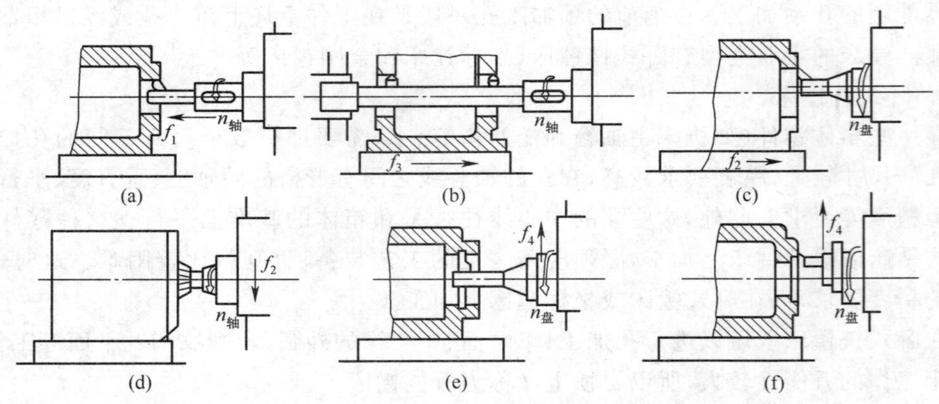

图 8-19　卧式铣镗床典型加工方法

落地镗床。落地镗床的外形如图 8-20 所示。落地镗床设有工作台(平板)，工件直接固定在地面的平板上。镗轴的位置，是由立柱沿床身导轨作横向移动及主轴箱沿立柱导轨作上、下方向移动，来进行调整。落地镗床比卧式铣镗床大，它的镗轴直径在 125mm 以上。落地镗床是用于加工大型零件的重型机床，因此它具有下列主要特点：

(1)万能性大。大型工件装夹及找正困难而且费时，因此希望尽可能在一次安装，将全部表面加工出来，所以落地镗床的万能性较大，机床可以进行镗、铣、钻等各种加工。

(2)由于机床庞大，为使操纵方便，通常是用悬挂式操纵板或操纵台集中操纵。

(3)由于机床的移动部件质量大，为了提高其移动灵敏度，避免产生爬行现象，新型机床中往往使用静压导轨或滚动导轨。

(4)为了观察部件位移方便，新式的落地镗床大多备有移动部件(如立柱、主轴箱及镗轴等)位移的数码显示装置，以节省观察及测量位移的时间和减轻工人劳动强度。

很多大型工件，除了需镗孔外，往往还需铣削平面和钻孔等加工。据统计，铣削工作

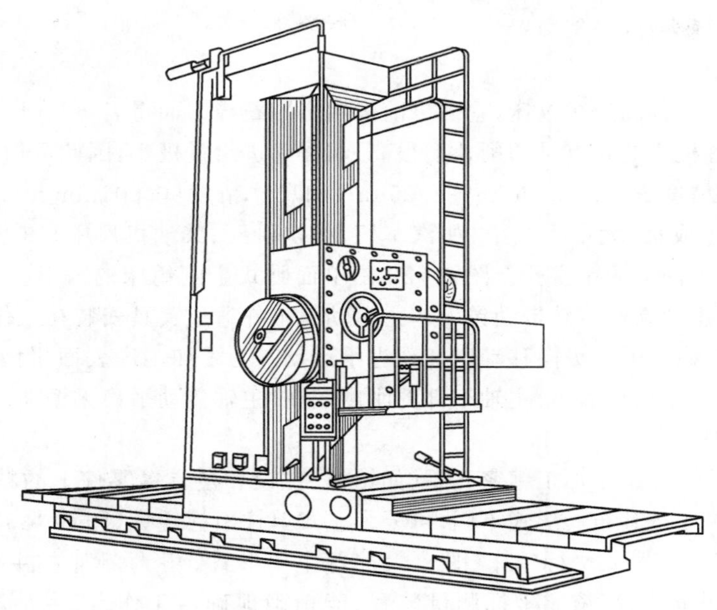

图 8-20　落地镗床外形

量占总工作量的46%～52%。为了提高铣削的生产效率和加工精度，近20年来，在落地镗床的基础上发展了以铣削为主的落地铣镗床，如图8-21所示。这种机床与落地镗床的主要区别是主轴箱中具有与铣削主轴一起伸出的滑枕，其他部分两者基本相同。滑枕截面形状通常是圆形、方形或矩形，滑枕的截面尺寸很大（如X3926落地铣镗床为470mm×500mm），刚度较高，加工时用它来支承主轴或安装附件，因此，可以扩大工艺范围及提高加工精度。滑枕长而且重，当它的伸出长度变动时，由于重心位置改变，使它前端的挠度也发生了变化，产生“低头”。“低头”严重地影响加工质量，因此，目前的落地铣

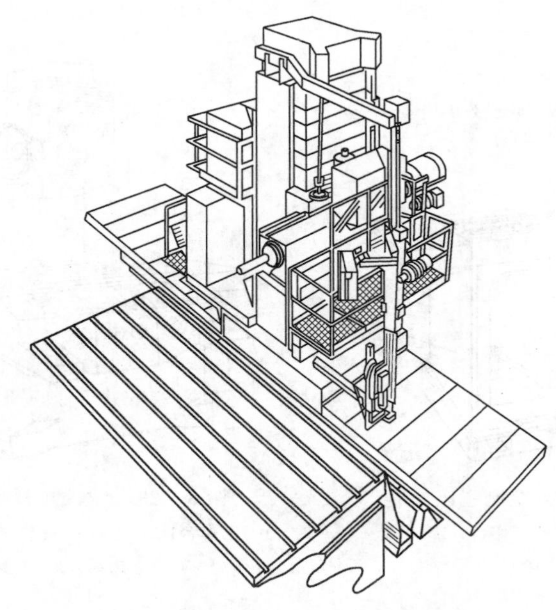

图 8-21　落地铣镗床外形

镗床都有滑枕“低头”的补偿装置。

4．金刚镗床

金刚镗床是一种高速精镗床，它因以前采用金刚石镗刀而得名，现在已广泛使用硬质合金刀具。这种机床的特点是切削速度很高，切深和进给量极小，因此可加工出质量很高的表面（表面粗糙度 Ra 为 0.16μm～1.25μm）和尺寸精度（0.003mm～0.005mm）。金刚镗床主要用于成批、大量生产中（如汽车厂、拖拉机厂、柴油机厂中）加工连杆轴瓦、活塞、油泵壳体等零件上的精密孔。图 8－22 是单面卧式金刚镗床的外形。机床的主轴箱固定在床身上，主轴高速旋转带动镗刀作主运动。工件通过夹具安装在工作台上，工作台沿床身导轨作平稳的低速纵向移动以实现进给运动。为了加工出表面粗糙度 Ra 值小的表面，金刚镗床的主轴短而粗，主轴组件的刚度较高，主轴传动平稳无振动。

5．坐标镗床

坐标镗床是一种用于加工精密孔系（如钻模、镗模和量具等零件上的精密孔）的高精度机床。坐标镗床按其布局形式不同，可分为立式单柱坐标镗床（图 8－23）、立式双柱坐标镗床（图 8－24）和卧式坐标镗床（图 8－25）等主要形式。坐标镗床的主要特点是具有坐标位置精密测量装置，依靠坐标测量装置，能精确地确定工作台、主轴箱等移动部件的位移量，实现工件和刀具的精确定位。坐标镗床主要零部件的制造和装配精度很高，具有良好的刚度和抗振性。坐标镗床除镗孔外，还可进行钻孔、扩孔、铰孔、锪端面以及铣平面和沟槽等加工。镗削孔的尺寸精度可达 IT5 以上，坐标位置精度可达 0.002mm～0.01mm，因其具有很高的定位精度，故还可用于精密刻线、精密划线、孔距及直线尺寸的精密测量等。所以，坐标镗床是一种用途比较广泛的精密机床。过去，坐标镗床主要用在工具车间的单件生产，近年来也逐渐应用到生产车间中，成批地加工具有精密孔系的零件，例如在飞机、汽车、内燃机和机床等制造行业中加工某些箱体零件（可以省掉钻模、镗模等夹具）。

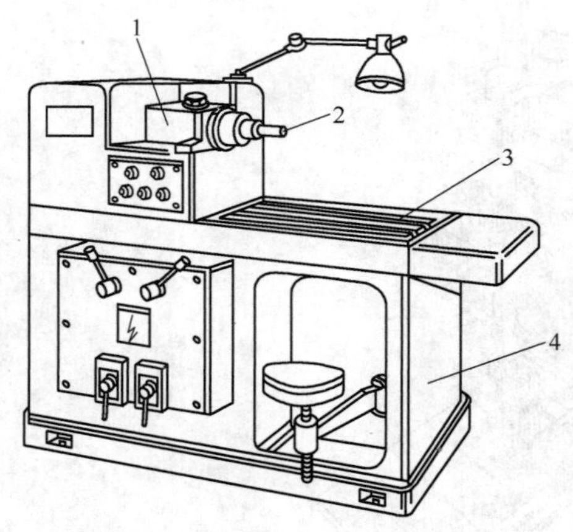

图 8－22　单面卧式金刚镗床外形

1—主轴箱；2—主轴；3—工作台；4—床身。

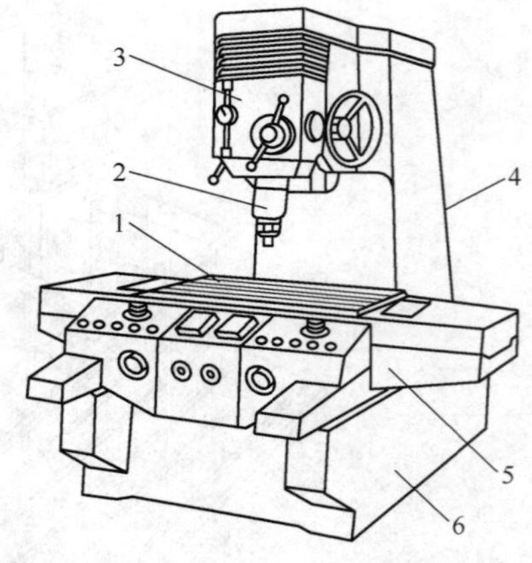

图 8－23　立式单柱坐标镗床

1—工作台；2—主轴；3—主轴箱；4—立柱；5—床鞍；6—床身。

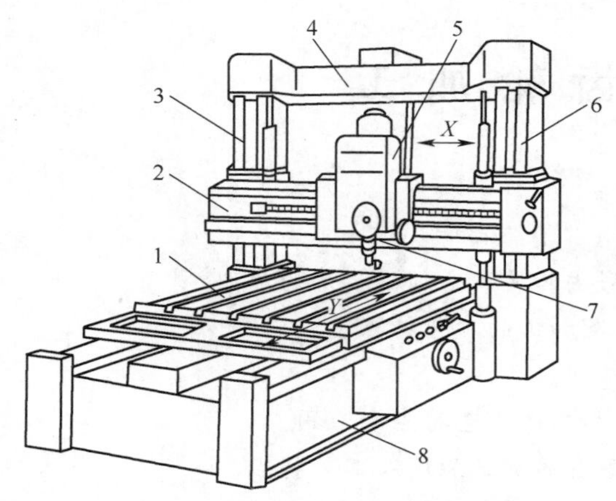

图 8-24　立式双柱坐标镗床

1—工作台；2—横梁；3、6—立柱；4—顶梁；5—主轴箱；7—主轴；8—床身。

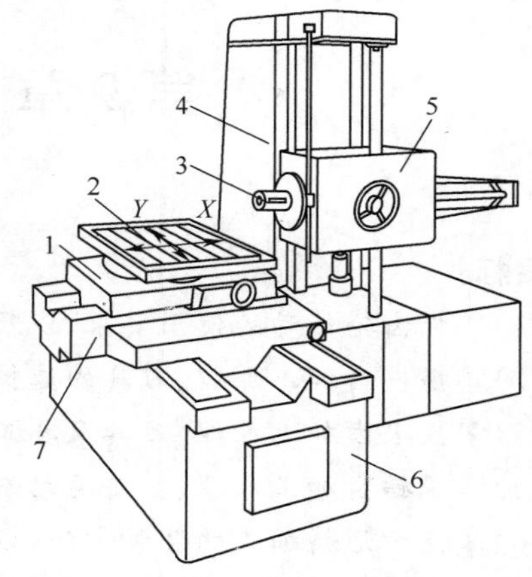

图 8-25　卧式坐标镗床

1—上滑座；2—回转工作台；3—主轴；4—立柱；5—主轴箱；6—床身；7—下滑座。

思考题

1. 钻头的螺旋角对切削性能有何影响？
2. 何种场合使用深孔钻和套料刀？各有哪些工艺特点？
3. 摇臂钻床可实现哪几个方向的运动？
4. 摇臂钻床主轴结构有哪些特点？
5. 说明摇臂钻床平衡装置的作用和工作原理。
6. 坐标镗床在传动和结构上采取什么措施来保证加工精确的孔间距？
7. 能加工孔的机床有哪些？

第9章 齿轮加工

学习目标：

(1)掌握齿轮传动的使用要求,以及成形法和展成法加工齿形的原理。

(2)掌握铣齿加工原理、刀具的选择,以及加工的工艺特点。

(3)掌握滚齿加工原理、刀具及其工艺特点。

(4)掌握插齿加工原理、主要运动,以及加工的工艺特点和应用。

(5)掌握齿形精加工的3种方法,以及各自的加工原理及工艺特点。

9.1 概述

齿轮是传递运动和扭矩的重要零件。齿轮传动具有传动准确、传动扭矩大、效率高、结构紧凑、可靠耐用等优点,广泛应用于各种机械、仪器、仪表中,现代工业的发展,对齿轮传动在圆周速度和传动精度等方面的要求越来越高,齿轮的质量将直接影响设备的工作精度、稳定性、寿命、噪声和效率。

齿轮的结构形式很多(图9-1),最常见的有圆柱齿轮(图9-1(a)、(b)、(c)),圆锥齿轮(图9-1(d)),涡轮(图9-1(e))和齿条(图9-1(f))等。以圆柱齿轮应用最广,其中,齿向平行于轴线的圆柱齿轮称为直齿圆柱齿轮;齿向呈螺旋线方向的圆柱齿轮称为斜齿圆柱齿轮或螺旋齿轮。齿廓通常都呈渐开线形状,仪表齿轮常常采用摆线齿廓;矿山、重型机械中的齿轮有时采用圆弧状齿廓。本章只介绍渐开线齿型的加工。

1. 齿轮制造应满足齿轮传动的使用要求

(1)传递运动的准确性:即运动精度,齿轮传动的主动轮和从动轮的转角应按传动比准确地传递,一周内的转角误差不允许超过一定的限度,为此,要求齿轮的分齿均匀,以避免转速出现周期性波动。

(2)传动的平稳性:指一对啮合齿轮在较小的转动角度内的转角误差,即瞬时速比变化的大小。为了传动的平稳性,上述误差必须控制在一定的范围内,以减少振动、冲击和噪声。

(3)载荷分布的均匀性:即接触精度,是指啮合齿面的接触情况。接触面越大,则单位面积承受的载荷越小,受力越均匀;否则齿面受力不匀,局部接触应力过大,引起齿面过早磨损,甚至轮齿断裂,降低工作寿命。此外,啮合齿轮的接触位置也会影响齿轮的承载能力。因此,要求啮合齿轮的接触斑点的形状、大小和位置应符合要求。

(4)齿侧间隙:齿轮啮合时,非工作的齿面间应有一定的间隙,以便存储润滑油,补偿弹性变形、热变形以及齿轮制造误差和装配误差。但齿侧间隙也不宜过大,特别对于工作时需要反转的齿轮传动;否则会产生换向冲击和换向冲程。齿侧间隙的大小并不按精度

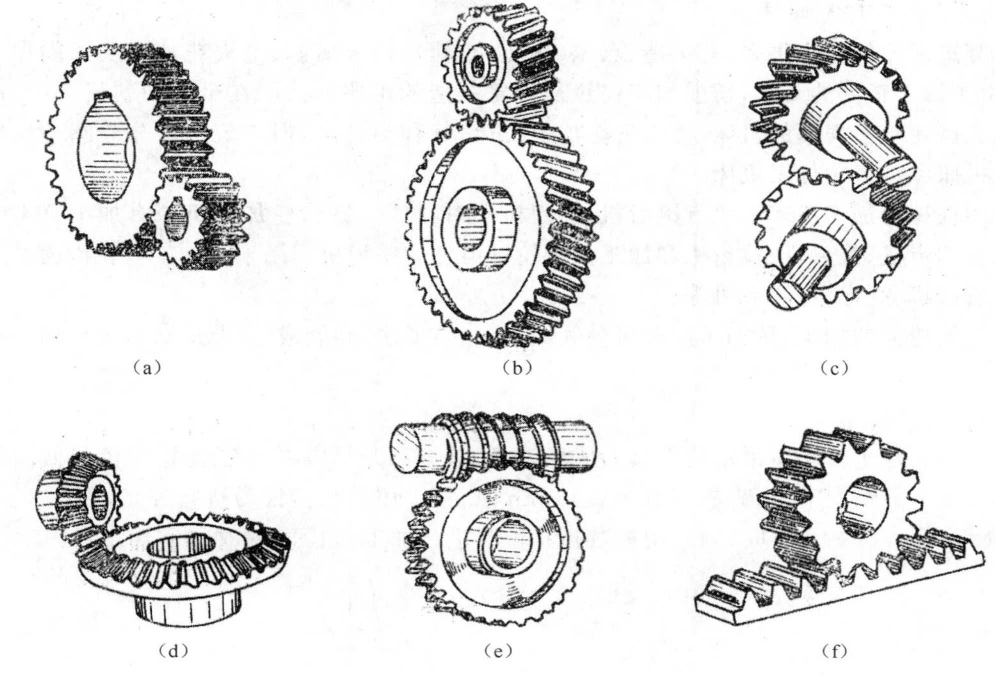

图 9－1　齿轮的种类

等级来划分，而是根据使用条件来确定。

由于齿轮传动的用途和工作条件不同，对于上述要求的程度也各不相同。例如，对于量仪读数装置、精密分度机构的传动齿轮，主要要求传动运动的准确性，齿侧间隙小，以便减小换向误差，而对于载荷分布的均匀性要求是次要的；汽车、拖拉机等变数箱的齿轮，主要要求是传动的平稳性和载荷分布的均匀性；轧钢机、起重机的重载低速齿轮，则要求有较高的载荷分布均匀性，齿侧间隙也应足够大，而对于运动的准确性和传动的平稳性要求不高。

为了保证齿轮传动的质量，齿轮制造应符合一定的精度标准，渐开线圆柱齿轮及齿轮副规定了 12 个精度等级，精度由高至低依次为 1 级～12 级。不同精度等级的齿轮应用范围见表 9－1。

表 9－1　不同精度等级齿轮的应用范围

精度等级	圆周速度/(m/s)		齿面粗糙度 $Ra/\mu m$	应用范围
	直齿	斜齿		
6 级	＜15	＜25	0.4	高速传动齿轮要求噪声小、寿命长，如航空和汽车的高速齿轮，一般分度机构上的齿轮
7 级	＜10	＜18	0.8、0.4	用于一般机械中主要的传动齿轮，如标准系列减速器齿轮、航空和汽车制造上齿轮
8 级	＜6	＜10	1.6	用于一般机械中次要的传动齿轮，如航空和汽车拖拉机上不重要的齿轮、起重机构齿轮、农机上重要齿轮
9 级	＜3	＜5	3.2	重载低速机械上的传动齿轮
10 级	＜1	＜2	6.3	露天应用的粗糙工作机械上的传动齿轮
11 级	＜0.5	＜1	12.5	

2. 齿轮的加工原理

制造齿轮的方法很多，有铸造、碾压（热轧、冷轧）、粉末压制、电火花加工及切削加工等，由于加工精度的要求，切削加工仍然是齿轮制造的重要方法。在金属切削机床中，用来加工齿轮轮齿表面的机床，称为齿轮加工机床，其种类繁多，但一般可以分为圆柱齿轮加工机床和锥齿轮加工机床。

圆柱齿轮加工机床主要有滚齿机、插齿机、车齿机等；锥齿轮加工机床有加工直齿锥齿轮的刨齿机、铣齿机、拉齿机和加工弧齿轮锥齿轮的铣齿机。用来精加工齿轮齿面的机床有研齿机、剃齿机、磨齿机等。

齿轮轮齿的加工，按加工原理可分为成形法（仿形法）和展成法（范成法），现分别介绍如下。

1）成形法

成形法加工齿轮所采用的刀具为成形刀具，其刀刃形状与被加工齿轮齿槽的截面形状相同。一般情况下，当齿轮模数 $m \leqslant 10$mm 时，可采用模数盘铣刀进行加工，如图 9－2(a)所示；当 $m > 10$mm 时，则采用模数指状铣刀进行加工，如图 9－2(b)所示。

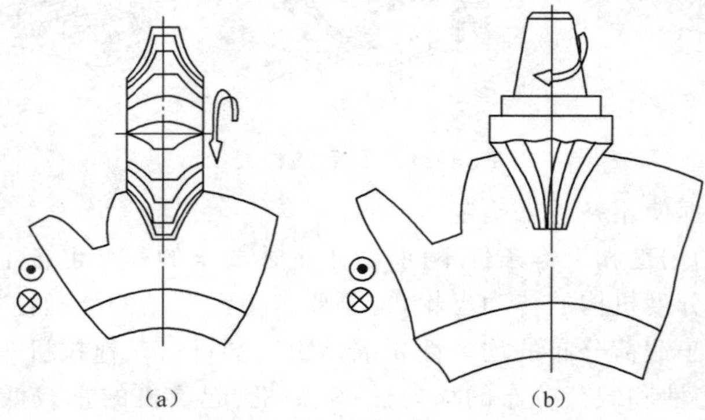

图 9－2　成形法加工齿轮

用成形法加工，每次只加工一个齿槽，然后用分度装置进行分度而依次切出轮齿来。这种方法的优点是既可以在专门的齿轮加工机床上加工，也以在通用机床（如升降台万能铣床）上加工；缺点是不能获得准确的渐开线齿形，因为同一模数的齿轮齿数不同，齿形曲线不同，要加工出准确的齿形，就必须备有很多的齿形不同的成形刀具，这显然是很不经济的。实际上，同一模数的齿轮铣刀一般只有 8 把，每一把铣刀只能加工该模数一定齿数范围内的齿轮（表 9－2），其齿形曲线是按该范围内最小齿数的齿形制造的，在加工其他齿数的齿轮时，就存在着不同程度的齿形误差。因此，它只适用于单件小批量生产和及修配中加工精度不高的齿轮，此外，在重型机器制造中加工大型齿轮时，为了使所用刀具及及机床的结构比较简单，也常用成形法。

表 9－2　模数铣刀的刀号及其加工齿数范围

刀　号	1	2	3	4	5	6	7	8
加工齿数范围	12～13	14～16	17～20	21～25	26～34	35～54	55～134	135 以上

在大批量生产中，可采用多齿廓成形刀具来加工齿轮，如用齿轮拉刀、齿轮推刀或多吃刀盘等刀具同时加工出齿轮的多个齿槽。

2）展成法

展成法加工直齿和斜齿圆柱齿轮轮齿表面的原理相当于一对啮合、轴线交叉的螺旋齿轮(斜齿)传动，如图 9－3(a)所示，将其中的一个齿数减小到一个或几个，轮齿的螺旋角很大，就成了蜗杆，如图 9－3(b)所示；再将蜗杆开槽并铲背，就成了齿轮滚刀，如图 8－3(c)所示。因此，滚刀实质上就是一个斜齿圆柱齿轮，展成法加工齿轮，即把齿轮啮合副(齿轮—齿条、齿轮—齿轮)中的一个转化为刀具，另一个转化为工件，并强制刀具和工件作严格的啮合运动而展成切出齿廓。

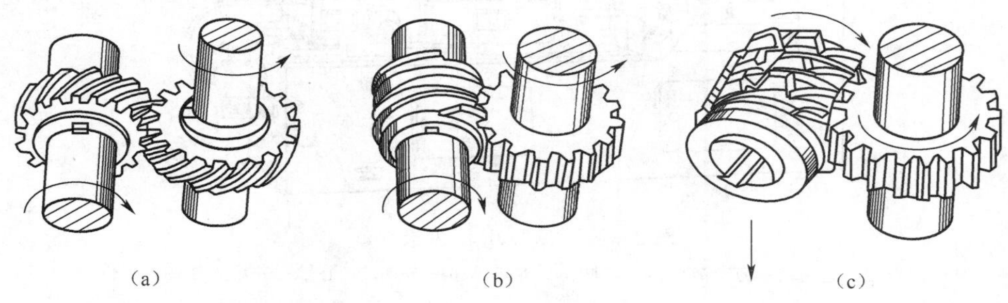

图 9－3　滚齿原理

展成法加工齿轮所用刀具切削刃的形状相当于齿条或齿轮的齿廓，它与被切齿轮的齿数无关，因此，只需一把刀具就可以加工模数相同而齿数不同的齿轮；还可以改变刀具与齿轮坯的相对位置来切制变位齿轮。这种方法的加工精度和生产率较高，在齿轮加工中应用最广。

9.2　滚齿加工

滚齿加工是在滚齿机上进行的，可以加工直齿圆柱齿轮、斜齿圆柱齿轮、涡轮等。下面以 3150E 滚齿机为例分析滚齿加工。

9.2.1　Y3150E 滚齿机主要组成部件

Y3150E 滚齿机的外形如图 9－4 所示，立柱 2 固定在床身上，刀架溜板 3 可沿立柱上的导轨垂直移动，滚刀用刀杆 4 装夹在刀架体 5 的主轴上，工件装夹在工作台 9 的心轴 7 上，随同工作台一起旋转。后立柱 8 和工作台安装在床身 1 上，可沿床身的水平导轨移动，用于调整工件的径向位置或作径向进给运动。后立柱上的支架 6 可用轴套或顶尖支承心轴上端，以提高工件的装夹刚度。

9.2.2　Y3150E 滚齿机主要技术参数

Y3150E 滚齿机的主要技术参数如下：

最大加工直径/mm	500
最大加工模数/mm	8
最大加工宽度/mm	250
加工工件最少齿数	$z_{min}=5\times K$（K 为滚刀螺旋线头数）

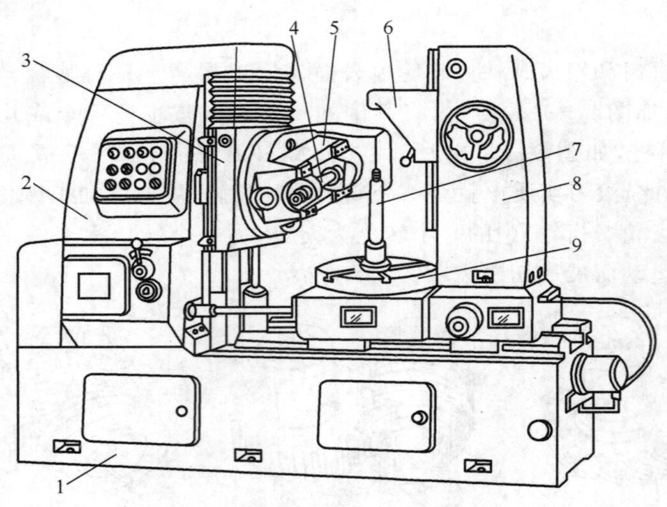

图 9－4　Y3150E 滚齿机外形

1—床身；2—立柱；3—刀架溜板；4—刀杆；5—刀架体；6—支架；7—心轴；8—后立柱；9—工作台。

主轴孔锥度	莫氏 5 号
允许安装的最大滚刀尺寸(直径×长度)/mm×mm	160×160
滚刀最大轴向移动距离/mm	55
滚刀可换心轴直径规格/mm	22、27、32
滚刀主轴转速(9 级)/r/min	40～250
刀架轴向进给量(12 级)/(mm/工作台 1 转)	0.4～4
主电动机功率/kW、转速/r/min	4、1430

9.3　其他齿轮加工方法

9.3.1　插齿加工

插齿加工是在插齿机上进行的，插齿机主要用于加工内、外啮合的直齿圆柱齿轮，尤其适合于加工内齿轮、多联齿轮和齿条，这是滚齿机上无法加工的，但插齿机不能加工蜗轮。

1. 插齿原理

按展成法原理加工直齿圆柱齿轮，其实质相当于一对直齿圆柱齿轮啮合，将其中一个齿轮的轮齿磨出前角、后角，即转化为刀具，如图 9－5(a)所示。插齿时，插齿刀沿工件轴向作直线往复运动以完成切削运动，在刀具和工件之间作无间隙啮合运动的过程中，在轮坯上逐渐地切出全部齿廓。工件齿型曲线由插齿刀的刀刃多次切削的包络线形成，如图 9－5(b)所示。

2. Y5132 插齿机

1)主要组成部件

Y5132 插齿机的外形如图 9－6 所示，它主要由床身 1、立柱 2、刀架 3、主轴 4、工作台 5、挡块支架 6、工作台溜板 7 等部件组成。立柱固定在床身上，插齿刀安装在刀具主轴

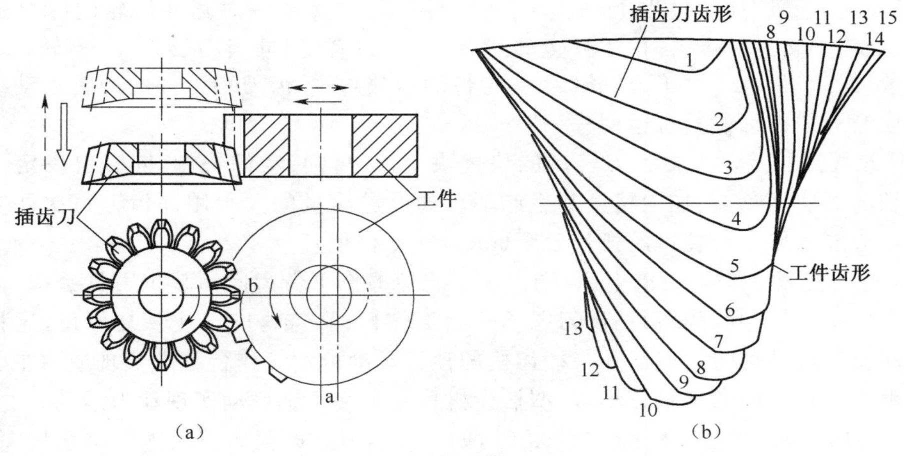

图 9－5　插齿原理

上，工件装夹在工作台上，工作台溜板可沿床身导轨作工件径向切入进给运动及快进或快退运动。

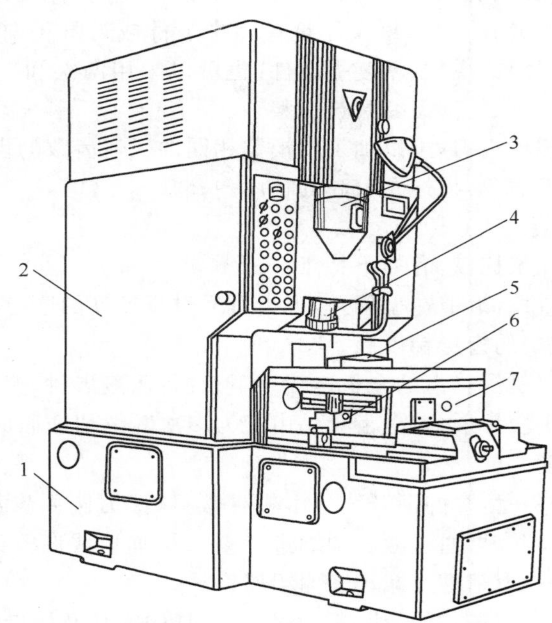

图 9－6　Y5132 插齿机外形

1—床身；2—立柱；3—刀架；4—主轴；5—工作台；6—挡块支架；7—工作台溜板。

2)插齿运动

在插齿机上加工直齿圆柱齿轮时，应具有以下运动：

(1)主运动。插齿机的主运动是插齿刀沿其轴线所作的直线往复运动。在立式插齿机上，刀具垂直向下时为工作行程，向上为空行程。若切削速度 v(m/min)及行程长度 L(mm)已确定，则可计算出插齿刀每分钟往复行程数，即

$$n_{刀}=\frac{1000v}{2L}$$

(2)展成运动。加工过程中，插齿刀和工件轮坯应保持一对圆柱齿轮的啮合运动关系，即在插齿刀转过一个齿时，工件也转过一个齿；或者说，插齿刀转过 $1/z_{刀}$转（$z_{刀}$为插齿刀齿数）时，工件也转过 $1/z_{工}$转（$z_{工}$为工件的齿数）。插齿刀和工件的旋转运动组成了一个形成渐开线齿廓的复合运动——展成运动。

(3) 圆周进给运动。插齿刀转动的快慢决定了工件转动的快慢，同时也决定了插齿刀每次切削的切削负荷、加工精度和生产率。圆周进给量的大小用插齿刀每次往复行程中刀具在分度圆周上所转过的弧长表示（mm/往复行程）。

(4) 让刀运动。插齿刀向上运动时，为了避免擦伤工件齿面和减少刀具磨损，刀具和工件之间应有一定的间隙，而插齿刀向下开始工作行程之前，应迅速恢复原位，这种让开和恢复原位的运动称为让刀运动。插齿机的让刀运动可由工作台移动实现或由主轴摆动实现。由于刀具主轴的惯量较小，新型插齿机普遍采用主轴摆动实现让刀运动。

(5) 径向切入运动。插齿加工开始时，如果插齿刀立即径向切入工件至全齿深，将会因切削负荷过大而损坏刀具和工件。因此，工件（插齿刀）应逐渐向插齿刀（工件）作径向切入运动，如图 9－5(a)所示，开始加工时，工件外圆上的 a 点与插齿刀外圆相切，在刀具切入全齿深（至 b 点），径向切入停止，然后工件再转过一整转，即可完成全部齿廓加工。

径向进给量的大小，用插齿刀每次往复行程中工件或刀具径向切入量表示（mm/往复行程）。根据工件的材料、模数、精度等条件，也可以采用两次和三次径向切入方法，每次径向切入运动结束后，工件都需要转过一整转。

插齿加工的同一把插齿刀，可以加工出模数相同的任何齿数的齿轮。插齿刀在制造、刃磨及检验上均较滚刀简单，易达到较高的精度。

3. 插齿加工的特点

插齿加工与滚齿加工比较，有如下特点：

(1)插齿刀的齿形没有近似造型偏差，刀齿可通过高精度的磨齿机磨削获得精确的渐开线齿形，因此插齿加工的齿形精度高。

(2)插齿时，插齿刀是沿轮齿的全长连续切下切屑；而滚齿时，滚刀切削刃每次只在轮齿长度方向上切出一小段齿形，整个齿长是由滚刀多次断续切削而成。所以，插齿加工可获得较小的表面粗糙度。

(3)滚齿时，工件同一齿廓的渐开线是由较少数目（滚刀圆周齿数）的折线包络而成，齿形精度不高。而插齿时，可通过减少圆周进给量来增加形成渐开线齿形包络线的折线数量，从而提高工件的齿形精度及减小表面粗糙度。

(4)由于插齿刀本身制造时的齿距累积误差，刀具的安装及插齿机上带动插齿刀旋转的蜗轮的齿距误差，使插齿刀旋转时会出现较大的转角误差。因此，插齿加工的公法线长度变动量比滚齿加工要大。

(5)插齿时，由于刀具作直线往复运动，使速度的提高受到限制，并且有空行程，因此一般情况下，插齿加工生产率较低。

(6)插齿加工斜齿轮很不方便，必须更换成倾斜导轨，辅助时间长，并且插齿机不能加工蜗轮。

9.3.2 刨齿加工

按锥齿轮轮齿表面的成形原理，锥齿轮加工方法有成形法和展成法。成形法通常是使用盘形铣刀或直铣刀和分度头在万能铣床上进行，这种方法加工效率和加工精度均较低；展成法是锥齿轮加工中使用较多的，在刨齿机上加工锥齿轮即是其中的一种。

1. 展成法加工锥齿轮的基本原理

展成法加工锥齿轮的基本原理，相当于一对啮合的锥齿轮，将其中一个锥齿轮转化为可对工件进行切削加工的刀具，并使它们保证准确地展成运动关系，即可加工出齿轮的渐开线齿形。为使刀具制造容易，机床结构简单，作为刀具的锥齿轮应采用平面齿轮或平顶齿轮。图 9－7(a)为一对啮合的圆锥齿轮，如果将锥齿轮 2 转化为加工另一锥齿轮的刀具，那么该刀具的切削刃的线形越简单越好。而锥齿轮背锥展开后所形成的当量齿轮的齿形为渐开线，且大端到小端各截面上的齿廓各不相同，将这样的锥齿轮转化为刀具并形成切削运动较为困难。现将锥齿轮 2 的节锥角 δ_2 增大至 90°，其节锥面转化为一圆平面，如图 9－7(b)所示，这时其背锥则变为一圆柱面，当量齿轮的节圆半径为无穷大，由背锥展开后所形成的当量齿轮的齿形为齿条，锥齿轮 2 转化为平面齿轮。平面齿轮在任意截面上的齿形都是直线。因此，刀具制造容易，而且可获得较高的精度。

2. 刨齿机

刨齿机是利用上述原理进行锥齿轮加工的。如图 9－7(c)所示，刨齿加工时，两把相当于平面齿轮的刨刀，沿平面齿轮半径方向作直线运动 A，形成切削加工的主运动，同时与被切锥齿轮作啮合运动，即 B_{22} 与 B_{21} 的旋转运动，形成渐开线齿廓。每加工完一个轮齿，被切锥齿轮退出并进行分度，再加工第二个轮齿，直至加工出全部轮齿。

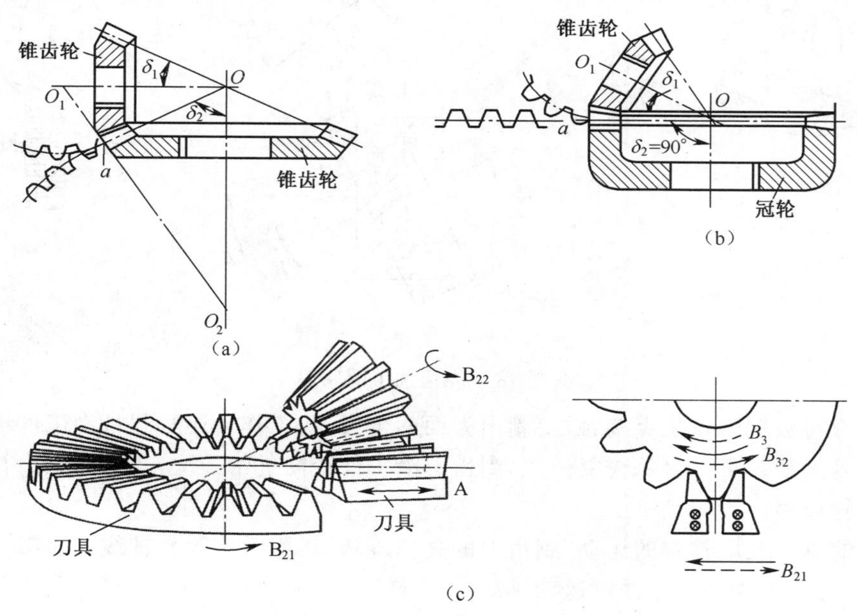

图 9－7　锥齿轮展成原理

由于平面锥齿轮的顶锥角是 $90°+\theta_f$（θ_f 为被加工锥齿轮的齿根角），刀具的刀尖必须沿平面齿轮的顶锥面运动，或者说必须沿被加工锥齿轮的齿根运动。锥齿轮的齿根角不同，则刀具的运动轨迹也不相同，这就使得机床的结构较为复杂。在实际应用中，将平面齿轮改为“近似平面齿轮”的平顶齿轮，其顶锥角为 $90°-\theta_f$，顶面为平面，这样，加工锥齿轮的刀尖的运动轨迹沿齿顶平面运动，而且固定不变，不必考虑被加工锥齿轮的齿根角的变化，使机床结构简单，减少刀架调整。平顶齿轮的“当量圆柱齿轮”的齿形，非常接近直线（理论上仍为渐开线）。为使刀具制造和刃磨简单、方便，刀刃仍制成直线，虽然存在误差，但由于齿根角一般很小，对加工精度影响不大。

9.3.3 剃齿加工

1. 剃齿加工的原理

剃齿加工是利用展成法原理，对滚（插）齿后未经淬火的直齿或斜齿圆柱齿轮进行齿形精加工的一种方法。剃齿刀是一个精度很高的斜齿轮，在齿面上沿渐开线方向开有许多小槽，形成切削刃。

用圆盘剃齿刀加工直齿圆柱齿轮的原理如图 9－8 所示。被剃直齿圆柱齿轮装夹在心轴上，它与剃齿刀相啮合，并由剃齿刀驱动其旋转，如同一对斜齿轮双面紧密啮合的齿轮副。

剃齿所需的切削速度是螺旋齿啮合传动中齿面相对滑动速度。图 9－8(b)表示一左旋剃齿刀对右旋齿轮进行剃齿加工的情况。$v_{刀}$和$v_{工}$分别为在啮合点 P 剃齿刀旋转的圆周速度与工件旋转的圆周速度，二者均可分解为切向分量和法向分量，在啮合点上的法向分量相等，切向分量不等，因而产生齿面相对滑动，其相对滑动速度是剃齿的切削速度。

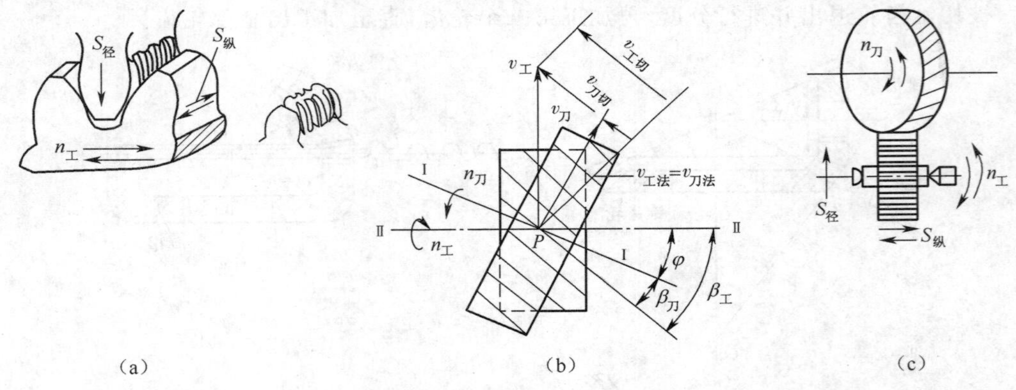

图 9－8 剃齿加工的原理

剃齿刀与被剃齿轮是点接触，要剃出齿面的全齿宽，工作台还必须带动工件沿其轴线作纵向往复运动。工作台每往复一次，剃齿刀沿工件径向进给一次，直至加工出符合精度要求的齿轮齿厚。

普通的剃齿及应具备的运动：剃齿刀的高速旋转、工作台沿工件轴线的纵向往复运动一次，剃齿刀沿工件径向作进给运动一次。

2. 剃齿加工的特点

剃齿刀的成本较高，但因剃齿机结构简单，操作、调整方便，剃齿加工是齿轮精加工的方法之一，剃齿精度可达 6 级～7 级，表面粗糙度为 $Ra0.8\mu m \sim 0.2\mu m$；剃齿加工的生产率很高，在成批、大量生产中得到广泛应用。

9.3.4 齿轮的磨削加工

齿轮的磨削加工是对齿轮齿面，特别是淬硬齿轮的齿面进行精加工的一种重要方法，加工精度可达6级以上。按照齿廓的形成方法，齿轮的磨削加工有成形法和展成法两种。

1. 成形法磨齿加工

成形法磨齿加工是在成形砂轮型磨齿机上进行的齿轮磨削加工方式，所用砂轮的截面形状被修整成工件轮齿间的齿廓形状。图 9-9 为成形砂轮磨齿机的工作原理。

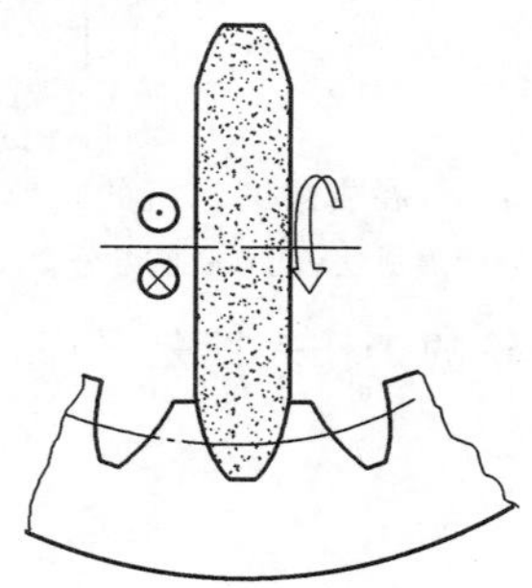

图 9-9 成形砂轮磨齿机的工作原理

成形法磨齿加工时，砂轮高速旋转并沿工件轴线方向作往复运动，磨完一个齿后，工件需分度一次，再磨第二个齿。砂轮对工件的切入进给运动，由装夹工件的工作台作径向进给完成。

成形法磨齿加工的优点是机床的运动比较简单，加工时砂轮和工件接触面积大，生产率高；缺点是砂轮修整时容易产生误差，并且在磨削加工过程中，砂轮各部分磨损不均匀，直接影响加工精度和表面质量。因此，成形法磨齿加工一般用于精度要求不高的齿轮大批量生产中。

2. 展成法磨齿加工

展成法磨齿加工由砂轮的侧面构成假想齿条的一个齿的齿面，它与被磨削齿轮啮合，工件沿假想齿轮啮合方向往复滚动，图 9-10 为典型的展成法磨齿加工原理。为了能磨削齿轮轮齿的全长，砂轮不但作旋转运动，而且还需沿齿轮齿槽方向作往复运动。

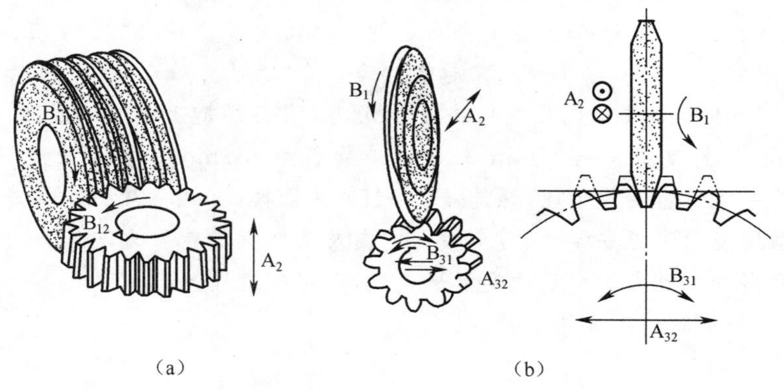

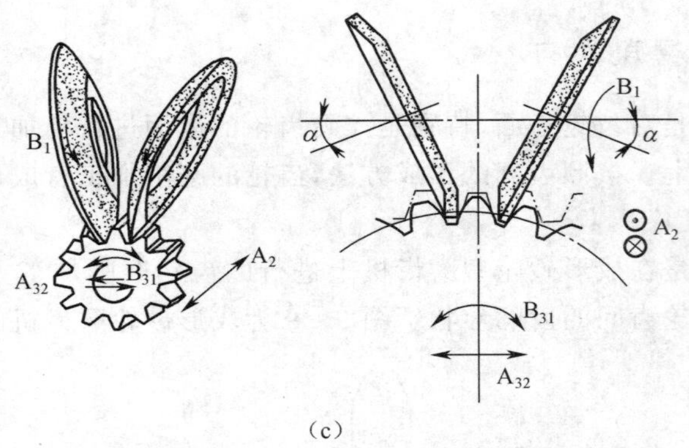

(c)

图 9－10　展成法磨齿机的工作原理

(a)连续分度展成法;(b)(c)单齿分度展成法。

由于展成法磨齿加工所用砂轮的工作表面是平面,修磨比较简单,并且加工精度较高,但机床结构较为复杂。

思 考 题

1. 分别简述成形法和展成法加工齿轮的原理。
2. 加工直齿圆柱齿轮齿形时,必须知道哪几个参数? 每个参数的意义是什么?
3. 为什么展成法加工齿轮齿形时,只要模数和压力角相同,同一把齿轮刀具可较精确地加工不同齿数齿轮的齿形,而成形法则不能?
4. 试以 Y3150E 滚齿机为例,说明在滚切直齿圆柱齿轮和斜齿圆柱齿轮时,各需要调整哪几条传动链? 写出各条传动链的运动平衡式及换置计算公式。
5. 在下列改变某一条件的情况下(其他条件不改变),滚齿机上那些传动链的换向机构应变向?
   (1)由滚切右旋斜齿轮改变为滚切左旋斜齿轮。
   (2)由使用右旋滚刀改变为左旋滚刀。
6. 在滚切斜齿圆柱齿轮时,会不会由于附加运动通过合成机构加到工件上而使工件和滚刀的运动越来越快或越来越慢? 为什么?
7. 在 Y3150E 滚齿机上,采用单头右旋滚刀,滚刀螺旋升角 $\lambda=2°19'$,滚刀直径为 55mm,切削速度 $v=22/\text{min}$,轴向进给量 $f=0.87\text{mm/r}$,加工 $z_1=39$、$z_2=51$(左旋)的一对斜齿圆柱齿轮,螺旋角 $\beta=15°$,法面模数 $m_n=2\text{mm}$。要求:
   (1)画图表示滚刀安装角、刀架扳动方向及工件附加转动的方向。
   (2)列出加工时各传动链的运动平衡式,确定各组挂轮。
8. 试述各种齿轮加工方法的特点。

第10章 刨削与拉削加工

学习目标：

(1)掌握刨削、拉削加工的加工工艺范围和精度范围。

(2)了解刨床的种类、牛头刨床的结构，掌握刨削中工件的定位装夹方法。

(3)了解拉床和拉刀的种类。

10.1 刨削加工

在刨床上利用刨刀对工件进行切削加工的工艺称为刨削。刨床主要用来加工零件上的各种平面和直线形曲面，刨削加工的基本方法如图10-1所示。在刨床上加工的典型零件如图10-2所示。

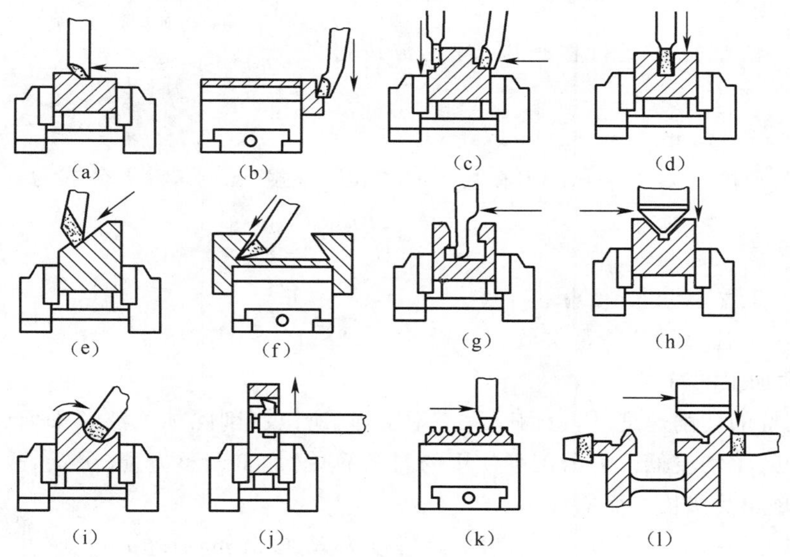

图10-1 刨削加工的基本方法

(a)刨平面；(b)刨垂直面；(c)刨台阶；(d)刨直角沟槽；(e)刨斜面；(f)刨燕尾槽；(g)刨T形槽；(h)刨V形槽；(i)刨曲面；(j)刨键槽；(k)刨齿条；(l)刨复合表面。

10.1.1 刨削加工的运动和加工特点

1. 加工运动与切削用量

刨削加工时，刀具(或工件)的直线往复运动为主运动，其中刨刀或工件前进时切下切屑的行程称为工作行程；返程时不进行切削称为空行程，而且空行程时刨刀需要抬起让

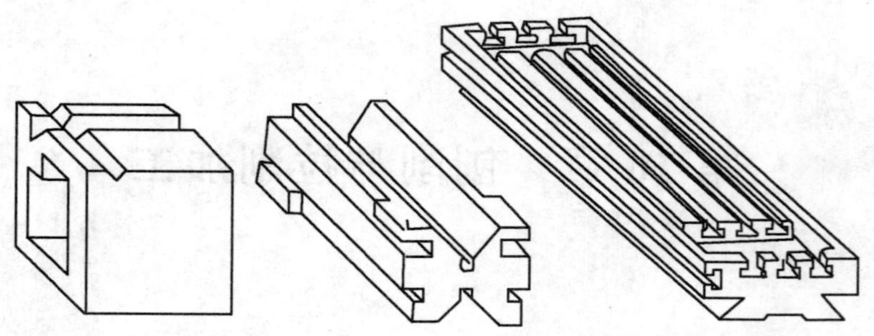

图 10-2 刨床上加工的典型零件

刀，以避免刀具和工件摩擦。工件或刀具沿垂直于主运动方向所作的间歇移动为进给运动，刨削加工时的切削用量如图 10-3 所示。

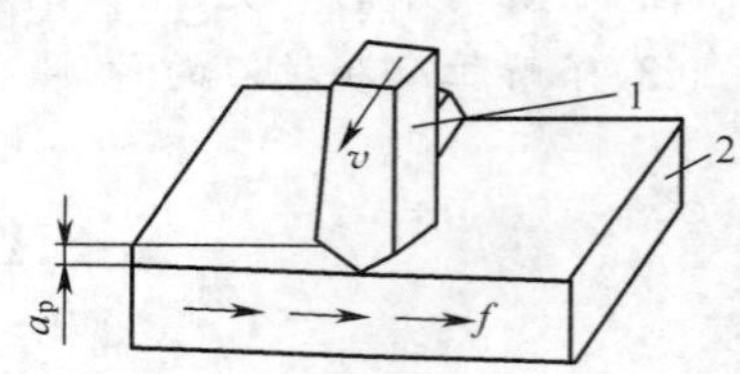

图 10-3 在牛头刨床上刨水平面时的切削用量

f—进给量；a_p—切削深度；v—切削速度；1—刨刀；2—工件。

(1) 切削深度(a_p)：工件已加工面和待加工面的垂直距离(mm)。

(2)进给量(f)：刨刀每往复一次，工件移动的距离，计算公式为

$$f=\frac{k}{3}\text{(mm/str)(B6065 牛头刨床)}$$

式中 k——滑枕每往复行程一次，棘轮被拨过的齿数；

f——0.33mm/str～3.3mm/str。

(3)切削速度(v)：工件和刨刀在切削时的相对速度(m/s)，计算公式为

$$v=\frac{2Ln}{1000}$$

式中 L——行程长度(mm)；

n——滑枕每秒的往复次数。一般 v=0.28m/s～0.83m/s。

2. 刨削加工的特点

由于刨枕的切削速度低，返回行程又不工作，所以刨削除加工狭长平面(如床身导轨面)外，生产效率均较低。但因刨削使用的刀具简单，加工调整方便、灵活，故广泛应用于单件生产、修配及狭长平面的加工。

刨削加工的精度为 IT9～IT8，表面粗糙度为 Ra6.3μm～1.6μm。

10.1.2 刨床

刨床类机床主要有牛头刨床、龙门刨床和插床等。

1. 牛头刨床

牛头刨床是刨削类机床中应用较广的一种，适合于刨削长度不超过 1000mm 的中、小型零件，现以 B6065 牛头刨床为例进行介绍

1)牛头刨床的型号

在型号 B6065 中，B——刨床类别代号，是汉语拼音“刨”的第一个字母(大写)；

60——牛头刨床;65——刨削工件的最大长度的 1/10,即 650mm。

2)牛头刨床的组成部分

B6065 牛头刨床如图 10-4 所示,由床身、滑枕、摇臂机构、变速机构、刀架、工作台、横梁、底座和进给机构等部分组成。

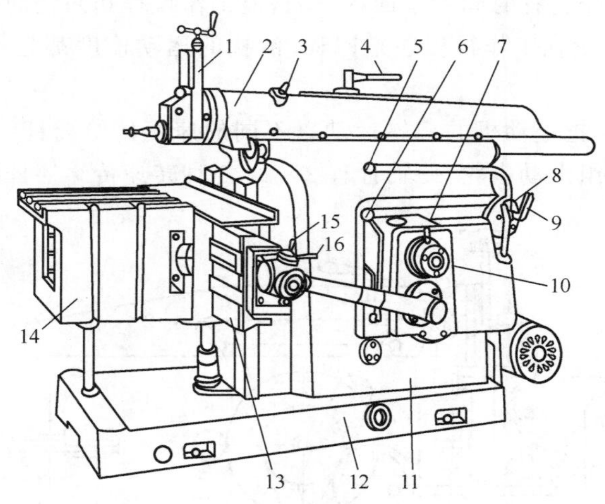

图 10-4　B6065 牛头刨床外形

1—刀架;2—滑枕;3—调节滑枕位置手柄;4—锁紧手柄;5—操纵手柄;6—工作台快速移动手柄;7—进给量调节手柄;8、9—变速手柄;10—行程长度调节手柄;11—床身;12—底座;13—横梁;14—工作台;15—工作台横向或垂直进给手柄;16—进给运动换向手柄。

(1)床身安装在底座上,用来支承和连接刨床的各部件,其顶面导轨供滑枕作往复运动用,侧面导轨供工作台升降用,内部有传动机构。

(2)滑枕其前端有刀架,摇臂机构把电动机的旋转运动变为滑枕带动刨刀往复直线运动(主运动)。

(3)刀架用来夹持刨刀,其组成如图 10-5 所示。摇动刀架手柄时,滑板可沿刻度转盘上的导轨,并带动刨刀作上、下移动。松开刻度转盘上的螺母,将转盘扳转一定角度后,可使刀架作斜向进给。刀座中的抬刀板可绕刀座上的销轴转动。这样,在刨削返回行程时,抬刀板可自由上抬,以便减少刀具和工件之间的摩擦。

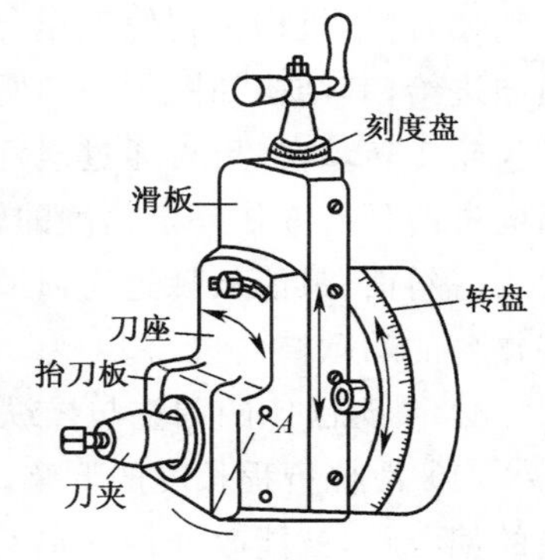

图 10-5　刀架

刨削时,切削深度可利用滑板上的刻度环调整。当手柄带动刻度环转动一圈时,刨刀垂直移动 5mm,而刻度环一周分 50 格,即手柄带动刻度环转动一格,刨刀垂直移动 0.1mm。

(4)安装在横梁的水平导轨上的工作台用来安装工件,通过棘轮进给机构,使工作台带动工件在刨刀每次退回后,沿水平方向作自动间歇进给运动。横梁安装在床身前部垂直导轨上,能作上、下移动。

此外,工作台的垂直升降和横向水平移动,均可手动调节。

3）B6065 牛头刨床的调整

B6065 牛头刨床的传动系统如图 10－6 所示，其中包括下述几部分：

(1)曲柄摇杆机构。它把摇杆齿轮的旋转运动转变为滑枕的往复直线运动。摇杆齿轮每转动一周时，滑枕就往复运动一次。其中，摇杆滑块在工作行程的转角为 α，回程转角为 β，且 $\alpha>\beta$，则工作行程时间大于回程时间，但工作行程和回程的行程长度相等，所以 $v_{工作}<v_{回程}$。另外，无论在工作行程还是回程，滑枕的运动速度都是不等速的，每时每刻都是变化的。

(2)变速机构。它把电动机的旋转运动以不同的速度传给摇杆齿轮(图 10－6)轴Ⅰ和轴Ⅲ上分别装有两组滑动齿轮，使轴Ⅲ有 3×2＝6 种转速传给摇杆齿轮 8。

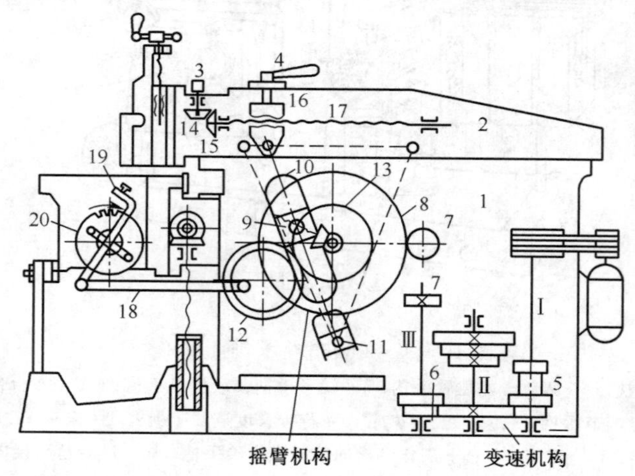

图 10－6　牛头刨床的传动系统

1—床身；2—滑枕；3—传动轴；4—锁紧手柄；5、6—滑动齿轮；7—传动齿轮；8—摇杆齿轮；9—滑块；10—摇臂；11—下支点；12、13—齿轮；14、15—锥齿轮；16—螺母；17—丝杠；18—连杆；19—棘爪；20—棘轮。

(3)进给机构。它使工作台在滑枕回程结束与刨刀再次切入工件之前的瞬间，作间歇横向进给，其结构如图 10－7 所示。齿轮 2 与摇杆齿轮为一体。摇杆齿轮通过齿轮 2 带动齿轮 1 转动，然后再通过连杆 3 使棘爪 4 摆动。棘爪摆动时，拨动棘轮 5，带动工作台横向进给丝杠 6 作一定角度的转动，从而实现工作台的横向进给。棘爪返回时，由于其后面为一斜面，只能从棘轮齿顶滑过，不能拨动棘轮，所以工作台静止不动。这样，就实现了工作台的间歇横向进给。

4）牛头刨床的调整与操纵

(1) 滑枕行程长度的调整。由曲柄摇杆机构工作原理可知，只要改变摇杆中偏心滑块的偏心距，就能改变滑枕的行程。偏心距越大，滑枕的行程长度越长。调整的方法是(图 10－8)：转动方头 1，则一对锥齿轮 2、3 带动螺杆 6 转动，然后偏心滑块 5 移动，使曲柄销 4 带动图 10－6 中的滑块 9 改变偏心距。

(2) 滑枕行程起始位置的调整。如图 10－6 所示，松开紧固手柄 4，使丝杠 17 能在螺母 16 中自由转动。然后，转动轴 3 通过锥齿轮 14 使丝杠 17 转动。由于螺母固定在摇杆上不能动，所以丝杠的转动使丝杠连同滑枕一起沿导轨作前后移动，从而改变了滑枕的起

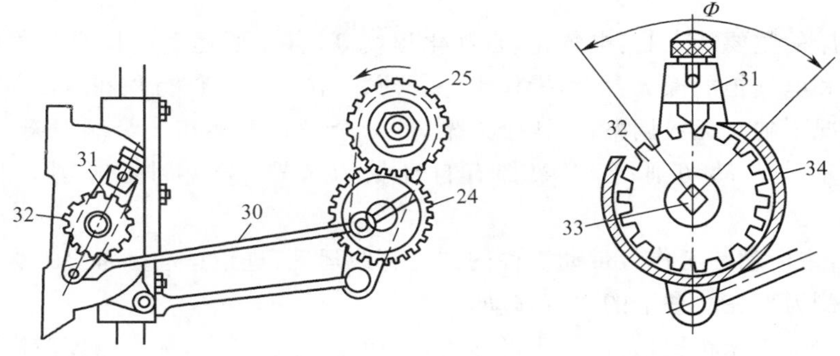

图 10－7　牛头刨床横向进给机构与棘轮棘爪机构

1、2—齿轮；3—连杆；4—棘爪；5—棘轮；6—横向进给丝杠杆；7—棘轮护盖。

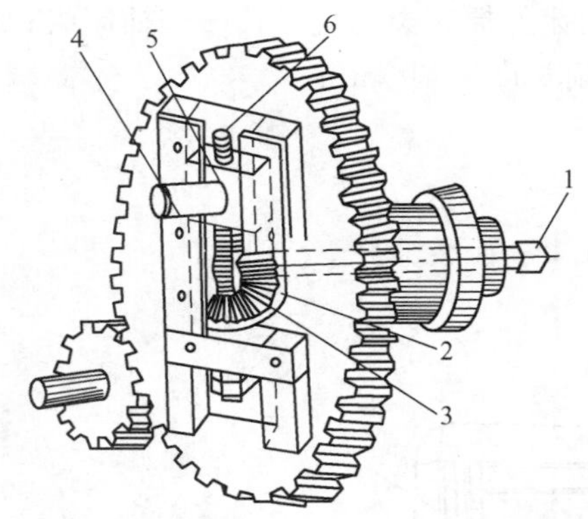

图 10－8　牛头刨床的滑枕行程长度调整机构

1—方头；2、3—锥齿轮；4—曲柄销；5—偏心滑块；6—螺杆。

始位置。调整好之后，再拧紧锁紧手柄 4。

(3)滑枕行程速度的变换。通过变速机构调整两组滑动齿轮的啮合关系，实现滑枕行程速度的变换。

5)进给量和进给方向的调整

牛头刨床的棘轮棘爪机构如图 10－7 所示。ϕ 角为棘爪摆动角。转动棘轮护盖 7，即改变其缺口的位置，就可盖住 ϕ 角内棘轮 5 的一定齿数。盖住的齿数越少，棘爪 4 摆动一次拨动的齿数就越多，则工作台横向进给量就越大；同理，盖住的齿数越多，进给量越小。全部盖住，进给停止。改变棘轮护盖缺口方向，并使棘爪反向(转 180°)，就使进给反向。

2. 龙门刨床

龙门刨床主要用于加工大型、重型零件上的各种平面、沟槽及各种导轨面；刨削长度可达十几米甚至几十米；也可在工作台上一次装夹数个中小型零件进行多件加工，还可以用多把刨刀同时刨削，从而大大提高了生产率。大型龙门刨床还附有铣头和磨头等部件，以便使工件在一次装夹中完成刨、铣、磨等工作。B2010A 龙门刨床外形如图 10－9 所示。

型号 B2010A 中：B——刨床及插床类的代号；2——龙门刨床组；0——龙门刨床型；10——最大刨削宽度的 1/100，即最大刨削宽度为 1000mm；A——经过一次重大改进。

龙门刨床的主要特点是：电气化、自动化程度高，各主要运动的操纵都集中在机床的悬挂按扭站和电气柜的操纵台上，操作十分方便；工作台的工作行程和返回行程速度可在不停车的情况下独立无级调整；有 4 个刀架，即 2 个垂直刀架和 2 个侧刀架，各刀架可单独或同时手动或自动切削；各刀架都有自动抬刀装置，避免回程时刨刀与已加工表面摩擦。

刨削时，主运动是工作台带动工件的往复直线运动；进给运动是垂直刀架在横梁上的水平移动和侧刀架在立柱上的垂直移动。

与普通牛头刨床相比，龙门刨床形体大，结构复杂，刚度高，加工精度较高。

3. 插床

图 10－10 为 B5020 插床的外形。

型号 B5020 中：B——刨床及插床类的代号；5——插床组；0——插床型；20——最大插削长度的 1/10，即最大插削长度为 200mm。

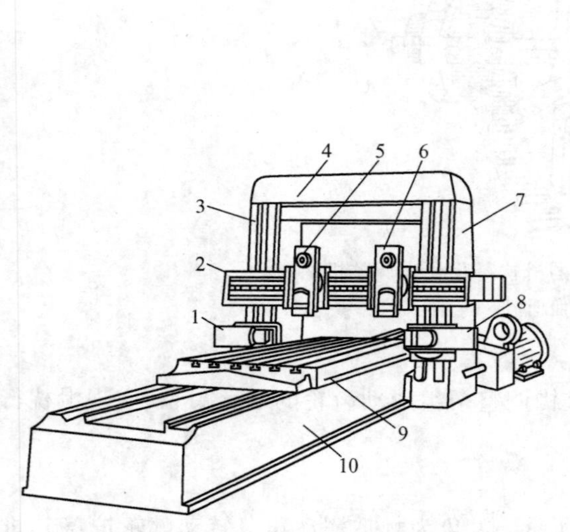

图 10－9　B2010A 龙门刨床外形图

1、8—左、右侧刀架；2—横梁；
3、7—立柱；4—顶梁；5、6—垂直刀架；
9—工作台；10—刨身。

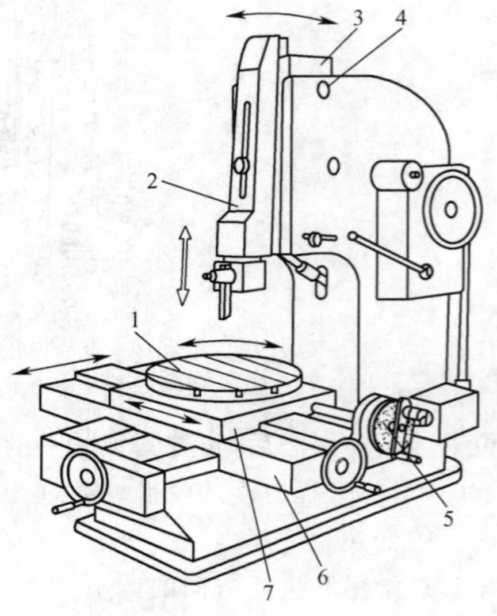

图 10－10　B5020 插床外形图

1—圆工作台；2—滑枕；
3—滑枕导轨座；4—销轴；
5—分度装置；6—床鞍；7—溜板。

插床的结构原理和牛头刨床完全相同，只是形式上略有不同，插床的滑枕在垂直方向，又称为立式刨床。滑枕 2 向下移动为工作行程，向上为空行程。滑枕导轨座 3 可以绕销轴 4 在小范围内调整角度，以便加工倾斜表面。床鞍 6 和溜板 7 可以分别带动工件实现横向和纵向的进给运动，圆工作台 1 可绕垂直轴线旋转，实现圆周进给运动或分度运动；圆工作台 1 在各方向上的进给间歇进给运动是在滑枕空行程结束后短时间内完成的；圆工作台的分度运动由分度装置 5 实现。

插床的主要用途是加工工件的内表面，如方孔、多边形孔及键槽等。在插床上插削方孔及键槽的情况如图 10－11 所示，插削前，工件上必须先有一底孔，以便穿过刀杆、刀头及退刀之用。

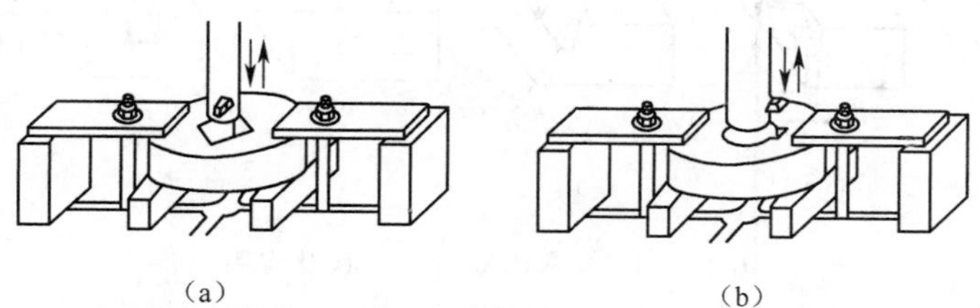

图 10－11 插削

(a)插削方孔；(b)插削内键槽。

插床与刨床一样，生产效率低，工件的加工质量主要由工人技术水平来保证，所以插床多用于单件小批生产以及工具车间和修配车间等。

10.1.3 刨刀

1. 刨刀的几何参数及其特点

刨刀的几何参数与车刀相似，只是为了增加刀尖的强度，刨刀的刃倾角(λs)一般取正值。由于刨削加工的不连续性，刨刀切入工件时受到较大的冲击力，所以刨刀的刀杆横截面积较车刀大 1.25～1.5 倍。此外，刨刀往往做成弯头，如图 10－12 所示。当刀具碰到工件表面的硬点时，能围绕 O 点转动，使刀刃离开工作表面，以防损坏刀刃和工件的表面。

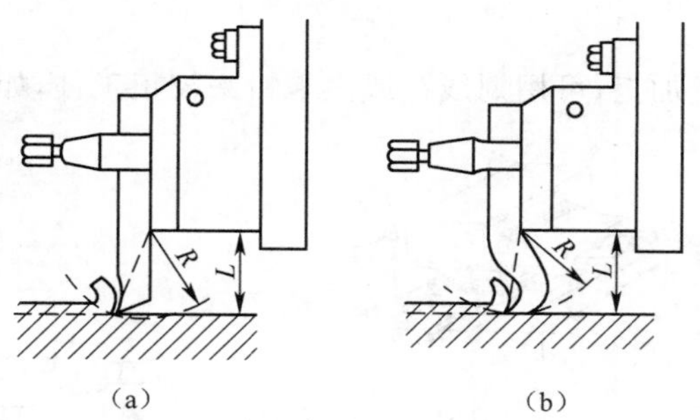

图 10－12 弯头刨刀和直头刨刀的比较

(a) 直头刨刀；(b)弯头刨刀。

2. 刨刀的种类及其应用

刨刀的种类很多，按加工形式和用途不同分为平面刨刀、偏刀、切刀、角度刀及成形刀(样板刀)等。常用刨刀及其应用如图 10－13 所示。

10.1.4 工件的装夹

刨削时，必须先将工件安装在刨床上，经过定位与夹紧，使工件在整个加工过程中始终保持正确位置，这个过程叫做工件的装夹。装夹的方法根据被加工工件的形状和尺寸大小而定。

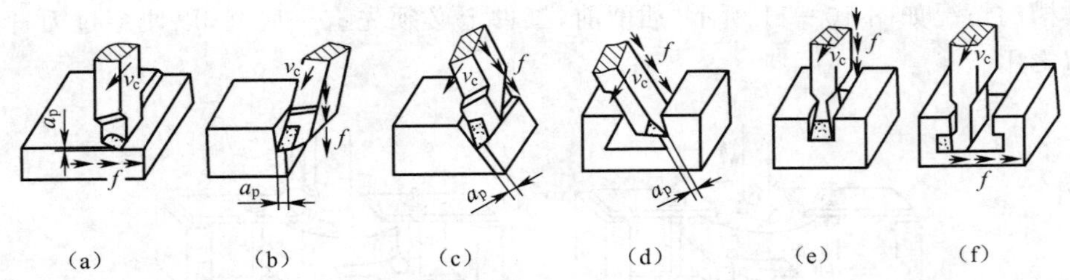

图 10－13　常用刨刀的形状及应用

(a)水平刨刀刨水平面；(b)偏刀刨垂直面；(c)角度偏刀刨斜面；
(d)切刀切断工件；(e)切刀刨槽；(f)弯切刀刨 T 形槽。

1. 平口钳装夹工件

平口钳是一种通用性较强的装夹工具，使用方便灵活，装夹形状简单、尺寸较小的工件尤为合适。在装夹工件之前，应先把平口钳钳口找正并固定在工作台上。在平口钳中装夹工件的注意事项如下：

(1) 工件的被加工面必须高出钳口，否则应用平行垫铁垫高，如图 10－14(a)所示。

(2) 为了保护钳口不受损伤，在夹持毛坯时，常先在钳口上垫铜皮等护口片。

(3) 使用垫铁夹紧工件时，要用木锤或铜手锤轻击工件的上平面，使工件贴紧垫铁。夹紧后，要用手抽动垫铁，如有松动，说明工件与垫铁贴合不好，刨削时工件可能会移动，应松开平口钳重新找正夹紧。如果工件需要按划线找正，可用划线盘进行，如图 10－14(b)所示。

(4) 装夹刚度较低的工件时，为了防止工件变形，应先将工件的薄弱部分支撑或垫实，如图 10－15 所示。

(5) 如果工件按划线加工，可用划线盘或内卡钳来校正工件，如图 10－16 所示。

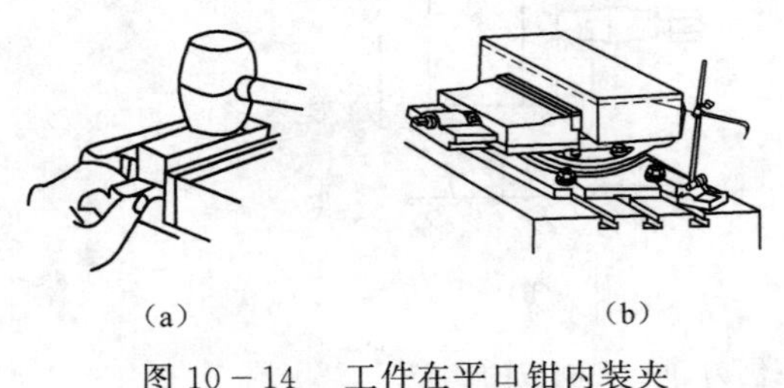

图 10－14　工件在平口钳内装夹

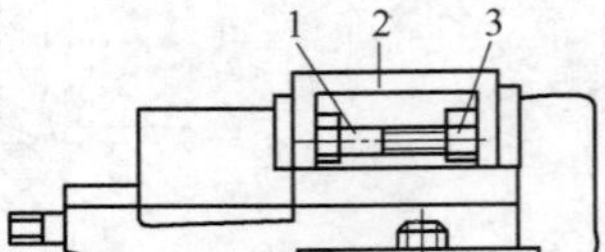

图 10－15　框形工件的夹紧

1—螺栓；2—工件；3—螺母。

2. 工作台装夹工件

当工件的尺寸较大或在平口钳内不便于装夹时，可直接在牛头刨床工作台面上装夹。在工作台上装夹工件的方法很多，常用的方法如图 10－17 所示。

在工作台上装夹工件的注意事项如下：

(1) 装夹时，应使工件底面与工作台面贴实。如果工件底面不平，应使用铜皮、铁皮或楔铁等将工件垫实。

(2) 在工件夹紧前后，均应检查工件的安装位置是否正确。如工件夹紧后产生变形或位置移动，应松开工件重新夹紧。

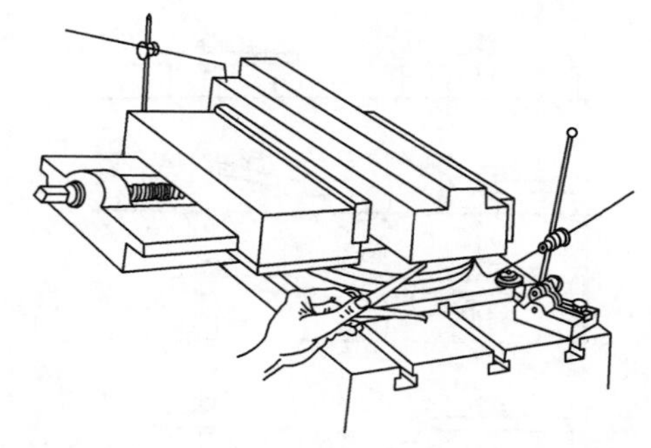

图 10－16　校正工件上、下平面与工作台的平行

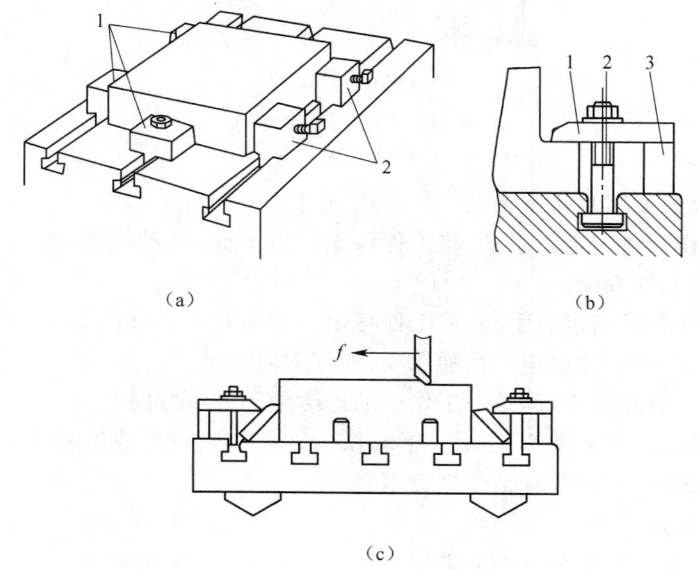

图 10－17　在工作台上装夹工件几种方法

(a)用螺钉撑和挡铁；(b)用压板螺栓；(c)用挤压的方法。

1—挡铁；2—螺钉撑；3—压板。

(3) 工件的夹紧位置和夹紧力要适当,应避免工件因夹紧导致变形或移动。

(4) 用压板螺栓装夹工件时,各种压紧方法的正、误比较如图 10－18 所示。

3. 专用夹具装夹工件

这是一种较为完善的装夹方法。它装夹工件既迅速又位置准确,无需找正,但需要预先制作专用夹具,所以多用于成批生产。

10.1.5　刨削方法

1. 刨平面

为了防止刨削时发生振动或折断刨刀,直头刨刀的伸出长度一般为刀杆厚度的 1.5 倍～2 倍;弯头刨刀以弯曲部分不碰抬刀板为宜(图 10－12)。

刨削平面的具体操作步骤如下:

(1)正确安装工件和刨刀,将工作台调整到使刨刀刀尖略高于工件待加工面的位置;

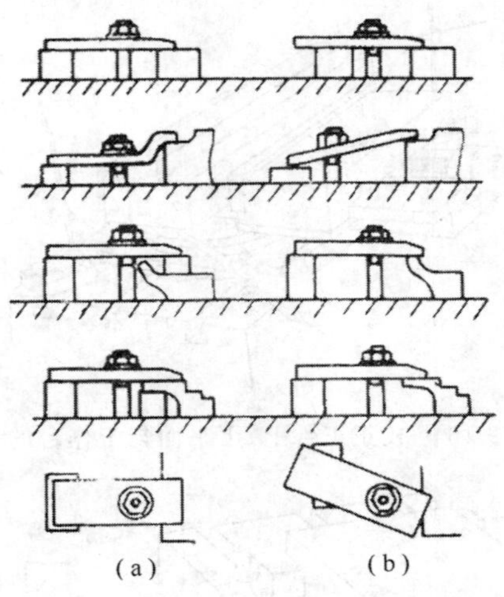

图 10－18　压板的使用
(a)正确；(b)错误。

调整滑枕的行程长度和起始位置。

(2)转动工作台横向走刀手柄，将工件移至刨刀下面，开动机床，摇动刀架手柄，使刨刀刀尖轻微接触工件表面。

(3)转动工作台横向走刀手柄，使工件移至一侧离刀尖 3mm～5mm 处。

(4)摇动刀架手柄，按选定的切削深度，使刨刀向下进刀。

(5)转动棘轮罩和棘爪，调整好工作台的进给量和进给方向。

(6)开动机床，刨削工件宽 1mm～1.5mm 时停车，用钢尺或游标卡尺测量切削深度是否正确；检查无误后，开车将整个平面刨完。

2. 刨垂直面

刨垂直面就是用刀架垂直走刀来加工平面的方法，主要用于加工狭长工件的两端面或其他不能在水平位置加工的平面。

加工垂直面的注意事项如下：

(1) 应使刀架转盘的刻线对准零线。如果刻线不准，可按图 10－19 所示的方法找正刀架。

(2) 刀座应按上端偏离加工面的方向偏转 10°～15°，如图 10－20 所示。其目的是使刨刀在回程抬刀时离开加工表面，以减少刀具磨损。

3. 刨斜面

与水平面倾斜成一定角度的平面叫做斜面。刨削斜面最常用的方法是倾斜刀架法。刀架的倾斜角度等于工件待加工斜面与机床纵向铅垂面的夹角。刀座倾斜的方向与刨垂直面时相同，如图 10－21 所示。

4. 刨正六面体零件

正六面体零件要求对面平行，而相邻面垂直，其刨削顺序如图 10－22 所示。

刨正六面体零件的具体步骤如下：

(1) 以较为平整和较大的毛坯平面 3 作为粗基准，刨平面 1。

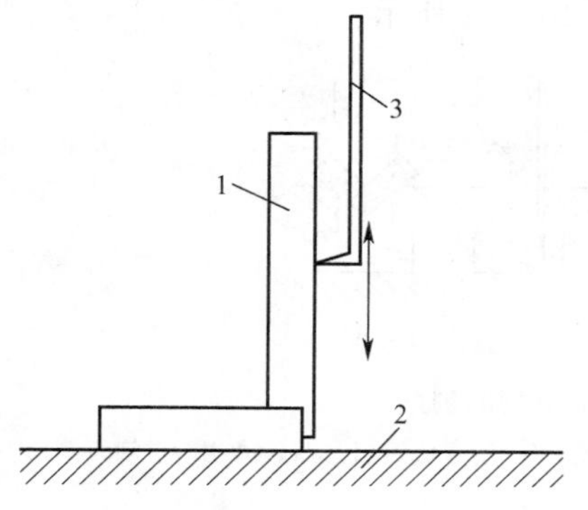

图 10－19　找正刀架垂直的方法

1—角尺；2—工作台；
3—装在刀夹中的弯头划针。

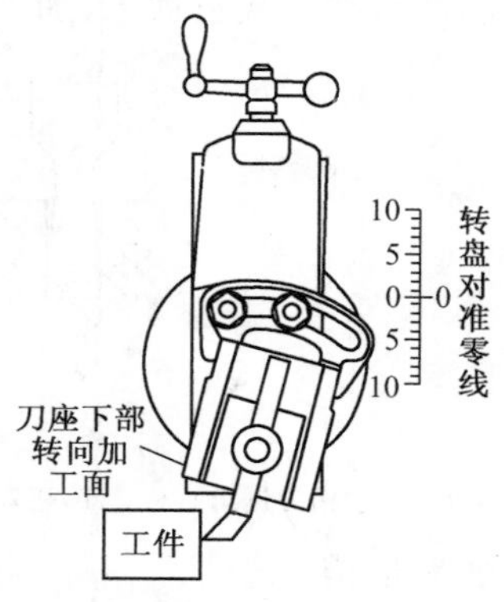

图 10－20　刨垂直面刀座倾斜的方向

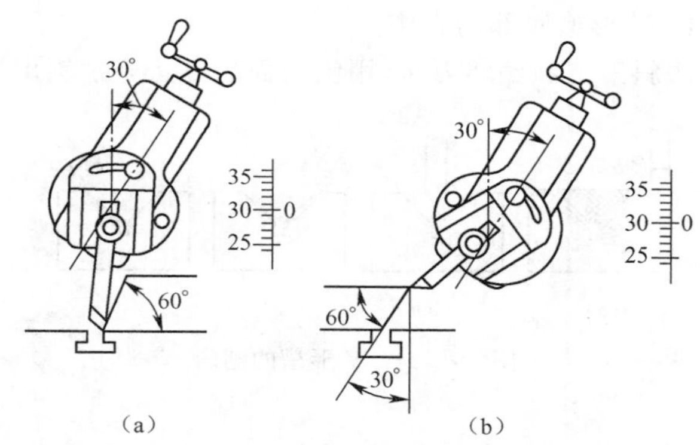

图 10－21　倾斜刀架刨斜面

(a)刨外斜面；(b)刨内斜面。

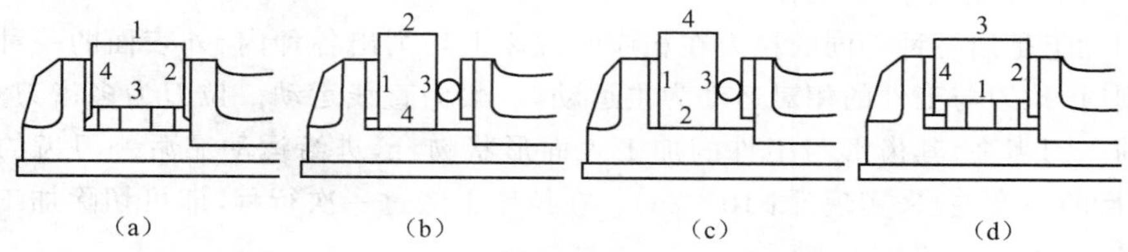

图 10－22　刨正六面体 4 个面垂直的加工顺序

(a)刨面 1；(b)刨面 2；(c)刨面 4；(d)刨面 3。

(2) 将面 1 贴紧固定钳口，在活动钳口与工件中部之间垫一圆棒，然后夹紧，刨削面 2。面 2 对面 1 的垂直度取决于固定钳口与水平走刀的垂直度。

(3) 将面 1 贴紧固定钳口，面 2 贴紧钳底，刨面 4。

(4) 将面 1 朝下放在平行垫铁上，工件夹在两钳口之间。夹紧时，用手锤轻轻敲打，以求面 1 与垫铁贴实，刨面 3。

5. 刨 T 形槽

刨 T 形槽前，应先将工件的各个关联平面加工完毕，并在工件前后端面及上平面划出加工线，然后按线找正加工，加工顺序如图 10－23 所示。

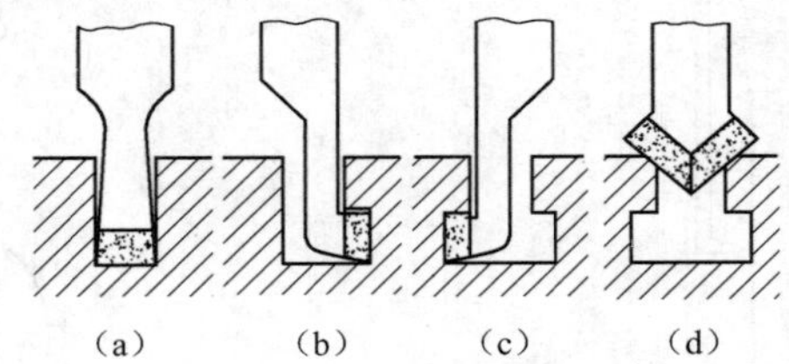

(a)　　(b)　　(c)　　(d)

图 10－23　T 形槽的刨削

(a)用切槽刀刨出直槽；(b)用弯切刀刨右凹槽；(c)用弯切刀刨左凹；(d)用 45°刨刀倒角。

6. 刨 V 形槽

刨 V 形槽(图 10－24)具体步骤如下：

(1) 先划出 V 形槽的加工线。

(2) 粗刨切除大部分加工余量，并精刨顶面。

(3) 用直槽刀刨出 V 形槽底部的直槽。

(4) 换上偏刀并倾斜刀架和偏转刀座，用刨斜面的方法分别刨出两侧斜面。

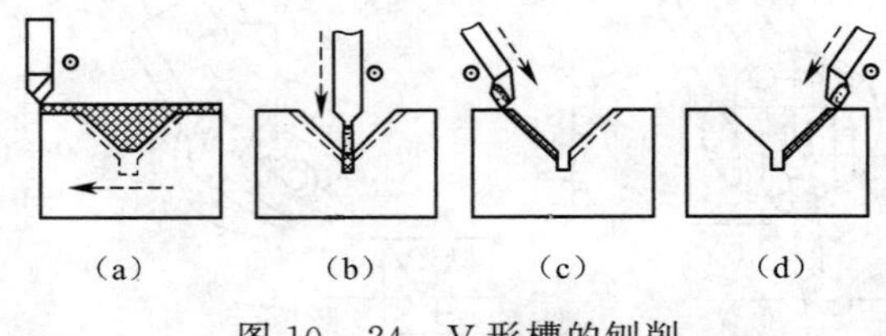

(a)　　(b)　　(c)　　(d)

图 10－24　V 形槽的刨削

10.2　拉削加工

1. 拉削加工的特点及应用

拉削加工是用各种不同的拉刀在相应的拉床上切削出各种内、外表面的一种加工方式。拉削时，拉刀与工件的相对运动为主运动，一般为直线运动。拉刀为多齿刀具，后一刀齿比前一刀齿高，其齿形与工件的加工表面形状吻合，进给运动靠后一刀齿的齿升量(前后刀齿的高度差)来实现(图 10－25)。在拉床上经过一次行程，即可切除加工表面的全部余量，获得要求的加工表面。

拉床的运动比较简单，只有主运动而没有进给运动。由于拉刀承受的切削力很大，为了获得平稳的切削运动，并能实现无级调速，拉床的主运动通常采用液压驱动。

拉削加工的生产率较高，被加工表面在一次走刀中成形。拉刀的工作部分有粗切齿、精切齿和校准齿，工件加工表面在一次加工中经过了粗切、精切和校准加工，而且由于拉削速度较低，每一刀齿切除的金属层很薄，切削负荷小，因此加工质量好，加工精度可达 IT8～IT7，表面粗糙度值可达 $Ra3.2\mu m \sim 0.4\mu m$。

拉刀的使用寿命较长，但是拉刀的结构复杂、制造困难，而且每拉削一种表面就需要一种拉刀，成本高，所以拉削加工主要应用于大批量生产的场合。

拉削可以加工各种形状的通孔、平面和成形表面等，但只能加工贯通的等截面表面，

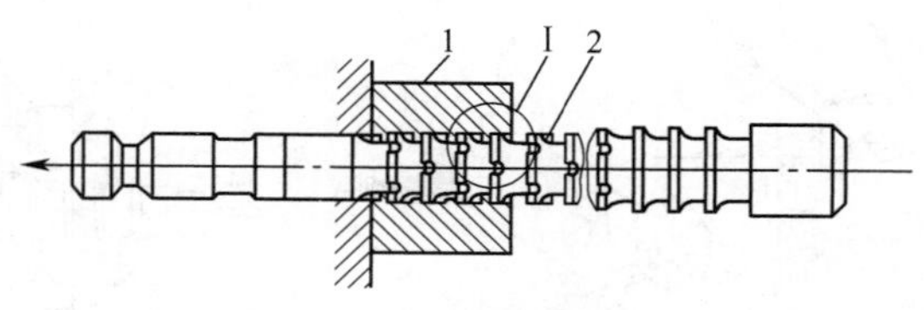

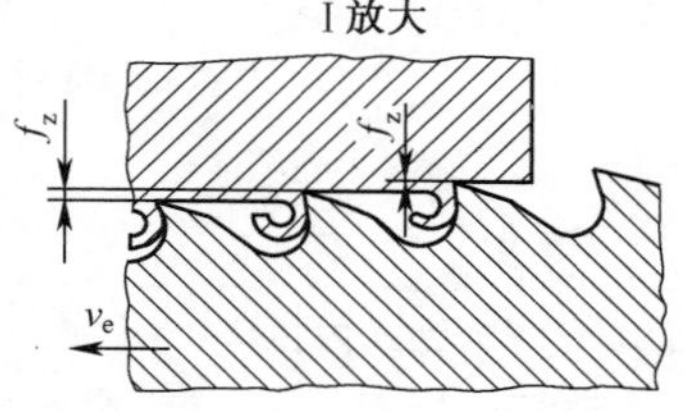

图 10－25　拉削过程

1—工件；2—拉刀。

特别适用于内表面的加工。图 10－26 为拉削加工的一些典型表面形状。

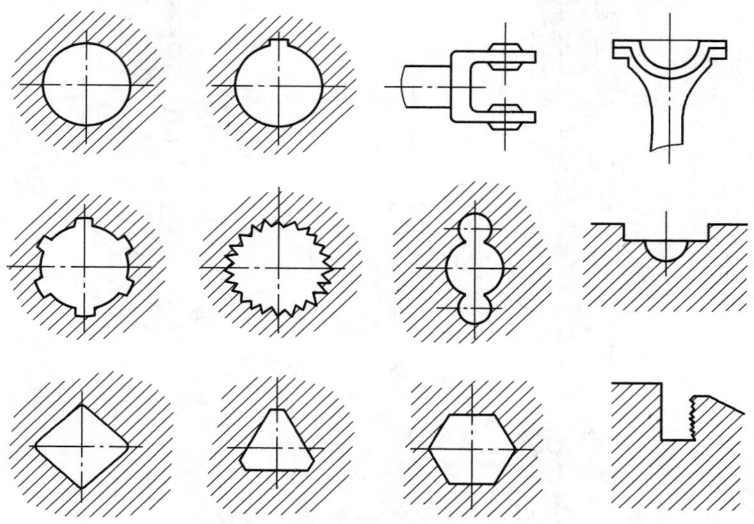

图 10－26　拉削加工的典型表面形状

2. 拉床

拉床按其加工表面所处的位置，可分为内表面拉床和外表面拉床；按拉床的结构和布局形式，又可分为卧式拉床（图 10－27 为卧式内拉床）、立式拉床（图 10－28）和连续式（链条式）拉床（图 10－29）等。

拉床的主要参数为机床的最大额定拉力。如 L6120 卧式拉床的最大额定拉力为 2×10^5 N。

3. 拉刀

1）拉刀的种类

拉刀的种类很多，根据加工表面位置不同可分为内拉刀和外拉刀。常用的内拉刀有圆孔拉刀、方孔拉刀、花键拉刀、渐开线拉刀等，如图 10－30 所示。外拉刀用于加工工件的外表面，如平面拉刀、齿槽拉刀、直角拉刀等，如图 10－31 所示。

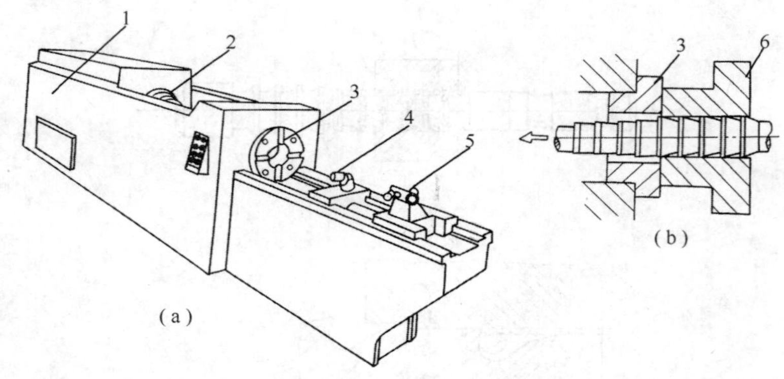

图 10－27　卧式内拉床

1—床身；2—液压缸；3—支承座；4—滚柱；5—护送夹头；6—工件。

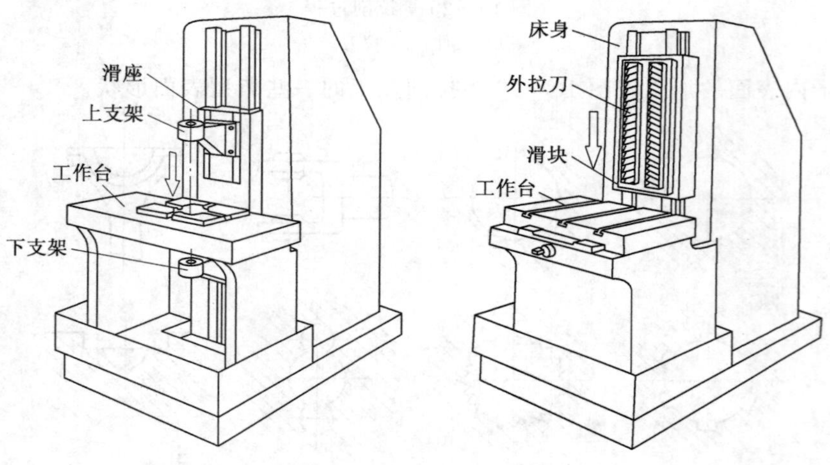

图 10－28　立式拉床

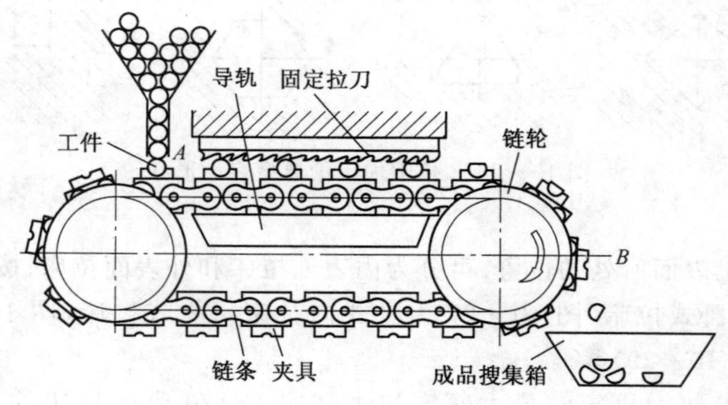

图 10－29　连续式拉床

2)拉刀的结构

拉刀的种类很多,但其组成部分基本相同,现以图 10－32 所示的圆孔拉刀为例说明拉刀的组成部分及其作用。

拉刀的柄部是拉刀夹持部分,用于传递拉力;其颈部直径相对较小,以便于柄部穿过拉床的挡壁,并且颈部也是拉刀打标记的地方;过渡锥用于引导拉刀逐渐进入工件孔中;

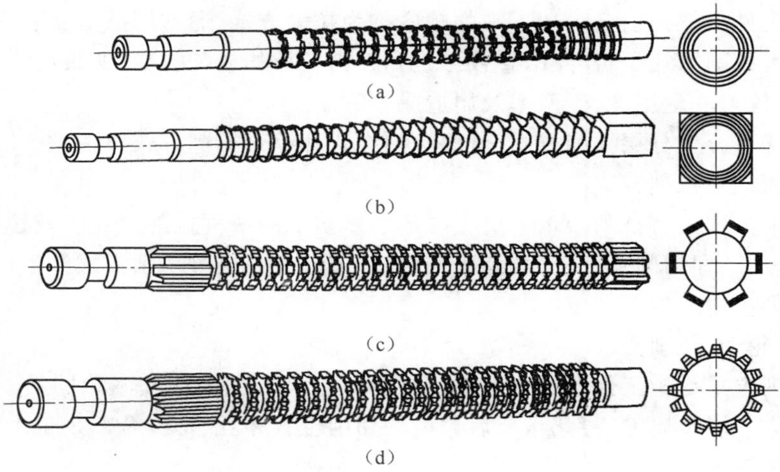

图 10－30　内拉刀

(a)圆孔拉刀；(b)方孔拉刀；(c)花键拉刀；(d)渐开线拉刀。

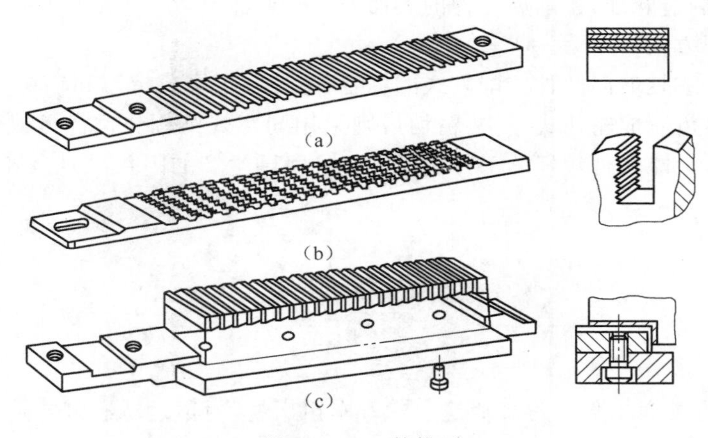

图 10－31　外拉刀

(a)平面拉刀；(b)齿槽拉刀；(c)直角拉刀。

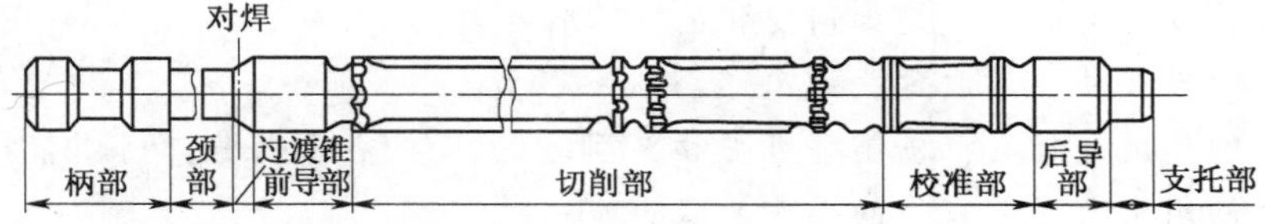

图 10－32　圆孔拉刀结构

前导部用于引导拉刀正确地进入孔中，防止拉刀歪斜；切削部担负全部余量的切削工作，由粗切齿、过渡齿和精切齿三部分组成；校准部起修光和校准作用，并可作为精切齿的后备齿，各齿形状及尺寸完全一致，用以提高加工精度和减小表面粗糙度值；后导部用于保持拉刀最后的正确位置，防止拉刀的刀齿在切离后下垂而损坏已加工表面或刀齿；支托部用于长又重的拉刀，可以支承并防止拉刀下垂。

4. 拉削方式(拉削图形)

拉刀从工件上把拉削余量切下来的顺序称为拉削方式,通常用图形来表达,因此也称为拉削图形。拉削方式是否合理,直接影响到刀齿负荷的分配、拉刀的长度、切削力、工作表面的质量、拉刀的耐用度、生产率及制造成本等。

拉削方式可分为分层拉削方式、分块拉削方式和综合拉削方式三大类。

1)分层(普通)拉削方式

分层拉削方式是将拉削余量一层一层地顺序切下的一种拉削方式。其拉刀参与切削的刀刃一般较长,即切削宽度较大,齿数较多,拉刀较长。这种切削方式的生产率较低,不适于拉削带硬皮的工件。

2)分块(轮切)拉削方式

分块拉削方式是指工件上每一层金属是由一组尺寸相同或基本相同的刀齿切去,每个刀齿仅切去一层金属的一部分,前后刀齿的切削位置相互错开,全部余量由几组刀齿顺序切完的一种拉削方式。

分块拉削方式的优点是切削刃的长度(切削宽度)较短,允许的切削厚度较大,这样,拉刀的长度可大大缩短,也大大提高了生产率,并可直接拉削带硬皮的工件,但是,这种拉刀的结构复杂,制造麻烦,拉削后工件的表面质量较差。

3)综合拉削方式

综合拉削方式是前面两种拉削方式的综合,它集中了廓式拉刀和轮切式拉刀的优点,即粗切齿和过渡齿制成轮切式结构,精切齿则采用同廓式结构。这样可以使拉刀长度缩短,生产率提高,又能获得较好的工件表面质量。我国生产的圆孔拉刀多采用这种结构。

思考题

1. 刨削时刀具和工件须作哪些运动?与车削比较,刨削运动有何特点?
2. 牛头刨床主要由哪几部分组成?各有何功用?刨削前,机床须作哪些方面的调整?如何调整?
3. 滑枕往复运动的速度是如何变化的?为什么?
4. 刨刀为什么往往做成弯头的?
5. 刀座的作用是什么?刨削垂直面和斜面时,刀架的各个部分如何调整?
6. 简述刨削正六面体零件的操作步骤。
7. 龙门刨床与牛头刨床比较,其主要特点是什么?它适合于加工什么样的零件?
8. 插床主要用来加工什么表面?
9. 拉削有何特点?适于加工什么样的表面?

第 11 章　螺纹加工

学习目标：

(1)掌握螺纹的分类及常用的加工方案。

(2)掌握螺纹车削、铣削的基本方法。

(3)了解螺纹滚压、磨削的基本方法。

11.1　概　　述

螺纹根据用途不同可分为连接螺纹和传动螺纹两大类。

(1)连接螺纹：又称为紧固螺纹，用于零件间的固定连接。普通螺纹是最常用的一种连接螺纹，螺纹截形呈三角形。牙形角(即顶角)α、公制螺纹(又称为米制螺纹)为 60°，英制螺纹为 55°。另一类连接螺纹为圆柱管螺纹和圆锥管螺纹，用于连接水管、油管等，螺纹截面也呈三角形，牙形角为 55°。连接螺纹如图 11-1(a)所示。

(2)传动螺纹：用于传递动力和运动，常用梯形螺纹和锯齿形螺纹，后者只用于传递单向动力，如图 11-1(b)、(c)所示。传动螺纹一般是单头螺纹，有时为了提高传动比，可将传动螺纹设计成双头螺纹或三头螺纹。

米制三角螺纹，又称为普通螺纹，应用最为广泛。

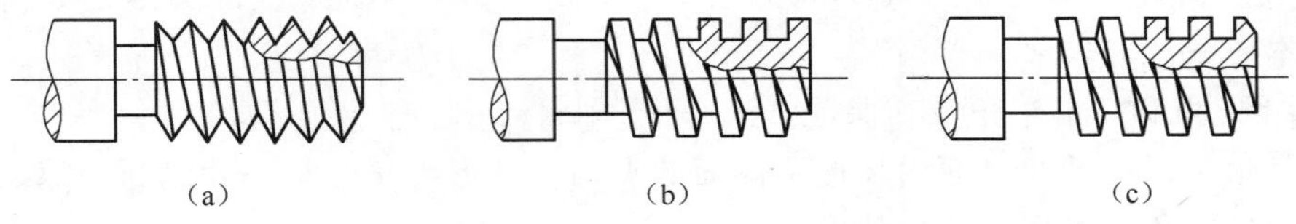

(a)　　(b)　　(c)

图 11-1　螺纹的种类

对普通螺纹的主要要求是可旋入性和连接的可靠性。对于管螺纹除上述要求外，还必须具有良好的密封性。普通螺纹精度分为三级(1、2、3 级)，通常不需要特别精确时，可以用 3 级精度。

对传动螺纹的要求首先应保证传动精度和传递动力的可靠性，因此对其螺距和牙形角精度有较高的要求，必须进行逐项检验。而对于紧固螺纹则只需检验中径精度，甚至仅用螺纹规(相当于标准螺母或螺杆)拧到被加工螺纹上，根据拧合的松紧程度来判断其合格与否。此外，对传动螺纹的材料、表面硬度及表面粗糙度也较紧固螺纹有更高的要求，以期提高其耐磨性，延长使用寿命。

根据螺纹类别、精度要求及生产条件，选择合适的加工方案。表 11-1 列举了常用的加工方案。

<table>
<caption>表 11-1 螺纹的常用加工方案</caption>
<tr><th colspan="3">加 工 对 象</th><th>加工精度(IT)</th><th>表面粗糙度($Ra/\mu m$)</th><th colspan="2">加工方法</th></tr>
<tr><td rowspan="6">紧固螺钉</td><td>单件小批</td><td>各种精度的内、外螺纹</td><td>1～3</td><td>6.3～0.8</td><td colspan="2">车削。若用精车则可达很高精度</td></tr>
<tr><td rowspan="2">各种批量</td><td>一般精度的外螺纹</td><td>3</td><td>6.3～3.2</td><td colspan="2">板牙套丝</td></tr>
<tr><td>一般精度的内螺纹</td><td>2～3</td><td>12.5～3.2</td><td colspan="2">丝锥攻丝</td></tr>
<tr><td rowspan="3">大批量</td><td>一般精度的外螺纹</td><td>2～3</td><td>3.2～1.6</td><td rowspan="2">滚压</td><td>搓板滚压</td></tr>
<tr><td>较高精度的外螺纹</td><td>1～2</td><td>3.2～0.4</td><td>滚子滚压</td></tr>
<tr><td>较低精度的外螺纹</td><td>2～3</td><td>12.5～6.3</td><td colspan="2">铣削</td></tr>
<tr><td rowspan="3">传动螺纹</td><td>单件小批</td><td>各种精度的内、外螺纹</td><td>1～3</td><td>3.2～0.8</td><td colspan="2">车削</td></tr>
<tr><td>各种批量</td><td>高精度的外螺纹;直径大于30mm的内螺纹;淬硬螺纹</td><td>1～2</td><td>0.8～0.2</td><td colspan="2">磨削</td></tr>
<tr><td>大批量</td><td>低精度螺纹</td><td>2～3</td><td>12.5～6.3</td><td colspan="2">铣削</td></tr>
</table>

11.2 螺纹的车削

螺纹的车削加工应用最广,其优点是设备和刀具的通用性大,并能获得精度高的螺纹,所以任何类型的螺纹都可以在车床上加工;其缺点是生产率低,对工人的技术水平要求高。所以只有在单件、小批生产中用车削方法加工螺纹才是经济的。当生产批量较大时,为了提高生产率,可用梳刀(棱形或圆形)代替车刀。但是梳刀只能加工低精度螺纹,或者作为加工精密螺纹时的粗加工工序。

螺纹是成对出现的,分为内螺纹和外螺纹。内、外螺纹的配合决定于三个基本要素,即牙形角 α、螺距 P 和中径 $d_2(D_2)$,如图 11-2 所示。车普通螺纹的关键是如何保证这三个基本要素。

1. 牙形角和牙形半角及其保证方法

牙形角是螺纹轴线界面内牙形两侧面的夹角。牙形半角是某一牙侧面与螺纹轴线的垂线之间的夹角。普通螺纹的牙形角 $\alpha=60°$。

螺纹牙形角和牙形半角取决于螺纹车刀的形状及其在车床上的安装的位置。螺纹车刀的刀尖角应在前角为 0°的前提下刃磨成 60°。安装螺纹车刀时,刀尖必须与工件中心等高,且刀尖的角平分线与工件轴线垂直。为此,常用对刀样板安装螺纹车刀,如图11-3所示。

2. 螺距及其保证方法

螺距是螺纹相邻两牙上对应点之间的轴向距离(mm)。车螺纹时必须保证工件每转一周,准确而均匀的沿纵向移动一个螺距,如图 11-4 所示。螺纹加工前,根据工件的螺距值,进行传动计算(见第 4 章)确定配换齿轮的齿数及进给箱各操纵手柄的具体位置,正式车螺纹前应先试切;选择正确的螺距规对所车螺纹螺距进行检验,如图 11-5 所示。

车螺纹时,牙形需经过多次走刀才能完成。每次走刀都必须落在第一次走刀车出的螺纹槽内,否则就会"乱扣"而使所车螺纹成为废品。

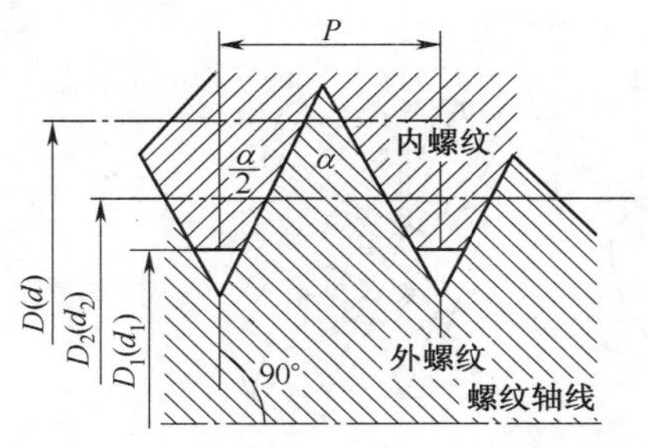

图 11－2　普通螺纹的三个基本要素

D、d——内、外螺纹大径(公称直径)；

D_1、d_1——内、外螺纹小径；

D_2、d_2——内、外螺纹中径。

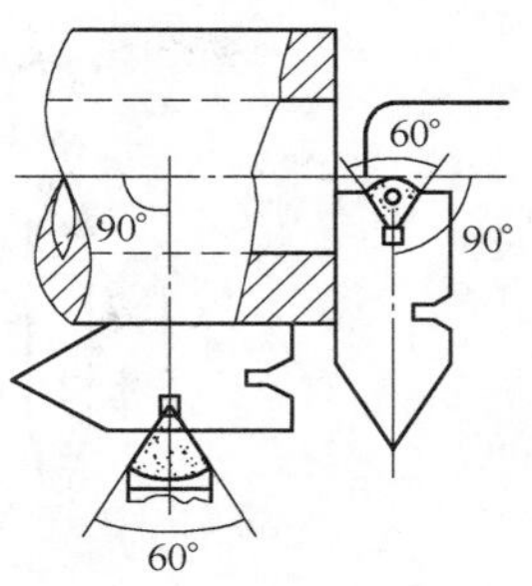

图 11－3　螺纹车刀形状及对刀方法

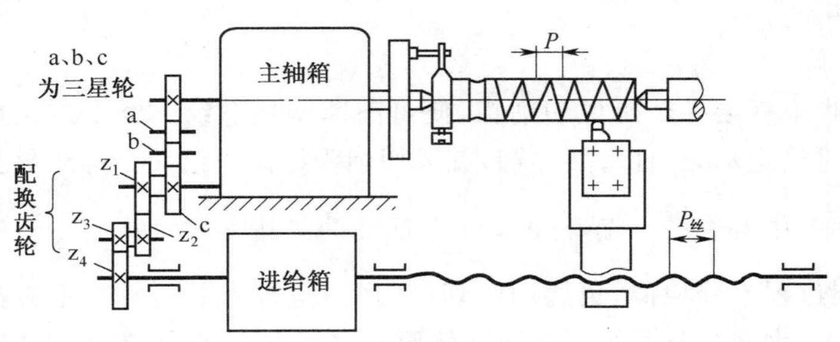

图 11－4　车螺纹传动示意图

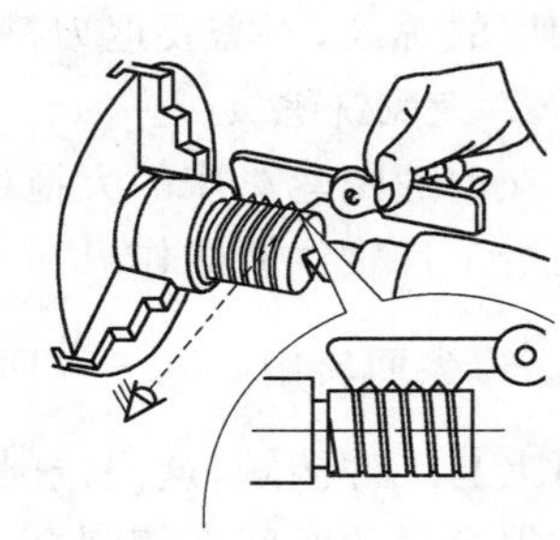

图 11－5　用螺距规检查螺纹的螺距

3. 螺纹中径及其保证方法

螺纹中径是螺纹上一个假想圆柱的直径。螺纹在其中径处的牙宽和槽宽相等，只有当内、外螺纹的中径相等时，才能很好配合。螺纹中径的大小与加工螺纹时总吃刀量有关，总吃刀量越大，外螺纹的中径越小，内螺纹的中径越大。螺纹中径一般根据螺纹的牙形高度(普通螺纹牙形高度为 $0.5P$)用螺纹量规检验保证。

车削左、右旋螺纹的主要区别是车刀纵向移动的方向不同，由车床主轴至丝杠的传动系统中的换向机构保证。

传动螺纹一般是单头螺纹，有时为了提高传动比，可采用双头螺纹或三头螺纹。加工多头螺纹时，可将工件安装在专门的拨盘上，当车完第一条螺纹后，通过拨盘带动工件转过 180°(加工双头螺纹)或 120°(加工三头螺纹)，然后车第二条螺纹……

11.3　螺纹的铣削

在大批量生产中广泛采用铣削方法加工螺纹，一般都是在专用的螺纹铣床上进行加工。根据所用铣刀结构的不同，螺纹铣削可分为三种方式。

1. 用圆盘铣刀加工

如图 11－6 所示，是一般用于加工大尺寸的梯形牙和方牙传动螺纹，加工精度较低。通常只作为粗加工，然后再用螺纹车刀进行精加工。

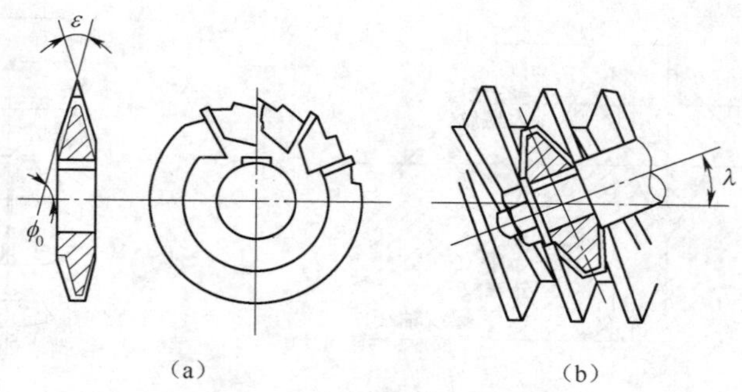

图 11－6　圆盘铣刀铣螺纹

2. 用梳刀(组合铣刀)加工大直径的细牙螺纹

此加工方法生产率比上述方法还高,但加工精度则更低些。用这种方法可以加工紧靠轴肩的螺纹,不需要退刀槽。

3. 旋风铣螺纹

在普通螺丝车床的大拖板上安装一个旋风切削头,便可高速铣切螺纹。整个旋风切削头沿工件轴线方向作纵向进给运动,工件每转一圈,旋风切削头纵向进给一个螺纹导程(S)。刀尖回转中心同工件回转中心有一个偏心(e),因此刀刃只在其圆弧轨迹的$\frac{1}{3}\sim\frac{1}{6}$圆弧上与工件接触,这同铣削过程十分相似,也属间断切削,切屑呈标点状。每一把刀具只有很少量的时间在切削金属,大部分时间则因高速旋转而在空气中冷却,因此切削速度允许很高。旋风铣螺纹时,一般只需一次走刀,便可切出完整的螺纹。只有当螺距大于6 mm时,才分为2次或3次走刀。旋风切削的生产率比一般的铣削螺纹高3倍～6倍,常常作为螺纹的预加工。由于旋风切削头的刀具调整比较费时,常用于大批量生产中。

11.4　螺纹的滚压

滚压螺纹的加工是一种无屑加工,有两种滚压方式。

1. 搓板滚压螺纹(又称为搓丝)

如图11－7所示,下搓板是固定的,上搓板作往复运动。搓板工作面的截面形状与被加工螺纹截面形状相同。工件在上、下搓板之间被挤压和滚动,当上搓板工作行程结束时,螺杆就被挤压成形。

2. 滚子滚压螺纹(又称为滚丝)

如图11－8所示,滚丝轮的工作表面截面形状与被加工螺纹截面形状相同,它们在带动工件旋转的同时,还逐渐作径向进给运动直至挤压到规定的螺纹深度为止。

比较上述两种方法,搓丝比滚丝的生产率高,但滚丝压力小,而且滚丝轮工作面经过热处理后可以在螺丝磨床上进行精磨,但搓丝板在热处理后的精加工比较困难,所以加工精度较低。

同切削螺纹相比,滚压螺纹主要优点如下:

(1)提高了螺纹的强度。用切削法加工的螺纹金属纤维被割断,而滚压螺纹的纤维则是连续的,从而提高了剪切强度。此外,滚压螺纹因加工硬化及加工精度高,从而提高了疲劳强度。

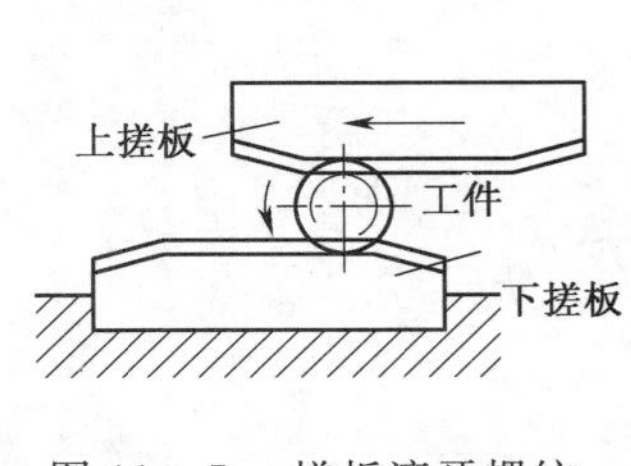

图 11－7　搓板滚牙螺纹

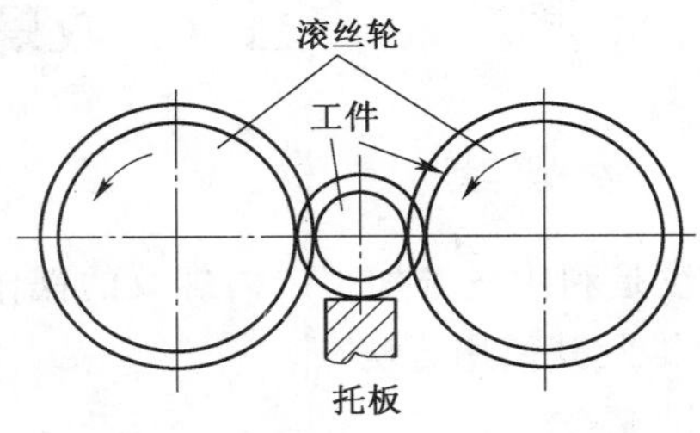

图 11－8　滚子滚压螺纹

(2)节省材料。滚压螺纹的杆状坯料较切削螺纹的坯料直径小,从而节省材料16％～25％。

(3)生产率高。滚压螺纹生产率远远高于切削螺纹的生产率。

(4)滚压机床的结构简单。我国已有系列产品,也可利用普通机床改装。

滚压螺纹的主要缺点如下:

(1)对于杆状坯料的尺寸精度要求较高,因为金属不被切除,受到滚压变形的金属刚好挤满模具工作面的槽内。

(2)对于单件、小批量生产是不经济的。

(3)只能滚压外螺纹。

(4)坯料硬度不能太高,要求材料的塑性要好。

11.5　螺纹的磨削

对于要求热处理的精密螺纹,需经磨削加工,例如,丝锥、螺纹量规及精密传动丝杆等。

磨削螺纹有单线砂轮磨和多线砂轮磨两种基本方法(图 11－9)。

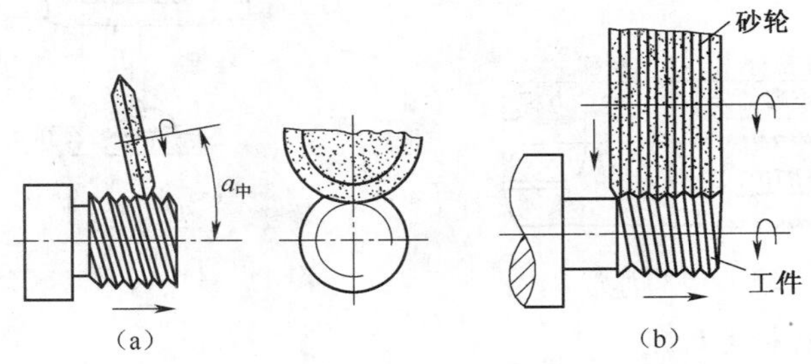

图 11－9　螺纹的磨削

(a)单线砂轮磨削;(b)多线砂轮磨削。

两种方法相比,单线砂轮磨较多线砂轮磨的加工精度高(因为多线砂轮的修整比较困难);但是多线砂轮磨的生产率显然较高,通常在工件旋转 $1\frac{1}{3}$周～$1\frac{1}{2}$周内就可完成磨削工作;单线砂轮磨可以加工任意长度的螺纹,而多线砂轮磨只能加工较短的螺纹。

磨削螺纹是在专门的螺纹磨床上进行的,也可将精密螺纹车床改装,只需在刀架拖板上安装一个磨头即可。

11.6 攻螺纹与套螺纹

11.6.1 攻螺纹

攻螺纹是利用丝锥加工出内螺纹的操作,又称为攻丝。

1. 丝锥及其使用方法

1)丝锥

丝锥是加工内螺纹的专用工具。通常 M6～M24 的丝锥一套各有两支,称为头锥、二锥;M6 以下及 M24 以上一套各有三支,即有头锥、二锥和三锥,如图 11-10 所示。

每个丝锥都由工作部分和柄部组成。工作部分又由切削部分和校准部分组成。切削部分是切制螺纹的主要部分,其端部磨出锥角,以便将切削负荷分配在几个刀齿上。头锥的锥角部分有 5 个～7 个牙,二锥有 3 个～4 个牙,三锥有 1 个～2 个牙。校准部分具有完整的齿形,用于修光螺纹和引导丝锥沿轴向运动。工作部分沿轴向开的槽,是用以容纳切屑,并形成刀刃和前角的。柄部有方头,用来将丝锥装入扳手内以传递力矩。

2)丝锥使用方法

攻内螺纹时先使用头锥。将头锥垂直地放在工件已加工好的孔内,然后用扳手轻压并旋入,如图 11-11 所示,当丝锥的切削部分已切入工件时,即可只转动扳手不加压。同时,丝锥每转一周后应反转 1/4 周,以便使切屑脱落。

头锥攻完后,用二锥和三锥时,必须先用手将丝锥旋进螺孔内几扣后才能用扳手转动,旋转扳手时不加压。

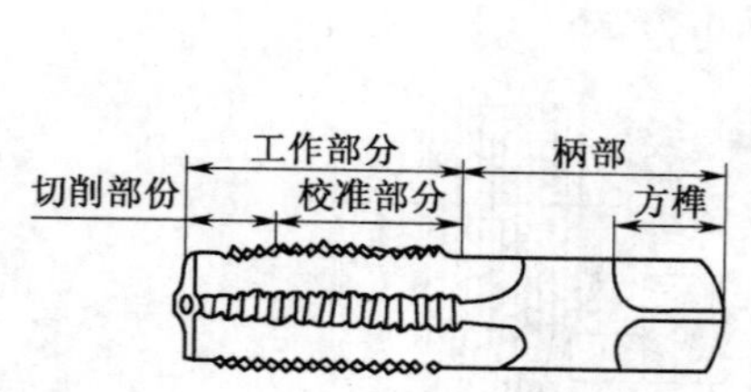

图 11-10　丝锥及其组成部分

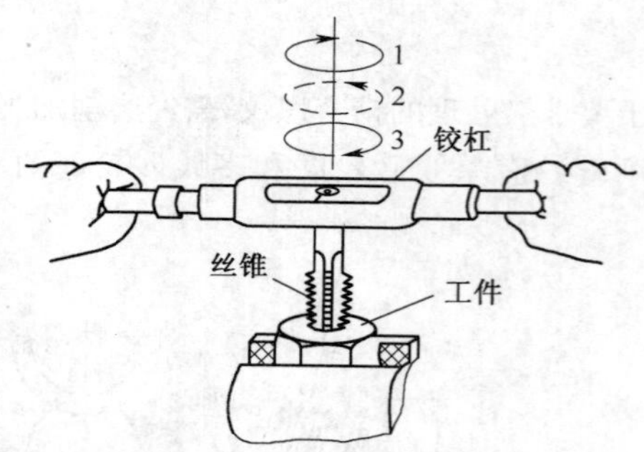

图 11-11　攻螺纹(套扣)

2. 攻螺纹底孔直径的确定

攻螺纹时,丝锥主要是切削金属,但也有挤压金属的作用。所以攻螺纹前钻孔直径一定要大于内螺纹内径,而小于内螺纹外径。

钻孔的直径可查表或根据下面的经验公式计算:

加工钢料或其他塑性材料时　　$d=d_0-P$

加工铸铁、青铜等脆性材料时　　$d=d_0-1.1P$

式中　d——钻孔直径(mm);

d_0——螺纹外径(mm);

P——螺距(mm)。

3. 攻螺纹操作注意事项

(1) 根据工件上螺纹孔的规格,正确选择丝锥,并分清头锥、二锥和三锥,不可颠倒使用。

(2) 攻钢件上的内螺纹时,加机油;攻铸铁件上的内螺纹时,应加煤油;铝、铝合金和紫铜上攻螺纹时,要加乳化液。

(3) 攻螺纹时,丝锥攻入工件孔几扣后,不能再施加压力,以免丝锥崩牙或攻出螺齿很瘦的螺纹孔。

(4) 不要用嘴直接吹切屑,以防切屑飞入眼睛。

11.6.2 套螺纹

套螺纹是利用板牙在圆杆上加工出外螺纹的操作,又称套扣。

1. 板牙及其使用方法

1) 板牙

板牙是加工外螺纹的工具,如图 11-12 所示。板牙有固定式和开缝式两种,开缝式板牙螺孔的大小可做微量调节。

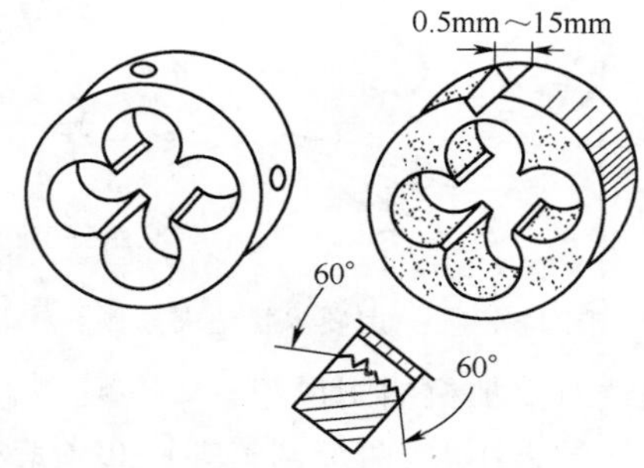

图 11-12 板牙

板牙孔两端的锥度部分是切削部分,中间一段是校准部分,也是套螺纹时的导向部分。板牙切削部分一端磨损后可调头使用。

2)使用方法

板牙必须装夹到板牙架上方可使用,板牙架如图 11-13 所示。

套螺纹时,板牙端面必须与圆杆轴线垂直。开始套螺纹时,为了使刀刃切入工件,除转动板牙架外还要向下稍施压力,套入几扣后即可只转动板牙架而不加压,同时为了断屑也要时常反转。

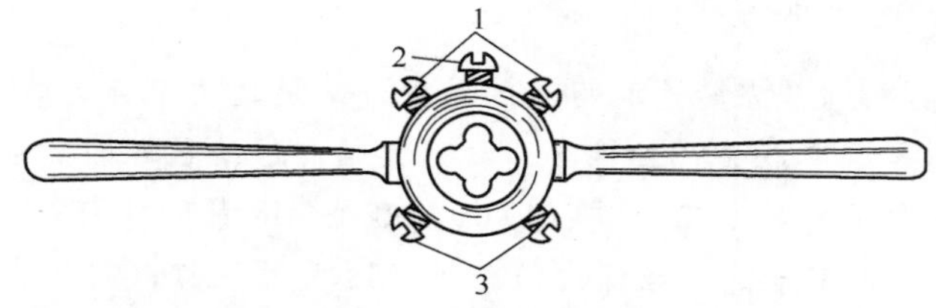

图 11-13 板牙架

1—调整板牙螺钉;2—排开板牙螺钉;3—固紧板牙螺钉。

2. 套螺纹圆杆直径的确定

同攻螺纹一样,用板牙套螺纹牙尖也要被挤高一些,所以圆杆直径比螺杆外径稍小一

些。圆杆直径可查表或按下式估算，即

$$D=d_0-0.2P$$

式中 D——圆杆直径(mm)；

d_0——螺杆螺纹外径(mm)；

P——螺距(mm)。

在塑性材料上套螺纹时，圆杆直径比在脆性材料上套螺纹要小一些。

3. 套螺纹操作注意事项

(1) 每次套螺纹前应将板牙容屑槽内及螺纹内的切屑清除干净。

(2) 圆杆端头要倒角，以便板牙对准，便于切入，并检查圆杆直径的大小。

(3) 套螺纹时切削力矩很大，易损坏圆杆的已加工表面，所以应使用硬木制的V形槽衬垫(图 11－14)或用厚铜板作护口片来夹持圆杆。

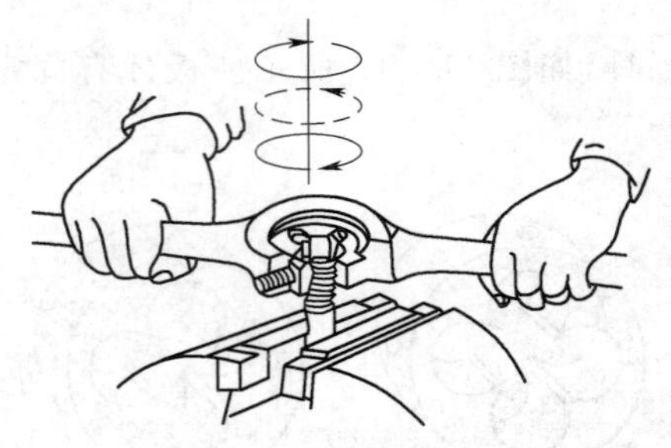

图 11－14 用硬木衬垫夹紧圆杆

(4) 在钢制圆杆上套螺纹时要加机油润滑。

(5) 调节开缝式板牙螺孔的大小时，两个调整螺钉必须旋得均匀，否则切出的螺纹不符合要求。

思考题

1. 试分别列举紧固螺纹和传动螺纹应用的三个实例，并说明对其质量要求的不同。
2. 在车床上车制螺纹时，为什么车刀的前角通常选用0°？为什么车刀刀刃应与工件中心等高？
3. 旋风切削螺纹时，铣刀转速和刀具的轴向进给量之间是否有联系？铣刀转速和工件转速之间是否有联系？工件转速和刀具轴向进给量之间是否有联系？
4. 试述下列零件的螺纹加工方法：(1)150000个M8紧固螺钉；(2)3000根低精度的长丝杆；(3)3根车床的长丝杆；(4)15个M8紧固螺钉；(5)20根麻花钻螺旋槽。
5. 怎样区别头锥、二锥和三锥？
6. 如何正确使用丝锥和板牙？
7. 怎样调节开缝板牙的螺纹尺寸？
8. 为什么套螺纹前要检查圆杆直径？其大小如何确定？为什么要倒角？

第12章　机械加工工艺规程的制订

学习目标：

(1)掌握零件工艺分析的方法。

(2)掌握工件的加工方法及毛坯的选择方法。

(3)掌握定位基准的选择原则和工序基准的确定方法。

(4)掌握加工余量及工艺尺寸的确定，正确应用尺寸链进行计算。

(5)掌握典型零件的加工特点，理解典型零件的工艺分析方法，会编制相应的工艺文件。

12.1　概　　述

机械零件从毛坯加工为成品要经过一系列的相关工艺过程。实际生产中，每个工艺过程都有相应的指导性文件。机械加工工艺规程是将零件机械加工的工艺按照规定的形式书写成工艺文件，它是企业指导生产的重要技术文件。因此，学习制订工艺规程的基本知识，进行产品的工艺设计，确定合适的加工基准、划分工序、确定工序余量和加工路线等内容，既是根据零件的技术要求及生产特点编制适合企业生产的工艺规程的需要，也是应用机械加工基本知识技术实现机械制造过程高效、低成本制造的需要。

工艺规程是在具体生产条件下说明并规定工艺过程的工艺文件。工艺规程设计的主要任务是为被加工零件选择合理的加工方法和加工顺序，以便能够按照设计要求生产出合格的成品零件。它是以规定的表格形式设计成的技术文件，是指导企业生产的重要文件。

12.1.1　机械加工工艺规程的内容及作用

1. 内容

机械加工工艺规程是规定零件机械加工工艺过程和操作方法的工艺文件。它是机械制造厂最主要的技术文件。一般包括下列内容：工件加工的工艺路线、各工序的具体内容及所用的设备和工艺装备、工件的检验项目及检验方法、切削用量，以及时间定额等。

2. 作用

工艺规程有以下几个方面的作用：

(1)工艺规程是指导生产的主要技术文件，是指挥现场生产的依据。它是车间中一切从事生产的人员都要严格、认真贯彻执行的工艺文件，按照它组织生产，就能做到各工序科学地衔接，实现优质、高产、低消耗。

(2)工艺规程是生产组织和管理工作的基本依据。可以根据它进行一系列的准备工作,如原材料和毛坯的供应,机床的调整,专用工艺装备(如专用夹具、刀具和量具)的设计和制造,生产作业计划的编排,劳动力的组织,以及生产成本的核算等。就可以制订所生产产品的进度计划和相应的调度计划,使生产均衡、顺利地进行。

(3)工艺规程是新建或扩建工厂或车间的基本资料。在新建或扩建工厂或车间时,只有根据机械加工工艺规程和生产纲领,才能准确地确定生产所需机床的种类和数量,工厂或车间的面积,机床的平面布置,生产工人的工种、等级和数量,以及各辅助部门的安排等。

12.1.2 机械加工工艺规程的类型及格式

将工艺规程的内容,填写到标准表格中固定下来,即成为生产准备和施工依据的工艺文件。常用的工艺文件格式有下列几种。

1. 机械加工工艺过程卡片

这种卡片以工序为单位,简要地列出了整个零件加工所经过的工艺路线(包括毛坯制造、机械加工和热处理等)。它是制订其他工艺文件的基础,也是生产技术准备、编排作业计划和组织生产的依据。在这种卡片中,由于各工序的说明不够具体,故一般不能直接指导工人操作,而多做生产管理方面使用。但是,在单件小批生产中,由于通常不编制其他较详细的工艺文件,而是以这种卡片指导生产。工艺过程卡片的格式如表 12-1 所示。

表 12-1 机械加工工艺过程卡片

<table>
<tr><td rowspan="2">工厂名</td><td rowspan="2">机械加工工艺过程卡片</td><td>产品型号</td><td></td><td colspan="4">零(部)件图号</td><td colspan="2"></td><td colspan="2">共 页</td></tr>
<tr><td>产品名称</td><td></td><td colspan="4">零(部)件名称</td><td colspan="2"></td><td colspan="2">第 页</td></tr>
<tr><td>材料牌号</td><td></td><td>毛坯种类</td><td></td><td>毛坯外形尺寸</td><td></td><td>每毛坯件数</td><td></td><td>每台件数</td><td></td><td>备注</td><td></td></tr>
<tr><td rowspan="2">工序号</td><td rowspan="2">工序名称</td><td rowspan="2">工序内容</td><td rowspan="2">加工车间</td><td rowspan="2">工段</td><td rowspan="2">设备</td><td rowspan="2" colspan="4">工艺装备</td><td colspan="2">工时</td></tr>
<tr><td>准终</td><td>单件</td></tr>
<tr><td></td><td></td><td></td><td></td><td></td><td></td><td colspan="4"></td><td></td><td></td></tr>
<tr><td rowspan="3">更改内容</td><td colspan="11"></td></tr>
<tr><td colspan="11"></td></tr>
<tr><td colspan="11"></td></tr>
<tr><td>编制</td><td></td><td>抄写</td><td></td><td>校对</td><td></td><td>审核</td><td></td><td>批准</td><td colspan="3"></td></tr>
</table>

2. 机械加工工艺卡片

机械加工工艺卡片是在工艺过程卡片的基础上,按每道工序所编制的一种文艺文件,详细说明整个工艺过程的工艺文件。它是用来指导工人生产和帮助车间管理人员和技术人员掌握整个零件加工过程的一种主要技术文件,广泛用于成批生产的零件和小批生产中的重要零件。在这种卡片上,将工序细化为安装、工步,以及填写工艺装备(量具、刃具、夹具)的类型和切削用量等,工艺卡片内容包括零件的材料、重量、毛坯的种类、工序号、工序名称、工序内容、工艺参数、操作要求,以及采用的设备和工艺装备等。它位于机械加工工艺过程卡片和加工工序卡片之间,适用于零件的中、小批量的加工。工艺卡片的格式如表 12-2 所示。

表 12-2　机械加工工艺卡片

工厂名	机械加工工艺过程卡片	产品名称及型号				零件名称		零件图号					
		材料	名称		毛坯	种类		零件质量/kg		毛坯		第　页	
			牌号			尺寸				净重		共　页	
			性能		每料件数			每台件数			每批件数		
工序号	工序内容	同时加工零件数	切削用量				设备名称及编号	工艺装备名称及编号			技术等级	工时定额/min	
			背吃刀量/mm	切削速度/(m·min^{-1})	切削速度/(r·min^{-1})或双行程数/(mm·min^{-1})	进给量/(r·min^{-1})或/(mm·min^{-1})		夹具	刀具	量具		单件	准备—终结
更改内容													
编制		抄写			校对				复核			批准	

3. 机械加工工序卡片

机械加工工序卡片是在工艺过程卡的基础上，进一步按每道工序所编制的一种工艺文件。它更详细地说明了整个零件各个工序的加工要求，是用来具体指导工人操作的工艺文件。在这种卡片上，要画出工序图，注明该工序的加工表面及应达到的尺寸、公差、定位和切削用量等工艺参数，以及每一工步的内容和所用的设备及工艺装备。用于大批量生产的零件。机械加工工序卡片的格式如表 12-3 所示。

表 12-3　机械加工工序卡片

工厂名	机械加工工序卡片	产品名称及型号	零件名称	零件图号	工序名称	工序号	第　页
							共　页
			车间	工段	材料名称	材料牌号	力学性能
			同时加工件数	每料件数	技术等级	单件时间/min	准备—终结时间/min
			设备名称	设备编号	夹具名称	夹具编号	工作液
			更改内容				

（续）

工厂名	机械加工工序卡片	产品名称及型号	零件名称	零件图号	工序名称	工序号	第　页

工步号	工步内容	计算数据/mm			走刀次数	切削用量				工时定额/min			刀具量具及辅助工具				
		直径或长度	进给长度	单边余量		背吃刀量/mm	进给量/(mm·min^{-1})或(r·min^{-1})	切削速度/(r·min^{-1})或双行程/(mm·min^{-1})	切削速度/(m·min^{-1})	基本时间	辅助时间	工作地点服物时间	工步号	名称	规格	编号	数量

编制		抄写		校对		审核		批准	

12.1.3　制订工艺规程的原则、步骤及原始资料

1. 制订工艺规程的原则

工艺规程制订的原则是优质、高产、低成本，即在保证产品质量的前提下，争取最好的经济效益。在制订时，应注意下列几个问题：

(1)先进性。先进性是指在现有条件下，除了采用成熟的工艺方法外，尽可能地吸收适合工厂情况的国内同行的先进工艺技术和技术装备，以提高工艺技术水平。

(2)经济型。在一定的生产条件下，要采用劳动量、物资和能源消耗最少的工艺方案，从而使生产成本最低，使企业获得良好的经济效益。

(3)可靠性。工艺规程要充分考虑和采取一切确保产品质量的必要措施，以期能全面、可靠、稳定地达到设计图样上所要求的精度、表面质量和其他技术要求。

(4)有良好的劳动条件，避免环境污染。在制订工艺规程时，要注意保证工人操作时有良好而安全的劳动条件。因此，在工艺方案上要注意采取机械化或自动化措施，以减轻工人繁杂的体力劳动。

2. 制订工艺规程的步骤

制订零件机械加工工艺规程的步骤如下：

(1)计算年生产纲领，确定生产类型。

(2)分析零件图及产品装配图，对零件进行工艺分析。

(3)选择毛坯。

(4)拟订工艺路线。其主要工作是选择定位基准，确定个表面的加工方法，安排加工顺序，确定工序分散与集中的程度，安排热处理，以及检验等辅助工序。

(5)确定各工序的加工余量，计算工序尺寸及公差。

(6)确定各工序所用的设备及刀具、夹具、量具和辅助工具。

(7)确定切削用量及时间定额。

(8)确定各主要工序的技术要求及检验方法。

(9)填写工艺文件。

3. 原始资料

制订工艺规程时，通常应具备下列原始资料：

(1)产品的全套装配图和零件工作图。

(2)产品验收的质量标准。

(3)产品的生产纲领(年产量)。

(4)毛坯资料。毛坯资料包括各种毛坯制造方法的技术经济特征、各种型材的品种和规格和毛坯图等。在无毛坯图的情况下，需要实地了解毛坯的形状、尺寸及力学性能。

(5)现场的生产条件。为了使制订的工艺规程切实可行，一定要考虑现场的生产条件。如了解毛坯的生产能力及技术水平、加工设备和工艺装备的规格及性能、工人技术水平，以及专用设备与工艺装备的制造能力等。

(6)国内外工艺技术发展的情况。工艺规程的制订要经常研究国内外有关工艺技术资料，积极引进适用的先进工艺技术，不断提高工艺水平，以获得最大的经济效益。

(7)有关的工艺手册及图册。

12.2 零件的工艺分析

制订工艺规程时，首先应分析产品的零件图和所在部件的装配图，熟悉该产品的用途、性能及工作条件，同时明确该零件在产品中的位置和作用，了解并研究各项技术条件制订的依据，找出其主要技术要求和技术关键，以便在拟订工艺规程时采取适当的措施加以保证。

1. 零件图分析

对零件图分析的主要内容有：视图、尺寸、公差和技术要求等是否齐全。零件的各项技术要求、主要的技术要求和加工关键，以及零件图所规定的加工要求是否合理、零件的选材是否恰当，热处理要求是否合理。如果发现问题，应及时提出，与相关技术人员要共同研究，对图样进行修改和改进。对于特别复杂的零件，很难将全部问题考虑周全，因此，必须在详细了解零件的构造后，对重点问题进行深入的研究与分析。主要从以下几个方面进行分析：

(1)零件主次表面的区分和主要表面的保证。零件的主要表面是和其他零件相配合的表面，或是直接参与工作过程的表面。主要表面以外的表面称为次要表面。根据主要表面的尺寸精度、形位精度和表面质量要求，可初步确定在工艺过程中应该采用哪些最后加工方法来实现这些要求，并且对在最后加工之前所采取的一系列的加工方法也可一并考虑。如某零件的主要表面之一的外圆表面，尺寸精度为IT6级，粗糙度为$Ra=0.8\mu m$，需要依次用粗车、半精车和磨削加工才能达到要求。对于尺寸精度要求为IT7级，并且还有表面形状精度要求，粗糙度$Ra=0.8\mu m$的内圆表面，则需要采用粗镗、半精镗和磨削加工的方法方能达到图纸要求。

(2)重要技术条件分析。技术条件一般指表面形状精度和表面之间的相互位置关系精度，静平衡、动平衡要求，热处理、表面处理、探伤要求，以及气密性试验等。重要的技术条件是影响工艺过程制订的重要因素之一，严格的表面相互位置精度要求(如同轴度、平行度和垂直度等)往往会影响到工艺过程中各表面加工时的基准选择和先后次序,也会影响工序的集中和分散。零件的热处理和表面处理要求,对于工艺路线的安排也有重大的影响,因此应该根据不同的热处理方式,在工艺过程中合理地安排它们的位置。

2. 零件的结构工艺性

零件的结构工艺性是指零件在满足使用要求的前提下制造的可行性和经济性。一个好的机器产品和零件结构不仅要满足使用性能要求,而且要便于制造和维修,即满足结构工艺性要求。它是评价零件结构设计优劣的主要技术经济指标之一。

零件的结构工艺性对其工艺过程的影响很大。使用性能相同而结构上却不相同的两个零件,它们的加工方法与制造成本往往也存有很大差异。在研究零件的结构时,还要注意审查零件的结构工艺性。所谓良好的结构工艺性,是指所设计的零件在保证产品使用性能的前提下,根据已定的生产规模,能采用生产效率高和成本低的方法制造出来。零件的结构工艺性较好,则可提高生产率,降低制造成本。

例 12－1　被加工的孔应具有标准孔径,不通孔的孔底和阶梯孔的过渡部分应与钻头顶角的圆锥角相同,如图 12－1 所示。

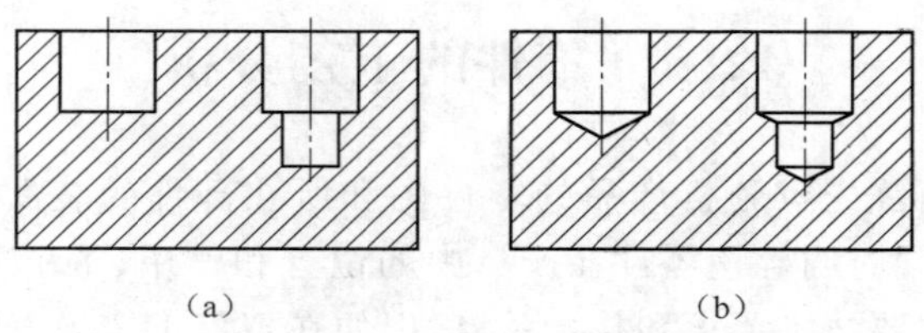

图 12－1　不通孔与阶梯孔结构

(a)不合理;(b)合理。

例 12－2　减少加工面积,图 12－2 所示中的支架要装配在机座上,常设计成图 12－2(b)的结构,而避免设计成图 12－2(a)的结构。

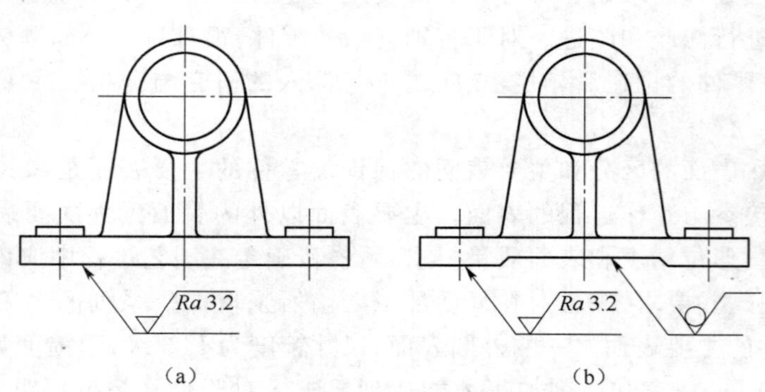

图 12－2　支架底面结构

(a)不合理;(b)合理。

例 12－3　如图 12－3 所示,图 12－3(a)和图 12－3(d)无法加工,因为螺纹刀具不能加工到根部。图 12－3(b)和图 12－3(e)可以加工,但螺尾几个牙型不完整,为此 l 必须大于螺纹的实际旋合长度;图 12－3(c)和图 12－3(f)设置螺纹退刀槽,退刀方便,且可在螺纹全长上获得完整的牙型。

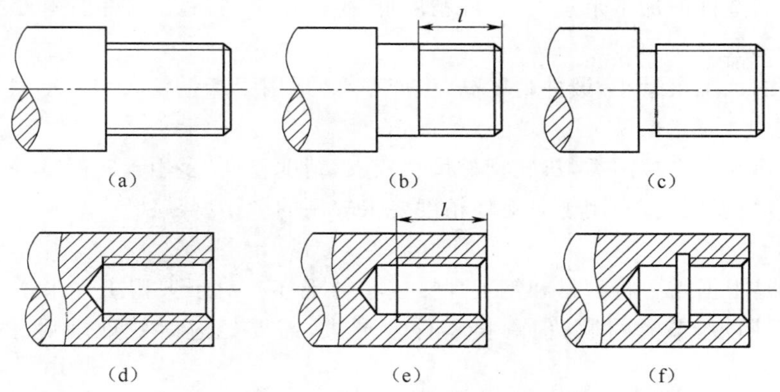

图 12-3　内螺纹与外螺纹

例 12-4　如图 12-4 所示，增设加强筋，防止切削变形。上表面需要用去除材料的方法获得加工精度，为减小切削过程中切削力造成工件的变形，图 12-4(b)增设了加强筋，结构合理，图 12-4(a)结构不合理。

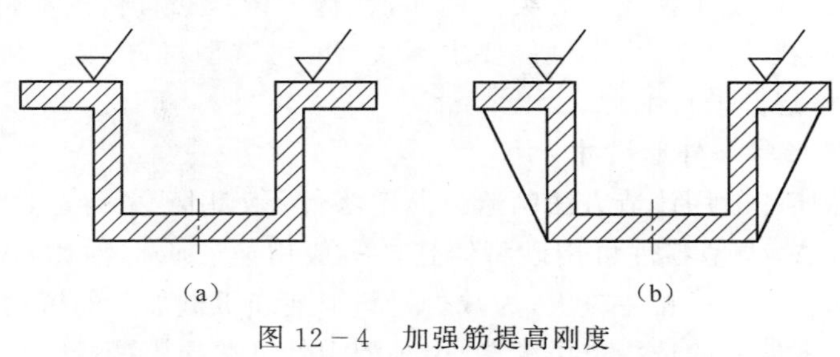

图 12-4　加强筋提高刚度

(a)不合理；(b)合理。

12.3　毛坯的选择

机械零件的制造包括毛坯制造和切削加工两个阶段。毛坯种类的确定不仅对后续的切削加工产生很大的影响，还直接影响产品质量。选择毛坯的基本任务是选定毛坯的种类和制造方法，了解毛坯的制造误差及其可能产生的缺陷。因为毛坯的种类及其不同的制造方法对零件的质量、加工方法、材料利用率、机械加工劳动量和制造成本等都有很大的影响。

12.3.1　毛坯种类

机械加工中常见的零件毛坯类型有铸件、锻件、型材和焊接件 4 种。

1. 铸件

铸件是常用做形状比较复杂的零件毛坯。它是通过砂型铸造、金属模铸造、压力铸造、离心铸造和精密铸造等方法获得的。

2. 锻件

锻件毛坯由于经锻造后可得到金属纤维组织的连续性和均匀分布，从而提高了零件的强度，适用于对强度有一定要求、形状比较简单的零件。锻件有自由锻造件和模锻造件两种。自由锻造件的加工余量大，锻件精度低，生产率不高，适用于单件和小批量生产，以及大型零件毛坯。

模锻件的加工余量小，锻件精度高，生产率高，适用于产量较大的中小型零件毛坯。

3. 型材

型材有热轧和冷拉两类，热轧型材尺寸较大，精度较低，多用于一般零件毛坯；冷拉型材尺寸较小，精度较高，多用于对毛坯精度要求较高的中小型零件。

4. 焊接件

焊接件是根据需要将型材和钢板焊接成零件毛坯。对于大型工件来说，焊接件简单方便，生产周期短，节省材料，但焊接零件变形大，需要经过时效处理后才能进行机械加工。

12.3.2 毛坯选择原则

选择毛坯及制造方法时，要考虑下列因素的影响。

1. 零件材料及其力学性能

零件的材料大致确定了毛坯的种类。例如，材料为铸铁和青铜的零件应该选择铸件毛坯，钢质零件当形状不复杂、力学性能要求不太高时可选型材；重要的钢制零件，为了保证其力学性能，应该选择锻件毛坯。

2. 零件的结构形状与外形尺寸

形状复杂的毛坯一般用铸造方法制造。薄壁零件不宜用砂型铸造，中小型零件可考虑用先进的铸造方法，大型零件可用砂型铸造。一般用途的阶梯轴，如各阶直径相差不大，可用圆棒料；如各阶直径相差较大，为减少材料消耗和机械加工的劳动量，则宜选择锻件毛坯。尺寸大的零件一般选择自由锻造，中小型零件可选择模锻造。

3. 生产类型

大量生产的零件应该选择精度和生产率都比较高的毛坯制造方法，毛坯制造的昂贵费用可由材料消耗的减小和机械加工费用的降低来补偿。如铸件采用金属模机器造型或精密铸造，锻件采用模锻、精锻，采用冷轧和冷拉型材。零件产量较小时应该选择精度和生产率较低的毛坯制造方法。

4. 现有生产条件

确定毛坯的种类及制造方法，必须考虑具体的生产条件，如毛坯制造的工艺水平、设备状况，以及对外协作的可能性等。

5. 充分考虑利用新工艺、新技术的可能性

随着机械制造技术的发展，毛坯制造方面的新工艺、新技术和新材料的应用也发展很快。如精铸、精锻、冷挤压、粉末冶金和工程塑料等在机械中的应用日益增加。采用这些方法可大大减少机械加工量，有时甚至可以不再进行机械加工。

例 12－5　图 12－5 所示为减速器传动轴，工件载荷基本平衡，材料为 45 钢，小批量生产。试分析其选材。

由于该轴工作时不承受冲击载荷，工作性质一般，且各阶梯轴径相差不大，因此，可选用热轧圆钢作为毛坯。下料尺寸为 $\phi 45\text{mm}\times 220\text{mm}$。加工工艺路线：热轧棒料下料→

粗加工→调质处理→精加工→磨削。

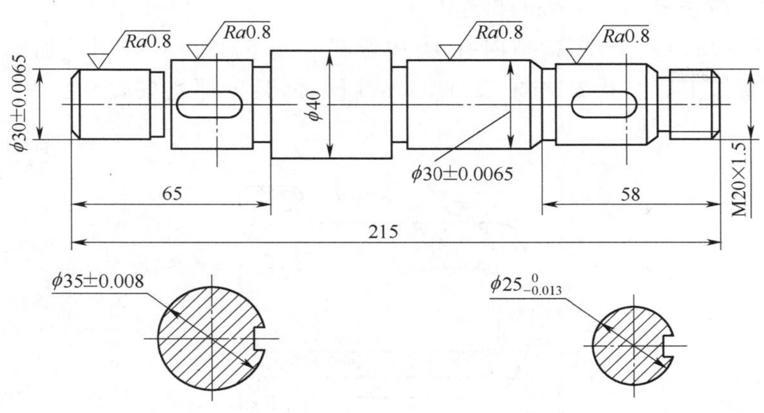

图 12－5　减速器传动轴

12.4　定位基准的选择

在制订零件加工工艺规程时，不但要考虑获得表面本身的尺寸精度，而且还要必须保证各表面间相互位置精度的要求，这就需要考虑工件在加工过程中的定位、测量等基准问题。

零件图中通过设计基准和设计尺寸来表达各表面的位置要求。在加工时是通过工序基准及工序尺寸来保证这些位置要求的，而工序尺寸方向上的位置，是由定位基准来保证的，加工后工件的位置精度是通过测量基准进行检验的。因此，基准选择主要是研究加工过程中的表面位置精度要求及其保证的方法。

12.4.1　粗基准与精基准

基准是指零件上用以确定其他点、线、面的位置所依据的点、线、面。工件在起始工序中，只能选择未经加工的毛坯表面作为定位基准，这种基准称为粗基准。用加工过的表面作为定位基准称为精基准。在制订工艺规程时，先选择精基准，后选择粗基准；加工时，先使用粗基准，后使用精基准。为了便于装夹和易于获得所需的加工精度，在工件上制出专门供定位用的表面称为辅助基准。

由于粗基准和精基准的情况和使用用途都不相同，所以在选择两者时考虑问题的侧重点不同。

12.4.2　粗基准的选择原则

粗基准为零件起始粗加工的基准，它是未经加工过的表面。粗加工的主要目的是去除大量的加工余量，并为以后的加工准备精基准，因此，在选择粗基准时，主要考虑两个问题：

一是合理地分配各加工面的加工余量；二是保证加工面与不加工面之间相互位置关系。具体选择时可参考以下原则：

(1)对于同时具有加工表面与不加工表面的工件，为了保证不加工表面与加工表面之间的位置要求，应选择不加工表面做粗基准。

如图 12-6 所示的毛坯，铸造时孔 B 和外圆 A 有偏心。若采用不加工面 A 为粗基准加工孔 B，则加工后的孔 B 与外圆 A 的轴线同轴，且壁厚均匀，但孔 B 的加工余量不均匀。

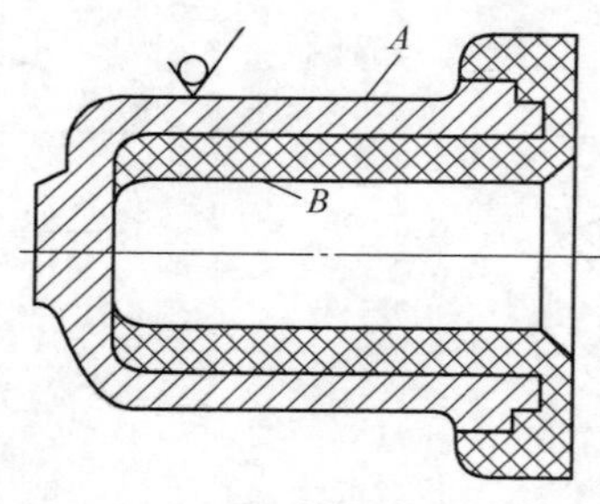

图 12-6　不加工表面做粗基准定位

如果零件上有多个不加工表面，则应以其中与加工面相互位置要求较高的表面做粗基准。如图 12-7 所示，径向有 3 个不加工表面，若要求 ϕ_2 与 $\phi 50_0^{+0.1}$ mm 之间的壁厚均匀，应取 $\phi 2$ 作为径向粗基准。

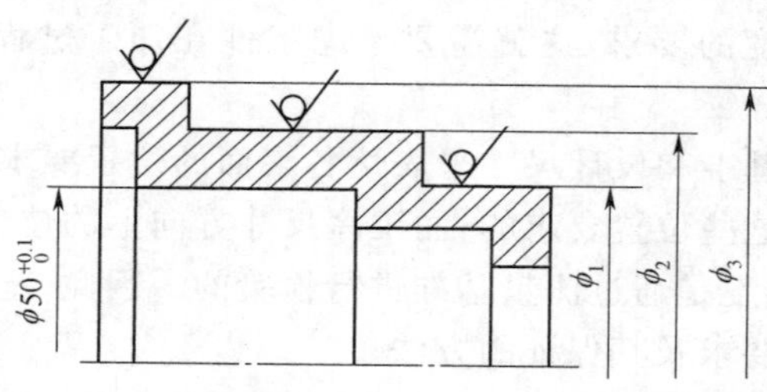

图 12-7　多个表面不加工时粗基准的选择

(2)对于具有较多加工表面的工件，应合理分配各加工面的余量。在分配余量时应考虑以下两点：

①为了保证各加工面都有足够的加工余量，应选择毛坯余量最小的面为粗基准。例如，如图 12-8 所示的阶梯轴，因 ϕ55mm 外圆的余量较小，故应选 ϕ55mm 外圆为粗基准，如果选 ϕ108mm 外圆为粗基准加工 ϕ50mm 时，当两外圆有 3mm 的偏心时，则可能因 ϕ50mm 的余量不足而使工件报废。

②对于工件上的某些重要表面(如导轨和重要孔等)，为了尽可能地使其加工余量均匀，则应选择重要表面做粗基准。如图 12-9 所示的车床床身，导轨表面是重要表面，要求耐磨性好，且在整个导轨表面内具有大体一致的力学性能。因此，加工时应选导轨表面作为粗基准加工床腿底面，如图 12-9(a)所示，然后以床腿底面为基准加工导轨平面，如图 12-9(b)所示。

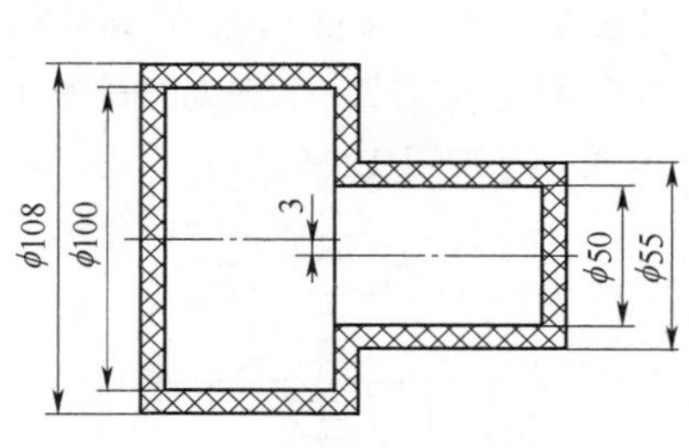

图 12－8　阶梯轴加工的粗基准选择

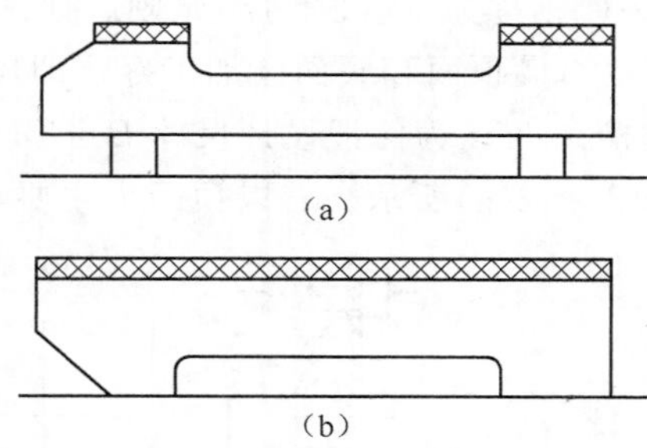

图 12－9　床身加工的粗基准选择

(3)粗基准应避免重复使用。在同一尺寸方向上，粗基准通常只允许使用一次，以免产生较大的定位误差。如图 12－10 所示的小轴加工，如重复使用 B 面去加工 A、C 面，则必然会使 A 面与 C 面的轴线产生较大的同轴度误差。

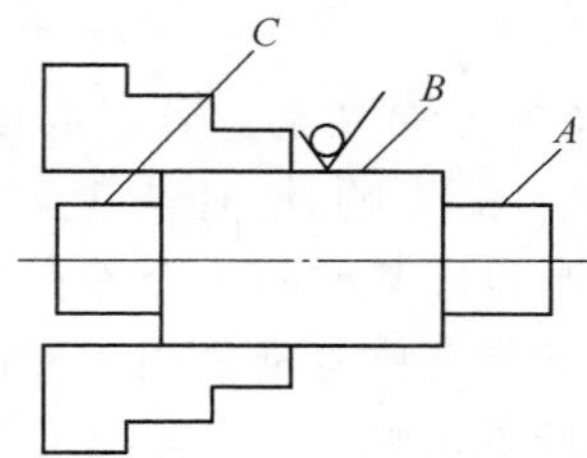

图 12－10　重复使用粗基准示例

(4)被选为粗基准的表面应平整，没有浇口、冒口或飞边等缺陷，以便定位准确，夹紧可靠。例如，加工铝活塞的夹具，如图 12－11 所示，以内壁为粗基准，用自动定心装置来保证工件的壁厚均匀。但毛坯上有金属型芯装配缝隙而产生的飞刺，卡爪经常压在飞刺上，使工件不能正确定位，因此这个夹具不能使用。

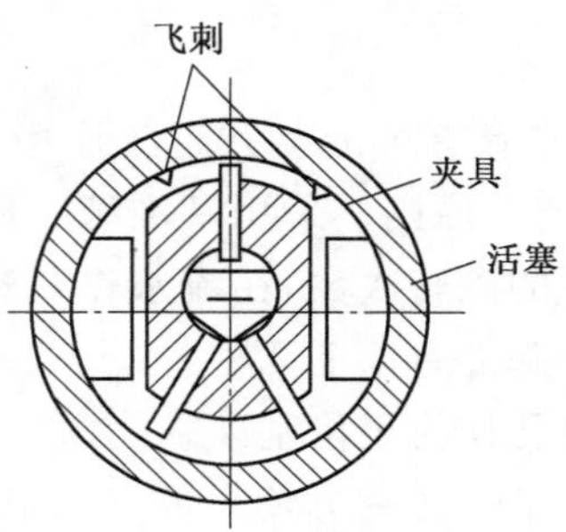

图 12－11　铝制活塞的装夹

12.4.3　精基准的选择原则

选择精基准时，主要是解决两个问题：一是保证加工精度，二是使装夹方便，夹具结构简单。因此选择精基准一般应遵循以下原则。

1. 基准重合原则

应尽量选择设计基准作为定位基准，以避免定位基准与设计基准的不重合而引起的误差，这一原则称为“基准重合”原则。如图 12－12 所示的零件，设计尺寸为 $A \pm T_A/2$ 和 $B \pm T_B/2$，设顶面和底面已加工好，(即尺寸 $A \pm T_A/2$ 已保证)，现在用调整法铣削一批零件的槽深 N。为保证设计尺寸 $B \pm T_B/2$，有两种定位方案。若以底面为主要定位基准，如图 12－12(a)所示。若以顶面为主要定位基准，则如图 12－12(b)所示。

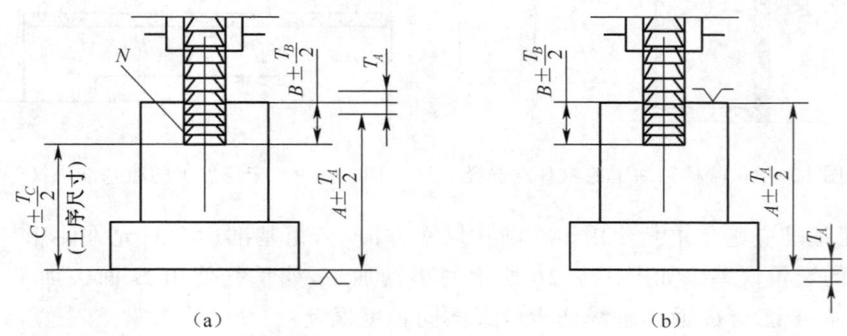

图 12－12　基准不重合误差

对于一批零件来说，刀具调整好不再变动。若以底面为定位基准，则加工后尺寸 B 的大小除受本工序加工误差($\leqslant T_C$)的影响外，还与上道工序的加工误差($\leqslant T_A$)有关。这一误差是由于所选的定位基准与设计基准不重合而产生的，这种定位误差称为基准不重合误差。它的大小等于设计基准与定位基准之间尺寸的公差。若以顶面为定位基准，则尺寸 A 的公差 T_A 对于尺寸 B 便无影响。

必须注意的是，基准重合原则是针对一个工序的主要加工要求而言的。当工序中加工要求较多时，对于其他的加工要求并不一定都是基准重合的，这时应当根据实际情况确定零件加工要求必须限制的自由度，找出相应的定位基准，并对基准不重合误差进行分析和计算，使之符合加工要求。在实际生产中，有时基准重合会带来一些新的问题，如装夹工件不方便或夹具结构太复杂等，而使得它实现起来很困难甚至不可靠，此时就不得不放弃这一原则，而采取其他方案。

2. 基准统一原则

在零件加工的整个过程中或者有关的某几道工序中，应尽可能地采用同一个(或一组)定位基准来定位，称为基准统一原则。采用基准统一原则，可以简化夹具的设计和制造工作，减少工件在加工过程中的翻转次数，在流水作业和自动化生产中应用十分广泛。在实际生产中，经常使用的统一基准有以下几种：

(1)轴类零件常使用两顶尖孔作为定位基准。

(2)箱体类零件常使用一面两孔(一个较大的平面和两个距离较远的销孔)为定位基准。

(3)盘类零件常使用止口面(一个端面和一个短圆孔)，齿轮多采用齿轮的内孔及基准端面为定位基准。

(4)套类零件常使用一个长孔和一个止推面为定位基准。

3. 自为基准选择

当精加工或光整加工工序要求余量尽可能小而均匀时，应选择加工表面本身作为定位基准，这就是自为基准原则。该加工表面与其他表面间的位置精度要求由先行工序保证。例如磨削床身的导轨平面时，就是以导轨面本身作为基面找正后加工。许多精加工孔的方法，如铰孔、拉孔和用浮动镗刀块镗孔等，都是自为基准的实例。

4. 互为基准原则

为了保证位置精度要求，表面间采用互为定位基准反复加工的方法，称为互为基准原则。例如加工精密齿轮时，先以内孔定位切出齿形面，齿面淬硬后需进行磨齿。因齿面淬硬层较薄，所以要求磨齿余量小而均匀。这时就得先以齿面为基准磨内孔，再以内孔为基准磨齿面，从而保证余量均匀，且孔与齿面又能得到较高的相互位置精度。

5. 便于装夹的原则

定位基准应有足够大的接触面及分布面积，才能承受较大的切削力，使定位准确可靠。精基准选择原则在实际应用中，要根据零件的生产类型及具体的生产条件，结合整个工艺路线进行全面考虑，灵活运用上述原则，正确选择粗、精基准。

12.4.4 辅助定位基准

在零件加工过程中，有时找不到合适的表面做定位基准，为便于安装和易于获得所需要的加工精度，可以在工件上特意做出供定位用的表面，或把工件上原有的某些表面提高精度，这类用做定位的表面称为辅助定位基准。辅助定位基准经常使用，如轴类零件加工时的中心孔，利用其可以方便的将轴安装在两个顶尖之间，从而实现零件的加工。

12.5 工艺路线的制订

制订工艺路线是制订工艺过程的总体布局。其主要任务是选择各个表面的加工方法和加工方案，确定各个表面的加工顺序，以及工序集中与分散的程度，合理选用机床和刀具，定位与夹紧方案的确定等。设计时一般提出几种方案，通过分析对比，选出最佳方案。在应用这些原则时，要结合具体的生产类型及生产条件灵活处理。

12.5.1 加工方法的选择

加工方法选择的原则是保证加工质量、生产率与经济性。选择加工方法时，一般先根据表面的加工精度和表面粗糙度要求选定最终加工方法，然后再由后向前确定精加工前各工序的加工方法，即确定加工方案。由于获得同一精度和表面粗糙度的加工方法往往有几种，选择时还要考虑生产率要求和经济效益，考虑零件的结构形状、尺寸大小、材料和热处理要求，以及工厂的生产条件等。

1. 加工经济精度和表面粗糙度

加工经济精度是指在正常的加工条件下(采用符合质量的标准设备、工艺装备和标准技术等级的工人，合理的加工时间)所能达到的加工精度，相应的表面粗糙度称为经济表面粗糙度。每种加工方法在不同的工作条件下所能达到的精度是不同的。

表 12-4 至表 12-6 列出了常见表面的加工方法及各方法达到的经济精度和表面粗糙度。

2. 选择加工方法时要考虑的因素

选择加工方法，一般是根据经验或查表来确定，再根据实际情况或工艺试验进行修改。选择时还要考虑以下几个因素：

表 12-4　平面加工方法及适用范围

序号	加工方法	经济精度(IT)	表面粗糙度 $Ra/\mu m$	适用范围
1	粗车	10～11	12.5～6.3	未淬火硬钢、铸铁、有色金属端面加工
2	粗车→半精车	8～9	6.3～3.2	
3	粗车→半精车→精车	6～7	1.6～0.8	
4	粗车→半精车→磨削	7～9	0.8～0.2	钢、铸铁端面加工
5	粗刨(粗铣)	12～14	12.5～6.3	不淬硬的平面
6	粗刨(粗铣)→半粗刨(半精铣)	11～12	6.3～1.6	
7	粗刨(粗铣)→精刨(精铣)	7～9	6.3～1.6	
8	粗刨(粗铣)→半精刨(半精铣)→精刨(精铣)	7～8	3.2～1.6	
9	粗铣→拉	6～9	0.8～0.2	大量生产未淬硬的小平面
10	粗刨(粗铣)→精刨(精铣)→宽刃刀精刨	6～7	0.8～0.2	未淬硬的钢件、铸铁件及有色金属件
11	粗刨(粗铣)→半精刨(半精铣)→精刨(精铣)→宽刃刀低速精刨	5	0.8～0.2	
12	粗刨(粗铣)→精刨(精铣)→刮研	5～6	0.8～0.1	淬硬或未淬硬的黑色金属工件
13	粗刨(粗铣)→半精刨(半精铣)→精刨(精铣)→刮研			
14	粗刨(粗铣)→精刨(精铣)→磨削	6～7	0.8～0.2	
15	粗刨(粗铣)→半精刨(半精铣)→精刨(精铣)→磨削	5～6	0.4～0.2	
16	粗铣→精铣→磨削→研磨	5 级以上	<0.1	

表 12-5　外圆表面加工方法及适用范围

序号	加工方法	经济精度(IT)	表面粗糙度 $Ra/\mu m$	适用范围
1	粗车	11～13	25～6.3	适用于淬火钢以外的各种金属
2	粗车→半精车	8～10	6.3～3.2	
3	粗车→半精车→精车	6～9	1.6～0.8	
4	粗车→半精车→精车→滚压(或抛光)	6～8	0.2～0.025	
5	粗车→半精车→磨削	6～8	0.8～0.4	适于淬火钢～淬火钢
6	粗车→半精车→粗磨→精磨	5～7	0.4～0.1	
7	粗车→半精车→粗磨→精磨→超精加工	5～6	0.1～0.012	
8	粗车→半精车→粗磨→精磨→研磨	5 级以下	<0.1	
9	粗车→半精车→粗磨→精磨→超精磨(或镜面磨)	5 级以下	<0.05	
10	粗车→半精车→精车→金刚车	5～6	0.2～0.025	适于有色金属

表 12－6 内圆表面加工方法及适用范围

序号	加工方法	经济精度(IT)	表面粗糙度 $Ra/\mu m$	适用范围
1	钻	12～13	12.5	加工未淬火钢及铸铁的实心毛坯，也可用于加工有色金属(但表面粗糙度值稍大)，孔径为 12mm～20mm
2	钻→铰	8～10	3.2～1.6	
3	钻→粗铰→精铰	7～8	1.6～0.8	
4	钻→扩	10～11	12.5～6.3	加工未淬火钢及铸铁的实心毛坯，也可用于加工有色金属(但表面粗糙度值稍大)，但孔径为 12mm～20mm
5	钻→扩→粗铰→精铰	7～8	1.6～0.8	
6	钻→扩→铰	8～9	3.2～1.6	
7	钻→扩→机铰→手铰	6～7	0.4～0.1	
8	钻→(扩)→拉	7～9	1.6～0.1	大批量生产，精度视拉刀精度而定
9	粗镗(或扩孔)	11～13	12.5～6.3	毛坯有铸孔或锻孔的未淬火钢
10	粗镗(粗扩)→半精镗(精扩)	9～10	3.2～1.6	
11	扩(镗)→铰	9～10	3.2～1.6	
12	粗镗(扩)→半精镗(精镗)→精镗(铰)	7～8	1.6～0.8	
13	镗→拉	7～9	1.6～0.1	毛坯有铸孔或锻孔的铸件及锻件(未淬火)
14	粗镗(扩)→半精镗→(精扩)→浮动镗刀块精镗	6～7	0.8～0.4	
15	粗镗→半精镗→磨孔	7～8	0.8～0.2	淬火钢或非淬火钢
16	粗镗(扩)→半精镗→粗镗→精镗	6～7	0.2～0.1	
17	粗镗→半精镗→精镗→金刚镗	6～7	0.4～0.05	有色金属加工
18	钻→(扩)→粗铰→精铰→珩磨	6～7	0.2～0.025	黑色金属高精度大孔的加工
	钻→(扩)→拉→珩磨			
	粗镗→半精镗→精镗→珩磨			
19	粗镗→半精镗→精镗→研磨	6 级以上	0.1 以下	
20	钻→(粗镗)→扩(半精镗)→精镗→金刚镗→脉冲滚压	6～7	0.1	有色金属及铸件上的小孔

(1)工件的结构形状和尺寸大小。例如，小孔采用钻、扩、铰的方法；大孔采用镗削的加工方法；箱体上的孔，一般不宜选用拉孔或磨孔，而宜选择镗孔(大孔)或铰孔(小孔)，难磨削的小孔，采用研磨加工。

(2)工件材料的性质。例如，淬火钢精加工要用磨削，有色金属圆柱表面的精加工为了避免磨削时堵塞砂轮，则要用高速精细车或者精细镗等方法。

(3)生产率与经济性。所选用的加工方法要与生产类型相适应。大量生产采用生产率高和质量稳定的方法，小批量生产采用设备与工装易于调整、工人便于操作的加工方法。例如，用拉削方法加工孔和平面，同时加工几个表面的组合铣削和磨削等。单件小批生产时，宜采用刨削、铣削平面，以及钻、扩、铰孔等加工方法，避免盲目地采用高效加工方法和专用设备而造成经济损失。

(4)现有生产条件。应该充分利用现有设备，选择加工方法时要注意合理安排设备负荷。

同时要充分挖掘企业潜力，发挥工人的创造性。

12.5.2 加工阶段的划分

1. 加工阶段划分

工件各个表面的加工方法确定后，往往不是依次完成各个表面的加工，而是要把加工质量要求较高的主要表面的工艺过程和其他表面的工艺过程做相应划分，将工艺过程划分为以下几个阶段：

(1)粗加工阶段。它的主要任务是切除大部分的加工余量，使各加工表面尽可能地接近图纸尺寸，并加工出精基准，在此阶段主要考虑如何获得高的生产率。

(2)半精加工阶段。它的介于粗加工和精加工的切削加工过程，它的主要任务是消除粗加工留下来的误差，为精加工做准备，并完成次要表面加工。半精加工一般在热处理之前进行。

(3)精加工阶段。它的主要任务是使各主要表面达到规定质量要求。

(4)光整加工和超精密加工。它们是对要求特别高的零件增设的加工方法，主要目的是达到所要求的光洁表面和加工精度。

2. 划分加工阶段的优点

(1)保证加工质量。在粗加工阶段由于切削力和切削热引起变形，可在半精和精加工阶段得到纠正。同时由于粗加工造成的误差，通过半精加工和精加工可以得到修正，并逐步提高零件的加工精度和表面质量，保证了零件的加工要求。

(2)合理使用设备。粗加工要求功率大、刚性好、生产率高而精度要求不高的设备，精加工则要求精度较高的设备。划分加工阶段后就可以充分发挥粗加工设备的特点，延长高精度机床的寿命，避免以精干粗，做到合理使用设备。

(3)便于及时发现毛坯缺陷。毛坯的各种缺陷，如气孔、砂眼、夹渣及加工余量不足等，在粗加工后即可发现，便于及时修补或决定报废，以免继续加工后造成工时和费用的浪费。

(4)便于安排热处理工序。例如，粗加工前可安排预备热处理：退火或正火，对一些精密零件，粗加工后安排去除应力的时效处理，可以减少内应力变形对加工精度的影响；对于要求淬火的零件，在粗加工或半精加工后安排热处理，可便于前面工序的加工和在精加工中修正淬火变形，达到工件的加工精度要求。

在制订零件的工艺路线时，一般应遵循划分加工阶段这一原则，但并非所有工件都要划分加工阶段，在应用时要灵活掌握。例如，对一些加工要求不高、刚性好或毛坯精度高、加工余量小的工件，就可以少划分几个阶段或不划分加工阶段。

12.5.3 工序的集中与分散

在选定了工件上各个表面的加工方法和划分了加工阶段之后，就要确定工序的数目，即工序的组合。工序的组合可采用工序集中原则和工序分散原则。

1. 工序集中

工序集中就是将工件的加工集中在少数几道工序内完成，每道工序加工内容较多。工序集中可采用多刀多刃、多轴机床、自动机床、数控机床和加工中心等技术措施，也可采用普通机床进行顺序加工。工序集中具有如下特点：

(1)在一次安装中可以完成零件多个表面的加工，可以较好地保证这些表面的相互位置精度，同时也减少了工件的装夹次数和辅助时间，并减少了工件在机床间的搬运工作量，有利于缩短生产周期。

(2)采用高效专用设备及工艺装备，生产率高。

(3)减少机床数量，并相应地减少操作工人，节省车间面积，简化生产计划和生产组织工作。

(4)设备和工装投资较大，调整和维修复杂，生产准备工作量大，产品转换费时。

2. 工序分散

工序分散就是将工件的加工分散在较多的工序中进行，每道工序的内容很少，最少时每道工序仅包含一个简单工步。工序分散具有以下特点：

(1)机床设备及工艺装备简单，调整和维修方便，工人掌握容易。

(2)生产适应性强，转换产品较容易。

(3)可采用最合理的切削用量，减少基本时间。

(4)设备数量多，操作工人多，占用生产面积大。

工序集中与工序分散各有利弊，应根据实际的生产情况进行综合分析，择优选用。一般情况下大批量生产时，既可以采用多刀、多轴等高效、自动机床，将工序集中，也可以将工序分散后组织流水线生产；单件小批量生产时宜采用万能机床顺序加工，使工序集中，可以简化生产规划和组织工件。对于重型工件，为了减少工件装卸和运输的劳动量，工序应适当集中。

12.5.4 加工顺序的安排

工序的组合原则确定之后，必须合理地安排工序顺序，主要内容就是合理地安排机械加工工序、热处理工序、表面处理工序和辅助工序的相互顺序。

1. 机械加工工序的安排

机械加工顺序的安排主要遵循以下原则：

(1)基面先行。用做精基准的表面要首先加工，所以，第一道工序一般是进行定位面的粗加工和半精加工，然后再以精基准定位加工其他表面。如加工轴类零件时，应先加工中心孔；加工齿轮应先加工端面和内孔；对于一般零件，因平面尺寸较大，定位稳定可靠，常用做精基准，先加工。

(2)先粗后精。整个零件的加工工序应是粗加工工序在前，然后为半精加工、精加工及光整加工。按先粗后精的原则先加工精度要求较高的主要表面，即先粗加工，再半精加工各主要表面，最后再进行精加工和光整加工。

(3)先面后孔。先加工平面，后加工内孔，因为平面一般面积较大，轮廓平整，先加工好平面，就能以平面定位加工孔，有利于保证孔与平面的位置精度，同时由于平面先加工好，对于平面上的孔加工也带来方便，使刀具的初始工作条件能得到改善。对于箱体、支架和连杆等零件应先加工平面后加工孔。

(4)先主后次。根据零件的功能和技术的要求。现将零件的主要表面和次要表面分开，然后先安排主要表面的加工，再把次要表面的加工工序插入其中。次要表面一般指键槽、螺孔和销孔等表面。这些表面一般都与主要表面有一定的相对位置要求，应以主要表面作为基准进行次要表面加工，所以次要表面的加工一般放在主要表面的半精加工以后，精加工以前一次加工结束。

2. 热处理工序的安排

为了改善工件材料的机械性能和切削性能，在加工过程中常常需要安排热处理工序。热处理工序主要包括预备热处理、去应力处理和最终热处理。根据其作用不同，确定其在工艺路线中的大致位置。

(1)预备热处理。其目的是改善加工性能，消除内应力，并为最终热处理准备良好的金相组织。常用的热处理方法有退火和正火，其位置多在机械加工之前。调质可提高材料的综合机械性能，也能为后续热处理工序做准备，可安排在粗加工后进行。

(2)去应力处理。一般安排在粗加工之后，精加工之前进行，包括人工时效、退火等。根据工件的精度要求不同，可安排一次或多次。对于高精度的复杂铸件，应安排两次时效工序，即铸造→粗加工→时效→半精加工→时效→精加工。简单铸件一般可不进行时效处理。除铸件外，对于一些刚性差的精密零件，如精密丝杠，为稳定零件的加工精度，常在粗加工、半精加工和精加工之间安排多次时效处理。

(3)最终热处理。其主要目的是提高零件材料的硬度、耐磨性和强度等力学性能。变形较大的热处理如调质、淬火和渗碳淬火应安排在磨削前进行。变形较小的热处理如氮化等，应安排在精加工后。表面的装饰性镀层和发蓝工序一般安排在工件精加工后进行。

3. 辅助工序的安排

辅助工序一般包括去毛刺、倒棱、清洗、防锈、退磁和检验等。

(1)检验工序。除操作工人在每个工序中进行自检外，在下列情况下应安排检验工序：粗加工全部结束后，精加工之前；从一个车间转到另一个车间前后(特别是热处理工序前后)；重要工序前后；零件加工完毕后。

(2)去毛刺工序。去毛刺工序通常安排在切削加工之后进行。

(3)清洗工序。在零件加工后装配之前和研磨、珩磨等光整加工工序之后，以及采用磁力夹紧加工去磁以后，应对工件进行认真清洗。

12.6 加工余量及工序尺寸的确定

零件加工的工艺路线确定以后，在进一步安排各个工序的具体内容时，应正确地确定各工序的工序尺寸。而确定工序尺寸，首先应确定加工余量。若余量过大，不仅浪费材料，而且要增加机械加工的劳动量，使生产效率下降。若余量过小，一方面使毛坯制造困难，同时也容易产生废品，所以选择合适的加工余量有很大的经济意义。

12.6.1 加工余量及其确定

1. 加工余量的概念

加工余量是指加工过程中从加工表面切除的金属层厚度。

(1)工序余量。工序余量是某一表面在一道工序中被切除的金属层厚度,即相邻两道工序的工序尺寸之差称为该表面的工序余量。对于平面等非对称表面来说,加工余量即等于切去的金属层厚度,称为单边余量。

如图 12-13(a)所示,有

$$Z_2 = A_1 - A_2 \tag{12-1}$$

如图 12-13(b)所示,有

$$Z_2 = A_2 - A_1 \tag{12-2}$$

式中 A_1——前道工序的工序尺寸;

A_2——本道程序的工序尺寸。

对于外圆和孔等旋转表面,加工余量在直径方向对称分布,称为双边余量,它的大小实际上等于工件表面切去金属层厚度的两倍。

对于轴,如图 12-14(a)所示,有

$$2Z_2 = d_1 - d_2 \tag{12-3}$$

对于孔,如图 12-14(b)所示,有

$$2Z_2 = D_2 - D_1 \tag{12-4}$$

式中 $2Z_2$——直径上的加工余量;

d_1、D_1——前道工序的工序尺寸(直径);

d_2、D_2——本道工序的工序尺寸(直径)。

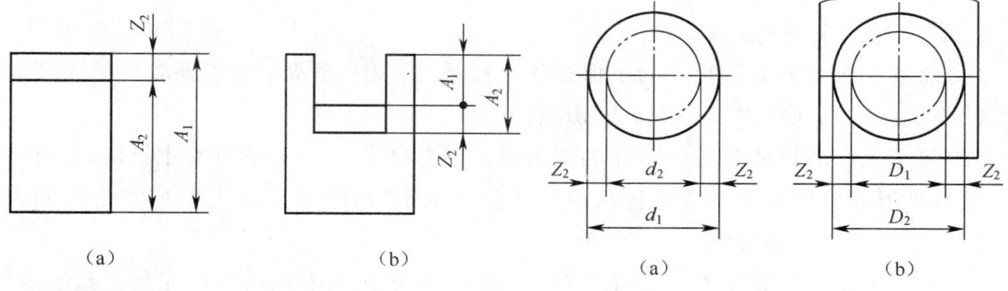

图 12-13 单边加工余量
(a)单边余量 1;(b)单边余量 2。

图 12-14 双边加工余量
(a)外圆柱面;(b)孔。

通常所指的工序余量是上道工序与本道工序基本尺寸之差,称为公称余量。由于毛坯制造和各工序加工中都不可能避免地存在误差,这就使得实际上的加工余量成为一个变动值,出现了最小加工余量和最大加工余量,它们之间的关系如图 12-15 所示。

为了便于加工,工序尺寸都按"入体原则"标注,即包容面的工序尺寸取下偏差为零,被包容面的工序尺寸取上偏差为零,毛坯尺寸偏差则双向布置。对于被包容面(轴)来说,基本尺寸为最大工序尺寸,上道工序最大工序尺寸与本道工序最小工序尺寸之差为最大加工余量,上道工序最小工序尺寸与本道工序最大工序尺寸之差为最小加工余量。对于包容面(孔),基本尺寸为最小工序尺寸,毛坯公差一般双向标注,如图 12-16 所示。

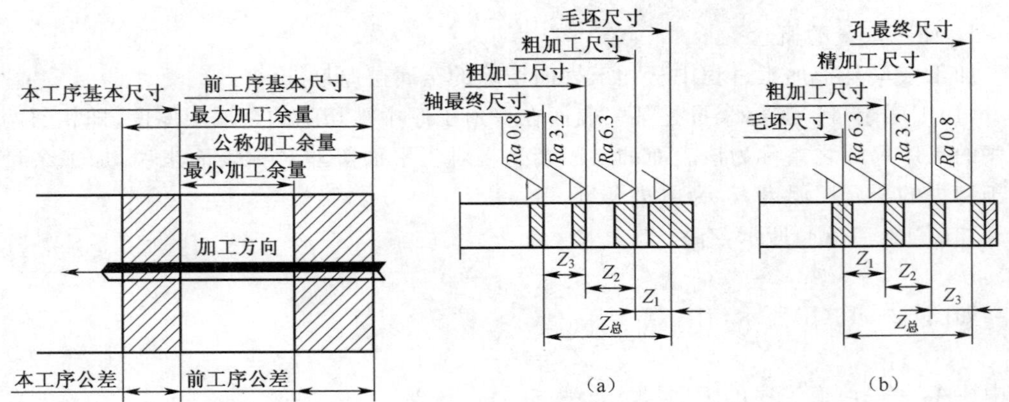

图 12-15　基本余量、最大余量、最小余量

图 12-16　工序余量和加工总余量
(a)轴;(b)孔。

(2)总加工余量。为了得到零件上某一表面所要求的精度和表面质量而从毛坯这一表面上切除的全部多余的金属层,称为该表面的总加工余量。总加工余量是毛坯尺寸与零件图的设计尺寸之差,也称毛坯余量。它等于同一加工表面各道工序余量之和,即

$$Z_{总} = \sum_{i=1}^{n} Z_i \tag{12-5}$$

式中　$Z_{总}$——总加工余量;

Z_i——第 i 道工序的加工余量;

N——工序数目。

2. 影响加工余量的因素

(1)前道工序的表面质量。为了保证加工质量,前道工序留下的表面轮廓最大高度和表面缺陷层深度必须在本工序中予以切除。

(2)前道工序的尺寸公差。工序加工余量不但包括了上道工序的尺寸公差,上道工序留下的各种形状位置误差一般也包括在尺寸公差范围内,所以上道工序尺寸公差的大小对工序余量有着直接的影响。

(3)前道工序的位置公差。工件上有一些形状位置误差不包括在尺寸公差范围内,但这些误差必须在加工中予以纠正,所以必须单独考虑这些误差对加工的影响,如直线度、同轴度等误差。

(4)本工序的装夹误差。本工序的安装误差包括定位误差和夹紧误差。由于这部分误差要影响被加工表面和切削工具的相对位置,因此也应计入加工余量。

3. 确定加工余量的方法

(1)经验估算法。此法是根据工艺人员的实践经验来确定加工余量的方法。这种方法不太准确,为了避免产生废品,所估计的加工余量一般偏大,常用于单件小批生产。

(2)查表修正法。此法是根据有关手册,查得加工余量的数值,然后根据实际加以修正。这是一种广泛采用的方法。

(3)分析计算法。此法是以一定的试验资料和计算公式,对影响加工余量的各项因素进行综合分析和计算来确定加工余量的方法。用这种方法确定加工余量经济合理,但需要积累较全面的试验资料,且计算过程也比较复杂,目前较少使用。

12.6.2 工序尺寸及公差的确定

工件上的设计尺寸及其公差是经过各工序加工后得到的,每道工序的工序尺寸都不相同,它们是逐步向设计尺寸接近的。工序尺寸是零件的加工过程中各个工序应达到的尺寸,这些工序尺寸被作为加工或检验的依据。在确定工序尺寸与公差的过程中,常常会遇到两种情况,一种是在加工过程中,工件选定的定位基准与工序基准重合,可由已知的零件图的尺寸一直推算到毛坯尺寸,即采用“由后往前推”方法确定中间各工序的工序尺寸;第二种是在工件的加工过程中,基准发生多次转换,需要建立工艺尺寸链来求解中间某工序的尺寸。

1. 基准重合时工序尺寸及公差的确定

这是指定位基准、工序基准、测量基准与设计基准重合时,同一表面经过多次加工才能满足加工精度要求,应如何确定各道工序的工序尺寸及其公差。属于这种情况的有内、外圆柱表面和某些平面的加工,同一表面需经过多道工序加工才能达到图样的要求。这时,各工序的加工尺寸取决于各工序的加工余量,其公差则由该工序所采用加工方法的经济精度决定。计算顺序是有后往前逐个工序推算,即由零件图的设计尺寸开始,一直推算到毛坯图的尺寸。

例 12-6　加工某法兰盘零件上的内孔,孔径为 $\phi 60^{+0.030}_{0}$ mm,表面粗糙度值为 Ra 为 0.8μm,毛坯是铸钢件,需淬火处理。加工工序为:粗镗→半精镗→热处理→磨削。试用查表修正法确定孔的毛坯尺寸、各工序的工序尺寸及其公差。

解:

(1)查表确定各工序的基本余量。根据各工序的加工性质,查表得它们的加工余量,见表 12-7 中的第 2 列。

(2)根据查得的余量计算各工序尺寸。其顺序是由最后一道工序往前推算,图样上规定的尺寸就是最后的磨孔工序尺寸,计算结果见表 12-7 中的第 4 列。

(3)确定各工序的尺寸公差及表面粗糙度。最后磨孔工序的尺寸公差和粗糙度就是图样上所规定的孔径公差和粗糙度值。各中间工序的公差及粗糙度是根据其对应工序的加工性质,查有关经济加工精度的表格得到,查得结果见表 12-7 中的第 3 列。

(4)确定各工序的上、下偏差。查得各工序公差之后,按“入体原则”确定各工序尺寸的上、下偏差。对于孔,基本尺寸值为公差带的下限,上偏差取正值(对于轴,基本尺寸为公差带的上限,下偏差取负值);对于毛坯尺寸的偏差应取双向值(孔与轴相同),得出的结果见表 12-7 中的第 5 列。

(5)毛坯的公差可根据毛坯的制造方法和工厂具体条件,参照有关手册资料确定。

(6)验算磨削工序余量。磨削最大余量=(60.03—59.6)mm=0.43mm,磨削最小余量=(60-59.674)mm=0.326mm,验算结果表明,磨削余量是合适的。

2. 基准不重合时工序尺寸及公差的确定

基准不重合时,工序尺寸及其公差的计算比较复杂,需用工艺尺寸链的方法求解计算。

表 12-7 工序尺寸及其公差的计算

1	2	3	4	5
工序名称	工序余量	工序所能达到的精度等级	工序尺寸（最小工序尺寸）	工序尺寸及其上、下偏差
磨孔	0.4	$H7(^{+0.030}_{0})$	60	$60^{+0.030}_{0}$
半精镗孔	1.6	$H9(^{+0.074}_{0})$	59.6	$59.6^{+0.074}_{0}$
粗镗孔	7	$H12(^{+0.300}_{0})$	58	$58^{+0.300}_{0}$
毛坯孔		±2	51	51±2

(1)工艺尺寸链的定义及组成。

在机器装配或零件加工过程中，由相互连接的尺寸形成封闭的尺寸组称为尺寸链。例如，图 12-17(a)所示的台阶零件，以 A 面为定位基准，按尺寸加工 B 面，间接保证尺寸 A_0。这样，尺寸 A_1、A_2 和 A_0 是在加工过程中由相互连接的尺寸形成封闭的尺寸组，如图 12-17(b)所示，为一个尺寸链。

尺寸链是由一组相关尺寸所组成的。

①环。组成尺寸链的每一个尺寸称为尺寸链的环。图 12-17(b)中的 A_1、A_2 和 A_0 为尺寸链的环。

②封闭环。尺寸链中间接获得或间接保证的环。图 12-17 中的 A_0 是间接获得的，为封闭环。

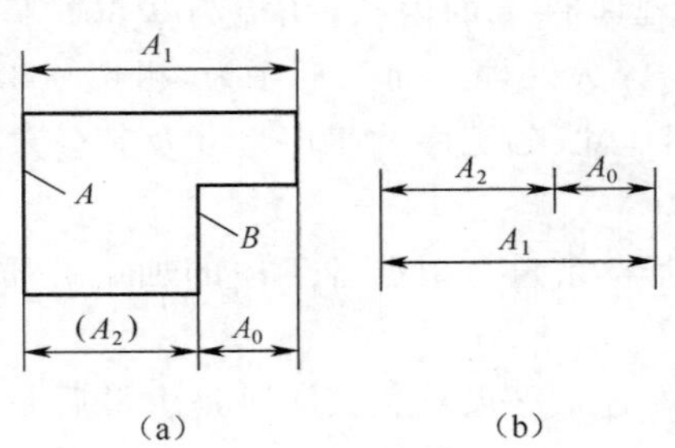

图 12-17 零件加工尺寸链

(a)台阶零件；(b)尺寸链图。

③组成环。除封闭环以外的其他环都称为组成环。这些环中任意一环的变动必然引起封闭环的变动。图 12-17(b)中 A_1 和 A_2 是组成环，组成环又分为增环和减环。

④增环。在其他组成环不变的情况下，该环的尺寸增大时封闭环尺寸随之增大、该环尺寸减小时封闭环尺寸也减小的组成环称为增环。图 12-17(b)中的 A_1 是增环。

⑤减环。在其他组成环不变的情况下，该环的尺寸增大时封闭环尺寸减小，该环的尺寸减小时封闭环尺寸增大的组成环称为减环。图 12-17(b)中的 A_2 是减环。

(2)工艺尺寸链具有如下两个特性：

①封闭性。尺寸链是各环组成的封闭图形，各尺寸按照一定的顺序首尾相连，不封闭的不能成为尺寸链。

②关联性。尺寸链中任何一个组成环的变化，都将影响封闭环的变化。组成环是自

变量，封闭环是因变量。

(3)工艺尺寸链的建立。

利用工艺尺寸链进行工序尺寸及其公差的计算，关键在于正确建立尺寸链，其方法和步骤如下：

①确定封闭环。封闭环是间接获得或保证的尺寸。大多数情况下，封闭环可能是零件设计尺寸中的一个尺寸或者是加工余量值等。

②区分增减环。对于环数少的尺寸链，可以根据增环或减环定义来判别。对于环数多的尺寸链，可以采用箭头法，即从 A_0 开始，尺寸的上方画箭头，然后顺着各环依次画下去，凡箭头方向与封闭环 A_0 的箭头方向相同的环为减环，相反的为增环。

(4)工艺尺寸链计算基本公式。

工艺尺寸链的计算方法有两种，即极值法和概率法。极值法是从最差情况出发来考虑问题的，即当所有增环均为最大(最小)极限尺寸而减环恰好都为最小(最大)极限尺寸时，计算封闭环的极限尺寸和公差。事实上，二者同时出现的概率是微乎其微的。概率法解尺寸链就是运用概率理论，考虑各组成环实际尺寸出现的几率和它们相遇的几率来计算封闭环的极限尺寸和公差，比较经济合理，但计算比较麻烦，要用于装配尺寸链。生产中一般多采用极值法，其计算的基本公式如下：

封闭环的基本尺寸等于增环的基本尺寸之和减去减环的基本尺寸之和，即

$$A_0 = \sum_{i=1}^{m} \overrightarrow{A}_i - \sum_{j=m+1}^{n-1} \overleftarrow{A}_j \tag{12-6}$$

封闭环的最大极限尺寸等于增环的最大极限尺寸之和减去减环的最小极限尺寸之和，即

$$A_{0\max} = \sum_{i=1}^{m} \overrightarrow{A}_{i\max} - \sum_{j=m+1}^{n-1} \overleftarrow{A}_{j\min} \tag{12-7}$$

封闭环的最小极限尺寸等于增环的最小极限尺寸之和减去减环的最大极限尺寸之和，即

$$A_{0\min} = \sum_{i=1}^{m} \overrightarrow{A}_{i\min} - \sum_{j=m+1}^{n-1} \overleftarrow{A}_{j\max} \tag{12-8}$$

由式(12－7)减去式(12－6)，得

$$\mathrm{ES}(A_0) = \sum_{i=1}^{m} ES_{\overrightarrow{A_i}} - \sum_{j=m+1}^{n-1} EI_{\overleftarrow{A_j}} \tag{12-9}$$

即封闭环的上偏差等于增环的上偏差之和减去减环的下偏差之和。

由式(12－8)减去式(12－6)，得

$$\mathrm{EI}(A_0) = \sum_{i=1}^{m} EI_{\overrightarrow{A_i}} - \sum_{j=m+1}^{n-1} ES_{\overleftarrow{A_j}} \tag{12-10}$$

即封闭环的下偏差等于增环的下偏差之和减去减环的上偏差之和。

由式(12－9)减去式(12－10)，得

$$\delta(A_0) = \sum_{i=1}^{m} \delta_{\overrightarrow{A_i}} - \sum_{j=m+1}^{n-1} \delta_{\overleftarrow{A_j}} \tag{12-11}$$

即封闭环的公差等于各组成环公差之和。

其中，A_0 为封闭环的基本尺寸，$\overrightarrow{A}_i$、$\overleftarrow{A}_j$ 分别代表增环的基本尺寸和减环的基本尺

寸，A_{max}、A_{min} 分别为环的最大极限尺寸和最小极限尺寸，ES、EI 分别为尺寸的上、下偏差，δ 为尺寸公差；n、m 分别表示包括封闭环在内的总环数和增环的数目。

(5)工艺尺寸链的应用

例 12－7　如图 12－18 所示套筒零件，其两端面已加工完毕，加工孔底面 C 时，要保证尺寸 $16_{-0.35}^{0}$ mm，因该尺寸不便测量，试标出测量尺寸。

解：由于孔的深度 A_2 可以直接测量，而尺寸 $A_1=60_{-0.17}^{0}$ mm 在前工序过程中获得，本道工序通过直接尺寸 A_1 和 A_2 间接保证尺寸 A_0。则 A_0 就是封闭环，列出尺寸链，如图 12－18(b)所示。孔深尺寸 A_2 可以计算出来。

由式(12－6)得　$16=60-A_2$　则 $A_2=44$mm

由式(12－9)得　$0=0-ei(a_2)$　则 $EI(A_2)=0$

由式(12－10)得　$-0.35=0.17-ES(A_2)$　则 $ES(A_2)=+0.18$ mm

所以测量尺寸 $A_2=44_{0}^{+0.18}$ mm。通过分析以上计算结果，可以发现，由于基准不重合而进行尺寸换算，将带来两个问题。

①压缩公差。换算的结果明显提高了对测量尺寸的精度要求。如果能按照原设计尺寸进行测量，其公差值为 0.35mm，换算后的测量尺寸公差为 0.18mm，测量公差少了 0.17mm，此值恰好是另一组成环的公差值。

②假废品问题。测量零件时，当 A_1 的尺寸在 $60_{-0.17}^{0}$mm 之间，零件为合格品。假如 A_2 的实测尺寸超出 $44_{0}^{+0.18}$ 的范围，如偏大或偏小 0.17mm，即 A_2 尺寸为 44.35mm 或 43.83mm 时，只要 A_1 尺寸也相应为最大 60mm 或最小 59.83mm，则算得 A_0 的尺寸相应为 60—44.35＝15.65mm 和 59.83—43.83＝16mm，零件仍为合格品，这时就出现了假废品。

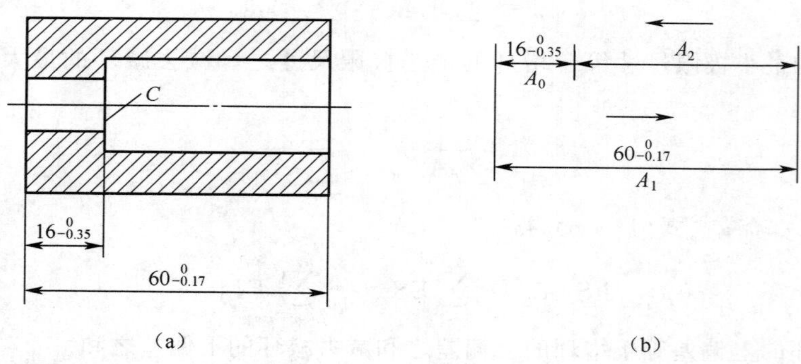

图 12－18　测量尺寸的换算

(a)套筒零件；(b)尺寸链。

例 12－8　如图 12－19(a)所示零件，尺寸 $60_{-0.12}^{0}$ 已加工完成，现以 B 面定位精铣 D 面，试标出工序尺寸 A_2。

解：当以 B 面定位加工 D 面时，将按工序尺寸 A_2 进行加工，设计尺寸 $A_0=25_{0}^{+0.22}$ mm 是本工序间接保证的尺寸，为封闭环，其尺寸链如图 12－19(b)所示，尺寸 A_2 的计算如下：

求基本尺寸　$25=60-A_2$　　则 $A_2=35$mm

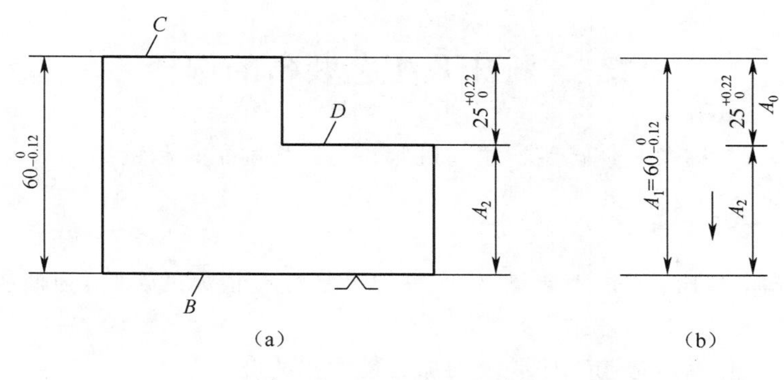

图 12－19　工序尺寸计算

(a)加工零件(b)尺寸链。

求下偏差　　$+0.22=0-EI(A_2)$ 则 $EI(A_2)=-0.22\text{mm}$

求上偏差　　$0=-0.12-ES(A_2)$ 则 $ES(A_2)=-0.12\text{mm}$

则工序尺寸 $A_2=35^{-0.12}_{-0.22}$ mm。

当定位基准与设计基准不重合进行尺寸换算时，也需要提高本工序的加工精度，使加工更加困难。同时，也会出现假废品的问题。

例 12－9　图 12－20(a)所示为齿轮内孔的局部简图，设计要求为：内孔为 $\phi40^{+0.05}_{\ 0}$ mm，键槽深度尺寸为 $43.6^{+0.34}_{\ 0}$ mm，其加工顺序为：镗内孔至 $\phi39^{+0.1}_{\ 0}$ mm → 插键槽至尺寸 A → 热处理，淬火→磨内孔至 $40^{+0.05}_{\ 0}$ mm。试确定插键槽的工序尺寸 A。

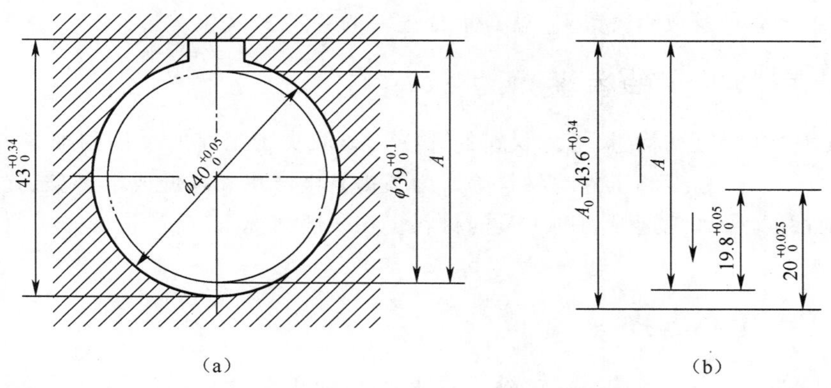

图 12－20　内孔及键槽加工的尺寸链计算

(a)齿轮内孔简图；(b)尺寸链。

解：先列出尺寸链，如图 12－20(b)所示。

当有直径尺寸时，一般应考虑用半径尺寸来列尺寸链。最后工序是直接保证 $\phi40^{+0.05}_{\ 0}$ mm，间接保证 $43.6^{+0.34}_{\ 0}$ mm，故 $43.6A_{0\min}$ mm 为封闭环，尺寸 A 和 $\phi20^{+0.025}_{\ 0}$ mm 为增环，$19.5^{+0.05}_{\ 0}$ mm 为减环。利用基本公式计算可得

基本尺寸计算　$43.6=A+20-19.5$　则 $A=43.1\text{mm}$

上偏差计算　　$+0.34=\text{ES}(A)+0.025-0$　则 $\text{ES}(A)=+0.315\text{mm}$

下偏差计算　　$0=\text{EI}(A)+0-0.05$　则 $\text{EI}=+0.05\text{mm}$

所以 $A=43.1^{+0.315}_{+0.05}$ mm。按入体原则标注为 $A=43.1^{+0.265}_{\ 0}$ mm。

12.7 机床及工艺装备的选择

在设计工序时，需要具体选定所用的机床、夹具、切削工具和量具。

12.7.1 机床的选择

机床的选择，对工序的加工质量、生产率和经济性有很大的影响，为使所选定的机床性能符合工序的要求，必须考虑下列因素：

(1)机床的工作精度应与工序要求的加工精度相适应。

(2)机床工作区的尺寸应与工件的轮廓尺寸相适应。

(3)机床的生产率应与该零件要求的年生产纲领相适应。

(4)机床的功率与刚度应与工序的性质和合理的切削用量相适应。

在选择时，应该注意充分利用现有设备，并尽量采用国产机床。为扩大机床的功能，必要时可进行机床改装，以满足工序的要求。有时在试制新产品和小批生产时，较多地选用数控机床，以减少工艺设备的设计与制造，缩短生产周期和提高经济性。

12.7.2 夹具的选择

选择夹具时，一般应优先考虑采用通用夹具。在产量不大、产品多变的情况下，采用专用夹具，不但要增长生产周期，而且要提高成本。为此，研究夹具的通用化和标准化问题，如推广组合夹具及成组夹具等，就有十分重要的意义。

12.7.3 切削工具的选择

切削工具的类型、结构、尺寸和材料的选择主要取决于工序所采用的加工方法，以及被加工表面的尺寸、精度和工件的材料等。为了提高生产率和降低成本，应充分注意切削工具的切削性能，合理地选择切削工具的材料。在一般情况下，应尽量优先采用标准的切削工具。

12.7.4 量具的选择

选择量具时，首先应考虑所要求检验的精度，以便正确地反映工件的实际精度。至于量具的形式，则主要取决于生产类型。在单件小批生产时，广泛地采用通用量具。在大批大量生产时，主要采用界限量规和高生产率的专用检验量具，以提高生产率。

12.8 工艺过程的生产率和经济性

在制订机械加工工艺规程时，必须在保证零件质量要求的前提下，提高劳动生产率和降低成本。也就是说，必须做到优先、高产、低消耗。

12.8.1 机械加工生产率分析

劳动生产率是指工人在单位时间内制造的合格品数量，或者指制造单件产品所消耗的劳动时间。劳动生产率一般通过时间定额来衡量。

1. 时间定额

时间定额是指在一定的生产条件下,规定生产一件产品或完成一道工序所需消耗的时间。时间定额不仅是衡量劳动生产率的指标,也是安排生产计划、计算生产成本的重要依据,还是新建或扩建工厂(或车间)时计算设备和工人数量的依据。

制订合理的时间定额是调动工人积极性的重要手段,它一般由技术人员通过计算或类比的方法,或者通过对实际操作实际的测定和分析的方法而确定。它应根据本企业的生产技术条件,使大多数工人都能达到,部分先进工人可以超过,少数工人经过努力可以达到或接近的平均先进水平。同时,时间定额应不断改善,以保持定额的平均先进水平。完成零件一个工序的时间定额,称为单件时间定额,它包括以下几个组成部分:

(1)基本时间 $T_{基本}$。基本时间是直接改变生产对象的尺寸、形状、相对位置、表面状态或材料性质等工艺过程所消耗的时间。对机械加工而言,应是直接切除金属层所耗费的时间(包括刀具的切入和切出时间)。

(2)辅助时间 $T_{辅助}$。辅助时间是为保证完成基本工艺工作所用于辅助动作而耗费的时间。它包括装卸工件、开停机床、引进或退出刀具、改变切削用量、试切和测量工件等所消耗的时间。基本时间和辅助时间的总和称为作业时间 $T_{操作}$,它是直接用于制造产品或零部件所消耗的时间。

(3)工作地点服务时间 $T_{服务}$。工人在工作时为照管工作地点及保持正常工作状态所耗费的时间。$T_{服务}$ 不是直接消耗在每个工件上的,而是消耗在一个工作班内的时间,再折算到每个工件上的。一般按作业时间的 2%~7%计算。例如,在工作中调整、更换和刃磨刀具、润滑和擦拭机床,以及清除切屑等所耗费的时间。

(4)休息与生理需要时间 $T_{休息}$。指工人在工作时间内为恢复体力和满足生理上的需要所消耗的时间。一般按作业时间的 2%计算。

以上 4 部分时间的总和称为单件时间 $T_{单件}$,即

$$T_{单件} = T_{基本} + T_{辅助} + T_{服务} + T_{休息} \tag{12-12}$$

(5)准备和终结时间 $T_{准终}$(简称准终时间)。准终时间是工人为了生产一批产品或零部件进行准备和结束工作所消耗的时间。准备工作有熟悉工艺文件、领料,领取工艺装备,调整机床等;结束工作有拆卸和归还工艺装备,送交成品等。因该时间对一批零件(批量为 N)只消耗一次,所以分担到每个零件上的时间为 $T_{准终}/N$,其中 N 为批量。故批量生产时单件时间定额为上述时间之和。即

$$T_{定额} = T_{基本} + T_{辅助} + T_{服务} + T_{休息} + T_{准终}/N \tag{12-13}$$

大量生产时,每个工作地点完成固定的一道工序,一般不需要考虑准备终结时间,如果要计算,因 N 值很大,$T_{准终}/N \approx 0$,也可忽略不计,所以,其单件时间定额为

$$T_{定额} = T_{基本} + T_{辅助} + T_{服务} + T_{休息} \tag{12-14}$$

2. 提高机械加工生产率的工艺措施

劳动生产率是衡量生产率的一个综合技术经济指标,它不是一个单纯的工艺技术问题,而与产品设计、生产组织和管理工作有关,所以,改进产品结构设计,改善生产组织和管理工作,都是提高劳动生产率的有力措施,下面仅讨论一些工艺措施。

在时间定额的 4 个组成部分中,缩减每一项都能使时间定额降低,从而提高劳动生产

率，但主要应该缩减占比例教大的那部分时间。如在单件小批生产中，主要就应缩减辅助时间。在大批大量生产中，应着重缩减基本时间。休息时间的比例很少，不宜作为缩减的对象。

(1)缩减基本时间 $T_{基本}$。

①提高切削用量。增加切削用量可以使基本时间减小，但会增加切削力、切削热和工艺系统的变形，以及刀具磨损等。因此，必须在保证质量的前提下采用。要采用大的切削用量，关键要提高机床的承受能力，特别是刀具的耐用度。

②减少切削长度。利用多把刀具加工或者多件加工的方法减少切削长度，减少基本时间。多刀车削实例，每把车刀的切削长度只有工件长度的 1/3。

③多件加工。多件加工有 3 种形式，即顺序多件加工、平行多件加工和平行顺序加工。

顺序多件加工指工件按进给方向顺序地一个接一个地装夹，减少了刀具的切入和切出时间，从而减少了基本时间。这种形式的加工常见于滚齿、插齿、龙门刨、平面磨削和铣削的加工中。

平行多件加工指工件平行排列，一次进给可同时加工几个工件，加工所需的基本时间和加工一个工件相同，分摊到每个工件的基本时间就减少到原来的 l/n，其中 n 是同时加工的工件数。这种形式常见于平面磨削和铣削中。

平行顺序加工时指以上两种形式的综合，常用于工件较小、批量较大的场合，如立轴圆台平面磨和铣削加工中，缩减基本时间的效果十分显著。

(2)缩减辅助时间 $T_{辅助}$。

缩减辅助时间的主要方法是实现机械化和自动化，或使辅助时间和基本时间重合。具体措施如下：

①采用先进高效夹具。在大批大量生产时，采用高效的先进夹具，如气动、液动夹具；在单件小批生产中采用成组夹具或通用夹具，能大大节省工件的装卸及找正时间。

②采用多工位连续加工。采用回转工作台和转位夹具，能在不影响切削的情况下装卸工件，使辅助时间与基本时间重合。

③采用主动检验或数字显示自动测量装置可以大大减少停机测量工件的时间。

④采用两个相同夹具交替工作的方法。当一个夹具安装好工件进行加工时，另一个夹具同时进行工件的装卸，这样也可以使辅助时间和基本时间重合。

(3)缩减工作地服务时间 $T_{服务}$。

缩短工作地点服务时间主要是要缩减调整和更换刀具的时间，提高刀具或砂轮的耐用度。主要方法是采用各种快换刀夹、自动换刀装置、刀具微调装置，以及不重磨硬质合金刀片等，以减少工人在刀具的装卸、刃磨和对刀等方面所消耗的时间。

在成批生产中，除设法缩短安装刀具、调整机床等的时间外，应尽量扩大制造零件的批量，减少分摊到每个零件上的准终时间。中、小批量生产中，由于批量小、品种多，准备终结时间在单件时间中占有较大比重，使生产率受到限制。因此，应设法使零件通用化和标准化，以增加被加工零件的批量，或采用成组技术。

(4)缩短准备终结时间 $T_{准终}$。

在批量生产时，应设法缩减安装工具、调整机床的时间，同时应尽量扩大零件的批量，使分摊到每个零件上的准备终结时间减少。在中、小批量生产时，由于批量小，准备终结时间在时间定额中占有较大比重，影响到生产率的提高。因此，应尽量使零件通用化和标准化，或者采用成组技术，以增加零件的生产批量。

12.8.2 工艺过程的技术经济分析

制订某一零件的机械加工工艺规程时，一般可以拟订几种不同的方案，这些方案都能满足该零件规定的加工精度和表面质量的要求。但是通过经济分析，这些方案中必然有一个方案是在给定条件下最经济的方案。进行经济分析，就是比较不同方案的生产成本，选择最经济的方案。生产成本是制造一个零件或一台产品所必需的一切费用的总和，其中70％～75％的费用是与工艺过程有关的，所以在分析工艺过程的优劣时，只需分析与工艺过程直接有关的生产费用，即工艺成本。在进行经济分析的同时，还必须全面考虑改善劳动条件、提高劳动生产率和促进生产技术发展等问题。

工艺过程的技术经济分析方法有两种：一种是对不同的工艺过程进行工艺成本的分析和评比；另一种是按某种相对技术经济指标进行宏观比较。

1. 工艺成本的组成

零件的实际生产成本是制造零件所必需的一切费用的总和。工艺成本是指生产成本中与工艺过程有关的那一部分成本，如毛坯或原材料费用、生产工人的工资、机床电费（设备的使用费）、折旧费和维修费以及工艺装备的折旧费和修理费等。与工艺过程无关的那部分成本，如行政后勤人员的工资、厂房折旧费和维修费、照明取暖费等在不同方案的分析和评比中均是相等的，因而可以略去。工艺成本按照与年产量的关系分为可变费用 V 与不变费用 S 两部分。

（1）可变费用。可变费用是与年产量成比例的费用。这类费用以 V 表示，包括材料或毛坯费用、机床工人的工资、机床的电费、通用机床的折旧费和修理费、通用夹具的费用，以及刀具的费用等。

（2）不变费用。不变费用是与年产量无直接关系，不随年产量的增减而变化的费用，这类费用以 S 表示。它包括调整工人的工资、专用机床的折旧费和维修费，以及专用工装的折旧费和维修费等。不变费用的单位是元/年。

2. 工艺成本的计算

（1）零件的全年工艺成本。

$$E = V \cdot N + S \tag{12-15}$$

式中 E——零件（或零件的某工序）全年的工艺成本，单位为元/年；

V——可变费用，单位为元/件；

N——年产量，单位为件/年；

S——不变费用，单位为元/年；

由上述公式可得，全年工艺成本 E 和年产量 N 成线性关系如图 12-21 所示。它说明全年工艺成本的变化 ΔE 与年产量的变化 ΔN 成正比；又说明 S 为投资定值，不论生产多少，其值不变。

（2）零件的单件工艺成本。

$$E_d = V + S/N（元/件） \tag{12-16}$$

单件工艺成本　E_d与年产量 N 呈双线性关系，如图 12－22 所示。在曲线的 A 段，N 很小，设备负荷也低，即单件小批生产区，单件工艺成本 E_d 就很高，此时若产量 N 稍有增加(ΔN)将使单件成本迅速降低(ΔE)。在曲线 B 段，N 很大，即大批量生产区，此时曲线渐趋水平，年产量虽有较大变化，而对单件工艺成本的影响却很小。

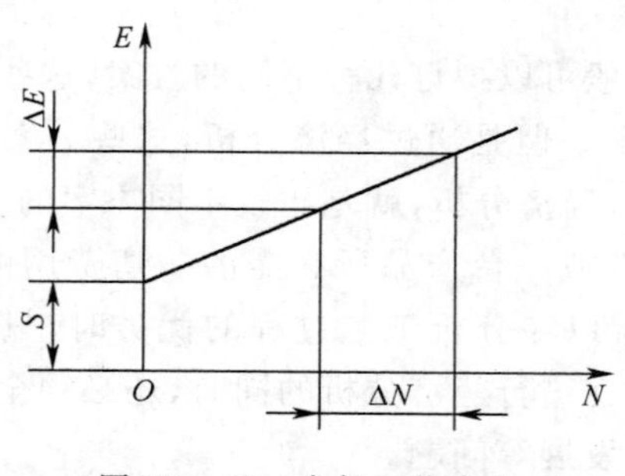

图 12－21　全年工艺成本

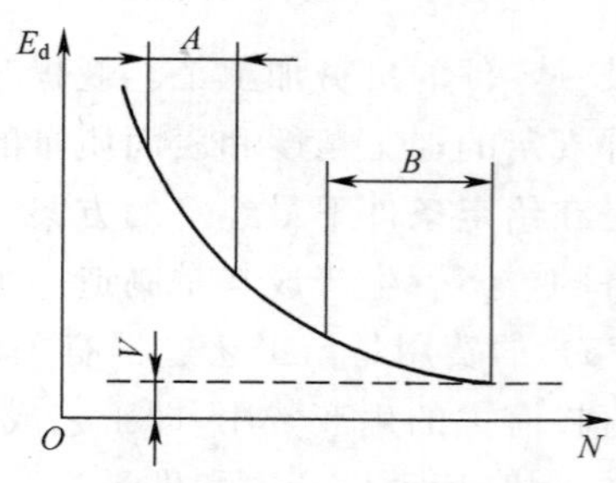

图 12－22　单件工艺成本

3. 工艺方案的技术经济分析

对不同的工艺方案进行经济比较时，有以下两种情况：

(1)工艺方案的基本投资相近或都采用现有设备的情况。这时，工艺成本即可作为衡量各方案经济性的依据。比较方法如下：

①当两方案中少数工序不同，多数工序相同时，可通过计算少数不同工序的单件工序成本进行比较。

$$E_{d1} = V_1 + C_1/N \tag{12-17}$$

$$E_{d2} = V_2 + C_2/N \tag{12-18}$$

若产量 N 为一定数时，可根据上面两式算出 E_{d1} 和 E_{d2}，若 $E_{d1} > E_{d2}$，则第二方案经济性好。

若产量 N 为一定量时，则可根据上述方程式做出曲线进行比较，如图 12－23 所示。

图 12－24 中 N_k为两条曲线交点，称为临界产量。当产量 $N < N_k$时，$E_{d2} < E_{d1}$，所以第二方案为可取方案，当 $N > N_k$时，第一方案为可取方案。

②两方案中多数工序不同，少数工序相同时，则以该零件全年工艺成本进行比较，两方案全年工艺成本分别为(见图 12－24)：

$$E_1 = N_{v1} + C_1 \tag{12-19}$$

$$E_2 = N_{v2} + C_2 \tag{12-20}$$

同样，当产量 N 为一定数时，可根据上式直接算出 E_1 及 E_2，若 $E_1 > E_2$，则第二方案经济性好，为可取方案。

当产量 N 为一变量时，可根据上述公式作图进行比较，如图 12－23 所示，各方案的优劣与加工零件的年产量有密切关系，当 $N < N_k$时，宜采用第一方案。当 $N > N_k$时，宜采用第二方案，图中 N_k为临界产量，当 $N = N_k$时，$E_1 = E_2$，于是有：

$$N_k V_1 + C_1 = N_k V_2 + C_2 \tag{12-21}$$

$$N_k = (C_2 - C_1)/(V_1 - V_2) \tag{12-22}$$

(2)两种工艺过程方案的基本投资差额较大的情况。这是，在考虑工艺成本的同时还要考虑基本投资差额的回收期限。

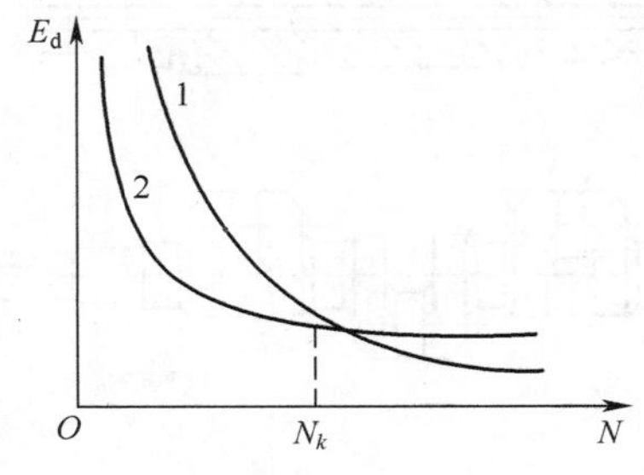

图 12-23 两种方案单件工艺成本比较

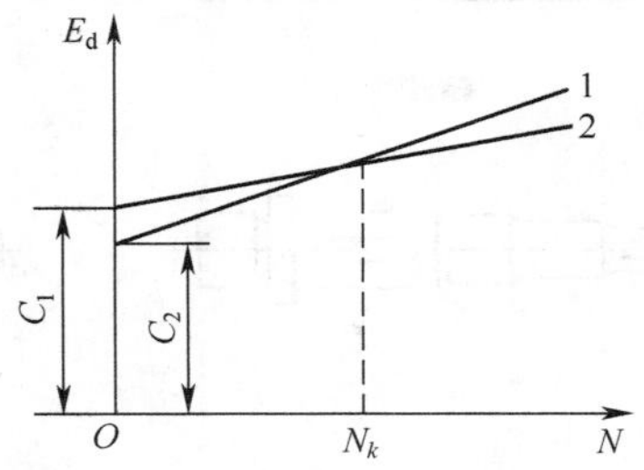

图 12-24 两种方案全年工艺成本比较

设方案一采用了价格较贵的高生产率机床及工艺装备，基本投资 K_1 大，但工艺成本 E_1 较低；方案二采用了价格较便宜的生产率较低的一般机床及工艺装备，基本投资 K_2 小，但工艺成本 E_2 较高。这时只比较其工艺成本是难以全面评定其经济性的，而应同时考虑两个方案基本投资差额的回收期限，也就是应考虑方案一比方案二多花的投资需要多长时间才能收回。回收期限的其计算公式为：

$$\tau=(K_1-K_2)/(E_2-E_1)=\Delta K/\Delta E \tag{12-23}$$

式中 τ——回收期限，单位为年；

ΔK——基本投资差额，单位为元；

ΔE——全年生产费用节约额，单位为元/年。回收期越短，则经济效果越好。

12.9 典型零件加工工艺案例

12.9.1 轴类零件加工

1. 概述

(1)轴类零件的功用与结构特点。轴类零件是机械加工中的典型零件之一。在机器产品中，轴类零件的功用是支承传动件(如齿轮、带轮和离合器等)、传递扭矩和承受载荷。轴类零件是旋转体零件，其加工表面一般是由同轴的外圆柱面、圆锥面、内孔、螺纹和花键等组成。根据结构形状的不同，轴类零件可分为光轴、阶梯轴、空心轴和异型轴(如曲轴、偏心轴和凸轮轴等)4 类，如图 12-25 所示。

(2)轴的材料和毛坯及热处理。轴类材料一般以 45 钢、45Cr 钢用得最多，其价格也比较便宜，可通过调质改善机械性能。调质状态抗拉强度 $Rm=560\text{MPa}\sim750\text{MPa}$，屈服强度 $\sigma_s=360\text{MPa}\sim550\text{MPa}$。要求较高的轴，可用 40MnB、40CrMnMo 钢，这些材料的强度高，如 40CrMnMo 钢调质状态的 $Rm=1000\text{MPa}$，$\sigma_s=800\text{MPa}$，但其价格较高。对于某些形状复杂的轴，也可采用球墨铸铁，如曲轴可用 QT600－02。

常用的毛坯是圆钢料和锻件。光滑轴和直径相差不大的阶梯轴多采用热轧或冷轧圆钢料。直径相差悬殊的阶梯轴，多采用锻件。

轴的锻造毛坯在机械加工之前，需进行正火或退火处理(含碳量大于 0.7%的碳钢和合金钢)，以使材料的晶粒细化(或球化)，消除锻造后的内应力，降低硬度，改善切削加工

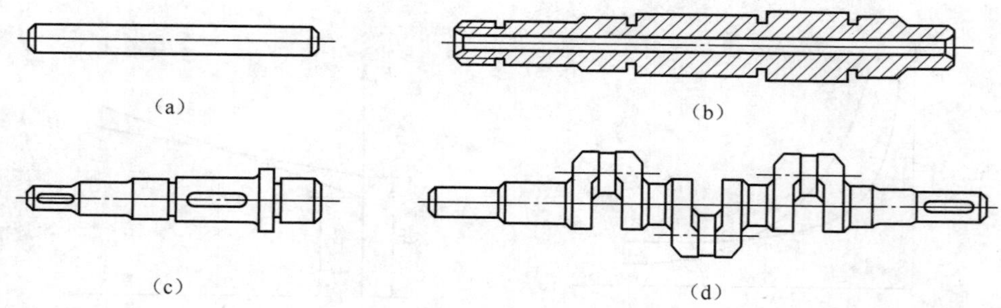

图 12－25　常见的轴类零件

(a)光轴;(b)阶梯轴;(c)空心轴;(d)曲轴。

性能。凡要求局部表面淬火提高耐磨性的轴,则要在淬火前安排调质处理(有的材料用正火)。表面淬火处理一般放在精加工之前,可使淬火引起的局部变形得以纠正。对于精度较高的轴,在局部淬火或粗磨之后,为控制尺寸稳定,需进行低温时效处理(在 160℃的油中进行长时间的低温时效),消除磨削残余应力、淬火残余应力及残余奥氏体。对于整体淬火的精密主轴,在淬火和粗磨之后,尤其需要经过较长时间的低温时效处理。

2. 轴类零件的技术要求

轴类零件的技术要求是设计者根据轴的主要功能及使用条件确定的,通常有以下几个方面:

(1)尺寸精度和几何形状精度。轴颈是轴类零件的基准表面,它影响轴的旋转精度与工作状态。轴颈的直径精度根据使用要求通常为 IT6～IT9,精度要求高的可达 IT5。轴颈的几何形状精度(圆度、圆柱度)应限制在直径公差内,对精度要求高的轴,几何形状精度在零件图上标注允许偏差。

(2)位置精度。保证装配传动件的配合轴颈与装配轴承的支承轴颈的同轴度,是轴类零件位置精度的普遍要求。普通精度的轴,配合轴颈对支承轴颈的径向圆跳动一般不超过 0.01mm～0.03mm;高精度一般不超过 0.001mm～0.005mm。

(3)表面粗糙度。支承轴颈的表面粗糙度比其他轴颈要求严格,其表面粗糙度 Ra 值一般为 0.4μm～0.1μm,配合轴颈的表面粗糙度 Ra 值一般为 1.6μm～0.4μm。

(4)其他要求。为改善轴类零件的切削加工性能或提高综合力学性能及使用寿命等,还必须根据轴的材料和使用条件,规定相应的热处理技术要求。

3. 轴类零件的加工准备工序

轴类零件的加工准备工序一般为以下 3 个方面:

(1)校直。毛坯在制造、运输和保管过程中,往往会发生弯曲变形。为了保证加工余量均匀及送料装夹可靠,一般对较长的毛坯常需进行校直。

(2)切断。用圆棒料做毛坯时,按所需长度切断。切断可在弓形锯床、圆盘锯床和带锯床上进行。弓形锯的切口较窄,金属损耗小,但生产率较低,多用于小批量生产。圆盘锯的切口较宽,切断后端面不平,材料损耗较大,但由于圆盘锯是连续切削,且刀具刚性较好,生产率较高,故常用于切断黑色金属。当切断较贵重金属时,为了减少材料消耗,可采用切口很窄的带锯。对高硬度棒料的切断,可在带有薄片砂轮的切割机上进行。此外,还可以在车床上切断。

(3)切端面和打中心孔。中心孔是轴类零件加工时最常用的定位基准，在加工过程中，中心孔应始终保持准确和清洁。根据轴径大小，中心孔应按 GB/T145—2001 中规范确定几何尺寸和选择中心钻。为使外圆加工余量均匀，中心孔应打在毛坯同一轴线上，此外，同一批毛坯的两端中心孔间距应保持一致。在按自动获得轴向尺寸的机床上加工时，为保证轴的两端面及各阶台轴间尺寸一致，端面加工余量应相近。

4. 轴类零件的装夹

(1)用外圆表面装夹。粗加工时切削力很大，常用轴的外圆或外圆与中心孔共同作为定位基准，以提高工艺系统的刚度。当工件的长径比不大时，可用外圆表面装夹，并传递扭矩。通常使用夹具是三爪自定心卡盘。四爪单动卡盘不能自动定心，能装夹形状不规则的工件，夹紧力大，若精心找正，能获得很高的装夹精度。

(2)用中心孔装夹。轴线是轴上各外圆表面的设计基准，以中心孔做精基准复合基准重合原则和基准统一原则，能使各外圆表面获得较高的位置精度。当工件长径比较大时，常用两中心孔装夹。中心孔的尺寸大小应与轴颈尺寸大小相适应，锥角应准确，两端中心孔轴线应重合，并在整个加工过程中保持精度。对于较大型的长轴零件的粗加工，常采用一夹一顶的装夹法，即工件的一端用车床主轴上的卡盘夹紧，另一端用尾座顶尖支承，以克服其刚性差不能承受重切削的缺点。

(3)用内孔表面装夹。对于空心的轴类零件，在加工出内孔后，作为定位基准的中心孔已不存在，为了使以后各道工序有统一的定位基准，常采用带有中心孔的各种堵头和拉杆心轴装夹工件。

当空心轴端有小锥度孔时，常使用锥堵，如图 12 - 26 所示。若为圆柱孔时，也采用小锥堵定位。

当锥孔的锥度较大时，可用带锥堵的拉杆心轴装夹，如图 12 - 27 所示。

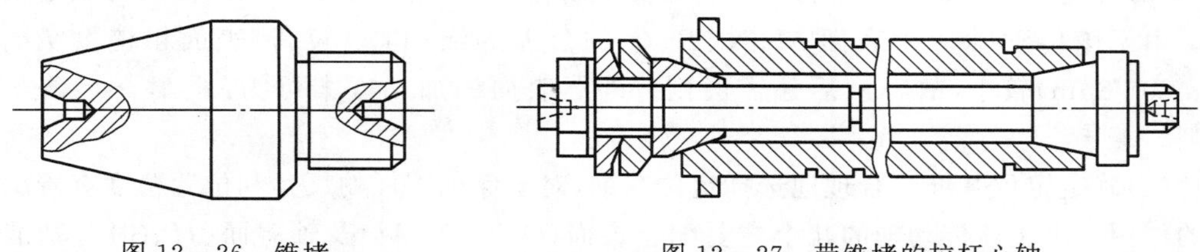

图 12 - 26　锥堵　　　　图 12 - 27　带锥堵的拉杆心轴

5. 典型轴类零件的加工

下面以图 12 - 28 所示的传动轴为例，说明典型轴类零件的工艺分析及加工工艺过程。

(1)零件图样分析。该传动轴属于台阶轴类零件，由圆柱面、轴肩、螺纹、螺尾退刀槽、砂轮越程槽和键槽等组成。轴肩一般用来确定安装在轴上零件的轴向位置；各环槽的作用是使零件装配时有一个正确的位置，并使加工中磨削外圆或车螺纹时退刀方便；键槽用于安装键，以传递转矩；螺纹用于安装各种锁紧螺母和调整螺母。根据工作性能与条件，该传动轴图样规定了主要轴颈 M、N，外圆 P、Q，以及轴肩 G、H、I 有较高的尺寸、位置精度和较小的表面粗糙度值，并有热处理要求。这些技术要求必须在加工中给予保证。因此，该传动轴的关键工序是轴颈 M、N 和外圆 P、Q 的加工。

(2)确定毛坯。该传动轴材料为45钢，因其属于一般传动轴，故选45钢可满足其要求。本例传动轴属于中、小传动轴，并且各外圆直径尺寸相差不大，故选择 ϕ60mm 的热轧圆钢做毛坯。

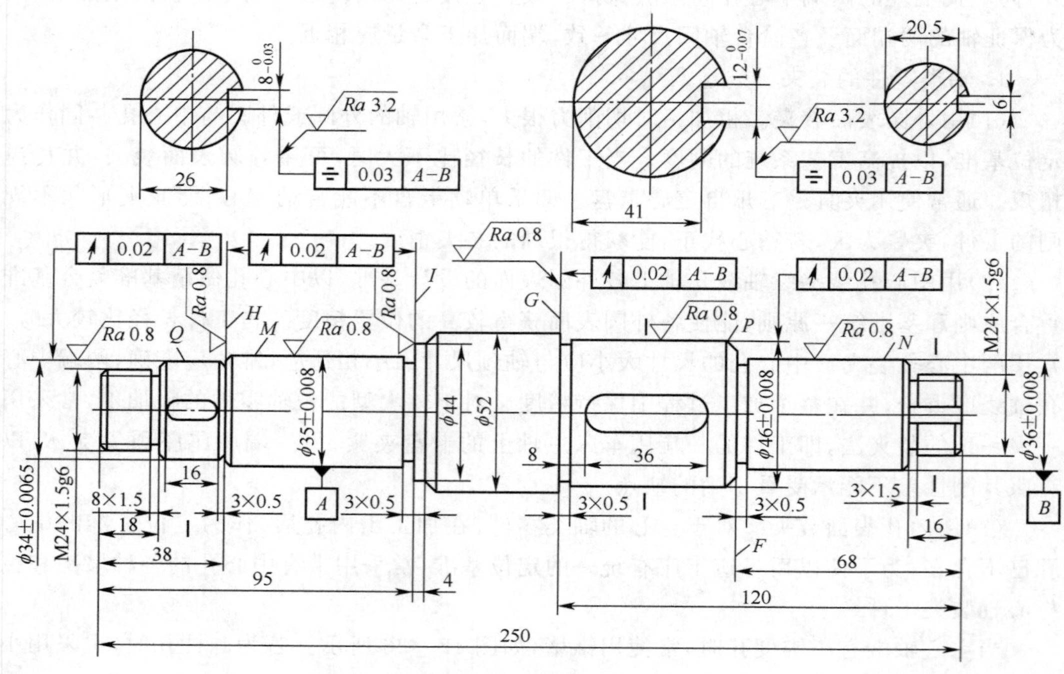

图 12－28 传动轴

(3)确定主要表面的加工方法。传动轴大都是回转表面，主要采用车削与外圆磨削成形。由于该传动轴主要表面 M、N、P、Q 的公差等级(IT6)较高，表面粗糙度 Ra 值($Ra=0.8\mu m$)较小，故车削后还需磨削。外圆表面的加工方案可为：粗车→半精车→磨削。

(4)确定定位基准。合理地选择定位基准，对于保证零件的尺寸和位置精度有着决定性的作用。由于该传动轴的几个主要配合表面(Q、P、N、M)及轴肩面(H、G)对基准轴线 $A-B$ 均有径向圆跳动和端面圆跳动的要求，它又是实心轴，所以应该选择两端中心孔为基准，采用双顶尖装夹方法，以保证零件的技术要求。

粗基准采用热轧圆钢的毛坯外圆。中心孔加工采用三爪自定心卡盘装夹热轧圆钢的毛坯外圆，车端面，钻中心孔。但必须注意，一般不能用毛坯外圆装夹两次钻两端中心孔，而应该以毛坯外圆做粗基准，先加工一个端面，钻中心孔，车出一端外圆；然后以已车过的外圆作基准，用三爪自定心卡盘装夹(有时在上工步已车外圆处搭中心架)，车另一端面，钻中心孔。如此加工中心孔，才能保证两中心孔同轴。

(5)划分阶段。对精度要求较高的零件，其粗、精加工应分开，以保证零件的质量。该传动轴加工划分为3个阶段：粗车(粗车外圆、钻中心孔等)、半精车(半精车各处外圆、台阶和修研中心孔及次要表面等)和粗、精磨(粗、精磨各处外圆)。各阶段划分大致以热处理为界。

(6)热处理工序安排。轴的热处理要根据其材料和使用要求确定。对于传动轴，正火、调质和表面淬火用得较多。该轴要求调质处理，并安排在粗车各外圆之后，半精车各外圆之前。

综合上述分析，传动轴工艺路线如下：

下料→车两端面、钻中心孔→粗车各外圆→调质→修研中心孔→半精车各外圆、车槽、倒角→车螺纹→划键槽加工线→铣键槽→修研中心孔→磨削→检验。

(7)加工尺寸和切削用量。传动轴磨削余量可取 0.5mm，半精车余量可选用 1.5mm。加工尺寸可由此而定，见该轴加工工艺卡的工序内容。车削用量的选择，单件、小批量生产时，可根据加工情况由工人确定；一般可由《机械加工工艺手册》或《切削用量手册》中选取。

(8)拟定工艺过程。定位精基准面中心孔应在粗加工之前加工，在调质之后和磨削之前各需安排一次修研中心孔的工序。调质之后修研中心孔为消除中心孔的热处理变形和氧化皮，磨削之前修研中心孔是为提高定位精基准面的精度和减小锥面的表面粗糙度值。拟定传动轴的工艺过程时，在考虑主要表面加工的同时，还要考虑次要表面的加工。在半精加工 ϕ52mm、ϕ44mm 及 M24mm 外圆时，应车到图样规定的尺寸，同时加工出各退刀槽、倒角和螺纹。综上所述，所确定的该传动轴加工工艺过程如表 12－8 所示。

3 个键槽应在半精车后及磨削之前铣削加工出来，这样既可保证铣键槽时有较精确的定位基准，又可避免在精磨后铣键槽时破坏已精加工的外圆表面。同时，在拟订工艺过程时，应考虑检验工序的安排、检查项目及检验方法的确定。

表 12－8 传动轴机械加工工艺过程

序号	工序名称	工　序　内　容	设备	备注
1	下料	ϕ60mm×265mm		
2	车	三爪自定心卡盘夹持工件毛坯外圆	车床	C6140
		车端面见平，钻中心孔，用尾座顶住中心孔		中心钻 ϕ2mm
		粗车 ϕ46mm 外圆至 ϕ48mm，长 118mm		
		粗车 ϕ35mm 外圆至 ϕ37mm，长 66mm		
		粗车 M24mm 外圆至 ϕ26mm，长 14mm		
		调头，三爪自定心卡盘夹持 ϕ48mm 处(ϕ44mm)外圆		
		车另一个端面，保证总长 250mm		
		钻中心孔，尾座顶尖顶住中心孔		
		粗车外圆 ϕ52mm 外圆至 ϕ54		
		粗车 ϕ35 外圆至 ϕ37mm，长 93mm		
		粗车 ϕ30 外圆至 ϕ32mm，长 36mm		
		粗车 M24mm 外圆至 ϕ26mm，长 16mm		
		检验		
3	热处理	调质处理 220HBS～240HBS		
4	钳	修研两端中心孔	车床	

（续）

序号	工序名称	工 序 内 容	设备	备注
5	车	双顶尖装夹	车床	
		半精车 ϕ46mm 外圆至 ϕ46.5mm，长 120mm		
		半精车 ϕ35mm 外圆至 ϕ35.5mm，长 68mm		
		半精车 M24mm 外圆至 ϕ24mm，长 16mm		
		半精车 2mm～3mm×0.5mm 环槽		
		半精车 3mm×1.5mm 环槽		
		倒外角 1mm×45°，3 处		
		调头，双顶尖装夹		
		半精车 ϕ35mm 外圆至 ϕ35.5mm，长 95mm		
		半精车 ϕ30mm 外圆至 ϕ35.5mm，长 38mm		
		半精车 M24mm 外圆至 ϕ24～0.1mm，长 18mm		
		半精车 ϕ44mm 至尺寸，长 4mm		
		车 2mm～3mm×0.5mm 环槽		
		车 3mm×1.5mm 环槽		
		倒外角 1mm×45°，4 处		
		检验		
6	车	双顶尖装夹，车 M24mm×1.5mm～6g 至尺寸	车床	
		调头、双顶尖装夹		
		车 M24mm×1.5mm～6g 至尺寸		
		检验		
		划两个键槽及一个止动垫圈槽加工线		
7	钳	用 V 形虎钳装夹，按线找正		
8	铣	铣键槽 12mm×36mm，保证尺寸 41mm～41.25mm	立铣	
		铣键槽 8mm×16mm，保证尺寸 26mm～26.25mm		
		铣止动垫圈槽 6mm×16mm，保证 20.5 至尺寸		
		检验		
9	钳	修研两端中心孔	车床	
10	磨	磨外圆 ϕ35±0.008mm 至尺寸	外圆磨床	
		磨轴肩面 *I*		
		磨外圆 ϕ30±0.0065mm 至尺寸		

（续）

序号	工序名称	工　序　内　容	设备	备注
		磨轴肩面 H		
		调头，双顶尖装夹		
		磨外圆 P 至尺寸		
		磨轴肩 G		
		磨外圆 N 至尺寸		
		磨轴肩 F		
		检验		

12.9.2　套类零件加工

1. 概述

(1)套类零件的功用。套筒类零件在机械设备中应用很广，大多起支撑或导向作用，如支撑旋转轴的各种滑动轴承、夹具中的导向套、内燃机的气缸套和液压系统中的液压缸等，如图 12－29 所示。套筒类零件工作时主要承受径向力或轴向力。

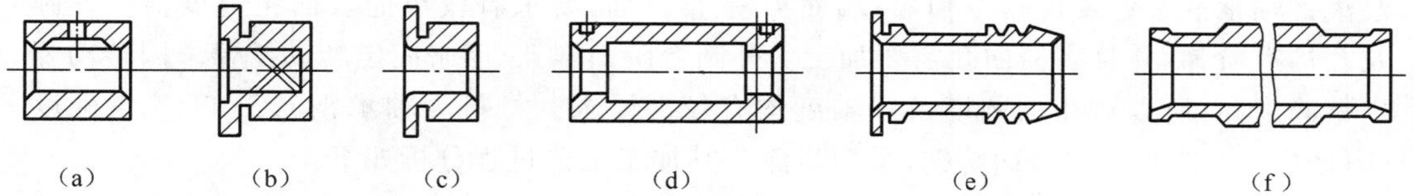

图 12－29　套筒类零件示意图

(a)、(b)滑动轴承；(c)钻套；(d)轴承衬套；(e)气缸套；(f)液压缸。

(2)结构。由于功用的不同，其结构和尺寸差别很大，它们共同的特点是：主要工作表面为回转面，形状精度和位置精度要求较高，表面粗糙度较小；孔壁较薄，加工中极易变形；长度一般大于直径。

2. 套筒类零件的主要技术要求

套筒类零件主要结构要素的加工精度是根据其基本功能和工作条件确定的，常见精度指标和要求如下：

(1)尺寸精度。滑动轴承孔和需要与其他零件精确配合的孔精度要求较高，一般为 IT8～IT7，精密轴承甚至为 IT6；液压系统中的滑阀孔，要求 IT6 或更高；液压缸孔由于与其配合的活塞上有密封圈过渡，尺寸精度要求较低，一般为 IT9。套筒类零件的外圆大都是支撑表面，常与箱体或机架上的孔采取过盈配合或过渡配合，其尺寸精度通常为 IT7～IT6。

(2)形状精度。一般套筒类零件内孔的形状误差要求控制在孔径公差以内，精密轴套则应控制在孔径公差的 1/2～1/3；对于长套筒的内孔，除有圆度要求外，还有圆柱度要求，套筒类零件外圆的形状误差控制在外径公差以内，其端面大都有一定的平面度要求。

(3)位置精度。套筒类零件内外圆的同轴度要求较高，通常为 0.01mm～0.05mm；对装配到箱体或机架上再终加工内孔的套筒件，内外圆的同轴度要求可大为降低。工作时承受轴向载荷的套筒件端面，大都是加工和装配时的定位基面，故与孔的轴线有较高的垂直度要求，一般为 0.02mm～0.05mm。

(4)表面粗糙度。一般套筒类零件内孔的表面粗糙度 Ra 为 1.6μm～0.1μm，液压缸内孔的表面粗糙度常取 Ra 为 0.4μm～0.2μm；外圆的表面粗糙度较小，常取 Ra 为 6.3μm～0.8μm。

(5)其他要求。由于工件条件的需要和使用材料的因素，不少套筒类零件有不同的热处理要求，用得较多的是退火、表面淬火和渗碳淬火等。

3. 套筒类零件的材料与毛坯

套筒类零件一般用钢、铸铁、青铜和黄铜等材料制成，材料的选择主要取决于工件条件。套筒类零件的毛坯类型与所用材料、结构形状和尺寸大小有关，常采用棒料、锻件或铸件。毛坯孔直径小于 ϕ20mm 者大多选用棒料，较长大者常用无缝钢管或带孔的铸、锻件，液压缸毛坯常用 35 钢或 45 钢无缝钢管。需要与缸头、耳轴等件焊接在一起的缸体毛坯用 35 钢。不需焊接的缸体用 45 钢，有特殊要求的毛坯也可用合金无缝钢管。

4. 典型套筒零件的加工工艺分析

下面以如图 12－30 所示的支架套筒为例，说明典型套类零件的加工工艺过程。

该零件为某测角仪上主体支架套，技术要求及结构特点如下：主孔 $\phi 34^{+0.027}_{0}$ mm 内安装滚针轴承的滚针及仪器主轴颈；端面 B 是止推面，要求有较小的表面粗糙度值。外圆及孔均有阶梯，并且有横向孔需要加工。外圆台阶面螺孔，用来固定转动摇臂。因转动要求精确度高，所以对孔的圆度及同轴度均有较高要求。材料为轴承钢 GCr15，淬火硬度 60HRC。零件非工作表面防锈，采用烘漆。其加工工艺过程分析如下：

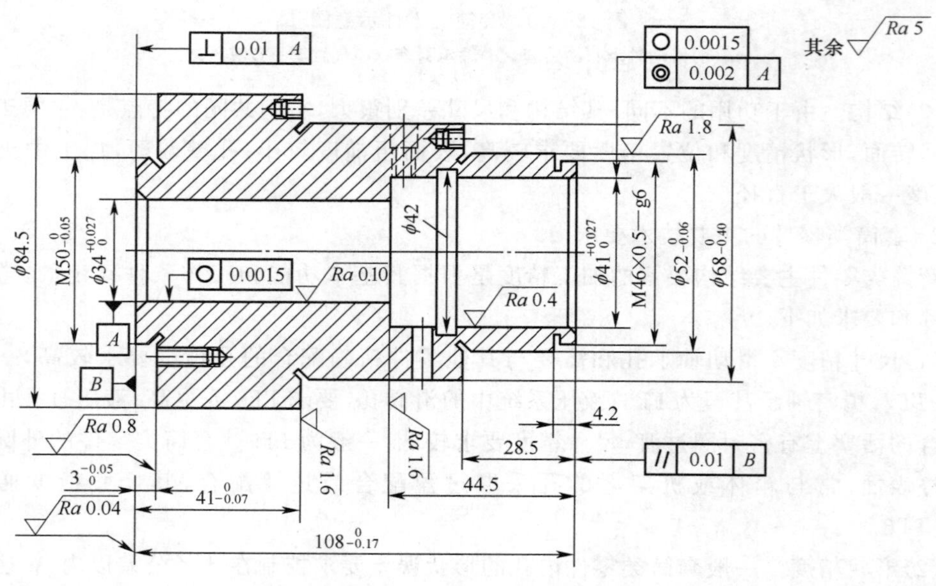

图 12－30　支架套筒类简图

(1)加工方法的选择。套筒零件的主要加工表面为孔和外圆。外圆表面加工根据精度要求可选择车削和磨削。孔加工方法的选择比较复杂,需要考虑零件结构特点,孔径大小、长径比、精度和表面粗糙度要求及生产规模等各种因素。对于精度要求较高的孔,往往需要采用几种方法顺次进行加工。支架套零件,因孔精度要求高,表面粗糙度值又较小($Ra0.10$),因此最终工序采用精细磨。该孔的加工顺序为钻孔→半精车孔→粗磨孔→精磨孔→精密磨孔。

(2)加工阶段划分。支架套加工工艺划分较细。淬火前为粗加工阶段,粗加工阶段又分为粗车与半精车阶段,淬火后套筒加工工艺划分较细。在精加工阶段中,也可分为两个阶段,烘漆前为精加工阶段,烘漆后为精密加工阶段。

(3)保证套筒表面位置精度的方法。从套筒零件的技术要求看,套筒零件内、外表面间的同轴度及端面与孔轴线的垂直度一般均有较高的要求。为保证这些要求通常采用下列方法:

①在一次安装中完成内、外表面及端面的全部加工,这种方法消除了工件的安装误差,可获得很高的相对位置精度。但是,这种方法的工序比较集中,对于尺寸较大的(尤其是长径比较大)套筒安装不便,故多用于尺寸较小套筒的车削加工。例如工序12,要保证阶梯孔的高同轴度要求,采用一次安装条件下将两段阶梯孔磨出的方法。

②套筒主要表面加工在数次安装中进行,先加工孔,然后以孔为精基准最终加工外圆。这种方法由于所用夹具(心轴)机构简单,且制造和安装误差较小,因此可保证较高的位置精度,在套筒中加工一般多采用这种方法。例如工序5,为了获得外圆与孔的同轴度,采用了可胀心轴以孔定位,磨出各段外圆,既保证了各段外圆同轴度,又保证了外圆与孔的同轴度。

③套筒主要表面加工在几次安装中进行,先加工外圆,然后以外圆为精基准终加工内孔。采用这种方法时工件装夹迅速、可靠,但因一般卡盘安装误差较大,加工后工件的位置精度较低。若欲获得较高的同轴度,则必须采用定心精度高的夹具,如弹性膜片卡盘、液性塑料夹头,以及经过修磨的三爪卡盘和“软爪”等。

(4)防止套筒变形的工艺精湛。套筒零件的结构特点是孔壁一般较薄,加工中常因夹紧力、切削力、内应力和切削热等因素的影响而产生变形。防止变形应注意以下几点:

①为减少切削力和切削热的影响,粗、精加工应分开进行,以使粗加工产生的变形在精加工中可以得到纠正。

②减少夹紧力的影响,工艺上可采取的措施是改变夹紧力的方向,即径向夹紧力改为轴向夹紧。例如支架套精度较高,内孔圆度要求为0.0015mm,任何微小的径向变形,都有可能引起失败。在工序12中以左端面定位,找正外圆,轴向压紧在外圆台阶上,以减少夹紧变形。

③为减少热处理的影响,热处理工序应置于粗、精加工阶段之间,以便热处理引起的变形在精加工中予以纠正。套筒零件热处理后一般产生加大变形,所以精加工余量应适当放大。例如工序8喷漆,不能放在最终工序,否则将损坏精密加工表面。

经过分析,该零件的加工工艺如表12-9所示。

表 12-9 支架套加工工艺过程

序号	工序名称	工序内容	定位与夹紧
1	粗车	(1)车端面、外圆 $\phi84.5$mm;钻孔 $\phi30$mm×$\phi60$mm (2)调头车外圆 $\phi68$mm;车 $\phi52$mm;钻孔 $\phi38$mm×44.5mm	三爪夹小头 三爪夹大头
2	半精车	(1)半精车端面及 $\phi84.5$mm;$\phi34\text{mm}^{+0.027}_{0}$ 及 $50_{-0.05}^{0}$ mm,留磨量 0.5,倒角及车槽 (2)调头车外圆 $\phi68$mm;车 $\phi68_{-0.40}^{0}$mm;$\phi52$mm 留磨量;车 M46mm×0.5mm 螺纹,车孔 $\phi41^{+0.027}_{0}$mm 留磨量;车 $\phi42$mm 槽,车外圆斜槽并倒角	
3	钻	(1)钻端面轴向孔 (2)钻径向孔 (3)攻螺纹	夹外圆
4	热处理	淬火 60～62HRC	
5	磨外圆	(1)磨外圆 $\phi84.5$mm 至尺寸;磨外圆 $\phi50_{-0.05}^{0}$mm 及 $3^{+0.06}_{0}$mm 端面 (2)调头磨外圆 $\phi52_{-0.05}^{0}$mm 及 28.5mm 端面并保证 3 段同轴度 0.02mm	$\phi34$mm 可胀心轴
6	粗磨孔	校正 $\phi52_{-0.05}^{0}$mm 外圆;粗磨孔 $\phi34\text{mm}^{+0.027}_{0}$ 及 $\phi41^{+0.027}_{0}$mm 留磨量 0.2mm	端面及外圆
7	校验		
8	喷漆		
9	磨平面	磨左端面,留研磨量,平行度 0.01mm	右端面
10	粗研	粗研左端面 $Ra0.16\mu m$,平行度 0.01mm	左端面
11	精磨孔	(1)精磨孔 $\phi41^{+0.022}_{0}$mm 及 $\phi34^{+0.022}_{0}$mm,一次安装下磨削 (2)精细磨孔 $\phi41_{0}^{0.027}$mm 及 $\phi34^{+0.027}_{0}$mm	端面定位,找正外圆轴向压紧
12	精研	精研左端面至 $Ra0.04\mu m$	
13	检验	圆度仪测圆柱度及 $\phi34^{+0.027}_{0}$mm、$\phi41^{+0.027}_{0}$mm 尺寸	

12.9.3 箱体类零件加工

1. 箱体零件的功用和结构特点

箱体是各类机器的基础零件,用于将机器和部件中的轴、套、轴承和齿轮等有关零件连成一个整体,使之保持正确的相对位置,并按照一定的传动关系协调地运转和工作。因此,箱体的加工质量直接影响机器的性能、精度和寿命。如汽车上的变速器壳、发动机缸体和机床上的主轴箱等。如图 12-31 所示为几种箱体的结构简图。

箱体零件的尺寸大小和结构形式随其用途不同有很大差别,但在结构上仍有共同的特点:结构复杂,箱壁薄且壁厚不均匀,内部呈腔型。在箱壁上既有精度要求较高的轴承孔和装配用的基准平面,也有精度要求较低的紧固孔和次要平面。因此箱体零件的加工部位多,加工精度高,加工难度大。

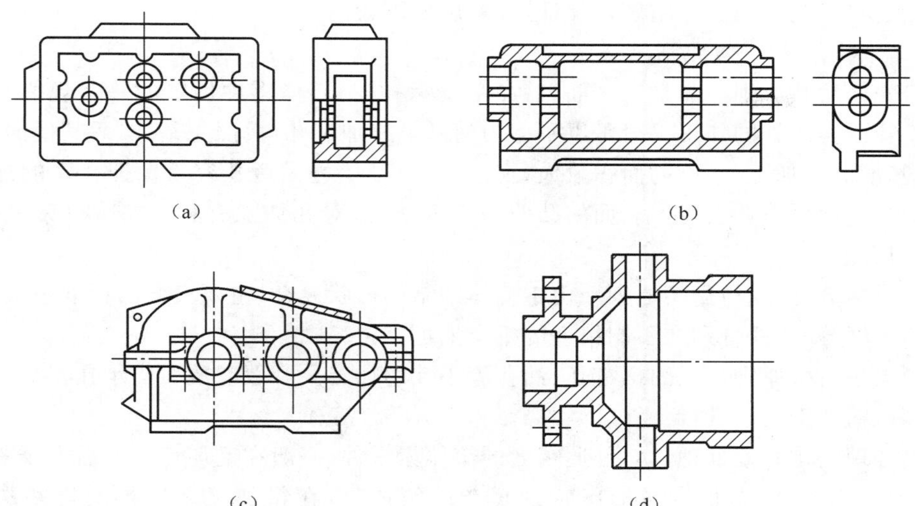

图 12－31 几种常见的箱体零件简图

(a)组合机床主轴箱；(b)车床进给箱；(c)分离式减速箱；(d)泵壳。

2. 箱体零件的主要技术要求

箱体铸件对毛坯铸造质量要求较严格，不允许有气孔、砂眼、疏松和裂纹等铸造缺陷。为了便于切削加工，多数铸铁箱体需要经过退火处理以降低表面硬度。为了确保使用过程中不变形，重要箱体往往安排较长时间的自然时效以释放内应力。对箱体重要加工面的主要要求如下：

(1)支承孔的尺寸精度、形状精度和表面粗糙度。箱体上的主要支承孔(如主轴孔)的尺寸公差等级为 IT6，圆度允差为 0.006mm～0.008mm、表面粗糙值为 $Ra0.8\mu m$～$0.4\mu m$。箱体上的其他支承孔的尺寸公差等级为 IT6～IT7 级，圆度允差为 0.01mm 左右，表面粗糙度值为 $Ra1.6\mu m$～$0.8\mu m$。

(2)支承孔之间的相互位置精度。箱体上有齿轮啮合关系的孔系之间应有一定的孔距尺寸精度和平行度要求，否则会影响齿轮的啮合精度，使工作时产生噪声和振动，缩短齿轮使用寿命。这项精度主要取决于传动齿轮副的中心距允许偏差和精度等级。同一轴线的孔应有一定的同轴度要求，否则使轴装配困难，即便装上也会使轴的运转情况不良，将加剧轴承的磨损和发热，温升增高，影响机器的精度和正常工作。支承孔间中心距允差一般为±0.05mm，轴线的平行度允差为 0.03mm～0.1mm/300mm，同轴线孔的同轴度允差一般为 0.02mm。

(3)主要平面的形状精度、相互位置精度和表面粗糙度。箱体的主要平面一般都是装配或加工中的定位基准面，它直接影响箱体和机器总装时的相对位置精度和接触刚度、箱体加工中的定位精度。一般箱体上的装配和定位基面的平面度允差在 0.05mm 范围内，表面粗糙度值在 $Ra1.6\mu m$ 以内。主要结合平面一般需要进行刮研或磨削等精加工，以保证接触良好。

(4)支承孔与主要平面间的相互位置精度。箱体的主要支承孔与装配基面的位置精度由该部件装配后精度要求确定，一般为 0.02mm 左右，多采用修配法进行调整。如采用完全互换法，则应由加工精度来保证，且精度要求较高。

3. 箱体加工的一般原则

(1)先面后孔原则。先加工平面，后加工支承孔，是箱体零件加工的一般规律。其原因在于：箱体类零件的加工一般是以平面为精基准来加工孔，按照先基准、后其他的原则，作为精基准的先加工；平面的面积较大，定位准确可靠，先面后孔容易保证孔系的加工精度，先加工平面可以切去铸件表面的凸凹不平等缺陷，对孔加工有利。如减少钻头引偏、刀具崩刃等。

(2)粗精分开、先粗后精原则。由于箱体的结构形状复杂，主要表面的精度高，一般应将粗、精工序分开，并分别在不同精度的机床上加工。

(3)先主后次原则。紧固螺钉孔、油孔等小孔的加工。一般应放在支承孔粗加工半精加工之后、精加工之前进行。

(4)合理安排时效处理。对普通精度的箱体累零件，一般在毛坯铸造之后安排一次人工时效即可；对一些高精度或形状特别复杂的箱体，应在粗加工之后再安排一次人工时效。

精度较高的箱体零件的工艺过程为：铸造毛坯→退火→划线→粗加工主要平面→粗加工支承孔→时效→划线→精加工主要平面→精加工支承孔→加工其他次要表面→检验。

4. 箱体类零件的材料与毛坯

箱体类零件常用材料大多为普通灰铸铁，其牌号可根据需要选用 HT150～HT350，用得较多的是 HT200。灰铸铁的铸造性和可加工性好，价格低廉，具有较好的吸振性和耐磨性。在特别需要减轻箱体质量的场合可采用有色金属合金，如航空发动机箱体常用镁铝合金等有色轻金属制造。

5. 箱体零件的结构工艺性

箱体零件的结构形状比较复杂，加工表面多，要求高，机械加工量大，因此箱体的结构工艺性对实现优质、高产、降低成本具有重要的意义。

(1)箱体的基本孔。可分为通孔、阶梯孔、盲孔和交叉孔等几类。其中以通孔的工艺性为最好，尤其是孔的长度 L 与孔径 D 之比 $L/D \leqslant 1 \sim 1.5$ 的短圆柱孔工艺性为更好；$L/D > 5$ 的孔，为深孔，若深孔精度要求较高、表面粗糙度值较小时，加工就比较困难。阶梯孔的工艺性较差，尤其当孔径相差很大而其中小孔又较小时，工艺性就更差。盲孔的工艺性很差，应尽量避免，或将箱体的盲孔钻通而改为阶梯孔，以改善其工艺性。交叉孔的工艺性也较差，如图 12-32(a)所示，当加工 ϕ100H7 孔的刀具走到交叉口处时，由于不连续切削产生径向受力不等，容易使孔的轴线偏斜和损坏刀具，而且还不能采用浮动刀具加工。为了改善其工艺性，可将 ϕ70 的毛坯孔不铸通，如图 12-32(b)所示。先加工完 ϕ100H7 孔后再加工 ϕ70H7 的孔，孔的加工质量易于保证。

(2)箱体的同轴孔。箱体上同一轴线上各孔的孔径排列方式有三种，如图 12-33 所示。图 12-33(a)所示为孔径大小向一个方向递减，且相邻两孔径直径之差大于孔的毛坯加工余量，这种排列方式便于镗杆和刀具从一端深入，同时加工同轴线上的各孔，在单位小批生产中，这种结构最为方便。图 12-33(b)所示为孔径大小从两边向中间递减。加工时可使刀杆从两边进入，这样不仅缩短了镗杆长度，提高了镗杆的刚度，而且为双面

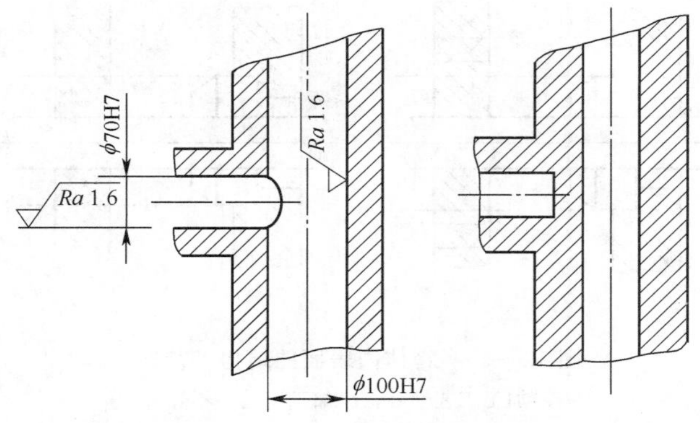

图 12－32　交叉孔的结构工艺性

同时加工创造了条件，所以大批量生产的箱体常采用这种形式。图 12－33(c)所示为孔径大小不规则排列，工艺性差，应尽量避免。

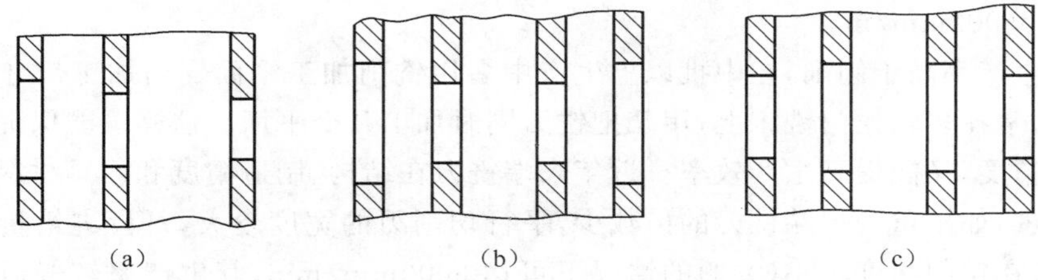

图 12－33　同轴线上孔径的排列方式

(a)孔径大小向一个方向递减；(b)孔径大小从两边向中间递减；(c)孔径大小不规则排列。

(3)箱体的端面。箱体的外端面凸台，应尽可能在同一平面上，如图 12－34(a)所示。若采用图 12－34(b)所示的形式，加工就比较麻烦。而箱体的内端面加工比较困难，如结构上必须加工时，应尽可能使内端面尺寸小于刀具需穿过的孔加工前的直径，如图 12-35(a)所示。若是如图 12－35(b)所示，加工时镗杆伸进后才能装刀，镗杆退出前又需将刀卸下，加工很不方便。当内端面尺寸过大时，还需采用专用的径向进给装置，工艺性更差。

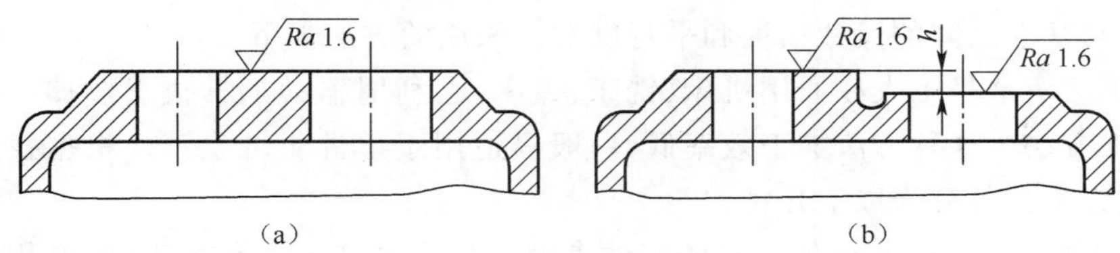

图 12－34　箱体端面的结构工艺性

(a)加工工艺性好；(b)加工工艺性不好。

(4)箱体的装配基面。尺寸应尽可能大，形状应尽量简单，以利于加工、装配和检验。箱体上紧固孔的尺寸规格应尽可能一致，以减少加工中换刀的次数。

6. 箱体类零件的平面加工

箱体平面的加工常用的是刨、铣和磨 3 种方法。刨削和铣削常用做平面的粗加工和

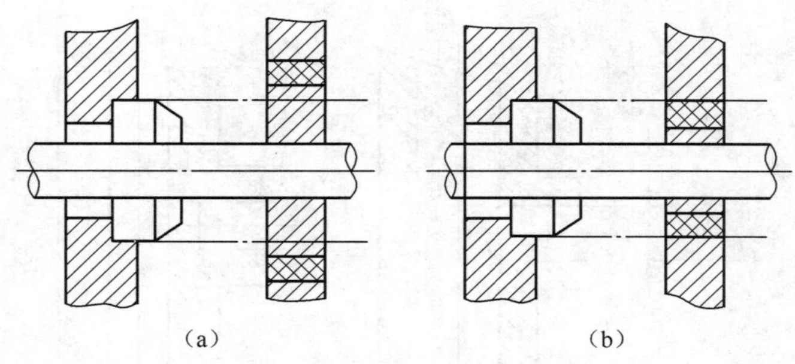

图 12－35　箱体内表面的结构工艺性

(a)加工工艺性好；(b)加工工艺性不好。

半精加工，磨削则用做平面的精加工。

刨削加工使用的刀具结构简单，机床调整方便。在龙门刨床上可以利用几个刀架，在一次装夹中同时或依此完成若干个表面的加工，从而能经济地保证这些表面间相互位置精度要求。精刨还可以代替刮削。精刨后的表面粗糙度值可达 $Ra2.5\mu m$～$0.63\mu m$，平面度可达 0.002mm/m。

铣削生产率高于刨削，在中批以上生产中多用铣削加工平面。当加工尺寸较大的箱体平面时，常在多轴龙门铣床上，用几把铣刀同时加工几个平面。这样既能保证平面间的相互位置精度，又能提高生产效率。近年来端铣刀在结构、制造精度和刀具材料等方面都有很大改进，如不重磨刃端铣刀的齿数少，平行切削刃的宽度较大，每齿进给量可达数毫米，进给量在铣削深度较小(0.3)的情况下可达 6000mm/min，其生产率较普通精加工端铣刀高 3～5 倍，加工表面的表面粗糙度可达 $Ra1.25\mu m$。

平面磨削的的加工质量比刨和铣都高，磨削表面的表面粗糙度值可达 $Ra1.25\mu m$～$0.32\mu m$。生产批量较大时，箱体的主要平面常用磨削来精加工。

7. 箱体类零件的孔系加工。

箱体上一系列有相互位置精度要求的孔的组合，成为孔系。孔系可分为平行孔系、同轴孔系和交叉孔系，孔系加工是箱体加工的关键。

(1)平行孔系的加工。所谓平行孔系，是指孔的轴线相互平行且孔距也有精度要求的孔系。平行孔系的加工时，主要考虑如何保证各孔间位置精度的保证问题，包括各孔轴线之间、轴线与基准之间的尺寸精度和平行度等。采用的方法如下：

①找正法。这是工人在通用机床(铣床、镗床)上利用辅助工具找正要加工孔的正确位置的加工方法。这种方法加工效率低，一般只适用于单件小批生产。根据找正方法的不同，找正方法又可分为以下几种：

a. 画线找正法。先在已加工过的工件表面上精确地划出各孔加工线，并用中心冲在各孔的中心处冲出中心孔，然后在车床、钻床或镗床上按照划线逐个找正和加工。

b. 心轴量块找正法。如图 12－36 所示，将精密心轴分别插在机床主轴孔和已加工孔内，然后用一定尺寸的量块组合来找正主轴的位置。找正时，在量块与心轴之间要用塞尺测定间隙，以避免量块与心轴直接接触而产生变形。此法可达到较高的孔距精度(±0.03mm)，但生产效率低，适于单件小批生产。

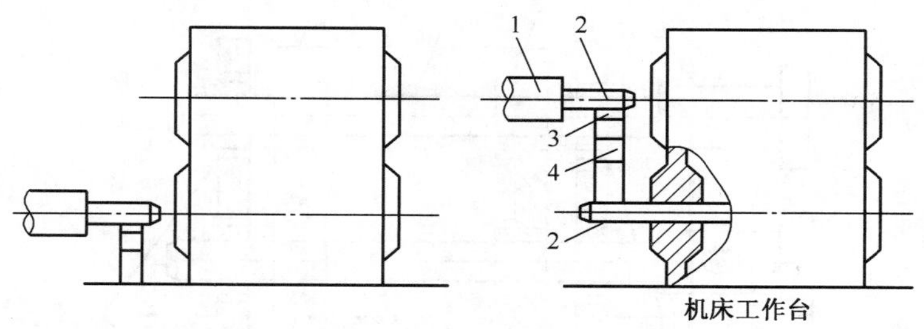

图 12－36　用心轴量块找正法

1—主轴；2—心轴；3—塞尺；4—量块。

c. 样板找正法。如图 12－37 所示，用 10mm～20mm 厚的钢板制造样板，装在垂直于各孔的端面上（或固定于机床工作台上）。样板上的孔距精度较箱体孔系的孔距精度高（一般为±0.01mm～0.03mm），样板上的孔径比工件上的孔径大，以便镗杆通过。样板上的孔径精度要求不高，但要有较高的形状精度和较低的表面粗糙度值，以便于找正。当样板准确地装到工件上后，在机床主轴上装一个千分表，按样板找正机床主轴位置进行加工。此法加工孔系不易出差错，找正方便，孔距精度可达±0.05mm，而且样板的成本低，仅为镗模的 1/7～1/9，单件小批的大型箱体加工常用此法。

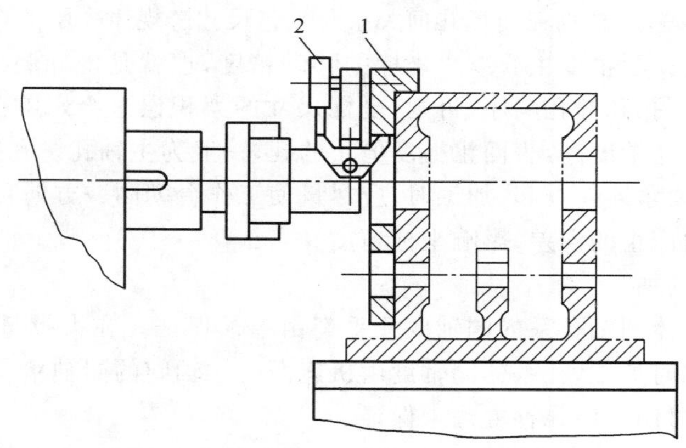

图 12－37　样板找正法

1—样板；2—千分表。

②镗模法。工件装夹在镗模上，镗杆被支承在镗模的导套内，增加了系统的刚性。这样，镗杆便通过模板上的孔将工件上相应的孔加工出来。用镗模镗孔时，镗杆与机床主轴多采用浮动连接，机床精度对孔系加工精度影响很小，孔距精度主要取决于镗模，因而可以在精度较低的机床上加工出精度较高的孔系。同时镗杆刚度大大提高，有利于采用多刀同时切削；定位夹紧迅速，无需找正，生产效率高。图 12－38 所示为一种常见的镗杆活动连接方式。因此，不仅在中批以上生产中普遍采用镗模加工孔系，就是在小批生产中，对一些结构复杂、加工量大的箱体孔系，采用镗模加工往往也是合理的。

镗模加工的孔距精度主要取决于镗模的制造精度、镗杆导套与镗杆的配合精度。从一端加工可达 0.02mm～0.03mm，从两端分别加工可达 0.04mm～0.05mm，孔距精度

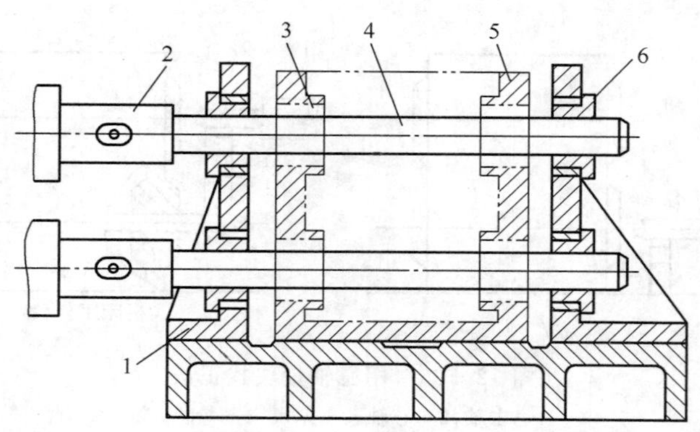

图 12-38 用镗模加工孔系

1—镗模支架;2—镗床主轴;3—镗刀;4—镗杆;5—工件;6—导套。

一般为±0.05mm 左右。

③坐标法。坐标法镗孔是在普通卧式镗床、坐标镗床或数控铣镗床等设备上,借助于测量装置,调整机床主轴与工件在水平和垂直方向上的相对位置,来保证孔距精度的一种镗孔法。

采用坐标法镗孔之前,必须把各孔距尺寸及公差换算成以基准孔中心为原点的相互垂直的坐标尺寸及公差,再根据三角形几何关系及工艺尺寸链规律采用计算机可方便算出。

坐标法镗孔的孔距精度主要取决坐标的移动精度,也就是坐标测量装置的精度。另外,要注意选择基准孔和镗孔顺序,否则,坐标尺寸的累积误差会影响孔距精度。基准孔应尽量选择本身尺寸精度高,表面粗糙度值小的孔,一般为主轴孔。孔距精度要求较高的孔,其加工顺序应紧紧连在一起,加工时,应尽量使工作台朝同一方向移动,避免因工作台往返移动由间隙而产生的误差,影响坐标精度。

(2)同轴孔系的加工。

成批生产中箱体同轴孔系的同轴度几乎都由镗模保证。在大批量生产中,采用组合机床从箱体两边同时加工,孔系的同轴度由机床两端主轴间的同轴精度保证;在单件小批生产中,其同轴度可用下面几种方法来保证。

①利用已加工孔作为支承导向。当箱体前壁上的孔加工后,在孔内装一个导向套,支撑和引导镗杆加工后壁上的孔,以保证两孔的同轴度要求,这种方法适用于加工箱壁较近的同轴线孔。

②利用镗床后立柱上的导向套支撑导向。这种方法其镗杆系两端支撑,刚度好。但后立柱导套的位置调整麻烦、费时,往往需要用心轴量块找正,且需要用较长的镗杆,故多用于大型箱体的加工。

③采用调头镗。当箱体壁相距较远时,宜采用调头镗法。即工件在一次装夹下,先镗好一端孔后,将工作台回转180°,再加工另一端的同轴线孔。这种方法不用夹具和长刀杆,准备周期短;镗杆悬伸长度短,刚度好;但需要调整工作台的回转误差和调头后主轴应处的正确位置,既麻烦又费时,多适用于单件小批生产。

(3)交叉孔系的加工。

箱体上交叉孔系的加工主要是控制有关孔的垂直度误差。在多面加工的组合机床上加工交叉孔系，其垂直度主要由机床和模板保证；在普通镗床上，其垂直度主要靠机床的挡板保证，但其定位精度较低。为了提高其定位精度，可以用心轴和百分表找正，如图 9－39所示，在加工好的孔中插入心轴，然后将工作台旋转 90°，移动工作台，用百分表找正。

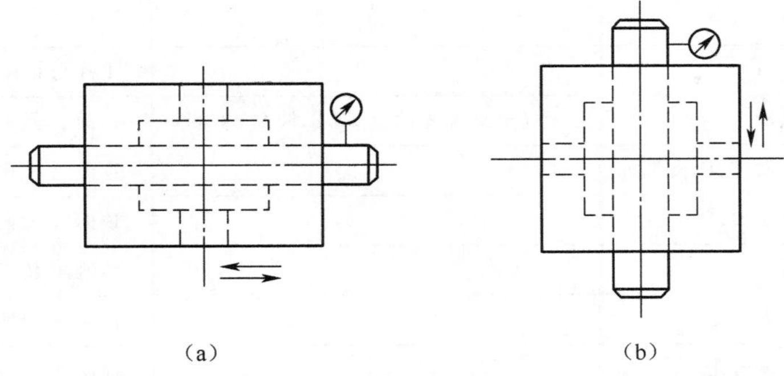

图 12－39　找正法加工交叉孔系

(a)第一工位；(b)第二工位。

8. 典型箱体零件的加工工艺分析

(1)主轴箱体的加工工艺过程。箱体零件的结构复杂，加工部位多，依其批量大小和各厂实际条件，其加工方法是不同的。表 12－10 所示为如图 12－40 所示的某车床主轴箱小批生产的机械加工工艺过程，表 12－11 所示为如图 12－40 所示的某车床主轴箱的大批量生产过程。

表 12－10　某主轴箱小批生产的工艺过程

序号	工　序　内　容	定位基准
1	铸造	
2	时效	
3	漆底漆	
4	划线：考虑主轴孔有加工余量，并尽量均匀。划 C、A 及 E、D 面加工钱	
5	粗、精加工顶面 A	按线找正
6	粗、精加工 B、C 面及刨面 D	顶面 A 并校正主轴线
7	粗、精加工两端面 E、F	B、C 面
8	粗、半精加工各纵向孔	B、C 面
9	精加工各纵向孔	B、C 面
10	粗、精加工横向孔	B、C 面
11	加工螺孔及各次要孔	
12	清洗、去毛刺	
13	检验	

表 12－11 某主轴箱大批生产的工艺过程

序号	工序内容	定位基准
1	铸造	
2	时效	
3	漆底漆	
4	铣顶面 A	Ⅰ孔与Ⅱ孔
5	钻、扩、铰 2－ϕ8H7 工艺孔(将 6－M10 先钻至 ϕ7.8,铰 2－ϕ8H7)	顶面 A 及外形
6	铣两端面 E、F 及前面 D	顶面 A 及两工艺孔
7	铣导轨面 B、C	顶面 A 及两工艺孔
8	磨顶面 A	导轨面 B、C
9	粗镗各纵向孔	顶面 A 及两工艺孔
10	精镗各纵向孔	顶面 A 及两工艺孔
11	精镗主轴孔 I	顶面及两工艺孔
12	加工横向孔及各面上的次要孔	
13	磨 B、C 导轨面及前面 D	顶面 A 及两工艺孔
14	将 2－ϕ8H7 及 4－ϕ7.8 均扩钻至 ϕ8.5,攻 6－M10	
15	清洗,去毛刺	
16	检验	

(2)主轴箱体的加工工艺过程分析。

①粗基准的选择。在箱体加工中,虽然粗基准一般都选择重要孔(如主轴孔)为粗基准,但生产类型不同,实现以主轴孔为粗基准的工件装夹方式是不同的。在选择时,满足以下要求:

在保证各加工面均有余量的前提下,应使重要孔的加工余量均匀,孔壁的薄厚量均匀,其余部位均有适当的壁厚。

保证装入箱体内的旋转体零件(如齿轮、轴套等)与箱体内壁间有足够的间隙,以免互相干涉。

在大批量生产时,毛坯精度较高,通常选用箱体重要孔的毛坯孔做粗基准。对于精度较低的毛坯,按上述办法选择粗基准,往往会造成箱体外形偏斜,甚至局部加工余量不够。因此,在单件、小批及中批生产时,一般毛坯精度较低,通常采用画线找正的办法进行第一道工序的加工。

②精基准的选择。箱体加工精基准的选择也与生产批量大小有关。

在单件小批生产中,用装配基准做定位基准。这样可以消除主轴孔加工时的基准不重合误差,并且定位稳定可靠,装夹误差较小;加工各孔时,由于箱口朝上,所以更换导向套、安装调整刀具、测量孔径尺寸和观察加工情况等都很方便。然而这种定位方式也有它的不足之处,在加工箱体中间壁上的孔时,要提高刀具系统的刚度,则应当在箱体内部相应的部位设置刀杆的支承及导向支承。由于箱体底部是封闭的,中间支承只能采用吊架,从箱体顶面的开口处深入箱体内,每加工一件需装卸一次。吊架与镗模之间虽有定位销

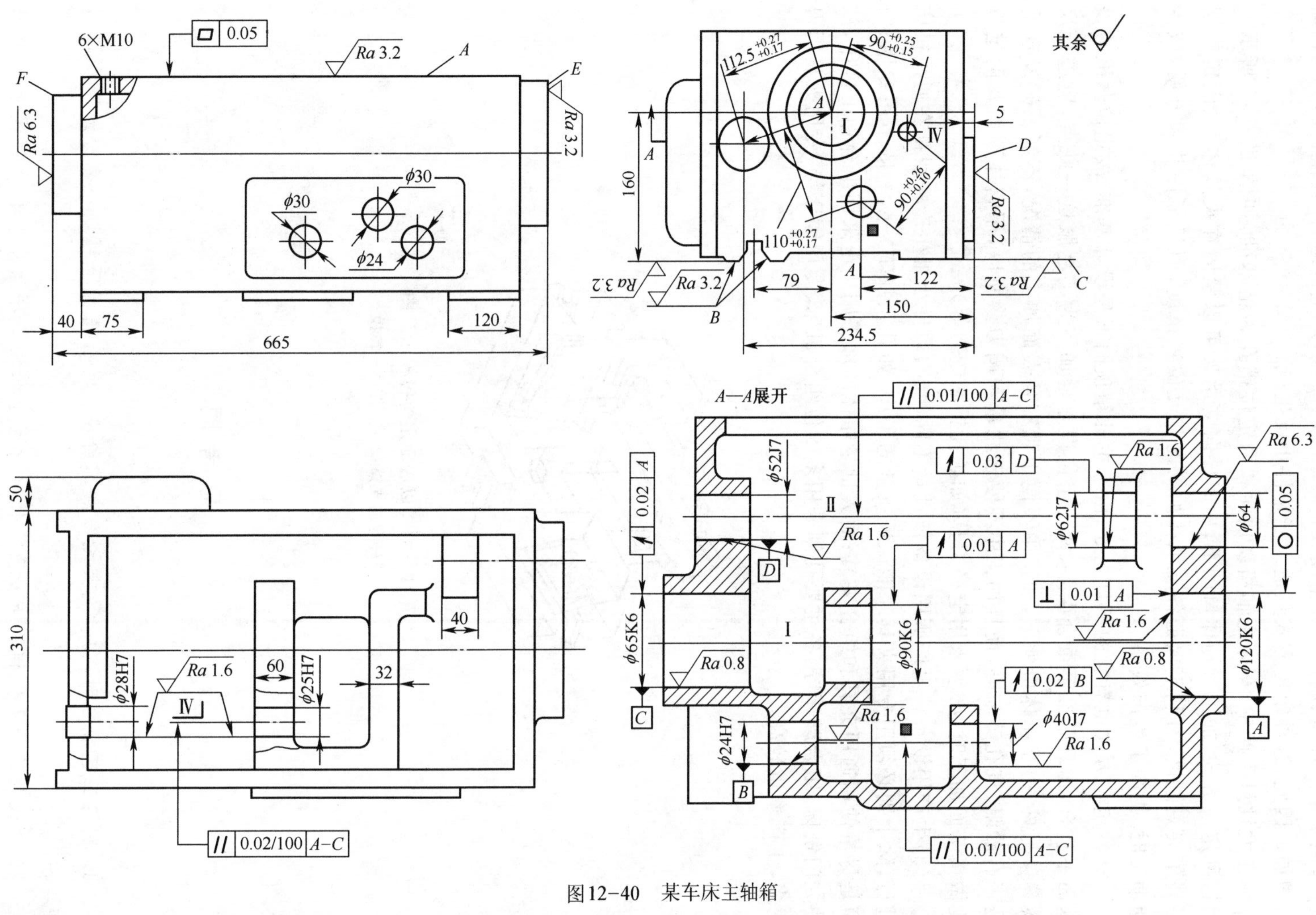

图12-40　某车床主轴箱

定位，但吊架刚性差、制造安装精度较低，经常装卸容易产生误差，并且使得加工的辅助时间增加。因此，这种定位方式只适用于单件小批生产。

在大批量生产中，车床主轴箱以顶面和两定位销孔为精基准，如图 12－41 所示。采用这种定位方式，加工时箱体口朝下，中间导向支承架可以紧固在夹具体上（固定支架），提高了夹具刚度，有利于保证各支承孔加工的相互位置精度，而且工件装卸方便，减少了辅助工时，提高了生产效率。

这种定位方式也有它的不足之处，由于主轴箱顶面不是设计基准，故定位基准与设计基面不重合，出现基准不重合误差，使得定位误差增加。为了克服这一缺点，应进行尺寸换算。另外，由于箱体口朝下，加工中不便于观察各表面加工的情况，不能及时发现毛坯是否有砂眼、气孔等缺陷，而且加工中不便于测量和调刀。所以，用箱体顶面及两定位销孔做精基面加工时，必须采用定径刀具（如扩孔钻和铰刀等）。

(3)生产用设备。生产所用设备依批量不同而异，单件小批生产一般都在通用机床上进行，除个别必须用专用夹具才能保证质量的工序（如孔系加工）外，一般不用专用夹具，而是尽量使用通用夹具和组合夹具；而大批量箱体的加工则广泛采用组合加工机床，如多轴龙门铣床、组合磨床等，各主要孔则采用多工位组合机床、专用镗床等，专用夹具用得也很多，生产率也较高。

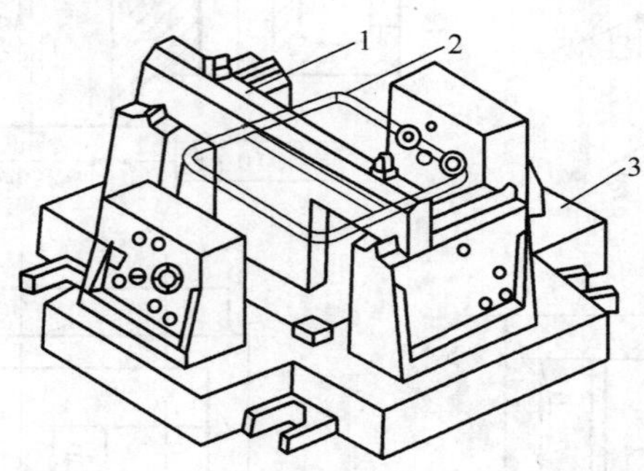

图 12－41　以底面定位镗模示意图

1—镗杆导向支撑；2—工件；3—镗模。

思考题

1. 制订工艺规程时，为什么要划分加工阶段？什么情况下可以不划分或不严格划分加工阶段？

2. 什么是工序集中和工序分散？什么情况下采用工序集中？什么情况下采用工序分散？影响工序集中和工序分散的主要原因是什么？

3. 毛坯的选择与机械加工有何关系？试说明选择不同的毛坯种类，以及毛坯精度对零件的加工工艺、加工质量以及生产效率有何影响？

4. 加工余量如何确定？影响工序间加工余量的因素有哪些？举例说明是否在任何情况下都要考虑这些因素。

5. 试叙述机械加工过程中安排热处理工序的目的及安排顺序。

6. 说明缩短工时定额、提高生产效率的常用措施。

7. 什么是经济加工精度？它与机械加工工艺规程制订有什么关系？

8. 以加工表面本身为定位基准有什么作用？试举例 3 个生产中的实例。

9. “当基准统一时即无基准不重合误差”这种说法对吗？为什么？举例说明。

10. 什么是生产成本与工艺成本？两者有何不同？如何进行不同工艺方案的比较？

11. 轴类零件的主要技术要求有哪些？

12. 中心孔在轴类零件加工中起什么作用？有哪些技术要求？

13. 箱体零件有哪些主要技术要求？箱体零件一般用什么材料制造？毛坯用什么方法取得？

14. 箱体零件有哪些共同的特点？试叙述在镗床上加工箱体孔系的方法，各适用于什么情况？

15. 车床主轴箱体加工，在大批生产和中、小批生产时，粗、精基准的选择有什么不同？

16. 毛坯有哪些类型？举例说明毛坯类型的选择。

17. 什么是精基准和粗基准？试叙述他们的选择原则。

18. 什么是设计基准和工艺基准？工艺基准按用途分为哪几类？试叙述它们的概念。

第 13 章　现代制造技术

学习目标：

(1)掌握数控机床和加工中心的组成、分类、特点及应用。

(2)了解工业机器人技术基础，了解工业机器人的结构和应用范围。

(3)了解机械制造技术的发展方向。

(4)了解柔性制造技术、计算机集成制造技术的应用。

13.1　数控机床与加工中心

数字控制机床(简称数控机床)是一种以数字化代码作为指令，通过数控装置进行数据处理，由伺服系统驱动各(部件)轴移动，从而实现自动控制加工的机床。它综合应用计算机技术、自动控制、精密测量、伺服驱动和机械设计等领域的先进技术，具有柔性好、效率高、运行轨迹复杂等的特点。它有效地解决了多品种、小批量、形状复杂和精度高的零件自动化加工问题。

13.1.1　数控机床的组成和工作原理

数控机床一般由控制介质、数控装置、伺服系统和机床本体等部分组成，如图 13－1 所示。图中实线表示开环控制的数控机床，在机床本体上加一套位移测量装置，将机床的位移量反馈给数控装置(虚线部分)而构成闭环控制的数控机床。

1. 控制介质

它是存储信息的载体，常用的有穿孔带、磁带、磁盘等。

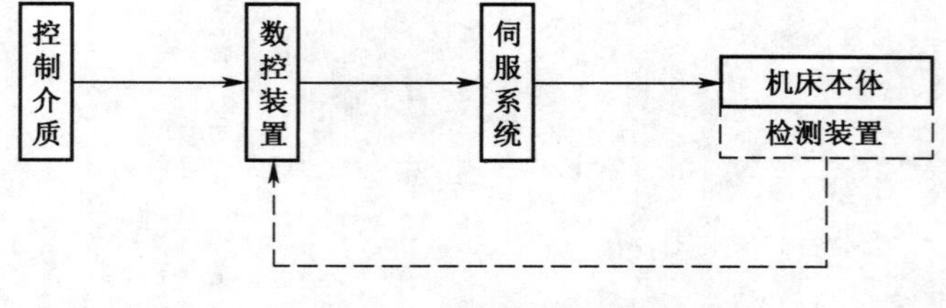

图 13－1　数控机床的组成

2. 数控装置

数控装置是数控机床的核心，一般分为硬件数控装置和计算机数控装置，通常由输入装置、控制介质、运算器和输出装置组成，如图 13－2 所示。输入装置将操作指令和数据经识别并译码后送入控制器和运算器，经控制器编译和运算器计算后，将信号(脉冲信号或模拟信号)由输出、接口输出，以控制机床的运动。

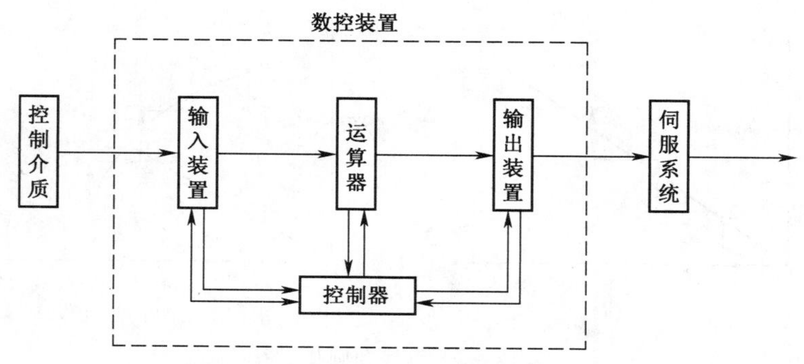

图 13－2　数控装置及其信号处理过程

数控装置的最终目标是控制运动轨迹，而空间的运动轨迹可由多个独立的运动合成而得到。相同长度的直线在空间的位置不同时，数控装置分配给各坐标方向的脉冲数也不等。数控装置所进行的脉冲数目分配的计算称为插补。插补计算主要有逐点比较法、数字脉冲乘法器法、数字积分法和数据采样法等方法。

以下简要介绍逐点比较法。

1)直线插补

如图 13－3(a)所示，OA 为要求加工的直线轨迹。实际加工时，刀具的实际运动轨迹是沿 X 或 Y 轴线方向不断变化的折线，即从 O 点开始向 X 或 Y 任意方向前进一步(一般向 X 方向)，然后判断加工点在 OA 直线上方或下方的偏差值 F。数控装置根据偏差值自动判别进给方向。当加工点在直线的上方时，$F \geqslant 0$，向 $+X$ 方向进给一步；当加工点在直线下方时，$F<0$，向 $+Y$ 方向进给一步。依次边判别边进给，即加工出折线 1—2—3—4—5—6—7，逼近直线 OA。折线的步长越短，逼近的程度越好，加工精度越高。步长取决于脉冲当量，即数控装置发出一个脉冲，伺服机构驱动机床运动部件沿某坐标方向的移动量，称为脉冲当量，常用脉冲当量为 0.01mm/脉冲～0.001mm/脉冲。

2)圆弧插补

如图 13－3(b)所示，图中规定加工点到原点的距离与半径 R 的偏差值为 F，当加工点在 AB 圆弧上或在圆弧的外侧，$F \geqslant 0$；若加工点在圆弧内侧，则 $F<0$。加工时，当 $F \geqslant 0$，向 $-X$ 方向进给一步；当 $F<0$，向 $+Y$ 方向进给一步，即刀具沿折线 A—1—2—3—4—5—B 依次逼近圆弧 AB。

由于具有上述的插补功能，数控机床可控制刀具运行复杂的轨迹，从而能加工复杂的零件。

3. 伺服系统

伺服系统的功能是接受数控装置送来的脉冲信号，直接控制机床执行件(工作台或刀架)的运动，并控制其定位精度和速度。

伺服系统由驱动装置(步进电机、直流伺服电机或交流伺服电机)和传动装置(减速齿轮箱等)组成。驱动装置将数控装置的控制信号放大，驱动执行件(工作台、刀架)运动。伺服系统驱动元件可分为步进电机和宽调速直流、交流伺服电机等。步进电机是将数控装置送来的脉冲信号转换为角位移的一种特殊电动机。数控装置送来一个脉冲信号，它就转过一个相应的角度(为步距角)，通过传动装置使机床执行件沿某坐标轴进给一步，产

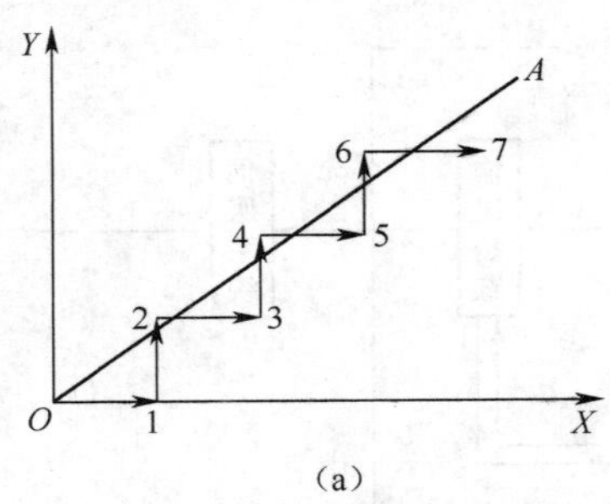

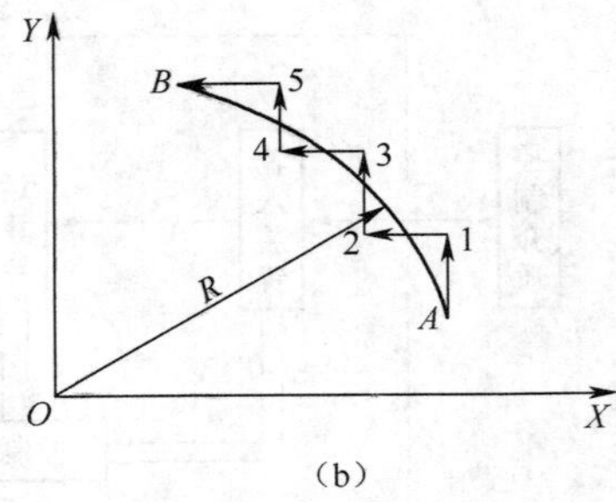

图 13－3 直线和圆弧插补

(a)直线插补；(b)圆弧插补。

生一定位移量，即只要控制数控装置发送的脉冲量，就可以控制机床执行件的位移量，从而控制单位时间内发送给伺服电动机的脉冲量（即脉冲频率），便可控制执行件的运动速度。

4. 机床本体及机械部分

它接受数控装置传来的信息，实现各种运动和操作。它包括主运动部件、进给运动执行部件和支承部件等，对于加工中心机床，还设有刀库及自动换刀装置（机械手）等。数控机床的本体与通用机床相类似，其结构较为简单，但对精度、刚度、热变形、抗振性和低速运动平稳性等方面要求较高，特别对主轴部件和导轨副的要求更高。其中，滚珠丝杠可提高进给运动的平稳型，且传动无间隙，数控铣床可进行顺铣，提高了加工质量。

13.1.2 数控机床的分类

1. 按工艺用途分类

1）普通数控机床

普通数控机床主要有数控车床、数控铣床、数控磨床、数控镗床、数控钻床、数控齿轮加工床、数控拉床和数控电火花加工机床等。

2）自动换刀数控机床

自动换刀数控机床又称加工中心，与普通数控机床相比，加工中心备有刀库（一般为 20 把～60 把，国外多达 120 把）和自动换刀装置（换刀机械手）。工件经一次装夹后，数控系统能控制机床，按加工工序的顺序，自动选择和更换刀具，自动改变机床主轴转速、进给量和刀具相对工件的运动轨迹及其他辅助功能，依次完成工件上部分或全部加工；机床的利用率高，辅助时间缩短，并可消除因多次安装而造成的定位误差，有利于提高加工精度和生产率，适于加工位置精度高、形状复杂的工件。如图 13－4 所示，该数控机床为 JCS-018A 立式加工中心，主轴箱 5 沿立式导轨上、下移动，滑座 9 和工作台 8 分别沿各自的导轨作横向、纵向移动。该机床带有盘式刀库 4，能储存 16 把刀具，通过换刀机械手实现自动换刀。各方向的进给驱动电动机均为直流伺服电动机，6 是操作面板，7 是驱动电源。

2. 按控制的运动轨迹分类

1）点位控制

如图 13－5(a)所示，数控系统只能准确控制刀具从一点到另一点的加工坐标点位置，刀具在移动过程中不进行加工，如数控钻床、数控冲床和数控坐标镗床等。

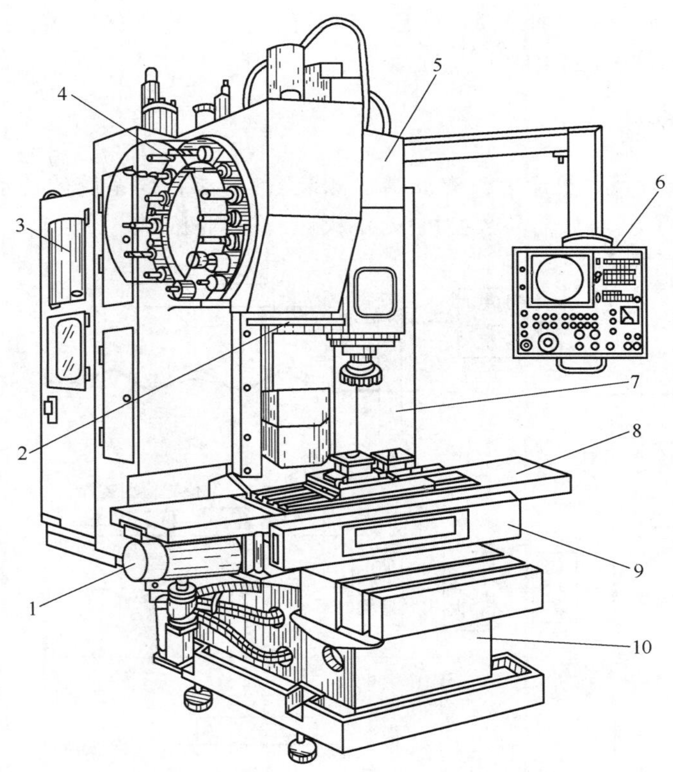

图 13－4　JCS-018A 立式加工中心

1—伺服电机；2—换刀机械手；3—数控柜；4—盘式刀库；5—主轴箱；6—操作面板；7—驱动电源；8—工作台；9—滑座；10—床身。

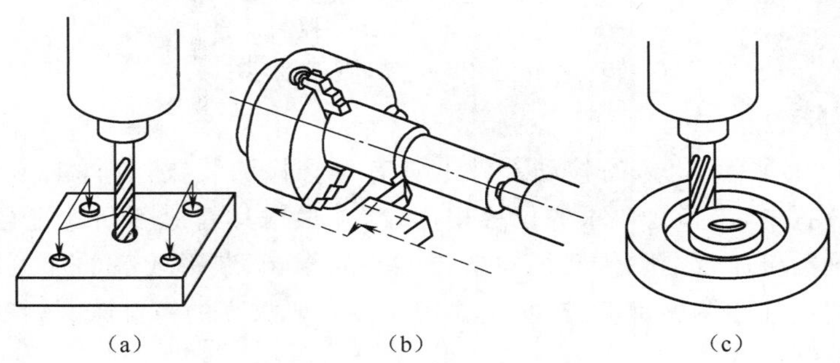

图 13－5　控制方式示意图

(a)点位控制；(b)点位直线控制；(c)轮廓控制。

2）点位直线控制

如图 13－5(b)所示，数控系统除了准确控制起、终点的坐标位置以外，还要控制两坐标点之间的移动轨迹(是一条直线)，并能沿坐标轴平行方向进行切削加工，如数控车床、简易数控镗铣床等。

3）轮廓控制

如图 13－5(c)所示，数控系统能实现同时对两个或两个以上的坐标轴进行连续的控制。不仅能够控制机床移动部件的起、终点的坐标位置，而且能控制整个加工过程中每点速度和位置，即被加工零件的表面形状是由刀具的运动轨迹来确定的。轮廓控制主要用于加工曲面，如数控铣床、加工中心机床等。

3. 按控制方式分类

1）开环控制系统

如图 13－6(a)所示，机床上没有反馈检测装置，不能补偿系统的传动误差。它适用于精度要求不高的场合，如简易数控机床、电火花线切割机床等。

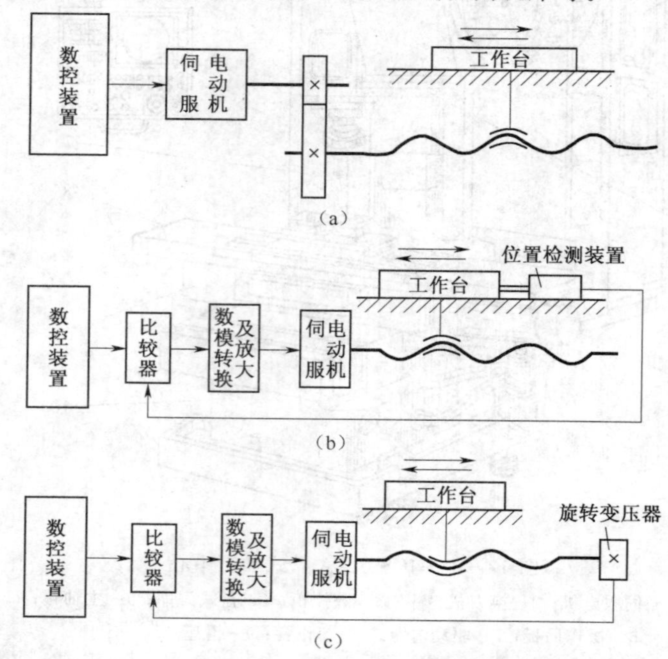

图 13－6　开环、闭环和半闭环控制系统框图

(a)开环控制；(b)闭环控制；(c)半闭环控制。

2)闭环控制系统

如图 13－6(b)所示，机床的移动部件上装有位移检测装置，可将工作台等的实际位移反馈到数控装置中，与指令要求的位移相比较，并根据其差值不断地进行补偿，直到误差消除为止。这类机床可消除传动机构制造误差的影响，获得较高的加工精度。但由于闭环控制系统的设计和调整难度较大，主要用于一些要求高的镗铣床、超精车床等。

3)半闭环控制系统

如图 13－6(c)所示，位移检测装置(不直接检测工作台的位移)安装在丝杠、步进电动机的轴端，通过控制它们的转角间接控制工作台的位移，其结构简单，安装方便，可得到稳定的控制特性和较满意的精度，所以大多数数控机床都属于半闭环控制系统。

数控机床和加工中心的发展方向是：提高主轴转速(5000r/min～10000r/min 或更高)和进给速度(切削时为 1m/min～2m/min)，缩短辅助时间(如换刀时间 1s～2s 或更少)；提高加工精度(达 IT6～IT5 级，分辨力达 0.1μm～0.01μm)；功能更加完善，如增大刀库容量、配备自动检测装置、刀具破损检测装置，采用人机对话系统并通过远距离串行接口实现机床自动、智能化加工等。

13.1.3 数控机床的特点及应用

1. 数控机床的特点

(1) 较高的加工精度和稳定的加工质量。数控机床本身制造精度高，动作准确，它能按程序进行自动加工，无人为的操作误差，加工同一批零件的一致性较好，产品质量稳定。

(2) 具有较大的柔性，便于自动化控制，生产率高。当加工对象变化时，只须重新调整夹具、刀具和更换新的程序，便可实现全部加工过程(除手工装夹毛坯外)自动加工，在一次安装中，可对零件的多个表面进行加工，检测和辅助时间少，生产率高，劳动强度和劳动条件明显改善。新产品开发和生产周期短，为单件、小批生产提供了极大的方便。

(3) 数控机床造价高、技术复杂、维修困难，对管理及操作人员素质要求较高。

2. 数控机床的应用

主要适合加工如下零件：

(1) 单件、小批中形状结构复杂、精度要求高的零件。

(2) 部位多、工艺复杂的大型零件。

(3) 产品更新快、价格昂贵、不允许报废的关键零件。

(4) 短期生产的急需零件。

13.2 工业机器人技术

自第一台工业机器人问世至今，工业机器人的种类根据用途的不同、使用环境的不同，已繁衍成了多种多样的形式。目前机器人分类主要按以下几种形式分类。

13.2.1 按信息输入形式分类

1. 操纵机器人

操纵机器人是一种远距离操纵的机器人。在这种场合，相当于人手操纵的部分称为主动机械手，进行相似动作的部分称为从动机械手，类似铣床仿形加工，两者在机构上大多数是类似的。这种工业机器人主要应用在实验室处理放射性物质，或在其他危害人类的环境中使用。

2. 程序机器人

程序机器人通过预先设定的程序进行作业，但它不能更换作业。现在一些程序机器人则可用某些方法更换作业。例如，在用压力机制作零件时，设置收到压制完成信号决定取出零件的场所，把新的零件送入压力机，并依据零件的种类改变夹持零件的位置及放置位置。

3. 示教再现机器人

示教再现机器人的工作模式分为两种。开始为示教作业，一种方式(图 13－7(a))，一面操纵机器人，一面在各重要位置按下示教盒的按钮，记忆其位置，而进行作业时把它再现，机

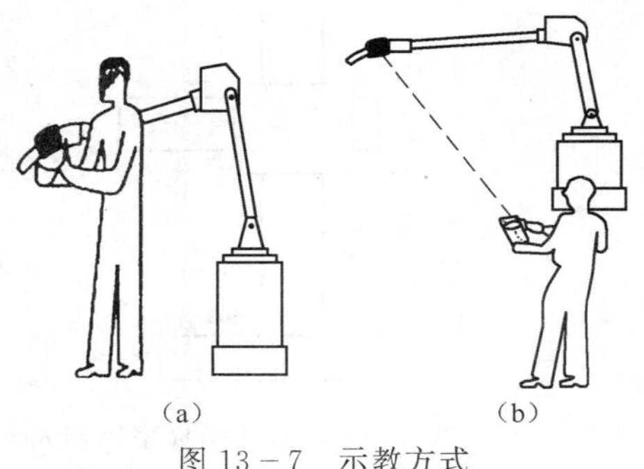

图 13－7　示教方式

器人按预定的顺序再现轨迹；另一种方式，用示教盒在远距离操作示教机器人轨迹，然后再现轨迹，如图 13－7(b)所示。

示教再现工业机器人能够按照人的意愿自由地示教其在空间上作业，能在可以达到的空间内实现各式各样的作业。由于它具有多个类似人手臂的关节，在形态和机能上与人的手臂相似，因此人们常常称为机器臂。示教再现机器人的出现可以说是工业机器人的开始，在汽车厂进行点焊的机器人大多是这种类型的机器人。

4. 计算机控制工业机器人

计算机控制工业机器人是一种用计算机控制机器人动作，来代替人操纵机器人进行动作的工作方式。例如，使机器人手爪沿着圆周动作时，用计算机给出轨迹比人进行操作要方便得多，但必须编制计算机程序。目前的计算机控制机器人仍然具有示教再现功能，这样就使得机器人的可操作性大为增强。

5. 智能机器人

智能机器人不仅能重复预先记忆的动作，还具有能按照环境变化随时修正或改变动作的自律功能。因此，智能机器人为了能感觉环境状态并做出正确的反应，需要有各种感觉器官（视觉、听觉、触觉等传感器）和处理复杂信息的计算机硬件与软件。目前人们正在研究各种智能机器人。例如，对传送带上多个物体的识别，回避障碍物的移动，作业次序的规划，有效地动态学习，多个机器人的协调作业等。智能机器人具备智能方面的优点，而且其功能向下兼容，因而在工业领域应用必将越来越广泛。

13.2.2 按坐标分类

1. 直角坐标型机器人

直角坐标型机器人的结构和控制方案与机床类似，其到达空间位置的三个运动（X、Y、Z）是由直线运动构成，运动方向互相垂直，其末端夹持器的姿态调节由附加的旋转机构实现，如图 13－8 所示。这种形式的机器人优点是运动学模型简单，各轴线位移分辨力在操作空间内任一点上均为恒定，控制精度高；缺点是机构较庞大，工作空间小，操作灵活性较差。简易和专用工业机器人常采用这种形式。

2. 圆柱坐标型机器人

圆柱坐标型机器人在基座水平转台上装有立柱，水平臂可沿立柱作上下运动并可在水平方向伸缩，类似于摇臂钻床形式，如图 13－9 所示。这种结构方案的优点是末端夹持器可获得较快速度；缺点是末端操作器外伸离开立柱轴心越远，其线位移分辨精度越低。

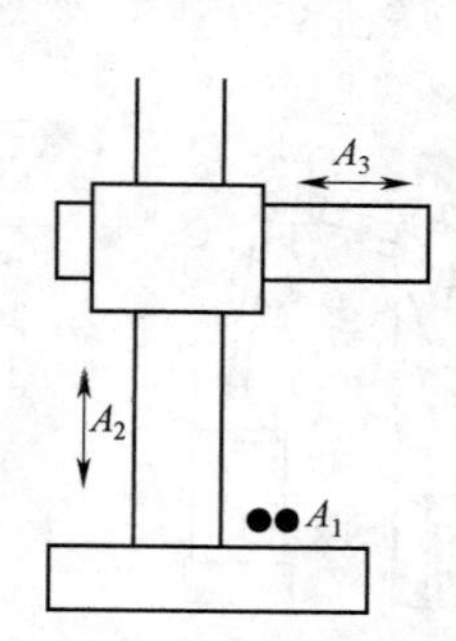

图 13－8　直角坐标型机器人

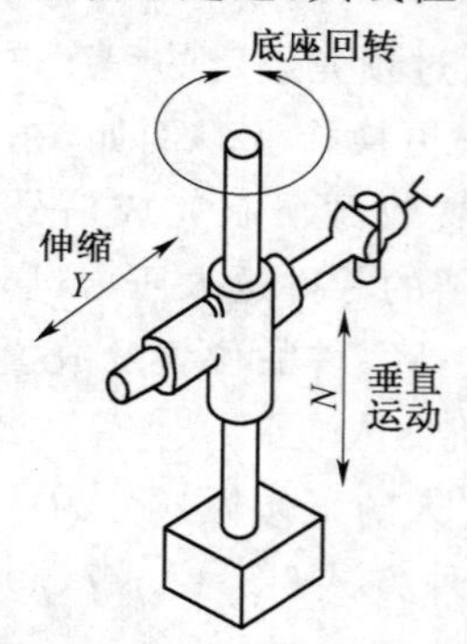

图 13－9　圆柱坐标型机器人

3. 球坐标型机器人

与圆柱坐标结构相比较，球坐标型机器人结构形式更为灵活。但采用同一分辨力的码盘检测角位移时，伸缩关节的线位移分辨力恒定，而转动关节反映在末端操作器上的线位移分辨力则是个变量，增加了控制系统的复杂性，如图 13-10 所示。

4. 全关节型机器人

全关节型机器人的结构类似人的腰部和手部，其位置和姿态全部由旋转运动实现，如图 13-11 所示，其优点是机构紧凑，灵活性好，占地面积小，工作空间大，可获得较高的末端操作器线速度；其缺点是运动学模型复杂，高精度控制难度大，空间线位移分辨力取决于机器人手臂的位姿。目前焊接机器人大多采用全关节型的结构形式。

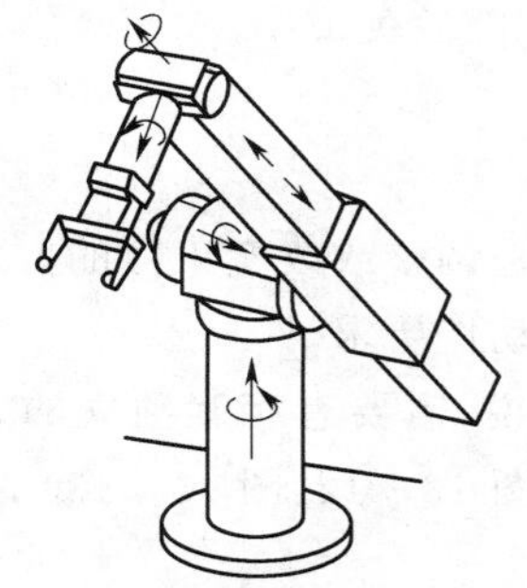

图 13-10　球坐标型机器人

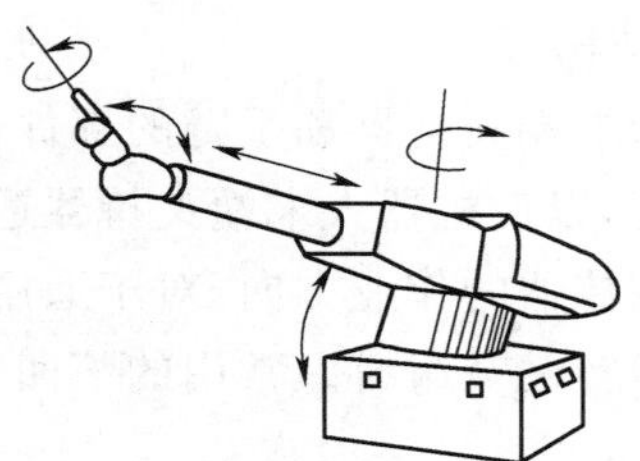

图 13-11　全关节型机器人

13.2.3　典型工业机器人的结构

从结构上来看，工业机器人是由机器人机座、手臂、手腕、手指等几部分组成。

1. 机座

机座是机器人的基础部分，起支承作用。在一般机器人中，立柱式、机座式和屈伸式机器人大多是固定式的；随着海洋科学、原子能工业及宇宙空间事业的发展，可以预见具有智能的、可移动机器人是今后机器人的发展方向。

固定式机器人的机座可以直接连接在地面基础上，也可以固定在机身上。

2. 手臂

手臂是机器人执行机构中重要的部件，它的作用是将被抓取的工件运送到给定的位置，因而一般机器人的手臂有 3 个自由度，即手臂的伸缩、左右回转和升降(或俯仰)运动。手臂回转和升降运动是通过机座的立柱实现的。

手臂的各种运动一般是由驱动机构和各种传动机构来实现，因此，它不仅仅承受被抓取工件的质量，而且承受末端执行器、手腕和手臂自身的质量。手臂的结构、工作范围、灵活性以及抓重大小(即臂力)和定位精度都直接影响机器人的工作性能，所以必须根据机器人的抓取质量、运动形式、自由度、运动速度以及定位精度的要求来设计手臂的结构形式。

按手臂的运动形式区分，手臂有直线运动的(如手臂的伸缩，升降及横向或纵向移动)、回转运动的(如手臂的左右回转，上下摆动，即俯仰)及复合运动的(如直线运动和回转运动的组合、两直线运动的组合、两回转运动的组合)。

实现机器人手臂回转运动的机构形式是多种多样的，其中最常用的是齿轮传动机构、链轮传动机构、连杆机构等。在齿轮传动机构中，为了保证传动精度，必须提高齿轮本身的制造精度，然而结果常常导致制造成本提高。为了降低对齿轮精度的要求，可以人为地提高轮系的柔性，实现这一目的的途径之一是采用双路传动。一路用来产生弹性，在传动系统内部预加载荷；另一路传递扭矩和运动。PUMA 机器人腰部应用了这种装置，如图 13－12 所示。电机 1 的轴上装有齿轮 2，齿轮 2 以降速比驱动齿轮 3′和 3″，再通过支承轴 4′和 4″带动输出齿轮 5′和 5″运动，这两个齿轮又依次驱动输出齿轮 6。其中一个支承轴的直径比另一个小，它相当于被预加了扭转。这种双路传动机构可以消除间隙，但由于预加载荷的作用，在无外载荷时各齿轮的负载增大，使传动机构的尺寸也相应地增加。因此这种间隙调整机构只适用于负载惯量大且必须消除间隙的关节中。

3. 手腕

1）手腕的结构

手腕是连接末端夹持器和手臂的部件，它的作用是调整或改变工件的方位，因而它具有独立的自由度，以使机器人末端夹持器适应复杂的动作要求。

确定末端夹持器的作业方向，对于通用机器人来说，需要有相互独立的 3 个自由度，一般由 3 个腕回转关节组成。常用的腕回转关节（如图 13－12、图 13－13）的组合运动形式分别称谓如下：

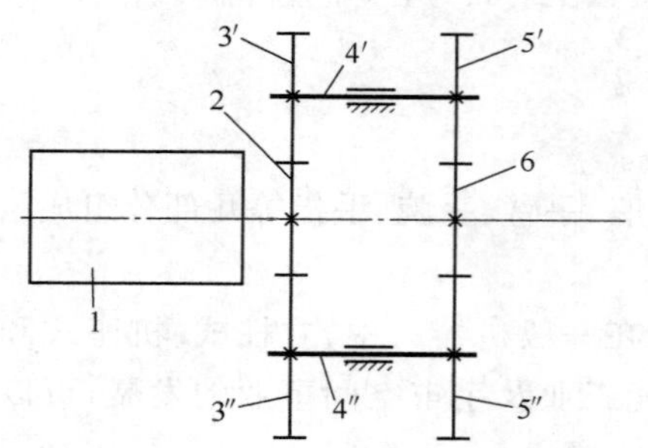

图 13－12　双路传动间隙调整机构

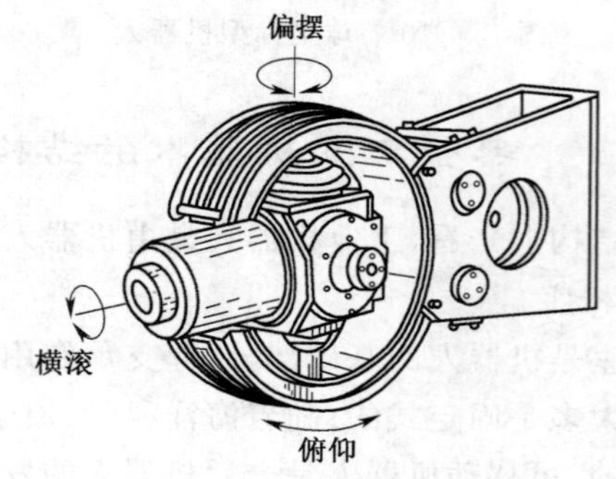

图 13－13　腕回转关节

（1）俯仰：绕小臂轴线方向的旋转。

（2）偏摆：使末端执行器相对于手臂进行的摆动。

（3）横滚：使末端执行器（手部）绕自身轴线方向的旋转。

根据使用要求，手腕的自由度不一定是 3 个，可以是 1 个、2 个或多于 3 个，手腕自由度的选用与机器人的应用环境以及加工工艺要求、工件放置方位和定位精度等许多因素有关。一般来说，在腕部设有一个横滚或再增加一个偏摆动作即可满足一般环境的工作要求。

单自由度手腕在使用过程中，通常有两种形式，即俯仰型和偏摆型，其结构如图 13－14 所示，俯仰型手腕沿机器人小臂轴线方向上、下俯仰，完成所需要的功能；偏摆型手腕沿机器人小臂轴线方向左右摆动，完成所需要的功能。这两种结构常见于简单专用的工作环境。

双自由度手腕在结构上比较简单，可达空间基本满足大多数工业环境，二自由度手腕

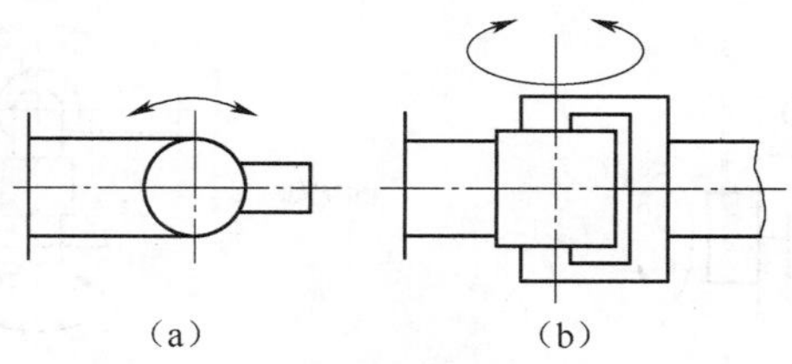

图 13－14　单自由度手腕结构简图

是在工业机器人中应用最多的结构形式。

二自由度的结构(图 13－15)可分为四种形式,即双横滚结构、横滚偏摆结构、偏摆横滚结构及双偏摆结构。

例如,20 世纪 80 年代的国产工业焊接机器人、喷漆工业机器人等,它们的手腕基本上是二自由度的手腕。

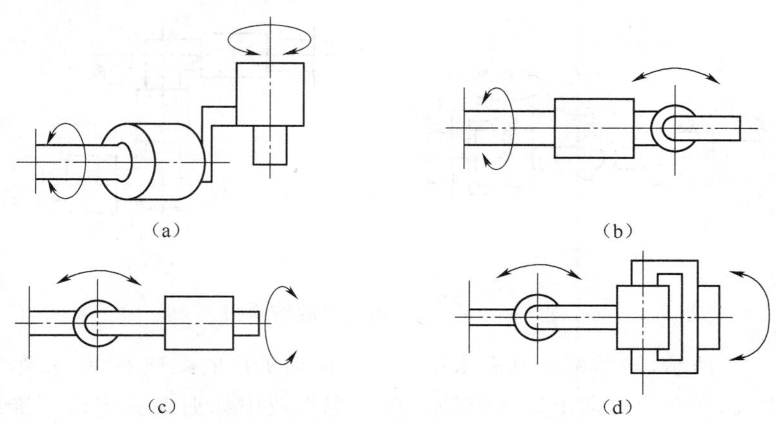

图 13－15　二自由度手腕结构简图

(a)双横流结构;(b)横流偏摆结构;(c)偏摆横流结构;(d)双偏摆结构。

三自由度手腕是结构较为复杂的,但可达空间度最高,能够实现直角坐标系中的任意姿态,因此,在现行的万能工业机器人中所使用的手腕基本上都是三自由度的。常用的三自由度手腕结构有 6 种形式,如图 13－16 所示。

三自由度手腕容易出现自由度退化现象,以图 13－16(c)为例,假设中间偏摆轴不转,这时第一轴和第三轴的轴线重合,三自由度的手腕变成了一自由度手腕,起不到 3 个自由度的作用,这种现象称为自由度退化现象。

2)手腕的柔顺性

在用机器人进行的精密装配作业中,当被装配零件之间的配合精度相当高,由于被装配零件的不一致性、工件的定位夹具、机器人手爪的定位精度无法满足装配要求时,会导致装配困难,因而装配动作的柔顺性要求双自由度。

柔顺性装配技术有两种:一种是从检测、控制的角度,采取各种不同的搜索方法,实现边校正边装配,有的夹持器还配有检测元件,如视觉传感器、力传感器等,称为主动柔顺装配;另一种是从结构的角度在手腕部配置一个柔顺环节,以满足柔顺装配的需要,这种柔顺装配技术称为被动柔顺装配。

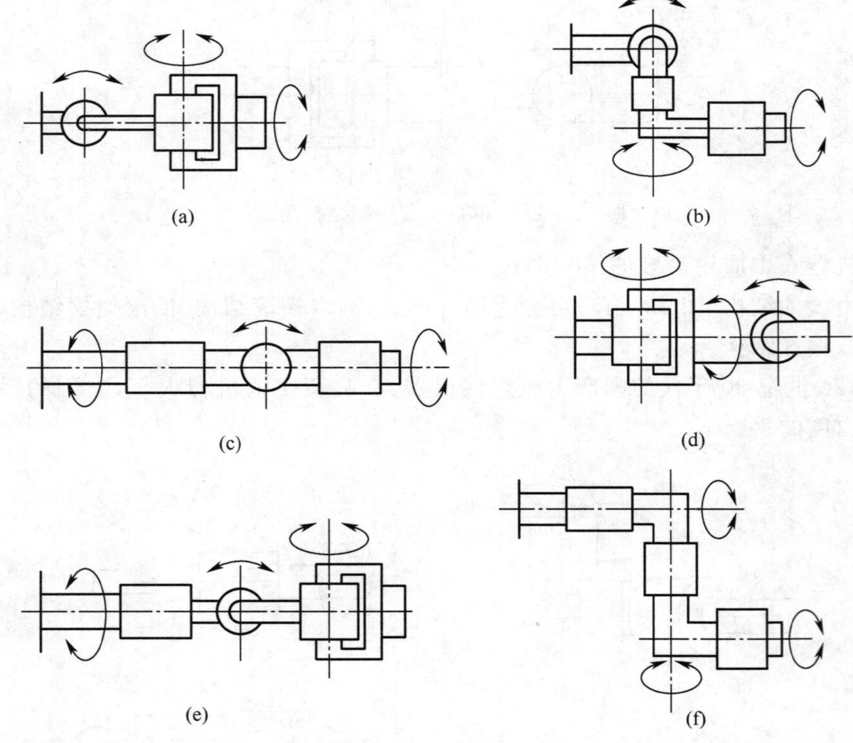

图 13－16　三自由度手腕结构图

如图 13－17 所示，该结构是具有水平和摆动浮动机构的柔顺手腕，水平浮动由平面、钢球和弹簧构成，在两个方向上实现浮动。在装配作业中如遇夹具定位不准或机器人夹持器定位不准时可自行校正。其动作过程如图 13－18 所示，在插入装配中工件局部被卡住时，会受到阻力，促使柔顺手腕起作用，使手爪有一个微小的修正量，工件便能顺利插入。

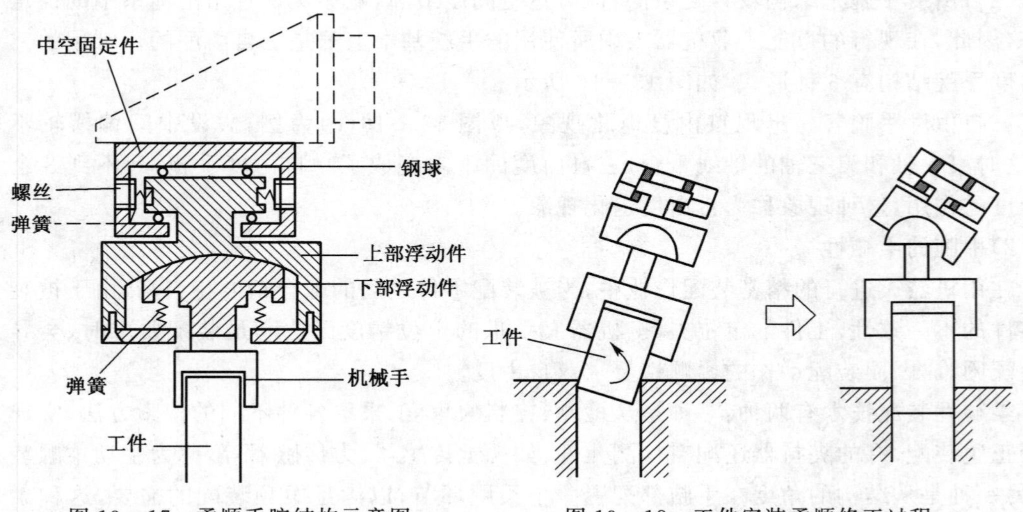

图 13－17　柔顺手腕结构示意图　　图 13－18　工件安装柔顺修正过程

4. 末端夹持器

末端夹持器是机器人直接用于抓取和握紧(或吸附)工件或夹持专用工具(如喷枪、扳手、焊接工具)进行操作的部件,它具有模仿人手动作的功能,并安装于机器人的前端。末端夹持器大致可分为夹钳式取料手、吸附式取料手、专用操作器及转换器及仿生多指灵巧手。

夹钳式取料手通过手指的张开与闭合动作实现对物体的夹持。手指是直接与工件接触的部件。手部松开和夹紧工件是通过手指的张开与闭合来实现的。机器人的手部一般有两个手指,也有三个或多个手指,其结构形式常取决于被夹持工件的形状和特性。

1)指端形状

根据需要可以设计成V形指,它适用于圆柱形工件,特点是夹紧平稳可靠,夹持误差小;也可以设计成用两个滚柱代替V形体的两个工作面,它能快速夹持旋转中的圆柱体;也可以设计成V形指是可浮动的,有自定位能力,与工件接触好,但浮动件是机构中的不稳定因素,在夹持或运动中受到外力时,必须有固定支承来承受;或者设计成可自锁的浮动件。

2)指面形式

可根据工件形状、大小,从其被夹持部位材质、软硬、表面性质等不同,设计成光滑指面、齿型指面或柔性指面。

机器人手爪和手腕最完美的形式是模仿人手的多指灵巧手。如图13-19所示,多指灵巧手有多个手指,每个手指有3个回转关节,每一个关节自由度都是独立控制的。因此,能模仿人手指能完成的各种复杂功能,如拧螺钉、弹钢琴、作礼仪手势等。在内部配置触觉、力觉、视觉、温度传感器,将会使多指灵巧手达到更完美的程度。多指灵巧手的应用前景十分广泛,可在各种极限环境下完成人无法实现的操作,如在核工业领域内、宇宙空间内作业,在高温、高压、高真空环境下作业。

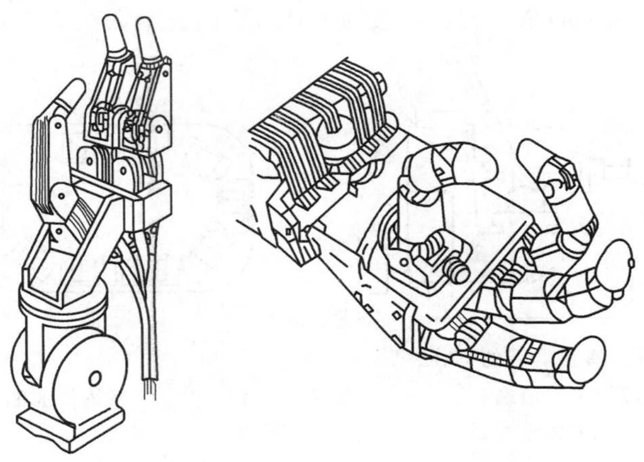

图13-19　多手指灵巧手结构

13.3　机械制造系统的发展

在现代生产中,为了满足多品种、小批量、产品更新换代周期快的要求,原来以单功能组成机床为主体的生产线，已不能适应机械制造业日益提高的要求，因而具有多功能和一定柔性的设备和生产系统相继出现，促使数控技术向更高层次发展。现代生产系统主要有柔性制造单元(Flexible Manufacturing Cell，FMC)、柔性制造系统(Flexible Manufacturing System，FMS)和计算机集成制造系统(Computer Integrated Mallufacturing System，CIMS)。以下简要介绍这三种生产系统。

13.3.1 柔性制造单元

柔性制造单元是在制造单元的基础上发展起来的，又具有一定的柔性。柔性是指能够较容易地适应多品种、小批量的生产功能，通过编程或稍加调整就可同时加工几种不同的工件。FMC 由一台或少数几台设备组成，具有独立自动加工的功能，又部分具有自动传送和监控管理功能，可实现某些种类的多品种小批量的加工。有些 FMC 还可实现 24h 无人运转。由于它的投资较柔性制造系统 FMS 少很多，技术上又容易实现，因而深受用户欢迎。

FMC 可以作为 FMS 中的基本单元，若干个 FMC 可以发展组成 FMS，因而 FMC 可看作企业发展过程中的一个阶段。

FMC 有两大类：一类是数控机床配上机器人；另一类是加工中心配上托盘交换系统。

1.配有机器人的 FMC

如图 13－20 所示，加工中心 3 上的工件 2，由机器人 1 来装卸，加工完毕的工件放在工件架上。监控器 4 协调加工中心和机器人的动作。

2. 配有托盘交换系统构成的 FMC

如图 13－21 所示，由加工中心和托盘交换系统构成的 FMC。托盘上装夹有工件，当工件加工完毕后，托盘转位，加工另一新工件，托盘支承在圆柱环形导轨上，由内侧的环链拖动而回转，链轮由电动机驱动。托盘的选择和定位，由可编程序逻辑控制器(PLC Programmable Logic Control)来实现。一般的 FMC，它的托盘数在 5 个以上。

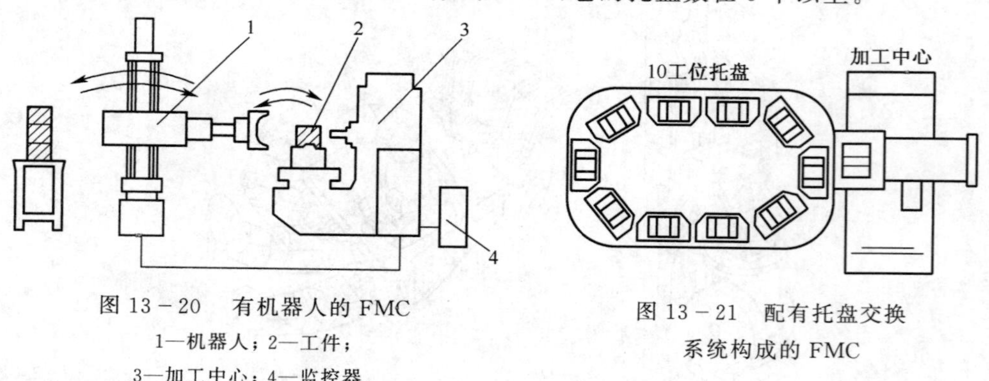

图 13－20　有机器人的 FMC

1—机器人；2—工件；

3—加工中心；4—监控器。

图 13－21　配有托盘交换系统构成的 FMC

如果在托盘的另一端设置托盘工作站，则这种托盘系统可通过工作站与其他 FMC 发生联系。

13.3.2 柔性制造系统

柔性制造系统是一个由中央计算机控制的自动化制造系统，由一个传输系统联系起来的一些设备(通常是具有换刀装置的数控机床或加工中心)。传输装置把工件放在托盘或其他连接装置上送到各加工设备,使工件加工准确、迅速和自动。

采用柔性制造系统后,可显著提高劳动生产率,大大缩短制造周期和提高机床利用率,减少操作人员数量,压缩在制品数量和库存量,从而使成本大为降低,缩小了生产场地和提高了技术经济效益。

柔性制造系统由加工系统、物料输送系统和信息系统组成。现分别介绍如下。

1. 加工系统

加工系统中的自动化加工设备通常由 5 台～10 台数控机床和加工中心组成,它们都带有刀具库,并具有自动换刀装置。为了达到工件的自动更换,数控机床还带有自动的托盘更换装置,这样既能实现工件装卸自动化,又能实现夜间无人化操作。

2. 物料输送系统

物料输送系统主要是工件和刀具的输送。分三个方面来说明:

(1) 输送方式。工件输送方式一般有环型和直线型两种。刀具输送方式也广泛采用直线型和环型,因为这两种输送方式容易实现柔性,便于控制和成本较低。

(2) 输送设备。在 FMS 中使用的输送设备主要有传送带、有轨输送车、无轨输送车、堆装起重机、行走机器人等,其中以传送带、有轨输送车用得最多。

(3) 输送系统结构。一般情况下,FMS 的输送系统由一种输送方式和一种输送设备构成,但也有用两种或三种输送方式和两种或三种输送设备组合而成的。通常在以 FMC 为模块组合而成的 FMS 中,单元间的外部输送设备和单元内的输送设备往往是不同类型的,单元内部使用的是机器人,单元间是采用传送带。

3. 信息系统

信息控制系统的主要功能是:识别进入系统的工件,选择相应的数控加工程序,根据不同工件和不同的加工内容,使工件按不同顺序通过相应的机床进行加工;当工件改变时,上述内容又能自动地作相应的改变。

FMS 的控制方式大多采用中央计算机的集中控制,而控制系统则以扩展的直接数字控制(Derict Numerical Control,DNC)系统为基础。DNC 控制由过程控制机通过其外围设备直接控制多台机床和检测设备,以及实现管理(存储)、维护(检验、修正、改变)及自动分配各机床的信息。DNC 控制系统还可完成直接控制物料流、刀具流、检测数据处理、运行数据的采集、处理、传送或打印等功能。

计算机依靠存储在文件中的各种数据,对整个 FMS 实行有效的控制。一般需要下述文件数据即,零件加工程序文件、工艺路线文件、零件生产文件、托盘参考文件、工位中刀具文件和刀具寿命文件等。

13.3.3 计算机集成制造系统

计算机集成制造系统,简单地说,就是用计算机通过信息集成实现现代化的生产制造,以求得企业的总体效益。采用 CIMS 有以下优点:

(1) 工程设计自动化方面。可采用现代化工程设计手段(如 CAD、CAPP、CAM(计算机辅助设计、计算机辅助工艺规划、计算机辅助制造)),提高产品的研制和生产能力,保证产品设计和工艺设计质量,缩短设计周期,从而加快产品更新换代速度,满足用户要求。

(2) 加工制造方面。可采用诸如 FMC、FMS、DNC 等先进技术，提高制造质量，增加制造过程的柔性；提高设备利用率，缩短产品制造周期，增强生产能力。

(3) 经营管理方面。使企业的经营决策科学化。在市场竞争中，可使产品报价快速、准确和及时；在生产过程中，可有效地解决生产"瓶颈"，减少再制品，使库存量压到最低水平，减少制造过程中占用的资金，减少仓库面积，从而可降低生产成本，加速企业的资金周转。

总之，计算机集成制造系统，是通过计算机、网络、数据库等硬、软件将企业的产品设计、加工制造、经营管理等方面的所有活动集成起来，使企业的产品质量大幅度提高，缩短产品开发和生产周期，提高生产效率，降低生产成本。

CIMS 通常由经营管理信息系统、工程设计自动化分系统、制造自动化分系统、售后服务信息分系统以及计算机网络分系统和数据库分系统组成，如图 13－22 所示。

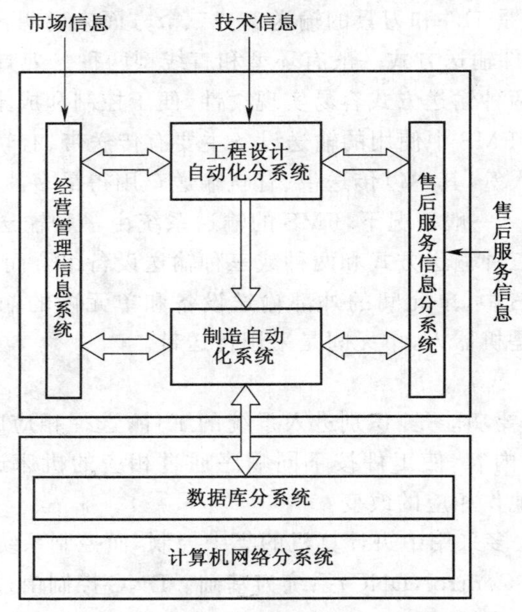

图 13－22　CIMS 组成

以下分别介绍这几个分系统：

(1) 经营管理信息分系统，包括预测、经营决策、各级生产计划、生产技术准备、销售、供应、财务、成本、设备、工具、人力资源等管理信息功能，通过信息的集成，以达到缩短产品生产周期、减少占用的流动资金、提高企业的应变能力的目的。

(2) 工程设计自动化分系统，用计算机来辅助产品设计、制造准备和产品性能测试等阶段的工作，即 CAD、CAPP、CAM 系统。其目的使产品的开发更高效、优质、自动化地进行。

(3) 制造自动化分系统，常用的是 FMS。这个系统根据产品的工程技术信息、车间层的加工指令，完成对零件毛坯加工的作业调度、制造等工作。

(4) 售后服务信息分系统，包括质量决策、质量检测与数据采集、质量评估、控制与跟踪等功能。系统保证从产品设计、制造、检验到售后服务的整个过程。

(5) 计算机网络分系统，支持 CIMS 各个分系统的开放型网络通信系统，采用国际标准和工业标准规定的网络协议进行互联，以分布方式满足各应用分系统对网络支持服务的不同需求，支持资源共享、分布处理、分布数据库和实时控制。

(6)数据库分系统，支持 CIMS 各分系统的数据库，以实现企业数据的共享和信息集成。

由上述可知，CIMS 是建立在多项先进技术基础上的高技术制造系统，是面向 21 世纪的生产制造技术。

思考题

1. 简要说明数控机床的组成、分类及加工特点。
2. 简述开环、半闭环和闭环控制系统的工作原理及应用。
3. 试述工业机器人的分类及典型工业机器人的结构。
4. 什么是柔性制造系统？什么是柔性制造单元？
5. 试述计算机集成制造系统的构成及发展前景。

附录1 金属切削

类别＼组别		0	1	2	3	4
车床 C		仪表	单轴自动车床	多轴自动、半自动车床	回轮、转塔车床	曲轴及凸轮轴车床
钻床 Z			坐标钻镗床	深孔钻床	摇臂钻床	台式钻床
镗床 T				深孔镗床		坐标镗床
磨床	M	仪表磨床	内、外圆磨床	内圆磨床	砂轮机	
	2M		超精机	内、外圆珩磨机	平面、球面珩磨机	抛光机
	3M		球轴承套圈磨床	滚子轴承套圈滚道磨床	轴承套圈超精机	滚子及钢球加工机床
齿轮加工机床 Y		仪表齿轮加工机		锥齿轮加工机	滚齿机	剃齿及珩齿机
螺纹加工机床 S					套丝机	攻丝机
铣床 X		仪表铣床	悬臂及滑枕铣床	龙门铣床	平面铣床	仿形铣床
刨插床 B			悬臂刨床	龙门刨床		
拉床 L				侧拉床	卧式外拉床	连续拉床
特种加工机床 D			超声波加工机	电解磨床	电解加工机	
锯床 G				砂轮片锯床		卧式带锯床
其他机床 Q		其他仪表机床	管子加工机床	木螺钉加工机		刻线机

机床的类、组划分

5	6	7	8	9
立式车床	落地及卧式车床	仿形及多刀车床	轮、轴、辊、锭及铲齿车床	其他车床
立式钻床	卧式钻床	铣钻床	中心孔钻床	
立式镗床	卧式铣镗床	精镗床	汽车、拖拉机修理用镗床	
导轨磨床	刀具刃磨床	平面及端面磨床	曲轴、凸轮轴、花键轴及轧辊磨床	工具磨床
砂轮抛光及磨削机床	刀具刃磨及研磨机床	可转位刀片磨削机床	研磨机	其他磨床
叶片磨削机床	滚子超精及磨削机床		气门、活塞及活塞环磨削机床	汽车、拖拉机修理用磨削机床
插齿机	花键轴铣床	齿轮磨齿机	其他齿轮加工机	齿轮倒角及检查机
	螺纹铣床	螺纹磨床	螺纹车床	
立式升降台铣床	卧式升降台铣床	床身式铣床	工具铣床	其他铣床
插床	牛头刨床		边缘及模具刨床	其他刨床
立式内拉床	卧式内拉床	立式外拉床	键槽及螺纹拉床	其他拉床
	电火花磨床	电火花加工机		
立式带锯床	圆锯床	弓锯床	锉锯床	
切断机				

附录2 常用机床的组、系代号及主参数

类	组	系	机床名称	主参数折算系数	主参数	第二主参数
车床	1	1	单轴纵切自动机床	1	最大棒料直径	
	1	2	单轴横切自动机床	1	最大棒料直径	
	1	3	单轴转塔自动机床	1	最大棒料直径	
	2	1	多轴棒料自动机床	1	最大棒料直径	轴数
	2	2	多轴卡盘自动机床	1/10	卡盘直径	轴数
	2	6	立式多轴半自动车床	1/10	最大车削直径	轴数
	3	0	回轮车床	1	最大棒料直径	
	3	1	滑鞍转塔车床	1/10	最大车削直径	
	3	3	滑枕转塔车床	1/10	最大车削直径	
	4	1	万能曲轴车床	1/10	最大工件回转直径	最大工件长度
	4	6	万能凸轮轴车床	1/10	最大工件回转直径	最大工件长度
	5	1	单柱立式车床	1/100	最大车削直径	最大工件高度
	5	2	双柱立式车床	1/100	最大车削直径	最大工件高度
	6	0	落地车床	1/100	最大工件回转直径	最大工件长度
	6	1	卧式车床	1/10	床身上最大回转直径	最大工件长度
	6	2	马鞍车床	1/10	床身上最大回转直径	最大工件长度
	6	4	卡盘车床	1/10	床身上最大回转直径	最大工件长度
	6	5	球面车床	1/10	刀架上最大回转直径	最大工件长度
	7	1	仿形车床	1/10	刀架上最大车削直径	最大车削长度
	7	5	多刀车床	1/10	刀架上最大车削直径	最大车削长度
	7	6	卡盘多刀车床	1/10	刀架上最大车削直径	
	8	4	轧辊车床	1/10	最大工件直径	最大工件长度
	8	9	铲齿车床	1/10	最大工件直径	最大模数
	9	1	多用车床	1/10	床身上最大回转直径	最大工件长度
钻床	1	3	立式坐标镗钻床	1/10	工作台面宽度	工作台面长度
	2	1	深孔钻床	1/10	最大钻孔直径	最大钻孔深度
	3	0	摇臂钻床	1	最大钻孔直径	最大跨距
	3	1	万向摇臂钻床	1	最大钻孔直径	最大跨距
	4	0	台式钻床	1	最大钻孔直径	
	5	0	圆柱立式钻床	1	最大钻孔直径	
	5	1	方柱立式钻床	1	最大钻孔直径	
	5	2	可调多轴立式钻床	1	最大钻孔直径	轴数
	8	1	中心孔钻床	1/10	最大工件直径	最大工件长度
	8	2	平端面中心孔钻床	1/10	最大工件直径	最大工件长度

（续）

类	组	系	机床名称	主参数折算系数	主参数	第二主参数
镗床	4	1	单柱坐标镗床	1/10	工作台面宽度	工作台面长度
	4	2	双柱坐标镗床	1/10	工作台面宽度	工作台面长度
	4	5	卧式坐标镗床	1/10	工作台面宽度	工作台面长度
	6	1	卧式铣镗床	1/10	镗轴直径	
	6	2	落地镗床	1/10	镗轴直径	
	6	9	落地铣镗床	1/10	镗轴直径	铣轴直径
	7	0	单面卧式精镗床	1/10	工作台面宽度	工作台面长度
	7	1	双面卧式精镗床	1/10	工作台面宽度	工作台面长度
	7	2	立式精镗床	1/10	最大镗孔直径	
磨床	0	4	抛光机			
	0	6	刀具磨床			
	1	0	无心外圆磨床	1	最大磨削直径	
	1	3	外圆磨床	1/10	最大磨削直径	最大磨削长度
	1	4	万能外圆磨床	1/10	最大磨削直径	最大磨削长度
	1	5	宽砂轮外圆磨床	1/10	最大磨削直径	最大磨削长度
	1	6	端面外圆磨床	1/10	最大回转直径	最大工件长度
	2	1	内圆磨床	1/10	最大磨削孔径	最大磨削深度
	2	5	立式行星内圆磨床	1/10	最大磨削孔径	最大磨削深度
	2	9	坐标磨床	1/10	工作台面宽度	工作台面长度
	3	0	落地砂轮机	1/10	最大砂轮直径	
	5	0	落地导轨磨床	1/100	最大磨削宽度	最大磨削长度
	5	2	龙门导轨磨床	1/100	最大磨削宽度	最大磨削长度
	6	0	万能工具磨床	1/10	最大回转直径	最大工件长度
	6	3	钻头刃磨床	1	最大刃磨钻头直径	
	7	1	卧轴矩台平面磨床	1/10	工作台面宽度	工作台面长度
	7	3	卧轴圆台平面磨床	1/10	工作台面直径	
	7	4	立轴圆台平面磨床	1/10	工作台面直径	
	8	2	曲轴磨床	1/10	最大回转直径	最大工件长度
	8	3	凸轮轴磨床	1/10	最大回转直径	最大工件长度
	8	6	花键轴磨床	1/10	最大磨削直径	最大磨削长度
	9	0	工具曲线磨床	1/10	最大磨削长度	
齿加工机床	2	0	弧齿锥齿轮磨齿机	1/10	最大工件直径	最大模数
	2	2	弧齿锥齿轮铣齿机	1/10	最大工件直径	最大模数
	2	3	直齿锥齿轮刨齿机	1/10	最大工件直径	最大模数
	3	1	滚齿机	1/10	最大工件直径	最大模数
	3	6	卧式滚齿机	1/10	最大工件直径	最大模数或最大工件长度
	4	2	剃齿机	1/10	最大工件直径	最大模数
齿加工机床	4	6	珩齿机	1/10	最大工件直径	最大模数
	5	1	插齿机	1/10	最大工件直径	最大模数
	6	0	花键轴铣床	1/10	最大铣削直径	最大铣削长度
	7	0	碟形砂轮磨齿机	1/10	最大工件直径	最大模数
	7	1	锥形砂轮磨齿机	1/10	最大工件直径	最大模数
	7	2	蜗杆砂轮磨齿机	1/10	最大工件直径	最大模数
	8	0	车齿机	1/10	最大工件直径	最大模数
	9	3	齿轮倒角机	1/10	最大工件直径	最大模数
	9	9	齿轮噪声检查机	1/10	最大工件直径	

（续）

类	组	系	机床名称	主参数折算系数	主参数	第二主参数
螺纹加工床	3	0	套丝机	1	最大套丝直径	
	4	8	卧式攻丝机	1/10	最大攻丝直径	轴数
	6	0	丝杠铣床	1/10	最大铣削直径	最大铣削长度
	6	2	短螺纹铣床	1/10	最大铣削直径	
	7	4	丝杠磨床	1/10	最大工件直径	最大工件长度
	7	5	万能螺纹铣床	1/10	最大工件直径	最大工件长度
	8	6	丝杠车床	1/10	最大工件直径	最大工件长度
	8	9	短螺纹车床	1/10	最大车削直径	最大车削长度
铣床	2	0	龙门铣床	1/100	工作台面宽度	工作台面长度
	3	0	圆台铣床	1/10	工作台面直径	
	4	3	平面仿形铣床	1/10	最大铣削宽度	最大铣削长度
	4	4	立体仿形铣床	1/10	最大铣削宽度	最大铣削长度
	5	0	立式升降台铣床	1/10	工作台面宽度	工作台面长度
	6	0	卧式升降台铣床	1/10	工作台面宽度	工作台面长度
	6	1	万能升降台铣床	1/10	工作台面宽度	工作台面长度
	7	1	床身铣床	1/100	工作台面宽度	工作台面长度
	8	1	万能工具铣床	1/10	工作台面宽度	工作台面长度
	9	2	键槽铣床	1	最大键槽宽度	
刨插床	1	0	悬臂刨床	1/100	最大刨削宽度	最大刨削长度
	2	0	龙门刨床	1/100	最大刨削宽度	最大刨削长度
	2	2	龙门铣磨刨床	1/100	最大刨削宽度	最大刨削长度
	5	0	插床	1/10	最大插削长度	
	6	0	牛头刨床	1/10	最大刨削长度	
	8	8	模具刨床	1/10	最大刨削长度	最大刨削宽度
拉床	3	1	卧式外拉床	1/10	额定拉力	最大行程
	4	3	连续拉床	1/10	额定拉力	
	5	1	立式内拉床	1/10	额定拉力	最大行程
	6	1	卧式内拉床	1/10	额定拉力	最大行程
	7	1	立式外拉床	1/10	额定拉力	最大行程
	9	1	汽缸体平面拉床	1/10	额定拉力	最大行程
特种机床	1	1	超声波穿孔机	1/10	最大功率	
	2	5	电解车刀刃磨床	1	最大车刀宽度	最大车刀厚度
	7	7	电火花线切割机	1/10	工作台横向行程	工作台纵向行程
锯床	5	1	立式带锯床	1/10	最大工件高度	
	6	0	卧式圆锯床	1/100	最大圆锯片直径	
	7	1	卧式弓锯床	1/10	最大锯削直径	
其他机床	1	6	管接头车丝机	1/10	最大加工直径	
	2	1	木螺钉螺纹加工机	1	最大工件直径	最大工件长度
	4	0	圆刻线机	1/100	最大加工直径	

附录3　滚动轴承图示符号(GB4458.1—84)

轴承类型	图示符号	轴承类型	图示符号
向心球轴承	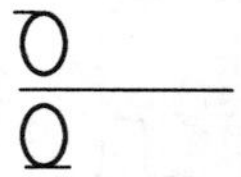	滚针轴承(内圈无挡边)	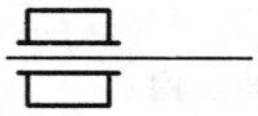
调心球轴承(双列)	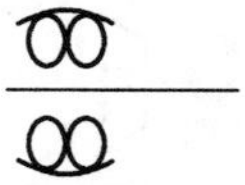	推力球轴承	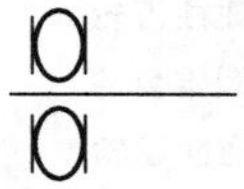
角接触球轴承	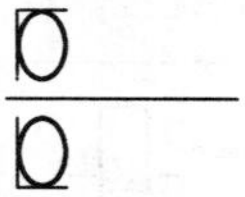	推力球轴承(双向)	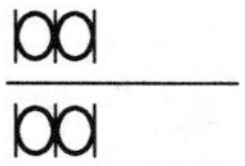
向心短圆柱滚子轴承(内圈无挡边)	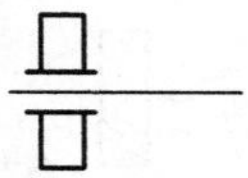	圆锥滚子轴承	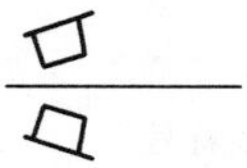
向心短圆柱滚子轴承(双列)	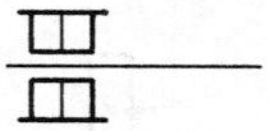	圆锥滚子轴承(双列)	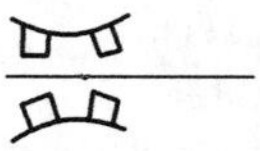

附录 4　机构运动简图符号(GB4460—84)

名　称	基本符号	可用符号	附　注
齿轮机构 齿轮(不指明齿线) a. 圆柱齿轮 b. 圆锥齿轮 c. 挠性齿轮	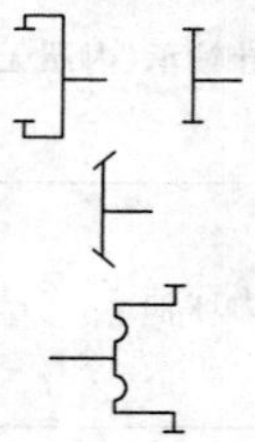	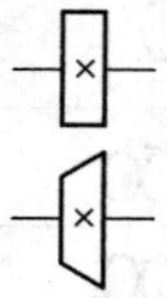	
齿线符号 a. 圆柱齿轮 (i)直齿 (ii)斜齿 (iii)人字齿 b. 圆锥齿轮 (i)直齿 (ii)斜齿 (iii)弧齿	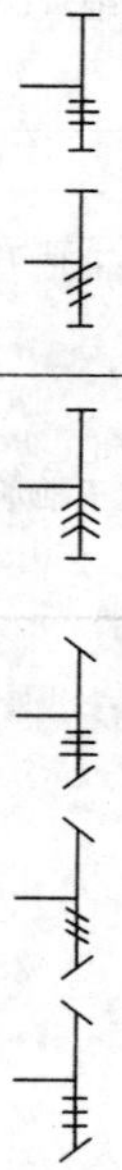	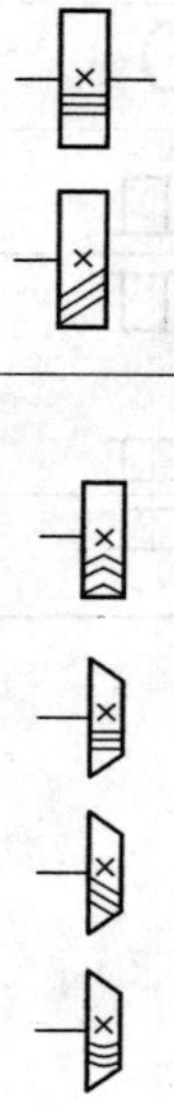	
齿轮传动(不指明齿线) a. 圆柱齿轮 b. 圆锥齿轮 c. 蜗轮与圆柱蜗杆 d. 螺旋齿轮	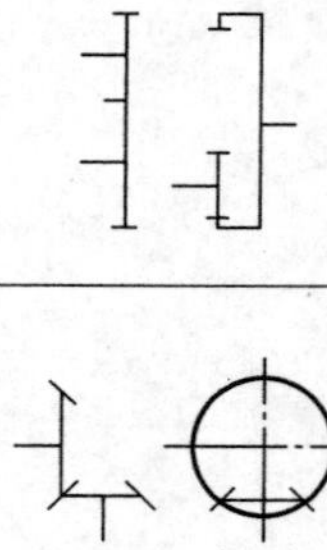	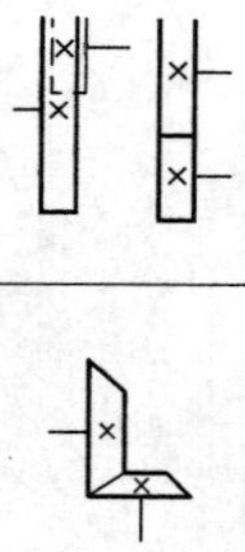	

（续）

名　称	基本符号	可用符号	附　注
	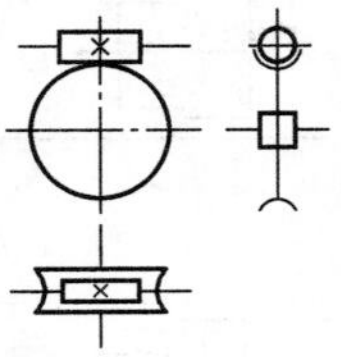	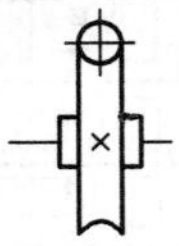	
	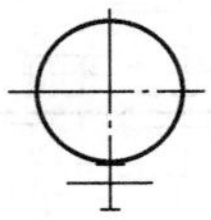	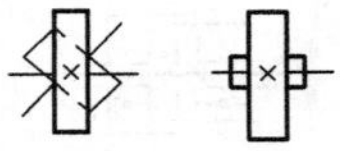	
齿条传动 a. 一般表示 b. 蜗线齿条与蜗杆 c. 齿条与蜗杆	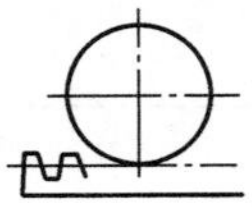	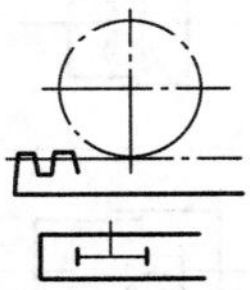	
		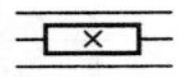	
		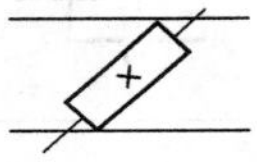	
扇形齿轮传动	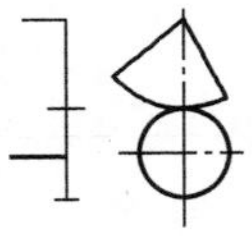	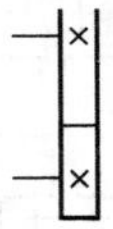	
圆柱凸轮	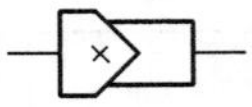	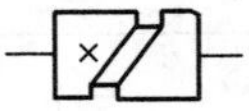	
外啮合槽轮机构	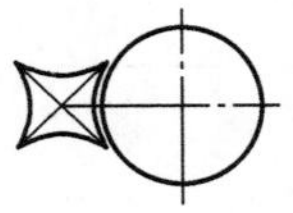	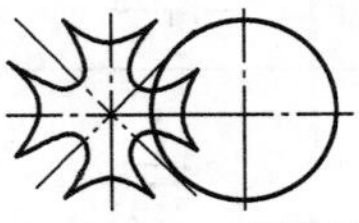	
联轴器 a. 一般符号(不指明类型) b. 固定联轴器 c. 弹性联轴器	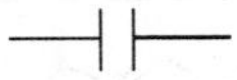		
	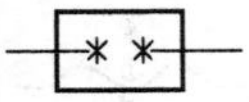		
	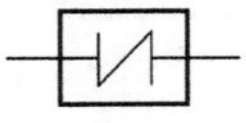		

（续）

名　称	基本符号	可用符号	附　注
啮合式离合器 a. 单向式 b. 双向式			对于啮合式离合器、摩擦离合器、液压离合器、电磁离合器和制动器，当需要表明操纵方式时，可使用下列符号： M—机动的 H—液动的 P—气动的 E—电动的（如电磁）
摩擦离合器 a. 单向式 b. 双向式			
液压离合器（一般符号）			
电磁离合器			
离心摩擦离合器			
超越离合器			
安全离合器 a. 带有易损元件 b. 无易损元件			
制动器（一般符号）			不规定制动器外观
螺杆传动 a. 整体螺母 b. 开合螺母 c. 滚球螺母			

（续）

名　称	基本符号	可用符号	附　注
皮带传动——一般符号（不指明类型）	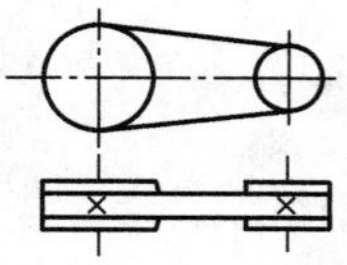	三角皮带 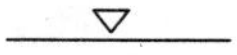 圆皮带 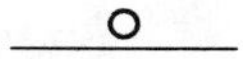 同步齿形带 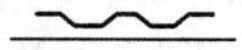 平皮带  2 例：三角皮带传动 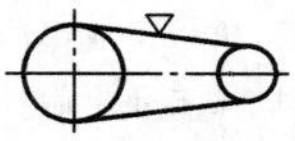	
链传动——一般符号（不指明类型）	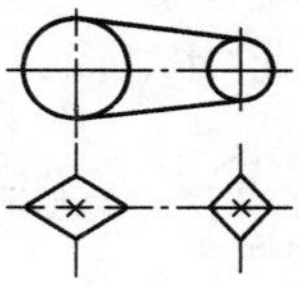	环形链 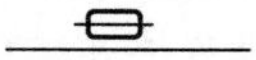 滚子链 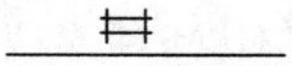 无声链 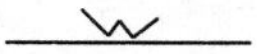 例：无声链传动 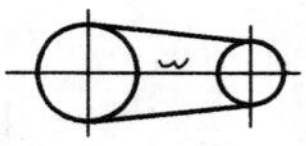	
向心轴承 a. 普通轴承 b. 滚动轴承	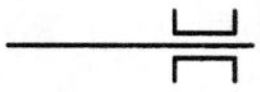		
	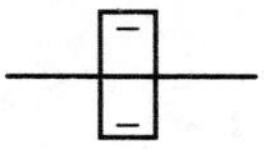		
推力轴承 a. 单向推力普通轴承 b. 双向推力普通轴承 c. 推力滚动轴承	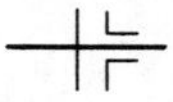		
	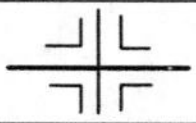		
	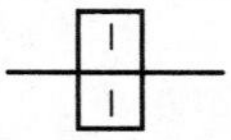		
向心推力轴承 a. 单向向心推力普通轴承 b. 双向向心推力普通轴承 c. 向心推力滚动轴承	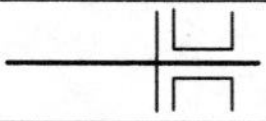		
	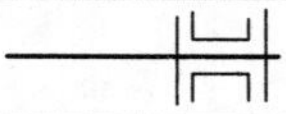		
	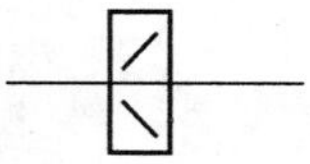		

参 考 文 献

[1] 顾维邦.金属切削机床概论[M].北京:机械工业出版社,1984.

[2] 赵世华.金属切削机床[M].北京:航空工业出版社,1998.

[3] 龚才元.金属切削原理与刀具[M].北京:航空工业出版社,1991.

[4] 王晓霞.金属切削原理与刀具[M].北京:航空工业出版社,2000.

[5] 王茂元.机械制造技术[M].北京:机械工业出版社,2005.

[6] 谢家瀛.机械制造技术概论[M].北京:机械工业出版社,2001.

[7] 刘书华.数控机床与编程[M].北京:机械工业出版社,2003.

[8] 恽达明.金属切削机床[M].北京:机械工业出版社,2007.

[9] 苏志宏.数控机床[M].西安:西北大学出版社,2005.

[10] 黄光烨.机械制造工程实践[M].哈尔滨:哈尔滨工业大学出版社,2002.

[11] 严学华,张学政.金属工艺学实习[M].北京:清华大学出版社,2006.

[12] 陈文明,高殿玉.金属工艺学实习教材[M].北京:机械工业出版社,1992.